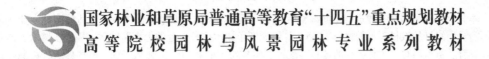

国家林业和草原局普通高等教育"十四五"重点规划教材
高等院校园林与风景园林专业系列教材

园林树木栽植养护学

（第6版）（附数字资源）

叶要妹　包满珠　主　编

内 容 简 介

本教材是本科园林专业进行全面调整后教学内容和教学体系改革的成果,是为适应园林专业人才培养的需要而修订的教材。本教材分11章,详细介绍了树木生长发育的生命周期和年周期、树木各器官的生长发育、苗木培育、园林树种的选择与配置、园林树木的栽植、土肥水管理、整形修剪、树洞处理与树体支撑、树木的各种灾害、园林树木安全性管理、树木诊断与古树养护等理论与技术。

本教材可作为园林、园艺、风景园林专业的教材,也可供相关专业、成人教育等有关师生、园林工作者和园林爱好者学习参考。

图书在版编目(CIP)数据

园林树木栽植养护学/叶要妹,包满珠主编.—6版.—北京:中国林业出版社,2023.12(2024.8重印)
国家林业和草原局普通高等教育"十四五"重点规划教材 高等院校园林与风景园林专业系列教材
ISBN 978-7-5219-2442-8

Ⅰ.①园… Ⅱ.①叶…②包… Ⅲ.①园林树木-栽培技术-高等学校-教材 Ⅳ.①S68

中国国家版本馆CIP数据核字(2023)第225326号

策划编辑:康红梅 田 娟
责任编辑:康红梅 田 娟
责任校对:苏 梅
封面设计:北京点击世代文化传媒有限公司
封面摄影:康红梅

出版发行:中国林业出版社
　　　　　(100009,北京市西城区刘海胡同7号,电话010-83223120,83143551)
电子邮箱:cfphzbs@163.com
网　　址:https://www.cfph.net
印　　刷:北京中科印刷有限公司
版　　次:2002年5月第1版(共印2次)
　　　　　2004年10月第2版(共印5次)
　　　　　2012年5月第3版(共印4次)
　　　　　2017年11月第4版(共印3次)
　　　　　2019年6月第5版(共印3次)
　　　　　2023年12月第6版
印　　次:2024年8月第2次印刷
开　　本:850mm×1168mm 1/16
印　　张:21
字　　数:498千字 另附数字资源约600千字
定　　价:62.00元

数字资源

《园林树木栽植养护学》（第6版）编写人员

主　　编　叶要妹　包满珠

副 主 编　汪　念　刘　玮　舒文波

编写人员　(按姓氏拼音排序)
　　　　　　包满珠(华中农业大学)
　　　　　　耿　芳(西南林业大学)
　　　　　　李志能(西南大学)
　　　　　　刘　玮(江西农业大学)
　　　　　　马　英(中南林业科技大学)
　　　　　　潘远智(四川农业大学)
　　　　　　舒常庆(华中农业大学)
　　　　　　舒文波(华中农业大学)
　　　　　　眭顺照(西南大学)
　　　　　　汪　念(华中农业大学)
　　　　　　杨柳青(中南林业科技大学)
　　　　　　叶要妹(华中农业大学)
　　　　　　周靖靖(华中农业大学)

主　　审　成仿云(北京林业大学)
　　　　　　陈龙清(西南林业大学)

第 6 版前言

《园林树木栽植养护学》于2001年出版以来受到多方面的好评，2014年第3版作为高等院校园林与风景园林专业"十二五"规划教材获全国农业教育优秀教材项目资助，2015年获中国林业教育学会主办、中国林业出版社协办的第三届林（农）类优秀教材一等奖，第4版列选为国家林业局普通高等教育"十三五"规划教材和高等院校园林与风景园林专业规划教材，第5版作为国家林业和草原局普通高等教育"十三五"规划数字教材于2019年出版，第6版已列入国家林业和草原局普通高等教育"十四五"重点规划教材。

本次修订基于第5版构架，新形态教材是"纸质+课程码资源"的结合，纸质版保留了第5版的全部重要内容，根据第5版教材使用的实际情况进行了适度调整，删除了有关章节中陈旧过时的内容，同时根据当今技术发展增加一些新理论、新方法、新技术、新材料、新产品使用等内容。各章节需要解释或扩充的知识则以图片、多媒体课件PDF、视频等直观的"课程码资源"补充呈现，特别是增加了本门课程的中国MOOC：https://www.icourse163.org/course/HZAU-1205908810 或"园林树木栽培学"华中农业大学 叶要妹；大树移栽工程虚拟仿真实验：https://shijian.hzau.edu.cn/portal/#/home/virtualsimulationexperiment/experimentdetails?id=446。

本次修订工作，由叶要妹、包满珠担任主编。具体编写分工如下：叶要妹负责修订第0章和第3章；包满珠负责修订第1章；耿芳负责修订第2章；舒常庆负责修订第4章；刘玮负责修订第5章；李志能、眭顺照负责修订第6章；汪念负责修订第7章；潘远智负责修订第8章；马英负责修订第9章；周靖靖、舒文波负责修订第10章；杨柳青负责修订第11章；舒文波负责修订附录和参考文献。叶要妹负责全书的统稿。

本教材在修订过程中，得到了前5版各位老师的关心和支持，以及多方专家教授的指点和帮助，得到了中国林业出版社、华中农业大学、中南林业科技大学、江西农业大学、西南林业大学、西南大学、四川农业大学等有关领导的大力支持和帮助，在此表示衷心的感谢！

修订过程尽管各位编委都尽力而为，但仍有错误、遗漏之处，恳请使用本教材的师生及园林工作者批评指正。

编 者

2023年7月

第1版前言

"园林树木栽植养护学"是园林专业的重要专业课程之一。它与"园林树木学"相配套,为"园林规划设计""绿化施工"及"园林树木的养护管理"等课程提供了必要的基本理论与技术。

华中农业大学于1986年开办观赏园艺专业本科,由于当时没有"园林树木栽培学"课程适用教材,学校将《园林树木栽培学》列为华中农业大学"八五"规划教材,由郭学望先生主持编写,在编写过程中翻译并整理了80年代末以来西方出版的有关专著,汲取了20世纪60年代以来国内出版的全国高等农、林院校试用教材与专著的经验,继承了前人的研究成果,并总结了编者多年来的教学实践经验,以期使其尽量反映当时学科的发展动向,又有较为完整的体系。

当时的校内教材共分12章,着重阐述园林树木栽培的基本理论与基本技术。包括树木的生长发育规律,树木的栽植工程,土、肥、水管理,整形修剪,树洞修补及其环境控制等栽培技术运用的原理与实践。自1993年印刷以来,先后在我校观赏园艺、风景园林、园林等本科专业使用,而且为校外某些教育与生产部门选用,普遍反映良好,同时也收到了一些建设性的意见和建议,并于1996年和1997年修订重印。

此次修订出版,我们根据国家面向21世纪教学改革宽口径、厚基础的目标,参照园林专业教学计划和课程大纲的要求,对课程结构和体系做了一些调整,将原来的苗木培育内容整合到本教材之中,使园林树木的繁殖和栽培一体化,使本书在作为园林专业基本教材的同时,也可作为园艺专业和广大园林工作者的参考书。

本教材校内印刷稿承蒙华中农业大学夏铭鼎教授悉心审阅与指正,这次又承蒙中国工程院院士、北京林业大学陈俊愉教授审阅并提出许多宝贵意见。在编写过程中也得到了华中农业大学教务处与林学系的大力支持与帮助,中国林业出版社的有关同志在本书的编撰过程中给予了许多帮助和鼓励,全国一些兄弟院校也给予了大力支持和协助,在此一并表示由衷的谢意。

在此次修订过程中,包满珠负责撰写前言,并修订第4章、第5章;叶要妹负责编写第6章、修订第10章;赵林森、樊国盛负责修订第3章;邓光华负责修订第8章;陈亮明负责修订第12章、第13章;其余各章的修订由郭学望、崔满志负责完成;舒常庆负责树种的拉丁名。

我国地域辽阔,自然条件复杂,树种繁多,树木栽培必须因地制宜,适地、适树、适法,因此在使用本教材时宜根据各地的条件与特点灵活掌握。

由于编者的水平有限,错误与不足之处在所难免,敬请使用本教材的师生及园林工作者提出宝贵意见。

编 者

2001年10月于湖北武汉狮子山

第 2 版前言

这次《园林树木栽植养护学》的改版，是在 2002 年版的体系和内容基础上，对全书进行了文字修改和勘误。为了有利于广大读者的学习和理解，各章增加了学习要点、思考题及推荐阅读书目。

在此谨向关心本教材修订和积极提供各种建议的同行表示衷心的谢意，并欢迎进一步提出宝贵意见和建议，以便我们下一次修订时参考。

编　者
2004 年 9 月于湖北武汉狮子山

第 3 版前言

本教材是根据国家一级学科调整，园林专业教学改革和创新人才培养的要求修订的。第 1 版、第 2 版由郭学望、包满珠主编，又承蒙中国工程院资深院士、北京林业大学陈俊愉教授审阅，自 2002 年、2005 年相继出版以来，我校及一些兄弟院校一直用作本科生教材，深受学生和同行的好评。在此次修订过程中，我们对课程结构和体系做了一些调整，如将原来的第 1~2 章调整为第 1 章的树木生长发育的生命周期和年周期，原来的第 3~5 章调整为第 2 章的树木各器官的生长发育，并在第 3 章的苗木培育增加了"3.3.1.5 扦插育苗实用技术"和"3.6 设施育苗"，第 4 章的园林树种的选择与配置增加了"4.2.3 各类用途园林树种的选择"，第 5 章的园林树木的栽植增加了"5.6 特殊立地条件的移栽技术"，第 6 章的园林树木的土、肥、水管理增加了"6.2.6 园林树木的营养诊断"，第 10 章的树木的诊断与古树养护增加了"10.2.2 古树在优良种质资源保存中的重要价值"，增加附录"园林树木养护管理年月历工作"，并删除了有关章节中陈旧过时的内容，同时根据当今技术发展增加一些新方法、新技术、新产品使用等内容。

本教材具有以下特点：

①大纲一致性　本教材根据大多数院校的园林、风景园林等相关专业所开设的本科课程及相近课程的教学大纲，全面系统地介绍了园林树木栽培的理论与技术。

②教材承传性　本教材是在原主编郭学望、包满珠《园林树木栽植养护学》（第 2 版）的基础上修订的，吸收了国内外大量的资料，包括教材、专著、期刊、科研有关资料，国外如美国、德国、日本等的资料，信息量大，能反映最新研究成果。内容广泛，条理清楚，重点突出。

③实践指导性　内容概括了编者多年的科研、生产、教学经验，内容紧密联系实际，突出和强调其实践指导性，系统全面，便于参考。

④广泛适用性　本书不仅反映了当前国内外园林树木栽培的新思想、新理论与新技

术，而且图文并茂，可操作性强，便于讲授、自学与应用。

本次修订工作，由叶要妹、包满珠担任主编。具体编写分工如下：叶要妹负责修订第 0 章和第 3 章；包满珠负责修订第 1 章、第 2 章的 2.2 和 2.3 节；赵林森、樊国盛负责修订第 2 章的 2.1 节；舒常庆负责修订第 4 章、第 6 章；邓光华负责修订第 5 章；叶要妹、王滑负责修订第 7 章；王滑负责修订第 8 章；杨模华、陈亮明负责修订第 9 章、第 10 章。叶要妹负责全书的统稿。

本教材在修订过程中，得到了第 1 版与第 2 版教材主编郭学望、副主编崔满志老师的关心和支持，以及多方专家教授的指点和帮助，得到了中国林业出版社、华中农业大学、中南林业科技大学、江西农业大学、西南林业大学等单位有关领导的大力支持和帮助，在此表示衷心的感谢！同时，全书插图除部分图片外，其余均引自已经正式出版的书刊，主要来自郭学望、包满珠主编的《园林树木栽植养护学》、郭学望主编的《看图学嫁接》、陈有民主编的《园林树木学》、沈德绪主编的《果树童期与提早结实》、李继华主编的《植物的嫁接》、孙时轩主编的《造林学》（第 2 版）、俞玖主编的《园林苗圃学》、邹长松主编的《观赏树木修剪技术》、莱威斯黑尔［美］著的《花卉及观赏树木简明修剪法》、新田伸三［日］著的《栽植的理论与技术》、BERNATZKY A. 著的《树木生态与养护》、FELLCHT J. R. 和 BUTLER J. D. 主编的《Landscape Management》、HARTMAN J. R. 和 PIRONE P. P. 主编的《Tree Maintenance》（7th ed）、ROBERT W. M. 主编的《Urban Forestry》等，限于篇幅，图中未尽标出处，在此谨向原作者致谢。

我国地域辽阔，自然条件复杂，树种繁多，树木栽培必须因地制宜，适地、适树、适法，因此在使用本教材时宜根据各地的条件与特点灵活掌握。

由于编者的水平有限，错误与不足之处在所难免，敬请使用本教材的师生及园林工作者提出宝贵意见。

编 者

2012 年 1 月于湖北武汉狮子山

第 4 版前言

《园林树木栽植养护学》于 2001 年出版，以后又进行了 2 次修订。其中第 3 版作为"十二五"高等院校园林与风景园林专业规划教材于 2012 年出版，2014 年获全国农业教育优秀教材项目资助，2015 年获中国林业教育学会主办、中国林业出版社协办的第三届林（农）类优秀教材一等奖，第 4 版已列入普通高等教育"十三五"规划教材。

本次修编是基于第 3 版构架基础，第 0 章绪论增加了"国外园林树木的栽培概况"内容；第 2 章增加了"树木根系的功能、茎的功能、年轮及其形成、不同园林树木树冠的形成特点"内容；第 3 章增加了"控根容器育苗技术"和"国际树木学会（简称 ISA）的一套树木规格标准"内容；第 4 章增加了"几种典型的城市绿地环境"，重新组织了"4.4.1.1 密度对树木生长发育的影响"内容；第 5 章增加了"园林树木栽植工程施工原则"和"非适宜季节园林树木栽植技术措施"内容；第6章增加了"成熟植物根层深度"内容；第7章的标题修改为"园林树木的整形修剪"，前面3节的内容做了较大的结构调整，将"树木的创伤与愈合"一节融入新编第10章中；第8章增加了"树洞处理的原则"；第9章增加了"雪害、涝害、旱害、酸雨危害"；新编了第10章；原第10章改为第11章并增加了"古树名木保护与研究的基本原则"和"11.2.5 保护管理工作目标与主要任务"。同时对"3.1.1 苗圃地的选择"和"3.2.3.1 整地作床"重新组织，第6章更新补充了微生物肥料的有关内容；第8章对"树洞的清理"进行了补充；第11章补充了"表11-1 树木检查项目"。其他章节也根据第3版教材使用的实际情况进行了适度调整，删除了有关章节中陈旧过时的内容，同时根据当今技术发展增加一些新理论、新方法、新技术、新材料、新产品使用等内容。

本次修订工作，由叶要妹、包满珠担任主编。具体编写分工如下：叶要妹负责第0章和第3章；包满珠负责第1章；唐岱负责第2章；舒常庆负责第4章；邓光华负责第5章；李志能、眭顺照负责第6章；叶要妹、王滑负责第7章；潘远智负责第8章；刘卫东负责第9章；周靖靖、王滑负责第10章；杨柳青负责第11章。叶要妹负责全书的统稿。

本教材在修订过程中，得到了前3版各位作者的关心和支持，以及多方专家教授的指点和帮助，得到了中国林业出版社、华中农业大学、中南林业科技大学、江西农业大学、西南林业大学、西南大学、四川农业大学等单位有关领导的大力支持和帮助，在此表示衷心的感谢！

由于编者的水平有限，书中仍有错误与不足之处，敬请读者给予批评指正。

编 者
2017年8月于湖北武汉狮子山

第5版前言

《园林树木栽植养护学》于2001年出版，以后又进行了3次改版。其中第3版作为高等院校园林与风景园林专业"十二五"规划教材于2012年出版，2014年获全国农业教育优秀教材项目资助，2015年获第三届全国林（农）类优秀教材一等奖；第4版列入国家林业局普通高等教育"十三五"规划教材和高等院校园林与风景园林专业规划教材于2017年出版，第5版已列入国家林业和草原局普通高等教育"十三五"的数字教材规划。

此次修订基于第4版的构架，本数字教材是"纸质+课程码资源"的结合，纸质版保留了第4版中的全部重要内容和当今技术发展增加的一些新理论、新方法、新技术、新材料、新产品使用等内容，对第5章"园林树木栽植工程施工原则"和"非适宜季节园林树木栽植技术措施"进行调整，各章节需要解释或扩充的知识则以图片、多媒体课件PDF、视频、课件等直观的"课程码资源"补充呈现。同时，以本教材为蓝本的"园林树木栽培学MOOC"也已上线，网址为 https://www.icourse163.org/course/HZAU-

1205908810。

  本次修订工作，由叶要妹、包满珠担任主编，邓光华任副主编。具体编写分工如下：叶要妹负责第0章和第3章；包满珠负责第1章；唐岱负责第2章；舒常庆负责第4章；邓光华负责第5章；李志能、眭顺照负责第6章；叶要妹、王滑负责第7章；潘远智负责第8章；刘卫东负责第9章；周靖靖、王滑负责第10章；杨柳青负责第11章。叶要妹负责全书的统稿。

  本教材在修订过程中，得到了前4版各位作者的关心和支持，以及多方专家教授的指点和帮助，得到了中国林业出版社、华中农业大学、中南林业科技大学、江西农业大学、西南林业大学、西南大学、四川农业大学等单位有关领导的大力支持和帮助，在此表示衷心的感谢！

  修订过程虽经多方努力，但因编者水平有限，书中不足之处在所难免，恳请使用本教材的师生及园林工作者给予批评指正。

编 者

2018年8月于湖北武汉狮子山

目 录

前言

第0章　绪论 ……………………………………………………………………… (1)
　0.1　园林树木栽植养护意义 ………………………………………………… (1)
　0.2　园林树木栽培概况 ………………………………………………………… (3)
　　　0.2.1　我国园林树木栽培经验 ………………………………………… (3)
　　　0.2.2　国外园林树木栽培概况 ………………………………………… (4)
　　　0.2.3　园林树木栽植养护新进展 ……………………………………… (5)
　0.3　园林树木栽植养护学研究对象与任务 …………………………………… (6)

第1章　树木生长发育的生命周期和年周期 ………………………………… (8)
　1.1　树木生长发育的生命周期 ………………………………………………… (8)
　　　1.1.1　树木个体发育 …………………………………………………… (9)
　　　1.1.2　树木年龄时期 …………………………………………………… (13)
　　　1.1.3　树木衰老与复壮 ………………………………………………… (16)
　1.2　树木生长发育的年周期 …………………………………………………… (18)
　　　1.2.1　树木年生长周期中个体发育阶段 ……………………………… (18)
　　　1.2.2　树木物候 ………………………………………………………… (19)
　　　1.2.3　树木主要物候期 ………………………………………………… (22)
　思考题 ……………………………………………………………………………… (28)
　推荐阅读书目 …………………………………………………………………… (28)

第2章　树木各器官的生长发育 ……………………………………………… (29)
　2.1　根系生长 …………………………………………………………………… (30)
　　　2.1.1　树木根系功能 …………………………………………………… (30)
　　　2.1.2　树木根系构成与起源类型 ……………………………………… (30)
　　　2.1.3　树木根系分布 …………………………………………………… (32)
　　　2.1.4　根系生长速度与周期 …………………………………………… (33)
　　　2.1.5　根系生长习性及影响根系生长因素 …………………………… (36)

2.1.6　栽培管理与根系生长 ………………………………………………… (36)
2.2　茎的生长 ………………………………………………………………………… (37)
　　2.2.1　茎的功能 …………………………………………………………… (37)
　　2.2.2　芽的特性 …………………………………………………………… (37)
　　2.2.3　茎枝生长与特性 …………………………………………………… (39)
　　2.2.4　树木层性与干性 …………………………………………………… (41)
　　2.2.5　树木分枝方式与树冠的形成 ……………………………………… (42)
　　2.2.6　影响枝条生长的因素 ……………………………………………… (47)
2.3　叶和叶幕形成 …………………………………………………………………… (47)
　　2.3.1　叶片形成与生长 …………………………………………………… (47)
　　2.3.2　叶幕形成特点与结构 ……………………………………………… (48)
　　2.3.3　叶面积指数 ………………………………………………………… (49)
2.4　花芽分化与开花 ………………………………………………………………… (49)
　　2.4.1　花芽分化 …………………………………………………………… (49)
　　2.4.2　开花生物学 ………………………………………………………… (53)
2.5　坐果与果实生长发育 …………………………………………………………… (55)
　　2.5.1　授粉和受精 ………………………………………………………… (55)
　　2.5.2　坐果与落花落果 …………………………………………………… (57)
　　2.5.3　果实生长发育 ……………………………………………………… (57)
　　2.5.4　果实着色 …………………………………………………………… (58)
2.6　树木整体性及各器官生长发育的相关性 ……………………………………… (58)
　　2.6.1　树体营养物质合成与利用 ………………………………………… (58)
　　2.6.2　树木各器官生长发育相关性 ……………………………………… (60)
思考题 …………………………………………………………………………………… (63)
推荐阅读书目 …………………………………………………………………………… (64)

第 3 章　苗木培育 ……………………………………………………………………… (65)

3.1　苗圃建立 ………………………………………………………………………… (65)
　　3.1.1　苗圃地选择 ………………………………………………………… (65)
　　3.1.2　建立苗圃的方法 …………………………………………………… (66)
　　3.1.3　苗圃技术档案 ……………………………………………………… (70)
3.2　播种苗培育 ……………………………………………………………………… (70)
　　3.2.1　种实采集、调制及贮藏 …………………………………………… (71)
　　3.2.2　园林树木种子品质检验 …………………………………………… (74)
　　3.2.3　播种前准备工作 …………………………………………………… (74)
　　3.2.4　播种 ………………………………………………………………… (77)
　　3.2.5　播种苗年生长发育时期的划分及其育苗技术要点 ……………… (79)
　　3.2.6　育苗地管理 ………………………………………………………… (81)
3.3　营养繁殖苗培育 ………………………………………………………………… (82)

3.3.1 扦插苗培育 (82)
3.3.2 嫁接苗培育 (90)
3.3.3 压条、埋条育苗 (99)
3.3.4 分株繁殖育苗 (100)
3.4 大苗培育 (101)
3.4.1 苗木移植 (101)
3.4.2 苗木整形修剪 (102)
3.4.3 园林苗圃土、肥、水管理 (102)
3.5 苗木调查及出圃 (103)
3.5.1 苗木调查 (103)
3.5.2 苗木质量要求及苗龄表示方法 (104)
3.5.3 苗木出圃 (106)
3.6 设施育苗 (107)
3.6.1 育苗设施 (107)
3.6.2 容器育苗 (109)
3.6.3 无土栽培 (113)
3.6.4 组织培养 (114)
思考题 (115)
推荐阅读书目 (115)

第4章 园林树种的选择与配置 (116)
4.1 树木生长的局部环境类型 (116)
4.1.1 城市绿地的类型 (117)
4.1.2 几种典型城市绿地环境 (118)
4.2 园林树种选择 (119)
4.2.1 树种选择意义与原则 (119)
4.2.2 适地适树 (120)
4.2.3 各类用途园林树种选择 (122)
4.3 种植点的配置方式 (125)
4.3.1 按种植点的平面配置分类 (125)
4.3.2 按种植效果的景观配置 (127)
4.4 栽植密度与树种组成 (129)
4.4.1 栽植密度 (129)
4.4.2 树种组成 (131)
思考题 (134)
推荐阅读书目 (134)

第5章 园林树木的栽植 (135)
5.1 栽植的意义与成活原理 (135)

  5.1.1 栽植概念与意义 …………………………………………………… (135)
  5.1.2 树木栽植成活原理 ………………………………………………… (136)
  5.1.3 保证树木栽植成活的关键 ………………………………………… (138)
 5.2 园林树木栽植季节 ………………………………………………………… (138)
  5.2.1 春季栽植 …………………………………………………………… (139)
  5.2.2 夏季栽植 …………………………………………………………… (139)
  5.2.3 秋季栽植 …………………………………………………………… (139)
  5.2.4 冬季栽植 …………………………………………………………… (139)
 5.3 树木栽植技术 ……………………………………………………………… (139)
  5.3.1 栽植前准备工作 …………………………………………………… (140)
  5.3.2 栽植程序与技术 …………………………………………………… (142)
 5.4 大树移栽工程 ……………………………………………………………… (153)
  5.4.1 大树移栽意义和特点 ……………………………………………… (153)
  5.4.2 大树移栽技术 ……………………………………………………… (153)
  5.4.3 机械移栽 …………………………………………………………… (162)
 5.5 非适宜季节和特殊立地条件栽植技术 …………………………………… (163)
  5.5.1 非适宜季节园林树木栽植技术措施 ……………………………… (163)
  5.5.2 特殊立地条件下栽植技术 ………………………………………… (164)
 5.6 竹类与棕榈类植物移栽 …………………………………………………… (164)
  5.6.1 竹类移栽 …………………………………………………………… (164)
  5.6.2 棕榈类移栽 ………………………………………………………… (167)
 5.7 成活期养护管理 …………………………………………………………… (169)
  5.7.1 扶正培土 …………………………………………………………… (169)
  5.7.2 水分管理 …………………………………………………………… (169)
  5.7.3 抹芽去萌与补充修剪 ……………………………………………… (169)
  5.7.4 松土除草 …………………………………………………………… (170)
  5.7.5 施肥 ………………………………………………………………… (170)
  5.7.6 成活调查与补植 …………………………………………………… (170)
 思考题 ……………………………………………………………………………… (171)
 推荐阅读书目 ……………………………………………………………………… (171)

第6章 园林树木的土、肥、水管理 ……………………………………………… (172)

 6.1 土壤管理 …………………………………………………………………… (172)
  6.1.1 松土除草 …………………………………………………………… (173)
  6.1.2 地面覆盖与地被植物 ……………………………………………… (173)
  6.1.3 土壤改良 …………………………………………………………… (174)
 6.2 树木施肥 …………………………………………………………………… (178)
  6.2.1 园林树木施肥意义与特点 ………………………………………… (178)
  6.2.2 施肥原则 …………………………………………………………… (179)

6.2.3　施肥时期 ……………………………………………………… (182)
　　　6.2.4　肥料配方与用量 ……………………………………………… (183)
　　　6.2.5　施肥方法 ……………………………………………………… (185)
　　　6.2.6　园林树木营养诊断 …………………………………………… (189)
　6.3　园林树木灌水与排水管理 ………………………………………………… (190)
　　　6.3.1　合理灌水与排水依据与原则 ………………………………… (190)
　　　6.3.2　园林树木灌溉 ………………………………………………… (192)
　　　6.3.3　园林树木排水 ………………………………………………… (197)
　　　6.3.4　土壤保水剂 …………………………………………………… (198)
　思考题 ……………………………………………………………………………… (198)
　推荐阅读书目 ……………………………………………………………………… (198)

第7章　园林树木的整形修剪 …………………………………………………… (199)
　7.1　整形修剪的意义与原则 ……………………………………………………… (199)
　　　7.1.1　整形修剪的意义 ……………………………………………… (200)
　　　7.1.2　整形修剪基本原则 …………………………………………… (201)
　7.2　树体结构与修剪调节机理 …………………………………………………… (203)
　　　7.2.1　树体结构 ……………………………………………………… (203)
　　　7.2.2　修剪的调节机理 ……………………………………………… (205)
　7.3　修剪工具 ……………………………………………………………………… (206)
　　　7.3.1　枝剪 …………………………………………………………… (206)
　　　7.3.2　树木修剪锯 …………………………………………………… (206)
　　　7.3.3　辅助机械 ……………………………………………………… (207)
　7.4　整形修剪技术与方法 ………………………………………………………… (207)
　　　7.4.1　整形修剪时期 ………………………………………………… (207)
　　　7.4.2　园林树木主要整形方式 ……………………………………… (208)
　　　7.4.3　整形修剪的基本技术 ………………………………………… (211)
　　　7.4.4　树木整形中的修剪方法 ……………………………………… (217)
　7.5　不同类型树木整形修剪 ……………………………………………………… (223)
　　　7.5.1　苗木整形修剪 ………………………………………………… (224)
　　　7.5.2　苗木出圃或栽植前后修剪 …………………………………… (226)
　　　7.5.3　定植后不同类型树木修剪 …………………………………… (226)
　思考题 ……………………………………………………………………………… (236)
　推荐阅读书目 ……………………………………………………………………… (236)

第8章　树洞处理与树体支撑 …………………………………………………… (237)
　8.1　树洞处理意义 ………………………………………………………………… (237)
　　　8.1.1　树洞处理简史 ………………………………………………… (238)
　　　8.1.2　树洞形成原因与进程 ………………………………………… (238)

8.1.3　树洞处理目的与原则 …………………………………… (239)
8.2　树洞处理步骤与方法 …………………………………………… (240)
　　8.2.1　树洞清理 …………………………………………………… (240)
　　8.2.2　树洞整形 …………………………………………………… (241)
　　8.2.3　树洞加固 …………………………………………………… (242)
　　8.2.4　消毒与涂保护剂 …………………………………………… (243)
　　8.2.5　树洞填充 …………………………………………………… (243)
8.3　树木支撑 ……………………………………………………………… (246)
　　8.3.1　影响树木支撑因素 ………………………………………… (246)
　　8.3.2　人工支撑类型与方法 ……………………………………… (247)
思考题 ………………………………………………………………………… (252)
推荐阅读书目 ………………………………………………………………… (252)

第9章　树木的各种灾害 …………………………………………………… (253)

9.1　树木自然灾害 …………………………………………………………… (253)
　　9.1.1　低温危害 …………………………………………………… (254)
　　9.1.2　高温危害 …………………………………………………… (259)
　　9.1.3　雷击伤害 …………………………………………………… (261)
　　9.1.4　风害 ………………………………………………………… (262)
　　9.1.5　雪害 ………………………………………………………… (262)
　　9.1.6　涝害 ………………………………………………………… (262)
　　9.1.7　旱害 ………………………………………………………… (263)
　　9.1.8　酸雨危害 …………………………………………………… (263)
　　9.1.9　根环束危害 ………………………………………………… (263)
9.2　市政工程对树木危害 …………………………………………………… (264)
　　9.2.1　土层深度变化对树木危害 ………………………………… (264)
　　9.2.2　地面铺装对树木危害 ……………………………………… (268)
9.3　煤气(天然气)与化雪盐对树木危害 ………………………………… (271)
　　9.3.1　煤气(天然气)对树木的危害与防治 …………………… (271)
　　9.3.2　化雪盐对树木危害 ………………………………………… (271)
思考题 ………………………………………………………………………… (272)
推荐阅读书目 ………………………………………………………………… (272)

第10章　园林树木安全性管理 …………………………………………… (273)

10.1　园林树木安全性问题 ………………………………………………… (273)
　　10.1.1　树木不安全性因素 ………………………………………… (274)
　　10.1.2　造成树木弱势非感染和传播性因素 …………………… (275)
　　10.1.3　树木安全管理系统 ………………………………………… (279)
　　10.1.4　树木生物力学计算 ………………………………………… (280)

10.2 树木腐朽及其影响 ……………………………………………………………… (282)
　　10.2.1 树木腐朽类别 ……………………………………………………………… (282)
　　10.2.2 树木腐朽探测与诊断 ……………………………………………………… (283)
　　10.2.3 树干强度损失计算 ………………………………………………………… (284)
10.3 树木损伤预防及修复 …………………………………………………………… (284)
　　10.3.1 树木创伤与愈合 …………………………………………………………… (284)
　　10.3.2 树木损伤类型 ……………………………………………………………… (285)
　　10.3.3 创伤修复 …………………………………………………………………… (287)
思考题 ……………………………………………………………………………………… (289)
推荐阅读书目 ……………………………………………………………………………… (289)

第11章 树木诊断与古树养护 …………………………………………………………… (290)
11.1 树木检查与诊断 ………………………………………………………………… (290)
　　11.1.1 树木检查与评价 …………………………………………………………… (291)
　　11.1.2 树木异常生长诊断 ………………………………………………………… (292)
　　11.1.3 树木某些症状的分析 ……………………………………………………… (295)
　　11.1.4 病虫害鉴定与检索 ………………………………………………………… (298)
11.2 古树名木保护和研究意义 ……………………………………………………… (301)
　　11.2.1 古树名木概念 ……………………………………………………………… (301)
　　11.2.2 保护和研究古树名木意义 ………………………………………………… (302)
　　11.2.3 国内外古树名木研究概况 ………………………………………………… (304)
　　11.2.4 古树名木调查和保护 ……………………………………………………… (304)
11.3 古树衰老与复壮 ………………………………………………………………… (305)
　　11.3.1 古树衰老原因诊断与分析 ………………………………………………… (305)
　　11.3.2 古树名木养护与复壮 ……………………………………………………… (307)
思考题 ……………………………………………………………………………………… (310)
推荐阅读书目 ……………………………………………………………………………… (310)

参考文献 ………………………………………………………………………………… (311)

附录　园林树木养护管理年月历工作 ………………………………………………… (313)

总码

补充文件码

视频码

课件码

第0章 绪论

[**本章提要**] 介绍了园林树木栽植养护的定义和意义、园林树木的栽培概况及园林树木栽植养护学的研究对象与任务。

园林树木是园林植物的重要组成,是构成园林绿地的主体,是适合于风景区、休息疗养胜地、街道、公园、厂矿、村落及居住区等各种园林绿地栽植应用的木本植物。园林树木以其特有的生态平衡功能和环境保护作用,决定了它在现代文明社会建设中不可取代的重要"肺腑"地位。园林树木又因其神奇的千姿百态、绚丽的流光溢彩和丰富的配置形式,在营造城市自然氛围、美饰环境空间、创造文化意境等方面发挥着独到的园林景观功能。同时,园林树木因在人类精神文明和物质文明建设中的特殊意义而备受关注。园林树木作为生态文明和美丽中国建设的重要物质基础,其苗木产业和园林绿化产业集生态效益、社会效益和经济效益于一体,既是美丽公益事业,又是优势特色产业。只有高质量、高水平的栽植与养护管理,才能使园林树木发挥更大的综合效益,园林景观才能逐渐达到完美的效果。

0.1 园林树木栽植养护意义

狭义的园林树木栽植养护是指从苗木出圃(或挖掘)开始直至树木衰亡、更新这一较长时期的栽培实践活动。广义的园林树木栽植养护包括苗木培育、定植移栽、土肥水管理、整形修剪、树体支撑加固、树洞修补、树木创伤修复、树木各种灾害的防治及古树名木保护等。

园林树木栽植养护水平的高低直接影响树木在园林绿化建设中作用的发挥。园林树木，特别是以树木为主体的自然式或人工式植物群落的生长发育，具有明显的改善环境、观赏、游憩和经济生产的综合效益。

树木是一种活的有机体，不同的树木或同一树木的不同配置，在同一地点或不同地点、个体或群体、不同年龄阶段会表现出不同的景观或情趣。树木是大自然的艺术品，它的枝、叶、花、果及树姿等均具有无与伦比的魅力，不但给人以形体美的享受，而且陶冶人们的情操，净化人们的心灵。同时，树木还具有改善环境的巨大作用，特别是随着生态园林的发展，树木在调节气候、减少风沙危害、保持水土、涵养水源、净化空气和滞尘减噪等方面的作用越来越得到人们的重视，并将产生更好的保健效果。

此外，在园林栽植养护中，树木还具有创造财富的生产效益。许多树木的枝、叶、花、果及根、皮等可以作药材、食物及工业原料。树木的生产功能所包含的内容极其丰富，只要运用得当，可以对园林建设起到积极的推动作用。然而如果运用不当，片面地追求物质生产效益，不但会产生消极作用，而且会导致园林景观的破坏。这都取决于园林树木栽培的水平与质量。

党的十九届五中全会提出，推动绿色发展，促进人与自然和谐共生；党的二十大报告提出，到二○三五年，广泛形成绿色生产生活方式，碳排放达峰后稳中有降，生态环境根本好转，美丽中国目标基本实现。园林树木作为建设美丽中国的重要物质基础，其园林绿化产业发展潜力巨大，提高园林树木栽植养护技术水平也将是满足人民日益增长的美好生活需要的必然要求。

园林树木栽植养护的任务：一是加强对现有树木的管理，使其健康、长寿、美观，充分发挥其应有的功能效益，特别是发挥其保护环境，促进和保持生态平衡方面的综合作用，树木生长越繁茂，这种作用就发挥得越好；二是扩大绿地面积，特别是人口密集区的绿地面积，不断丰富绿地内容，重建或改建园林绿地风景林、环保林，增加覆盖率和绿化率；三是通过科学配置，合理修剪和精心养护，使树姿优美、苍劲古雅、欣欣向荣、浓荫蔽地或秋叶缤纷、花果繁茂，更好地体现其个体或群体美，使其在美化环境、促进生长及旅游观光等方面发挥更大的作用；四是处理好园林树木成活生长与市政建设（包括空中管线、地下设施及地面铺装等）的关系，消除树木生长中的不安全因素，保障人民生命财产的安全，促进树木健康延年。

园林树木栽植养护的实质，是在掌握树木生长发育规律的基础上，根据人们的需要，对树木及其环境采取直接或间接的措施，进行及时的调节与干预，促进或抑制其生长和发育。所谓直接措施是直接作用于树体的各种措施与方法，包括移栽定植、修枝整形、支撑加固、嫁接补枝、树体喷涂（药、肥、水等）及树洞修补与覆盖等。所谓间接措施主要是通过改善树木生长的光、热、水、肥、气（包括土壤与大气）等环境条件，促进和控制树木的生长与发育。

0.2 园林树木栽培概况

0.2.1 我国园林树木栽培经验

我国被誉为"世界园林之母",其中的树木栽培也具有悠久的历史。

古代栽培的树种多为经济价值较高的果树及桑、茶等,而后分化出主要用于庭院遮阴的观赏树木。早在《诗经》(前11世纪至前6世纪)中就有原产于我国的桃、李、杏、梅、枣、栗、榛等果树栽培及将其种植在村旁宅院纳凉、欢乐歌舞的记载。在《管子·地员篇》(5世纪)中记载有:吴王夫差在嘉兴建造"会景园"时就"穿沿凿池,杨亭营桥",所植花木,类多茶与海棠。春秋战国时期开始进行街道绿化。在《史记·货殖列传》(前2世纪至前1世纪)中就有"千树樟""千树栗""千树梨""千树楸""千亩漆""千亩竹"……皆与千户侯的记载。

据《汉书·贾山传》记载:"为驰道于天下,东穷燕齐,南极吴楚,江湖之上,滨海之观毕至。道广五十步,三丈而树(秦制6尺为步,10尺为丈,每尺合今制27.65cm),厚筑其外,隐以金椎,树以青松。……",可见秦时已广植行道树。

关于树木的栽培技术,在北魏贾思勰撰写的《齐民要术》中记载"凡栽一切树木,欲记其阴阳,不令转易。阴阳易位,则难生。小小栽者,不烦记也。大树髡之,不髡,风摇则死;小则不髡。先为深坑,内树讫,以水沃之,著土令如薄泥,东西南北摇之良久,……然后下土坚筑。时时灌溉,常令润泽。埋之欲深,勿令挠动……凡栽树,正月为上时……二月为中时……三月为下时。然枣、鸡口,槐、兔目,桑、虾蟆眼,榆、负瘤散;自余杂木、鼠耳虻翅,各其时……"意思是说,栽树要记住其原有的阴阳面,不要改变,否则难以成活。大树要截冠栽植,防止风摇,小树可以不去冠。栽树时要深挖坑,注水和泥,四方摇动使根土密接,回土踩实,经常灌水,覆土保湿。栽时宜深些,栽后防止摇动伤根。栽树的时间以正月(农历)最好,二月也可以,但不能迟于三月。不过枣树可移鸡口,槐树可移兔子眼,桑树可移蛤蟆眼,榆树可移小包包……其余各树种可移老鼠耳朵、牛虻翅膀……各有相适宜的栽植时间(鸡口、兔目等均为叶芽绽开时的形态)。

唐代文学家柳宗元在《种树郭橐驼传》中总结了一位驼背老人的种树经验,即"能顺木之天,以致其性""其莳欲密,既然已,勿动勿虑",说明了适地适树,保证栽植质量对提高成活率的重要性。明代《种树书》中载有"种树无时惟勿使树知""凡栽树不要伤根须,阔挖勿去土,恐伤根。仍多以木扶之,恐风摇动其巅,则根摇,虽尺许之木亦不活;根不摇,虽大可活,更茎上无使枝叶繁则不招风。"说明了树木栽植时期的选择、挖掘要求和栽后支撑的重要性。明代王象晋的《群芳谱》,清代汪灏的《广群芳谱》等都有关于树木的形态特征与栽培方法的记载。从古代树木栽培文献考证,我国树木栽培历史悠久,其栽培技术已达到相当高的水平,对于指导今天的园林树木栽植养护实践仍具有重要的参考价值。

中华人民共和国成立后,随着经济的发展,我国的树木栽培和应用技术也有很大的发展,特别是20世纪70~80年代以来,我国园林树木的栽植养护有了长足的进步。1979年第五届全国人大常务委员会第六次会议决定将每年的3月12日定为我国的植树节，同年，国家城市建设总局发布《关于加强园林绿化工作的意见》。1982年建设部颁发《城市园林绿化管理暂行条例》，对城市园林绿化提出了量化的指标，并要求健全技术责任制。1992年国务院发布第100号令《城市绿化条例》，同年，建设部制定了《城市园林绿化当前产业政策实施方法》，标志着我国的城市园林绿化工作步入了依法建设的新阶段。2000年建设部重新颁布了《城市古树名木保护管理办法》。自2016年住房和城乡建设部公布了第一批国家生态园林城市以来，标志着在我国新型城市化的背景下，"生态园林"已经成为指导城市园林绿化建设的核心理念，是对"海绵城市""生态修复""节约型绿化""近自然园林"等一系列生态化园林绿化规划建设与工程设计理念的高度概括和凝练。2021年5月国务院办公厅印发实施《国务院办公厅关于科学绿化的指导意见》，2022年国家多部委联合分别印发了《"十四五"乡村绿化美化行动方案》，提出根据区域生态资源禀赋，加快我国生态文明、美丽中国和乡村振兴，促进产业绿色发展，也将园林树木栽培技术推向一个新的高度。近年来，全国各地广泛开展了园林植物的引种驯化工作，使一些植物的生长区向南或向北推移；塑料工业的发展，使园林植物的保护地栽植养护得到了较大发展，简易塑料大棚和小棚的应用，使苗木的繁殖速度得到了提高，一些难以繁殖的珍贵花木，在塑料棚内能获得较高的生根率，对繁殖不太困难的植物，可延长繁殖时期和缩短生根期，降低了苗木生产成本；间歇喷雾的应用，使全光照扦插得以实现；生长激素的推广使苗木的繁殖进入一个新时期；促成栽植养护技术的应用进入了一个新水平，至今已有一些园林植物如牡丹的花期能按人们的要求如期催开或延迟开放，如紫薇调控二次花期可延迟至国庆节开放；屋顶花园、垂直绿化的应用，为工业发达、人口密集、寸土寸金的城市扩大绿化面积提供了广阔的前景；组织培养、无土栽培、控根容器育苗、配方施肥、人工智能等技术的应用，为园林绿化行业进入高速发展通道提供了有利的条件。

0.2.2　国外园林树木栽培概况

有史料记载，公元前4000年古埃及就已经在容器中种植植物了。在金字塔里发现了茉莉的种子和叶片。埃及、叙利亚等国在公元前3000多年已开始种植蔷薇。在古埃及，宅园中规则式种埴埃及榕、棕榈、柏树、葡萄、石榴、蔷薇等木本植物，以夹竹桃、桃金娘等灌木篱围成规则形植坛。公元前600年巴比伦在园林中人工规则栽植香木、意大利柏木、石榴、葡萄等木本植物。公元前2000—公元前300年古希腊是欧洲文明的摇篮。园林中栽植的树木种类和形式对之后欧洲各国园林树木栽培应用都有影响。据记载，公元前5世纪，园林中种植油橄榄、无花果、石榴等果树，还有月桂、桃金娘等植物，更重视植物的实用性，使用绿篱组织空间。到公元前5世纪，随着国力增强，除蔷薇外，芳香植物也受到喜爱。

18~19世纪，英国风景园出现，影响了整个欧洲的园林发展。这一时期，植物引种成为热潮。美洲、非洲、澳大利亚、印度、中国的许多树种被引入欧洲。商业苗圃开始大规模生产观赏植物，使其能被大多数植物爱好者利用。普遍栽种的有棕榈、杜鹃花、常绿雨林树木和攀缘植物，园林中大量使用树丛或花木专类园。19世纪公园和城市绿地等出现，并成为园林树木的主要应用场所。20世纪，法国、德国、荷兰、意大利等欧洲国家的树木栽培不断发展。

美国在殖民时代，城市绿化基本模仿欧洲模式，树木大多栽植在城镇的中心广场四周，开始主要是引种欧洲的榆树，1860年开始从中国引进大量的树种。1869年的舞毒蛾事件促成了美国植物栽培科学的发展，19世纪美国注意应用乡土树种。

欧洲及美国也有很多树木栽培的研究记录，有许多外来引种植物，其中有许多从中国引进，并在品种选育和栽培技术等方面进行了大量研究，且有很先进的技术措施。欧洲是现代植物学的发源地，研究植物的主要基地是植物园和树木园。树木的基质栽培、无伤探测、受伤树木的修补等技术处于世界领先地位，同时注重树木的造型，在行道树、庭荫树的整形与修剪上有独特之处，特别注重人工整形修剪，机械化修剪程度和技术水平高，是园林树木精心管理与养护的典范。

0.2.3　园林树木栽植养护新进展

近四五十年来，园林树木的栽植养护技术有了较大的进展。

① 园林种苗的容器化为树木移栽提供了诸多方便　容器育苗，尤其是大苗的控根容器培育，对园林树木的移栽和在较短时间内达到快速绿化的效果起到了十分重要的作用。在发达国家容器育苗占育苗量的90%以上。容器育苗免除了起苗、打包等移栽过程中人力、物力的消耗，可使大苗移栽的成活率达到100%。

② 在大树移栽的设备方面有了许多改进　自20世纪70年代，The Vemeer Manufacturing Company of Pella lowa 制造并推广其TM700型移栽机。这是一种自我推进，安装在卡车上的机器，可以挖坑、运输、栽植胸径17~21cm的大树。它不仅可在几分钟内挖出土球，而且可以吊装，运输带土球的树木，并将其栽植在预先挖好的坑内。目前国外已有各种类型的机械用于大树移植，国内也有少数园林公司拥有类似的机械。

③ 抗蒸腾(干燥)剂的使用，大大提高了阔叶树带叶栽植的成活率　有一种商品名为Vapor Guard的Wilt-Pruf NCF的极好抗干燥剂，冬天不冻结，秋天喷洒一次，有效期可延迟至越冬以后。此外，Plantguard(植物保护剂)是较新研制的抗干燥剂，经适当稀释后喷在植株上，形成一层柔软而不明显的薄膜，不破裂，耐冲洗。它可透过氧气和二氧化碳，并可阻止水汽的扩散。植物保护剂还具有刺激植物生长和防晒的作用。我国也已有自主研制而成的新型植物保护剂，如"沃恩抗蒸腾剂""众元牌新型植物抗蒸腾剂""国光抑制蒸腾剂"等。

④ 在树木施肥方面也取得了较大的进展　其中按照树木胸径确定施肥量的方法已在生产上应用。在干化肥施用方法上更多地提倡打孔施肥，并在机械化、自动化方面向前推进了一大步。近10年来已研制出肥料的新类型和施用的新方法，其中微孔释放袋是其代表之一。还有推广的Jobe's树木营养钉，可以用普通木工锤打入土壤，其施肥速度可比打孔施肥快2~5倍。四川国光农业股份有限公司研制的新型功能肥及螯合制剂也得到了使用。在肥料成分上根据树木种类、年龄、物候及功能等推广使用的配方施肥也逐渐得到人们的重视。

⑤ 在树木修剪方面，由于人工修剪成本高，相应促进了化学修剪和机械修剪的发展　如Slo-Gro等化学药剂，可通过叶片吸收进入树体，运输到迅速生长的梢端后，幼

嫩细胞虽可继续膨大，但可使细胞分裂的速度减缓或停止，从而使生长变慢，并保持树体的健康状况。另外，规则式人工造型的树木修剪机在生产上也得到了应用。

⑥ 在树洞处理上，已有许多新型材料用于填充　其中聚氨酯泡沫是一种强韧材料，稍具弹性，对边材和心材有良好的黏着力，容易灌注，膨化和固化迅速，并可与多种杀菌剂混合使用。在树洞处理中，主张在树洞清理中应保留某些已开始腐朽的木质部，以保护障壁层。

⑦ 园林苗木的生产已实现温室化、专业化、工厂化　温室结构标准化，温室内环境已实现自动调控；可以进行流水作业，实现连续生产和大规模生产；为了提高竞争力，各国都致力于培养独特的花木种类，形成自己的优势。并且注意发展节约能源的苗木生产，广泛采用新的栽植养护技术，如组织培养、无土栽培等。

⑧ 在农药的使用上更加环保　由于环境保护的需要，淘汰了一些具残毒和污染环境的药剂，应用和推广了许多新型高效低毒的农药，并进行生物防治。

⑨ 人工智能在园林绿化的应用　近年来，随着"计算机+"技术的进步、大数据产业的发展，城市建设管理智慧化水平随之不断提高。针对园林树木生长规律监测、苗木培育、园林规划设计(包括种植设计)、苗木栽植、养护管理等搭建智慧管理信息系统，为城市绿化智慧化管理提供技术支撑，提高了城市绿化精细化管理水平。

［见数字资源("数字基础设施规模能级提升　数字赋能助力各领域实现升级"视频：https://news.cctv.com/2023/05/10/ARTIr1zmgmIyyJFFIleLKsnv230510.shtml)］

0.3　园林树木栽植养护学研究对象与任务

园林树木栽植养护学是研究园林树木的苗木培育、移栽定植和养护管理理论与技术的科学。它是农业科学中植物栽培学的一个分支，都是根据人类社会生产和生活的需要，在人类生产劳动的干预下，按照一定的目的作用于植物与环境，促进自然物质更好地转化为人类生活所需要的各种产品和功能效益中形成和发展起来的。它既受自然和生物学规律的制约，又受社会经济规律的影响，在相当程度上还受人们主观能动性的影响。当然，园林树木栽植养护学与其他植物栽培学也有一定的区别。首先，其他植物栽培学，如蔬菜栽培学、果树栽培学和作物栽培学等一般都以直接生产某种形式的物质产品为主要目的；而园林树木栽植养护学则是以发挥树木改善生活环境和焕发人们精神的功能为主，一般是间接的。这些功能既有物质层面的，又有精神层面的，在思想感情和美学方面还受人们意识形态和不同民族、时代和美学观念的影响。当然我们也不能忽视直接产品的利用。其次，园林树木栽植养护学所研究的有关理论与技术对树木的影响比其他植物栽培学的范围广，作用的时间也长。如从森林培育学的观点看，已经衰老和开始腐朽的树木不再具有直接产品的生产价值，应及早予以淘汰和更新。然而从园林树木栽植养护学的观点看，这些树木，特别是其中的古树名木，不仅具有观赏价值和科学价值，而且象征着一个地区人民的精神风貌和文明史。从供游人观瞻来说也有其间接的经济价值，不仅不能淘汰还应加强保护管理，并采取有力的措施促其复壮，延长其生命周期。

园林树木栽植养护学的研究对象主要是城镇、宅院、风景区等正在生长和即将栽植的木本植物。其研究内容包括4个方面，即树木生长发育的基本规律，园林苗木的培育，提高树木栽植成活的理论与技术，以及定植后树木的环境和树体管理。本教材特别加强了园林树木异常状态的诊断和主要灾害的鉴别与防治的论述。有关病虫害的防治理论与技术，因有专门课程和教材进行阐述，本教材较少涉及。

园林树木栽植养护学的任务是服务于园林树木栽培实践，从树木与环境之间的关系出发，在调节、控制树体与环境之间的关系上发挥更好的作用。既要充分发挥树木的生态适应性，又要根据栽植地的立地条件特点和树木的生长状况与功能要求，实行科学的管理；既要最大限度地利用环境资源，又要适时调节树木与环境的关系，使其正常生长，延年益寿，充分发挥其改善环境、游憩观赏和经济生产的综合效益，促进相应生态系统的动态平衡，使园林树木栽培更趋合理，取得事半功倍的效果。

园林树木栽植养护学的任务及研究的内容十分广泛，其范围涉及多门学科，因此，必须在具备植物学、树木学、植物生理学、土壤肥料学、气象学、植物生态学、植物保护学等学科的基本知识、基本理论与基本技能的基础上，才能学好本课程，并用于栽培实践。

园林树木栽植养护学是一门专业性、实践性很强的应用学科。在学习方法上必须是理论联系实际，既要不断吸收和总结历史和现实的栽培经验与教训，又要勤于实践，在实践中学习。这样才能在学习理论的同时，提高动手能力，从而培养园林树木栽培实际工作中分析问题和解决问题的能力。

当前在园林树木栽植养护上存在的问题较多，也很复杂，因此，应从实践出发，具体情况具体分析，找出解决问题的途径与方法，提高园林树木栽培的科学性，以充分发挥园林树木的综合效益。基于此，必须牢固树立和践行"绿水青山就是金山银山"的理念，站在人与自然和谐共生的高度谋划发展，才能把园林树木栽培技术服务送到林间地头，护美绿水青山，做大金山银山。

第1章 树木生长发育的生命周期和年周期

[**本章提要**] 介绍树木生命周期中的个体发育阶段、年龄时期和年周期中的发育阶段、树木的物候、变化规律及其实践意义。阐述树木各个发育阶段、年龄时期的特点、树木物候变化的规律、落叶树物候期的特点及其与此相应的主要栽培实践、树木衰老的机理与复壮技术。

树木的生命周期(又称大发育周期)是从种子萌发起,经过多年的生长开花或结果,直到树体死亡的整个时期,它可以反映树木个体发育的全过程,是树木生命活动的总周期。树木的年生长发育周期(简称树木的年周期)是指树木每一年随着环境,特别是气候(如水、热状况等)的季节性变化,在形态和生理上产生与之相适应的生长和发育的规律性变化。年周期是生命周期的组成部分。研究树木的生命周期和年生长发育规律对于树木造景和防护设计,以及不同季节的栽培管理具有十分重要的意义。

1.1 树木生长发育的生命周期

生长是指树体重量和体积的增加,它是通过细胞的分生、增大和能量积累的量变体现出来的。发育是指树体结构和功能从简单到复杂的变化过程,它是通过细胞分化导致树木根、茎、叶的形成,由营养体向生殖器官——花器、果实形成的质变体现出来的。

生长发育总是并提，它们不但受遗传基因的控制，而且受环境条件和栽培技术的影响。树木是多年生植物，其发生、发展与衰亡，不但受一年中温度、光照等因子季节变化的影响，还受各年间温度、光照等因子变化的影响。自然生长的树木，从繁殖开始都要年复一年地经历萌芽、生长、休眠的年生长过程，才能从幼年到成年，开花结实，最终完成其生命周期。

其他树木生长发育的生命周期相关内容见数字资源。

1.1.1 树木个体发育

1.1.1.1 个体发育概念

个体发育是任何生物都具有的一种生命现象。它是指某一个体在其整个生命过程中所进行的发育史。严格说来，植物的个体发育是指植物从雌雄性细胞受精形成合子开始，到发育成种子，再从种子萌发生长直到个体死亡的全过程。它们都要经历发生、发展、生长、开花、结实、衰老、更新和死亡的全过程。

通常研究植物个体发育是从种子萌发开始，直到个体衰老死亡的全过程。一年生植物的一生是在一年内完成的，如凤仙花和百日菊等，一般于春季播种后，可在当年内完成其生命周期，它们的生命周期通常与年周期同步。二年生植物的一生是在两年(严格地说是两个相邻生长季)内完成的，如雏菊和三色堇等二年生花卉，一般秋季播种，萌芽生长，经越冬后于翌年春夏开花结实和死亡。

树木的个体发育与一、二年生植物的差别，主要是树木的幼年期(童期)长，一般要经历多个年发育周期后才开花结实，一旦开花结实，就可连年多次开花结实。树木的寿命较长，通常有十几年或数十年的，有的甚至成千上万年才趋于衰老直至死亡(图1-1)。它们完成个体发育所需时间长，如榆树约500年，樟树、栎树约800年，松、柏、梅可超过1000年。可见，树木的个体发育，因树种不同或同一树种在不同的条件下也存在着很大的差异。

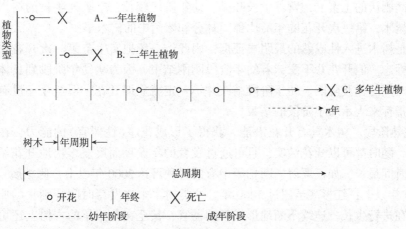

图1-1 不同植物生命周期的比较(沈德绪 等，1989)

1.1.1.2　树木生命周期中的个体发育阶段特点

树木的真正个体应从受精后的合子开始，经种子繁殖的实生单株，即为有性繁殖个体，又称有性繁殖树或实生树。在苗木生产中，常从母株上采取营养器官的一部分，如枝条、根段、芽和叶束，进行扦插、嫁接、分株及组织培养来繁殖新个体。这类单株与有性繁殖个体相区别，可叫作无性或营养繁殖个体，也称无性繁殖树或营养繁殖树。每个营养繁殖体的发育，是母株相应器官和组织发育的延续，不必再经历个体发育的全过程。因此，在园林树木中实际上存在着有性繁殖树和无性繁殖树两种不同起点的生命周期。研究树木生命周期的目的，在于根据其生命周期的节律性变化，采取相应的栽培管理措施，调节和控制树木的生长发育，使其健壮生长，充分发挥其园林绿化功能和其他效益。

(1) 有性繁殖树的个体发育阶段

① 胚胎阶段　是从受精形成合子开始到胚具有萌发能力，以种子形态存在的这段时期。一般木本植物的成胚过程需要的时间较长。种子完全成熟以后，在温度、水分和空气三要素不适宜的情况下会处于被迫休眠的状态。

② 幼年阶段　是从种子萌发形成幼苗到该植物特有的营养形态构造基本建成，并具有开花潜能(有形成花芽的生理条件，但不一定开花)时为止的这段时期。它是实生苗过渡到性成熟以前的时期，果树上称为童期。在这一时期完成之前，采取任何措施都不能诱导开花，但可以将这一阶段缩短。

一般木本植物的幼年阶段需经历较长的年限才能开花，且不同树种或品种也有较大的差异。如紫薇、月季、枸杞等当年播种当年就可开花，幼年阶段不到1年；梅花则需4~5年；松和桦5~10年；银杏15~20年；而红松可达60年以上。果树上"桃三杏四李五年"指的也是不同树种幼年期长短的差异。此外，幼年阶段的长短还因环境因素的差异而不同。一般在干旱、瘠薄的土壤条件下，树木生长弱，幼年阶段经历的时间短；反之，在湿润肥沃的土壤上，营养生长旺盛，幼年阶段较长；空旷地生长的树木和林缘受光良好的树木，第一次开花的年龄比郁闭林分和浓荫中的树木早。

开花是树木进入性成熟的最明显证据，因此，一般把实生苗第一次开花作为幼年阶段结束的标志。但开花并不意味着幼年阶段刚刚结束，因为从幼年阶段到具体开花可能包括一定时期的过渡阶段。幼年阶段结束并不一定就立即开花，但至今还没有明确的形态和生理指标来表示幼年阶段的结束。

③ 成熟阶段　树木具有开花潜能，获得了形成花序(性器官)的能力，在适当的外界条件下，随时都可以开花结实，且可通过发育的年循环而反复多次地开花结实。此阶段经历的时间最长，如板栗属、圆柏属中有的树种可达2000年以上；侧柏属、雪松属可经历3000年以上；红杉甚至超过5000年。这类树木个体发育时间特别长的原因在于其一生中都在进行生长，连续不断地形成新的器官，甚至在几千年的古树上还可以发现几小时以前产生的新梢、嫩芽和幼根，但木本植物达到成熟阶段以后，由于生理状况和环境因子可以控制花原基的形成与发育，也不一定每年都开花结实。

④ 衰老阶段　有性繁殖树经多年开花结实以后，生长势显著减弱，结果枝与结果

母枝越来越少，器官凋落增强，抗逆性降低，对干旱、低温、病虫害的抗性大大下降，最后导致树木的衰老、更新，逐渐死亡。树木的衰老过程也可称为老化过程。

(2) 无性繁殖树的个体发育阶段

无性繁殖树遗传上具有与母体相似的特性，可通过无性繁殖多"世代"地继续下去。自根实生树与由它繁殖成的同龄无性繁殖树相比较，它们的地上部分在形态特征和生物学特征上存在着某些本质的差别。这种差别主要是由它们在阶段发育上的不同所造成的。同时也存在着实生根系、茎源根系与根蘖根系在组织结构与生长习性上的不同，这在一定程度上也会表现出植株地上部分生长发育上的差别。

从一棵实生树通过无性繁殖，得到的具有众多植株的群体称为一个无性系。它们不仅遗传基础相同，甚至在发育阶段上也有可能相同或相似。因此，在形态特征、生长发育所需的条件及产生的反应等方面都极为相似。

有关个体发育的年龄，实生树与无性繁殖树是有差别的。实生树是以个体发育的生物学年龄表示；无性繁殖树则是以营养繁殖产生新个体生活的年数，即以假年龄表示，而它的实际个体发育年龄则应包括从种子萌发起，到从该母株采穗开始繁殖时所经历的时间，它的阶段发育是原母树阶段发育的继续。因此，无性繁殖树的发育特性，因母树发育阶段和营养体采集部位而异。

① 处于成熟阶段的枝条　取自成年母树树冠成熟区外围的枝条繁殖的个体，虽然它们的发育阶段是采穗母树或母枝发育阶段的继续与发展，在成活时就具备了开花的潜能，不会再经历个体发育的幼年阶段，但除接穗带花芽者成活后可当年或第二年开花外，一般都要经过一定年限的营养生长才能开花结实，从现象上看似乎与实生树相似，但实际上开花结实比实生树早。其原因是头几年树冠与根系接近，在无机营养供应充分和根系某些生长激素的影响下，出现复壮，营养生长加强，碳水化合物积累不够，以及成花激素少而不能开花。

② 处于幼年阶段的枝条　取自阶段发育比较年轻的实生幼树或成年植株下部的幼年区的干茎萌条或根蘖条进行繁殖的树木个体，因其发育阶段是采穗母树或采穗母枝发育阶段的继续与发展，同样处于幼年阶段，即使进行开花诱导也不会开花。这一阶段要经历多长时间取决于采穗前的发育进程和以后的生长条件。如果原来的发育已接近幼年阶段的终点，则再经历的幼年阶段时间短，否则就长。但从总体上看，它们的幼年阶段都要短于同类条件下、同种类型的实生树，当其累计发育的阶段达到具有开花潜能时就进入了成年阶段。以后经多年开花结实后，植株开始衰老死亡。

1.1.1.3　树木生命周期中的个体发育阶段分区

树木是多年连续生长的木本植物，它的发育是随着植株的细胞分裂、伸长和分化逐渐完成的。不同的阶段，树木要通过一定的条件，才能使生长着的细胞发生质的变化。这种变化只限于生长点，而且只能通过细胞分裂传递。树木在生长发育过程中也只有通过了前一个发育阶段，才能进入后一个发育阶段，且一旦树木的组织和器官的发育进入到更高级的阶段，就不可能再回到原来的发育阶段。由此可见，由于阶段发育的局限性、顺序性及不可逆性的特点，导致树体不同部位的器官和组织可能存在着本质差别。

多年生成年实生树越靠近根颈年龄越大，阶段发育越年轻；反之，离根颈越远则年龄越小，阶段发育越老。因此，人们常说："干龄老，阶段幼；枝龄小，阶段老。"

实生树在不同年龄时期形成的枝条和部位，在发育阶段上存在着差异，因而不同部位的枝和根，表现出生理和形态上的特异性，特别是树冠的不同部位表现得更为明显。就空间发育而论，通常以花芽开始出现的部位（严格说来应以生理成熟状态）作为幼年阶段过渡的标志。树木发育进程类似于果树，其树体或树冠可以分为幼年区、转变区（过渡区）和成年区（图1-2）。最低花芽着生部位以下空间范围内的区域称为幼年区，即不能形成花芽的树冠下部和内膛枝条处于幼年阶段的范围。在这个范围内，枝、叶和芽等器

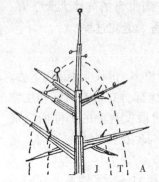

图1-2　实生果树的阶段分区
（沈德绪 等，1989）
A. 成年区　T. 转变区　J. 幼年区

官表现出幼年特征，即具有分裂能力的分生组织可重复产生新的细胞、组织和器官，只要不因其他因素致死，它们是不会死亡的。但是把树木作为一个整体，则不会永远处于幼龄状态，而是会通过不同发育阶段逐渐成熟和衰老的。因而一棵实生成年大树的发育阶段，是随其离心生长的扩展逐渐完成的，树体的不同空间也就有不同的发育阶段（图1-3）。

应该说幼年阶段发育的完成具有了成花潜能，已经能够进入成年阶段而开花，但幼年阶段结束和第一次开花有时是一致的，有时是不一致的。当不一致的时候，其中那个插入的阶段，称为转变阶段或过渡阶段。因此，在树冠范围内同样也就形成了一个转变区。现在只能以花芽初次形成的时间作为鉴定幼年阶段结束的依据，根据花芽着生的高度来确定幼年区的范围。然而转变区与幼年区没有明显的界线，很难将转变阶段与幼年阶段区分开来。因为根据叶形、叶色、叶厚、叶序、落叶迟早及形成不定根的能力等外观性状和特性，以区分幼年阶段并不十分确切可靠。同时，有些实生树在具有

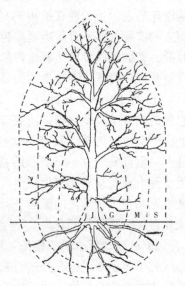

图1-3　树木生长发育阶段
分区（Lyr 等，1967）
J. 幼年阶段　G. 生长阶段
M. 成熟阶段　S. 开始衰老阶段

开花能力时，还表现出某些幼年症状或过渡的特征，有些则可能表现出成年型特征。

成年区，严格来说是实生树上最低花芽着生部位以上的树冠范围，即树冠的上部和外围。凡是已通过幼年阶段发育而能开花结果的部位，称为成年区或结果区。幼年阶段结束就是生理已经成熟，而花芽形成则表明"生殖成熟"，并以此来区别于"生理成熟"。实质上都说明已达到性成熟，只是在性器官是否形成上存在着差异。

许多研究者对树木阶段发育的研究表明，树木阶段性的变化，发生在地上部枝条生长点分生组织细胞内，因此，茎干上不同部位长出的枝条，具有不同阶段性的特征。树木地上部分与地下部分生长的对称性是众所周知的，但是阶段发育是否存在着这种相似

性，还是值得探讨的。因为根部如存在阶段性，那么也必然关系到它的繁殖特性和繁殖成苗后的性状表现。米丘林观察了大量的果树根蘖苗所表现的形态特征，认为与实生苗是相似的，它们同样表现为枝上有刺，叶片较小，锯齿明显等。因而他认为从根上不定芽长成的根蘖苗是从幼年阶段开始发育的，如同种子胚芽长成的实生苗那样。

1.1.1.4 树木阶段发育所必备的内部条件

(1) 树木必须具有最低限度的生长量

正像一、二年生植物那样，树木只有通过春化阶段与光照阶段，在正常生长发育的基础上，实生树必须有一定的生长量和与此相应的营养物质的储存，才能发生阶段转化。生长量的形态指标可以是高度，更确切地说，应该是具有一定数量的节数。许多研究者发现，短日照植物，如欧洲黑穗状醋栗生长达20节后，才能开花；日中性植物，如向日葵只要生长到具有一定数量的叶片后就能开花。

高度是生长量的一种指标，但其间必然包括节数和必要的正常生长，否则利用赤霉素（GA）处理，虽能加长节间长度，增加高度但不具备足够的叶数，显然会受到营养物质积累不足的限制，由于不具备正常成花所必要的节数而不能进行花芽分化。

(2) 生长点分生组织要经历一定数目的细胞分裂

实生树阶段性变化决定于茎端分生组织的变化。一些研究者认为，顶端分生组织要经历一定数目的细胞分裂，才能达到性成熟。如 Robinson 用欧洲黑穗状醋栗实生苗做试验，在未到诱导成花的20节，高45~60cm 时，取10~15cm 长的枝顶扦插，经短日照处理，诱导成了花。因此，他认为阶段性变化决定于茎顶端分生组织必须经历一定数目的细胞分裂，植株大小并不是成花的决定因素。

(3) 茎顶端分生组织的物质代谢活性和激素的变化

实生苗阶段性变化与茎顶端分生组织代谢活性有关。齐默尔曼（Zimmerman）认为，阶段性变化在于顶端分生组织转化点上代谢活性的改变。这可能与核酸种类、含量、内源激素和抑制剂在数量和比例上的变化有关。有学者使用阿司匹林、三碘苯甲酸、乙烯利，都能使3~13年生的苹果和梨实生树提早开花，首次开花量也有所增加。

激素诱导成花不能离开实生树本身所具备的条件。如苹果幼龄实生树喷施激素并不能诱导开花。许多学者的研究表明，抑制生长与促进开花并不一致，即抑制了生长，不一定能促进开花，当实生树具有一定的生长量和通过一定的阶段变化时，应用生长调节剂才能起到诱导成花的作用。

因此，只有了解实生树生长发育的规律，在实生树幼年阶段后期以前，采取"促"和后期到成花前期采取"控"的措施，进行有效调控，才能取得提早开花的效果。

1.1.2 树木年龄时期

1.1.2.1 有性繁殖树的年龄时期

有性繁殖树的生命周期中，从种子萌发到生长、开花、结实等可以划分出形态特征

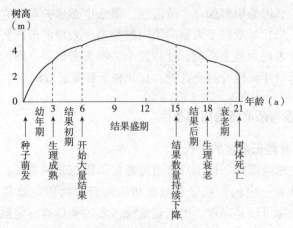

图 1-4 实生桃树年龄时期模式(沈德绪 等，1989)

与生理特性变化明显的 5 个年龄时期：幼年期(童期)、结果初期、结果盛期、结果后期和衰老期(图 1-4)。

(1) 幼年期

幼年期指从种子萌发到第一次开花。与成年树相比，幼年期的特点是：叶片较小、细长，叶缘多锐齿或裂片，芽较小而尖，树冠趋于直立，生长期较长，落叶较迟，扦插容易生根等。还有些树种，如柑橘、苹果、梨、枣、光叶石楠、刺槐等可明显表现多刺的特性。普通的常春藤其幼年特征十分典型，茎保持匍匐生根，并具掌状叶。这种幼年性状可延续至一个无限定的时间，只有在偶然的情况下，其嫩枝才可转变成一种直立灌木，并具有全缘叶的成熟状态，而后进入开花结实的成熟阶段。园林植物中许多树种，如扁柏属(*Chamaecyparis*)的树种，都有一系列的幼年形态特征。这一时期，树冠和根系的离心生长旺盛，光合和呼吸面积迅速扩大，开始形成树冠和骨干枝，逐步形成树体特有的结构，同化物质积累逐渐增多，为首次开花结实做好了形态上和内部物质上的准备。幼年时期的长短，因树木种类、品种类型、环境条件及栽培技术而异。

这一时期的栽培措施是：加强土壤管理，充分供应肥水，促进营养器官健康而匀称地生长，轻修剪，多留枝，使其根深叶茂，形成良好的树体结构，制造和积累大量的营养物质，为早见成效打下良好的基础。对于观花、观果树木来说，则应促进其生殖生长，在定植初期的 1~2 年中，当新梢长至一定长度后，可喷洒适当的抑制剂，促进花芽的形成，达到缩短幼年期的目的。

(2) 结果初期

结果初期指从第一次开花到开始大量开花之前。其特点是：树冠和根系加速扩大，是离心生长最快的时期，可能达到或接近最大营养面积，达到定型的大小。在开花结果部位以下着生的枝条仍处于幼年阶段。树冠先端部位开始形成少量花芽。一般花芽较小，质量较差，部分花芽发育不全，坐果率低，但开花结果数量逐年上升。

这一时期的栽培措施是：对于以观花、观果为目的的树木，为了迅速进入开花结果盛期，轻剪和重肥是主要措施，其目标是使树冠尽快达到预定的最大营养面积；同时，要缓和树势，促进树体生长和花芽形成。如生长过旺，可控制肥水，少施氮肥，多施磷肥和钾肥，必要时可使用适量的化学抑制剂。

（3）结果盛期

结果盛期指从树木开始大量开花结实，经过维持最大数量花果的稳定期到开始出现大小年，开花结实连续下降的初期为止。其特点是：树冠分枝的数量增多，花芽发育完全，开花结果部位扩大，数量增多，在主干生理成熟部位以上的树冠部分都能结果。叶片、芽和花等的形态都表现出定型的特征，其他性状也较稳定。在正常情况下，生长、结果和花芽形成趋于平衡。但由于花果量大，消耗的营养物质多，且各年间有所波动，出现了大小年现象。枝条和根系的生长也受到抑制。骨干枝离心生长停止，树冠达最大限度以后，由于末端小枝的衰亡或回缩修剪而又趋于缩小。根系末端的须根也有大量死亡的现象，树冠的内膛开始发生少量生长旺盛的更新枝条。

这一时期的栽培措施是：充分供应肥水是关键措施之一；细致地更新修剪，均衡地配备营养枝、结果枝和结果预备枝，使生长、结果和花芽形成达到稳定平衡的状态是关键措施之二；此外，在某些情况下，还应适当疏花疏果。

（4）结果后期

结果后期指从大量开花结果的稳定状态遭到破坏，开始出现大小年，数量明显下降的年份起，直到几乎失去观花、观果价值为止。其特点是：地上地下分枝级数太多，由于开花结果消耗营养太多，同化的物质积累减小，输导组织相应衰老，先端的枝条和根系大量衰亡，向心更新强烈，生长衰弱，病虫增多，抗性减弱等。

这一时期的栽培措施是：以大量疏花疏果为重点，加强土壤管理，增施肥水，促发新根，适当重剪、回缩和利用更新枝条。小年则要促进新梢生长和控制花芽分化量，以延缓衰老。

（5）衰老期

衰老期指从骨干枝、骨干根逐步衰亡，生长显著减弱到植株死亡为止。其特点是：骨干枝、骨干根大量死亡，结果枝和结果母枝越来越少，枝条纤细且生长量很小，树体平衡遭到严重破坏，树冠更新复壮能力很弱，抵抗力显著降低，木质腐朽，树皮剥落，树体衰老，逐渐死亡。

这一时期的栽培措施是：应视栽培目的的不同，采取相应的措施。对于一般花灌木来说，可以萌芽更新，或砍伐重新栽植；而对于古树名木来说，则应在进入衰老期之前采取各种复壮措施，尽可能延续其生命周期，只有在无可挽救、失去任何价值时，才可予以伐除重栽。

1.1.2.2 无性繁殖树的年龄时期

无性繁殖树的生命周期中，其发育阶段除没有胚胎阶段外，也可能没有幼年阶段或幼年阶段相对缩短。因此，无性繁殖树生命周期中的5个年龄时期分为：营养生长期、结果初期、结果盛期、结果后期和衰老期。各个年龄时期的特点及其管理措施与实生树相应时期基本相似或完全相同。

1.1.3 树木衰老与复壮

树木从幼年阶段进入成熟阶段，并最终进入衰老阶段，树木经受着各种复杂的生理变化。发生在树木早期的成熟作用，被认为是从幼年阶段转变为成熟时期相对突然的和不可预测的变化特征；而紧接在成熟后的衰老，是指树木随着体积的增大和复杂性的提高，生长和代谢逐步减弱。因此，衰老的特征，是有秩序的、逐步衰退的变化。

1.1.3.1 树木幼年阶段的特征

种子萌发后，幼龄树木一连数年保持幼年状况，这时它们一般都不开花。处于幼年阶段中的植株，常显示出生长率的指数增加。幼年阶段的树木在叶形、叶的构造、叶序、插条生根难易、叶保持性、茎的解剖构造、刺的有无和花青素的产量上，都与成年阶段有所不同。

幼年和成年两个阶段，还可以出现在同一植株上。例如，在同一铅笔柏的侧枝上，可发现针状的幼年叶和鳞片状的成年叶。许多树种的植株上部已达成熟，而下部仍保持幼年性状。如成年的刺槐和光叶石楠，其基部（幼年区）侧枝具有幼年特性，有刺，无开花能力；而成年区则与此相反，其顶部侧枝无刺，有开花结实能力。

树木第一次开花的年龄随树种或栽培种的不同而有很大变化，一旦获得开花能力，就可长期保持下去。然而，必须弄清开花能力和每年花原基发生间的重要区别，许多成年树并非能年年开花，在达到成年阶段以后，环境因子和内部因子都可控制花原基的发生。

1.1.3.2 树木幼年阶段变化的控制

有效地控制树木阶段变化，具有重大的实践意义。对于树木育种来说，加速阶段变化，迅速诱导树木进入成年阶段是完全可取的，这样可以使树木提前开花结实。另外，长时间内保持树木的幼年状态或诱导成年状态向幼年状态"逆转"，像插条繁殖一样，保持优良特性，或如行道树悬铃木无成熟阶段的开花结果避免"飞毛"，在生产实践中也是十分重要的。

一些研究者采用控制环境条件的方法，缩短木本植物幼年阶段，并诱导其开花。如日本落叶松在正常条件下需要 10~15 年才进入开花年龄，但在温暖的温室中和连续长日照的条件下诱导日本落叶松，4 年生时就开花。即为了促进开花，把实生苗培养至最低限度的大小，再根据该树种情况，进行有利于开花的相关处理，如桦树需要长日照，茶藨子需要短日照，日本落叶松则需要将枝条拉平等。

幼年阶段的长度，有时可采用适当的砧木嫁接来控制。如苹果实生苗嫁接在锡金海棠无融合生殖实生苗砧木上，比嫁接在 M9 Ⅸ 砧木上其幼年阶段要短。

通过重修剪，或将成年接穗嫁接在幼年阶段的砧木上，以及用赤霉素处理成年植株等，都可实现成年植物向幼年类型的转变。

许多证据表明，生理活性物质赤霉素对于植株或组织的年轻化起着重要作用。幼年时顶端的赤霉素含量比成熟时高，特别是 GA_3 的含量更高。施用赤霉素可使成年植株向幼年状态转化。通过抑制赤霉素的作用，或抑制赤霉素的生物合成，可使赤霉素的水平得到调节，进而使成年形态趋于稳定。

1.1.3.3 树木的衰老与复壮

(1) 树木的寿命

许多木本植物是最古老的生物，但是树木寿命的长短因其种类和环境条件而异。冻原灌木常生存 30~50 年，荒漠灌木如朱缨花属的寿命可达 100 年。不同树种的寿命差异很大，如桃为 20 年，灰白桦为 50 年，某些栎类生存 200~500 年时仍能旺盛生长。一般被子植物的寿命很少超过 1000 年，而许多裸子植物常可活至数千年。但是有些被子植物，通过无性繁殖也可活得很长。如美国白杨金黄变种，可以活到 8000 年；加利福尼亚州的长寿松，有些已生存 5000 年以上；红杉的年龄已超过了 3000 年。

(2) 树木衰老的标志

虽然各种树木的衰老速度不同，但却有其共同的衰老标志。如树木的代谢降低，营养组织和生殖组织的生长逐渐减少，顶端优势消失，枯枝增加，愈合缓慢，心材形成，容易感染病虫害和遭受不良环境条件的损害，向地性反应消失，以及光合组织对非光合组织的比例减少等。

补充内容见数字资源。

(3) 树木衰老的机理

内容见数字资源。

(4) 树木的复壮

多年生树木的一生中，每年都有芽的形成和新梢的生长，有大量新细胞的形成和增殖。因此，在其总体衰老进程中，可以实现局部复壮的目标。老化过程在一定程度上和一定条件下是可逆的，可复壮的措施有：①深翻土壤，修剪根系；②增施氮肥和有机肥；③回缩、台刈或截干；④适当施用赤霉素、生长素、激动素，与土肥水施用相结合；⑤调节营养生长与生殖生长的关系；⑥营养繁殖。

例如，茶树台刈、果树修剪、树木砍伐后所发的新枝，既表现出幼龄个体的许多特点，又能使植株更快达到成熟阶段。营养繁殖个体，除实生砧木嫁接的植株受砧木影响、生活力可以增强外，一般根系不如实生树发达，加上其源于已发生老化的母株成熟区的枝条，经多代繁殖所得的植株，生活力是否会不断衰退，还是一个有争议的问题。不过，园林实践已经证明，许多树种，如杉木、悬铃木、杨树等经数代无性繁殖至今仍具有旺盛的生命力，并未见到生命力衰弱到不能利用的程度。从理论上讲，老化过程在某种程度上是可逆的，经营养繁殖，植株可再生(或接上)新根，使地上部分的枝叶与地下的根系更加接近而得到复壮。组织培养试验也表明，如不断更新培养基，可以使组织和器官的寿命更长。有人认为用分生组织培养的营养繁殖树和实生树，从遗传性能上讲，寿命是一样的。

至于复壮潜势提高的程度，主要取决于材料最适宜的生理年龄和时间年龄。所谓生理年龄，是指该材料在植株发育过程中所经历的总年龄；而时间年龄即指该材料自出生时算起的年龄。例如，植株上部的嫩叶和下部的老叶相比，前者有较大的生理年龄和较小的时间年龄，后者正相反。在进行扦插繁殖时，取自植株中部的枝条，较易成活，抗逆性强，也能较早开花，就是因为它有较适中的时间年龄和生理年龄。湖北省林业科学研究院关于油橄榄的扦插试验表明，1年生枝条的成活率高于2年生以上的枝条，但2年生枝条一旦生根成活，则发根较旺，根系粗壮，抽枝发叶的能力也较强。

1.2 树木生长发育的年周期

1.2.1 树木年生长周期中个体发育阶段

发育阶段是指植物正常生长发育和器官形成所必需的阶段。如果没有通过正常的发育阶段，植物便不能正常生长、开花和结实，也就不能完成生命周期。休眠和生长是年发育阶段中两种区分明显而又有关联的现象。这种现象是伴随着气候条件的变化而变化的，而且这种生理上的变化也能够反映在形态特征方面。许多研究者认为，与年发育阶段有关的主要是休眠期的春化阶段和生长期的光照阶段。

（1）春化阶段

树木的春化阶段是芽原始体在黑暗状态下通过的，又称黑暗阶段。在黑暗阶段进行着不甚明显的生理和形态变化，如芽的分化和缓慢生长。因此，不宜把树木的冬态比作休眠阶段。由于通过黑暗阶段主要的环境因素是温度，所以也可与一、二年生作物一样，引用春化阶段这个概念。不同类型的树种，通过春化阶段所需的温度不一样。据此，可以概括地分为：

① 冬型树木 在低于10℃的条件下通过春化阶段。
② 春型树木 能在10℃以上的条件下通过春化阶段。

此外，即使是同属于冬型树木，也可因树种、类型及品种起源地生态条件的不同，通过该阶段所需温度的高低和所需时间的长短也有相当的差异。

Лупонов 认为，一些落叶树木的实生苗需要通过春化阶段和光照阶段，并认为种子的春化阶段是在0~5℃，一定的湿度和通气条件的层积过程中通过的，所需时间为4~6周，需要的具体温度和时间则因树种或品种而异。例如，经过层积处理的桃树种子，其幼苗嫁接于成年砧木上，在生长的当年就可能形成花芽。他认为种子的层积过程就是春化过程。若种子阶段或处于休眠状态的植株经历了这一过程，满足了所需的条件，也就是通过了春化阶段。落叶树种子经过低温层积处理后，能够促进种子萌发和加速幼苗生长。例如，葡萄、沙樱桃、野板栗和隔年核桃等，如通过春化阶段则一年生实生苗就可形成花芽；另外，如果未经低温处理，对桃树种子进行人工催芽，就会形成莲座状丛生叶的短枝，在相当长的时期内保持矮生状态，只有满足其对低温的要求，通过春化阶段，才能恢复正常生长。

不同树木的休眠深度与其春化阶段所需的时间是一致的。一般冬性强的树种，休眠程度较深，通过春化阶段要求的温度较低，需要经历的时间也较长。

(2) 光照阶段

木本植物同一年生作物一样，在通过春化阶段以后，必须满足其对光照条件的要求，再通过光照阶段，才能正常地生长发育和进入休眠，否则不能及时结束生长，组织不充实，冬季易受冻害。如穗状醋栗，在延长日照的条件下，不能适时进入休眠；实生桃苗在缩短日照的情况下，生长期缩短，提前进入休眠。南方树种引入北方，由于北方日照时间长，常出现营养生长期延长，容易遭受冻害的现象，如果缩短日照则可提早结束生长，使嫩枝及时成熟，因而避免冻害；北方树种引入南方，虽然能正常生长，但发育期延迟，甚至不能开花结实。以上实例说明，芽和嫩枝的正常生长必须满足其对光照条件的要求，及时通过光照阶段。

(3) 其他阶段

除春化阶段和光照阶段外，谢尔盖耶夫（Л. И. Сергеев）等人还提出了需水临界期阶段，即所谓第三发育阶段。该阶段处于嫩枝迅速生长时期，如果在这一时期水分不足，就会引起生长衰弱。这已在苹果的试验研究中得到证实。谢尔盖娃在油橄榄的研究中也获得了同样的结果。在该时期内水分消耗最盛，叶内含水量最高，呼吸强度大，嫩枝生长量最大，是各种生理活性最强的时期，也正是需水的临界期。此外，还有人提出所谓第四阶段，即嫩枝成熟阶段。在该阶段内进行的木质化过程，可为增强越冬性做好生理准备。有关这方面的研究报道还不多。

许多研究者认为，当木本植物通过上述 4 个阶段以后，才有可能年年开花结果。

1.2.2 树木物候

1.2.2.1 物候的形成与应用

树木在一年中，随着气候的季节性变化而发生萌芽、抽枝、展叶、开花、结实及落叶、休眠等规律性变化的现象，称为物候或物候现象。与之相适应的树木器官的动态时期称为生物气候学时期，简称物候期。不同物候期树木器官所表现出的外部形态特征则称为物候相。通过物候认识树木生理机能与形态发生的节律性变化及其与自然季节变化之间的规律，服务于园林树木的栽培。我国物候观测已有 3000 多年的历史，北魏贾思勰的《齐民要术》一书在"种谷"的适宜季节中写道："二月上旬及麻菩杨生，种者为上时；三月上旬及清明节桃始花为中时；四月中旬及枣叶生、桑花落为下时。"这些可直接用于农、林业生产。林奈于 1750—1752 年在瑞典第一次组织全国 18 个物候观测网，历时 3 年，并于 1780 年第一次组织了国际物候观测网，1860 年在伦敦第一次通过物候观测规程。我国物候学创始人竺可桢在 1931 年发表的《论新月令》一文中，总结了中国古代物候方面的成就，倡议用新方法开展物候观测。1961 年，我国建立了全国物候观测网，并制定了物候观测方法。通过长期的物候观察，能掌握物候变动的周期，为长期天气预报提供依据。多年的物候资料，可作为指导农林生产和制定经营措施的依据。

利用物候预报农时，比节令、平均温度和积温准确。因为节令的日期是固定的，温度虽能通过仪器精密测量出来，但对于季节的迟早尚无法直接表示。积温固然可以表示各种季节冷暖之差，但如不经过农事试验，这类积温数字对预告农时意义还是不大。物候的数据是从活的生物上得来的，能准确反映气候的综合变化，用来预报农时就很直接，而且方法简单。

树木物候观测记载的项目可根据工作要求确定，并应重复1~2次(表1-1)。在观察记载各项目时，关键是识别各发育期的特征。中国科学院地理研究所宛敏渭等于1979年编著的《中国物候观测方法》(科学出版社)，书中列出了乔木和灌木物候观测各发育时期的特征，以便按统一的方法进行观测。

表1-1 树木物候观测记录

名　　称		树木年龄	
观测地点		生态环境	
地　　形		同生植物	
一、萌动期	树液开始流动期	芽开始膨大期	芽开放期
二、展叶期	开始展叶期	展叶盛期	全部展叶期
三、新梢生长期	春梢开始生长期	春梢停止生长期	夏梢开始生长期
	夏梢停止生长期	秋梢开始生长期	秋梢停止生长期
四、开花期	花蕾或花序出现期	开花始期	开花盛期
	开花末期	二次开花期	—
五、果熟期	果实初熟期	果实盛熟期	果实全熟期
六、果落期	果实初落期	果实盛落期	果实全落期
七、叶变色期	叶开始变色期	叶变色盛期	叶全部变色期
八、落叶期	开始落叶期	落叶盛期	落叶末期

1.2.2.2 树木的物候特性

树木在一定营养物质的基础上与必需的生态因素相互作用，通过内部生理活动进行着物质交换与新陈代谢，推动其生长发育的进程。每一树种每一个物候的出现，都是在前一个物候期通过的基础上进行的，同时又为下一个物候期的到来做好准备。然而不同树种，甚至不同品种，这种物候的顺序是不同的。如梅花、蜡梅、紫荆、玉兰等为先花后叶型；而紫薇、木槿等则是先叶后花型。此外，由于树木器官的动态变化是渐进的、连续的，因此，在许多情况下，相邻物候期，如生长期与休眠期之间的界限又不一定很明显，总是存在着一个过渡状态。一年中由于环境条件的非节律性变化，如灾害性的因子与人为因子的影响，可能造成器官发育的中止或异常，使一些树种的物候期在一年中出现非正常的重复，如病虫危害、高温干旱、去叶施肥等都可能造成多次抽梢、开花、结果和落叶；另外，由于树木各器官的形成、生长和发育习性不同，不同器官的同名物候期不一定同时通过，具有重叠交错出现的特点。如同是生长期，根和新梢开始或停止生长的时间并不相同。根的萌动期一般早于芽。同时，根与梢的生长有交替进行的规律，一般梢的速生期要早于根。有些树种可以同时进入不同的物候期，如油茶可以同时进入果实成熟期和开花期，人们称为"抱子怀胎"，其新梢生长、果实发育与花芽分化等几个时期可交错进行。金柑的物候期也是多次抽梢、多次结果交错重叠通过的。

1.2.2.3 树木物候变化的一般规律(见数字资源)

由于树木长期适应春、夏、秋、冬四季年气候规律，周期性的节律性变化，形成了与此相适应的物候特性与生育节律。从春到冬，随着季节的推移，树木也相应地表现出明显不同的物候相。大多数树木春季开始发叶生长，夏季开花，秋季果熟，秋末落叶，以休眠状态度过冬季。树木的物候期主要与温度有关。每一物候期都需要一定的温度量。如在南京地区的刺槐，日平均温度 8.9℃时叶芽开放，11.8℃开始展叶，17.3℃始花，27.4℃荚果初熟，18℃叶开始变色，10.5℃叶全落。

温带的乡土树种，在春季由休眠进入生长，以秋冬季结束生长而进入休眠，与当地温度的年变化大体一致。树木在一年中生长的日数称为生长期，一般指从叶芽开始萌动至落叶为止的日数。一个地区适合植物生长的时期叫生长季。就温度条件而言，在季节性气候明显的地区，生长季大致与无霜期一致。在生长季中各树种的生长期变化很大，大多数落叶树种在早霜来临前结束生长，而在晚霜后恢复生长。有些树种，如柳树发芽早，落叶晚，生长活动超出生长季以外。黄檀要到立夏后才萌动，人们称为"不知春"，生长期较短而休眠期较长。常绿树与落叶树的物候差异很大，前者没有明显的落叶休眠期，后者则有较长的裸枝休眠期。即使是同一树种的不同品种，其物候进程也有明显的差异。如南山茶中的早桃红，花期为 12 月至翌年 1 月，而牡丹茶的花期则为 2~3 月。树木的不同年龄时期，同名物候期出现的早晚也有不同。一般幼小树木，春天萌动早，秋天落叶迟，物候期与成年树木明显不同。

美国物候学家霍普金斯(A. D. Hopkins)从 19 世纪末起，用了 20 多年时间专门研究物候与生长季节的关系后认为，树木的物候阶段受当地温度的影响，而温度又受制于该地区地理纬度、经度和海拔高度等因素。因此，物候期也间接受纬度、经度和海拔高度的影响。他从大量植物物候材料的分析中得出：在其他因素相同的条件下，北美洲温带地区，每向北移动纬度 1°，向东移动经度 5°，或海拔上升 122m，植物的物候阶段在春天和初夏将各延迟 4d；在秋天则相反，都要提早 4d，这就是著名的霍普金斯物候定律。当然，这一定律是根据美国的具体情况得出的，不能机械地套用。

我国地处亚洲的东部，大陆性气候极显著，冬冷夏热，冬季南北温度相差悬殊；但到夏季则相差无几，因此物候的南北差异有其特点。从"我国春初桃始花等候线"可以看出，在我国东南部，等候线几乎与纬度平行，从广东沿海直至北纬 26°的福州、赣州一带，南北相距 5 个纬度，物候相差 50d，即每一纬度的物候相差竟达 10d。但在该区以北，情况就比较复杂。如北京与南京纬度相差约 7°，在 3、4 月间桃李始花，先后相差 19d，但 4、5 月间柳絮飞落和刺槐盛花时，南北物候相差只有 9~10d。其主要原因在于我国冬季南北温度相差很大，而夏季则相差很小。如 3 月南京平均温度比北京高 3.6℃，而 4 月两地平均温度只差 0.7℃，5 月则两地温度几乎相等。

物候的东西差异，主要是由于气候的大陆性强弱不同。凡大陆性强的地方，冬季严寒而夏季酷热；反之，凡海洋性强的地方，则冬春较冷，夏秋较热。一般来说，我国是具有大陆性气候特征的国家，但东部沿海因受海洋影响而具有海洋气候的特征。因此，我国各种树木的始花期，内陆地区早，近海地区迟，推迟的天数由春季到夏季逐渐减少。

物候也随海拔高度的不同而异。春季树木的开花期，每上升100m约延迟4d，夏季树木的开花期，每上升100m延迟1~2d。

物候还受气候变迁的影响，即物候的古今差异。马加莱从7种乔木春初叶芽开放的物候记录中整理得出如下结论：①物候是有周期性波动的，其平均周期为12.2年；②7种乔木抽青的迟早与年初各月（1~5月）的平均温度关系最为密切，温度高则抽青也早；③物候迟早与太阳黑子周期有关。

物候还受栽培技术措施的影响。园林树木栽培中的土壤与树体管理措施，如施肥、灌水、防寒、病虫防治及修剪等，都会引起树木内部生理机能的变化，进而导致树木物候期的变化。树干涂白、灌水会使树体春天增温减缓而推迟萌芽和开花；夏季的强度修剪和多施氮肥，可推迟落叶和休眠；应用生长调节剂（如生长素、细胞分裂素、生长抑制剂和微量元素等）可控制树木休眠。

应该进一步说明的是，物候期的进展必须具备综合的外界条件，但也要有必要的物质基础才能正常进行。每一物候期的出现都是外界环境条件与内部生长发育的物质基础协调与统一的结果。与树木物候相关的性状变化，既可表现为量的增长，又可表现为从一种质态到另一种质态的转变。对一个器官来说，在一年中，与生态因素的季节变化相应的物候表现，以及其内部以生理代谢为基础的发育阶段的变化是不可分割的。

1.2.3 树木主要物候期

树木具有随外界环境条件的季节变化而发生与之相适应的形态和生理机能变化的能力。不同树种或品种对环境反应不同，因而在物候进程上也有很大的差异。

1.2.3.1 落叶树的主要物候期

落叶树可明显地分为生长和休眠两大物候期。从春季开始进入萌芽生长后，在整个生长期中都处于生长阶段，表现为营养生长和生殖生长两个方面。到了冬季，为适应低温和不利的环境条件，树木处于休眠状态，为休眠期。在生长期与休眠期之间又各有一个过渡期，即从生长转入休眠的落叶期和由休眠转入生长的萌芽期。常绿树则无集中落叶的现象，但干旱和低温可使它进入被迫休眠状态。

（1）萌芽期

萌芽期从芽萌动膨大开始，经芽的开放到叶展出为止。

一株树木休眠的解除，通常是以芽的萌动为准。它是树木由休眠期转入生长期的标志，是休眠转入生长的过渡阶段。芽一般是在前一年的夏天形成的，在生长停止的状态下越冬（冬芽），春天再萌芽绽开。其实，树木生理活动进入比较活跃的时期要比芽膨大的时间早。

树木由休眠转入生长要求一定的温度、水分和营养条件。当温度和水分适合时，经过一定时间，树体开始生长，首先是树液流动，根系的明显活动。有些树木（如葡萄、核桃、枫杨等）出现伤流。树木萌芽主要决定于温度。北方树种，当气温稳定在3℃以上时，经一定积温后，芽开始膨大。南方树种芽膨大要求的积温较高。花芽萌发需要的积温低于叶芽。空气湿度、土壤水分是萌动的另一个必备条件，但一般都可以得到满足。土壤过于干旱，树木萌动推迟，空气干燥有利于芽萌发。

树木的栽植，特别是裸根栽植，一般应在这一物候期结束之前进行。《齐民要术》中对栽植时间就有这样的记载："正月（指农历）为上时，二月为中时，三月为下时"。这里所说的正月为上时，实际上就是芽的膨大期。这一物候期，树液流动，芽膨大，叶初展，抗性较差，容易遭晚霜的危害，可通过早春灌水，萌动前涂白，施用 B_9 和青鲜素（MH）等生长调节剂，延缓芽的开放，或在晚霜发生之前，对已开花展叶的树木根外喷洒磷酸二氢钾等，提高花、叶的细胞液浓度，增强抗寒能力。也可根据天气预报，在夜间极限温度到来之前熏烟喷雾，减缓或防止过度降温。

(2) 生长期

生长期从幼叶初展至叶柄形成离层、叶片开始脱落为止。

这一时期在一年中占有的时间较长，树木在外形上发生极显著的变化，除细胞增多、体积膨大外，还能形成许多新器官。其中成年树的生长期表现为营养生长和生殖生长两个方面。每个生长期都经历萌芽、抽枝展叶、芽的分化与形成、开花结果等过程。树木由于遗传性和生态适应性的不同，其生长期的长短，各器官生长发育的顺序，各物候期开始的迟早和持续时间的长短不同。

各种树木由于遗传性不同，物候顺序有较大的差异，即使是同一树种各个器官生长发育的顺序也有不同。

① 根系活动与萌芽先后的顺序　发根一般比萌芽早，如梅（80~90d），桃、杏（60~70d），苹果、梨（50~60d），葡萄、无花果（20~30d）等；也有发根和萌芽大体同时进行，或者发根迟于萌芽的，如柿、栗、柑橘和枇杷等。

② 展叶与开花的顺序　梅、桃、杏、辛夷、玉兰等，一般是先开花后展叶，而苹果、梨、海棠等仁果类则是开花与展叶同时进行。枇杷在9~10月，第一批混合芽先展叶后开花，冬季盛花之后，3~4月再发新叶，其生长顺序较为特殊。

③ 根系与新梢生长的顺序　温州蜜柑的根系生长与新梢生长交替进行，春、夏、秋梢停止生长之后，都出现一次根系生长高峰。苹果根系与新梢的生长高峰也是交替发生的。

④ 花芽分化与新梢生长的顺序　大多数果树的花芽分化均在每次新梢停止生长之后出现一次高峰。葡萄在多次摘心（抑制生长）的条件下，往往可以多次开花结果。

⑤ 果实发育与新梢生长的关系　新梢生长往往抑制坐果和果实发育。抑制新梢生长（如摘心、环剥、喷洒抑制剂等）往往可以提高坐果率和促进果实生长高峰的出现。

生长期是落叶树的光合生产时期，也是其发挥生态效益与观赏功能的最好时期。这一时期的长短和光合效率的高低，对树木的生长发育和功能效益都有极大的影响。

人们只有根据树木生长期中各个物候期的特点进行栽培，才能取得预期的效果。如在树木萌发前松土、施肥、灌水，以提高土壤肥力，使树木形成较多的吸收根，促进枝叶生长和开花结果。此时应追施以氮肥为主的液体肥料，减少与幼果争夺养分的矛盾。在枝梢旺盛生长时，对幼树新梢摘心，可增加分枝次数，提前达到整形要求；在枝梢生长趋于停滞时，根部施肥应以磷肥为主，叶面喷肥则有利于促进花芽分化。

（3）落叶期

落叶期从叶柄开始形成离层至叶片落尽或完全失绿为止。

枝条成熟后的正常落叶是生长期结束并将进入休眠的形态标志，说明树木已做好了越冬的准备。过早落叶影响树体营养物质的积累和组织的成熟；该落叶时不落叶，树木还没有做好越冬准备，容易遭受冬季异常低温的危害。在华北，常见秋季温暖时，树木推迟落叶而被突来的寒潮冻死，树体的营养物质来不及转化贮藏，必然对翌年树木的生长和开花结果带来不利影响。

通常春天发芽早的树种，秋天落叶也早，但是萌芽迟的树种不一定落叶也迟。同一树种的幼小植株比壮龄植株和老龄植株落叶晚，新移栽的树木落叶早。

树木的正常落叶是叶片衰老所引起的。叶片衰老可分为自然衰老和刺激衰老两种。自然衰老是叶片随着叶龄的增加，生理代谢能力减弱，代谢物质的变化和酶的活性下降等原因所致；刺激衰老是由环境条件的恶化引起的，它可加速自然衰老的过程而提前落叶。

一般认为，秋季温度下降是引起落叶的主要原因，温度下降是通过影响光合作用、蒸腾作用、呼吸作用等生理活动，生长素和抑制剂的合成而影响叶片衰老和植物衰老的。许多学者认为，落叶的主要原因并非是温度的降低，而是因为光周期的变化，即日照时间变短所引起的。如果用增加光照时间来延长正常日照的长度，即可推迟落叶期的到来。当接受的光照短于正常日照时，可使树木的落叶提早。如果用电灯光将日照延长到午夜，光盐肤木整个冬季都不落叶，翅盐肤木落叶可推迟3周。在纽约，靠近路灯的一些树木可推迟落叶1个月以上。在武汉，路灯附近的二球悬铃木枝条，1月上旬还可保持绿色的叶片。光是生物合成的重要能源，它可影响植物的生理活动，包括生长素和抑制剂（如脱落酸）的合成而改变落叶期。此外，树木所处的环境发生变化，特别是在恶劣的条件下，不到落叶期也会出现落叶现象。如干旱、寒潮、光化学烟雾、极端高温和病虫危害，以及大气与土壤污染或因开花结实消耗营养过多，土壤水肥状况和树木光合产物不能及时补充等都会引起非正常落叶，但在条件改善以后，有些树木在数日内又可发出新叶。

激素中生长素和乙烯在树木叶片的衰老与脱落控制中起着主要的作用。生长素防止脱落，而乙烯则促进脱落。如果叶片健康和处于正常生长之中，就能提供足够的生长素，从而抑制脱落。随着叶片的老化，流经离区的生长素减少，乙烯含量增加，叶片的脱落过程开始。如果叶片受伤，生长素的运输受阻，也会刺激脱落。乙烯促进叶片脱落的效果十分显著。空气中0.01%的乙烯就可诱导落叶。最老的叶片对乙烯较敏感，首先脱落。施用的乙烯利可刺激叶和果的脱落，乙烯利施用以后，多数都将转化为乙烯，促进脱落过程的开始。其他激素，包括细胞分裂素、赤霉素和抑制剂等也会影响脱落的过程。当枝条营养供应有限时，富含细胞分裂素、赤霉素和生长素的幼叶，可取得较多的营养物质，从而加速基部叶的衰老和脱落。如果秋天在绿叶上喷洒生长素或赤霉素，可延迟其衰老，使秋色推迟，处理过的叶片不仅颜色保持翠绿，而且光合作用和蛋白质含量都保持很高的水平。

在树木栽培中，应该抓住树木落叶物候期的生理特点，生长后期停止施用氮肥，不要过多灌水，并多施磷肥、钾肥等，促进组织成熟，增加树体的抗寒性。在大量落叶时进行树木移栽可使伤口在年前愈合，翌年早发根，早生长。在落叶期开始时，对树干涂白、包裹和基部培土等，可防止形成层冻害。

此外，园林树木等会因灰斑、圆斑等早期落叶病及环境条件恶化，栽培管理不当等导致树体内部生长发育不协调而引起生理性早期落叶。在两种早期落叶现象中，叶片早衰是生理性早期落叶的重要原因，而可溶性蛋白质和叶绿素含量下降是叶片衰老的重要生理生化指标。一般果树第一次生理性早期落叶，多发生在 5 月底至 6 月初植株旺盛生长阶段，因营养优先供应代谢旺盛的新梢、花芽和幼果的种子发育，造成内膛营养供应不足，引起早期落叶；第二次生理性早期落叶，是秋季采果后的落叶，多发生在盛果年龄的植株上。此时，果实成熟所导致的衰老，会波及包括叶片在内的所有器官。不同的叶片均处于缓慢衰老的过程，进而使各部位叶片脱落。该时期叶早落会减少树体的养分积累，影响翌年果树新器官的发育。树木早期落叶的防治措施：一是冬季合理修剪，防止重剪与树体旺长，注意开张角度缓和树势，使其通风透光，改树盘施肥为放射沟施肥，使树体内外营养充足，协调树体内部代谢；二是注意树体合理负荷，果实成熟期分批采收，以缓和采收导致的衰老，减少甚至防止采后早期落叶的发生。

（4）休眠期

休眠期从叶落尽或完全变色至树液流动、芽开始膨大为止。

树木休眠是在进化中为适应不良环境，如低温、高温、干旱等所表现出来的一种特性。正常的休眠有冬季、旱季和夏季休眠。树木夏季休眠一般只是某些器官的活动被迫休止，而不是表现为落叶。温带、亚热带的落叶树休眠，主要是对冬季低温所形成的适应性。休眠期是相对生长期而言的一个概念。从树体外部观察，休眠期落叶树地上部的叶片脱落，枝条变色和冬芽成熟，没有任何生长发育的表现。根系在适宜的情况下可能有微小的生长，因此，休眠是生长发育暂时停顿的状态。

在休眠期中，树体内部仍然进行着各种生理活动，如呼吸、蒸腾、根的吸收、合成，芽的进一步分化，以及树体内的养分转化等，但这些活动比生长期要微弱得多。期间由于生长促进物不活化，蛋白质合成受阻，生理活性下降，原生质膜被覆拟脂层，原生质膨胀度及透性降低，新陈代谢作用的强度减弱。根据休眠期的生态表现和生理活动特性，可分为两个阶段，即自然休眠（生理休眠或长期休眠）和被迫休眠（短期休眠）阶段，自然休眠是树木器官本身生理特性所决定的休眠。它必须经历一定的低温条件才能顺利通过，否则即使给予适合树体活动的环境条件，也不能使之萌发生长。被迫休眠是指通过自然休眠后，已经开始或完成了生长所需的准备，但因外界条件不适宜，使芽不能萌发而呈休眠状态。自然休眠和被迫休眠的界限，从外观上不易辨别。

落叶树的自然休眠深度各异。柿、栗、葡萄开始休眠后随即转入自然休眠期；而梨、桃、醋栗进入深度自然休眠期较晚且休眠的程度浅。柿、栗和葡萄于 9 月下旬至 10 月下旬开始休眠；桃为 10 月下旬至 11 月上旬；梨和醋栗是 10 月；苹果始于 10 月中旬至 11 月上旬。

自然休眠期的长短，与树木的原产地有关。由于在一定的地区形成了一定的生态类型，适应冬季低温的能力也不一致。一般原产于温带气候暖和地区的树种与温带大陆性气候寒冷地区的树种有所区别，如扁桃生理休眠期要求低温的时间短，通常在11月中下旬结束；醋栗、日本李、杏、桃、柿、栗、洋梨等在12月中下旬至翌年1月中旬结束；苹果温度低于5℃时需要50~60d，于1月下旬结束。核桃和葡萄最长，在1月下旬至2月中下旬才能结束。一般原产于温带冬暖地区的树种，早春发芽的迟早与生理休眠期的长短有密切的关系。原产于温带中北部寒冷地区的树种，其早春发芽的迟早与被迫休眠期长短，即低温期长短有关。不同树龄的树木进入休眠的早晚不同。一般幼年树进入休眠晚于成年树，而解除休眠则早于成年树，这与幼树生活力强，活跃的分生组织比例大，表现出生长优势有关。树木的不同器官和组织进入休眠期的早晚也不一致。一般小枝、细弱枝、形成的芽比主干、主枝休眠早，根颈部进入休眠晚，但解除休眠最早，故易受冻害。花芽休眠比叶芽早，萌发也早于叶芽。同是花芽，顶花芽又比腋花芽早萌发。

　　同一枝条的不同组织进入休眠期的时间不同。皮层和木质部较早，形成层最迟。所以进入初冬遇到严寒低温，形成层部分最易受冻害。然而，一旦形成层进入休眠后，比木质部和皮层的抗寒能力还强，隆冬时节树体的冻害多发生在木质部。

　　在秋冬季节，落叶树枝条能及时停止生长，按时成熟，生理活动逐渐减弱，内部组织已做好越冬准备，正常落叶以后就能顺利进入并通过自然休眠期。因此，凡是影响枝条停止生长和正常落叶的一切因素，都会影响其能否顺利通过生理休眠期。

　　光周期是支配芽休眠的重要因素之一。一般长日照能促进生长，短日照可抑制枝的伸长生长，促进芽的形成。但苹果和梨对日照长短的反应不敏感。光周期对休眠芽形成的影响主要取决于暗期长度，且有一定的临界值。在暗期中，如给予低能光（光谱有效波长为红光）间断照射，则暗期效果消失，休眠芽形成推迟，如许多落叶树种在路灯附近落叶晚。因此，日照条件能影响自然休眠的进程。

　　短日照并不是诱导休眠的唯一条件，温度也有一定作用。有的植物在高温下休眠，有的在低温下休眠。葡萄的休眠与温度有关，平均温度20℃比24℃进入休眠早，18℃以下至12℃最适于进入休眠。

　　此外，树体由于缺乏氮素或组织缺水表现生理干旱，会提前减弱生理活动，提早进入休眠。相反，如过晚施用氮肥，生长季后期雨水过多，造成枝条旺长，以及结果量不足等使生长期延长，都会推迟进入休眠期。因此，可以认为短日照、温度、干旱等可导致休眠。

　　有的落叶花木进入自然休眠后需要一定的低温，才能解除休眠，否则花芽发育不良，翌年发芽延迟，开花不正常，或虽开花而不能结果。很多树种引种到温暖地区，常因低温不足受到限制。加利福尼亚州的许多花木和果树，由于缺乏打破休眠的低温天气而推迟萌芽的时间。同时，加利福尼亚州北部偏暖的冬季造成扁桃、杏、桃和樱桃的花芽脱落，苹果花和梨花死亡。落叶树要求低温的限度，一般在12月至翌年2月间，平均温度0.6~4.4℃范围内，翌年可正常发芽。各种树木要求低温量不同，一般在0~7.2℃条件下，200~1500h可以通过休眠。

　　同一树种不同品种也因起源地条件不同，形成了对冬季低温的不同要求。如不同品种的桃树对低温要求差异很大。同一品种的叶芽和花芽对低温要求也不同。在多数情况下，叶芽对低温要求更为严格。

冬季日平均温度不能准确地表示所接受的低温量。因为气温不等于枝条的温度，通常气温比器官周围的温度高。在群植的具体条件下，遮阴部分能较快地满足其对低温的要求。此外，风、云、雾等因子也会降低气温，使器官温度与气温相似，有利于通过休眠期。

了解不同树种、品种通过生理休眠期需要的低温量和时间的长短，对品种区域化和引种等工作都具有重要参考价值。

休眠期是树木生命活动最微弱的时期，在此期间栽植树木有利于成活；对衰弱树进行深挖切根有利于根系更新而影响下一个生长季的生长。因此，树木休眠期的开始和结束，对园林树木的栽植和养护有着重要的影响。根据栽培实践的需要，可以从两个方面考虑，一是提早或推迟进入休眠；二是提早或延迟解除休眠。这样，可以延长光合时间，延长营养生长期，或可以推迟翌年萌芽和开花物候期，免遭冻害。对于幼树则需采取措施，提早或适时结束生长，避免冬春冻害。

树木在被迫休眠期间如遇回暖天气，可能开始活动，但若又遇寒潮，易遭早春寒潮和晚霜的危害。如核果类树种的花芽冻害的现象，苹果幼树受低温、干旱而抽条的现象等。因此，在某些地区应采取延迟萌芽的措施，如树干涂白、灌水等使树体避免增温过速。冬春干旱的地区，灌水可延迟花期，减轻晚霜危害。

在实践中为了控制休眠期，也可采用夏季重剪、多施氮肥等措施，以延长生长期或推迟休眠期的到来。应用生长调节剂和微量元素等也可控制休眠期。如秋天或春天对树木施用 NAA、2,4-D 和 2,4,5-T 等可延迟开花期。河南黄泛区农场用 $FeSO_4$ 在休眠期喷施，可推迟葡萄萌芽。用 0.02%~0.03% 异生长素或用 0.5% $ZnSO_4$ 处理核桃，可使其提前 1~2 周进入休眠期。秋季使用赤霉素(0.001%~0.0025%)可推迟葡萄休眠期。用青鲜素(MH)(0.01%)喷在柑橘和葡萄柚上，可提早进入休眠期或使休眠期延长。

1.2.3.2 常绿树的物候特点

常绿树各器官的物候动态表现极为复杂，其特点是没有明显的落叶休眠期。叶片在树冠中不是周年不落，而是在春季新叶抽出前后，老叶才逐年脱落，而且不同树种，叶片脱落的叶龄也不同，一般都在 1 年以上。从整体上看，树冠终年保持常绿。这种落叶并不是适应改变了的环境条件，而是叶片老化失去正常机能后，新老叶片交替的生理现象。常绿树中不同树种，乃至同一树种不同年龄和不同的气候区，物候进程也有很大的差异。如马尾松在其分布的南亚热带，一年抽二三次梢，而在北亚热带则只抽一次梢；幼龄油茶 1 年可抽春、夏、秋梢，而成年油茶一般只抽春梢。又如柑橘类的物候，大体分为萌芽、开花、枝条生长、果实发育成熟、花芽分化、根系生长、相对休眠等物候期，其物候项目与落叶树似乎无多大差别，而实际进程不同。如一年中可多次抽梢(春梢、夏梢、秋梢和冬梢)，各次梢间有相当的间隔。有的树种一年可多次开花结果，如柠檬、四季柑等。有的树种甚至抽一次梢结一次果，如金柑，而四季桂和月月桂则可常年开花。有的树种同一棵树同时有开花、抽梢、结果、花芽分化等物候期重叠交错的现象，如油茶。有的树种，果实生长期很长，如伏令夏橙，春季开花，到翌年春末果实才成熟；金桂秋天（9～10月）开花，翌年春天果实成熟。红花油茶的果实生长成熟也要跨两年。

思考题

1. 试述树木生命周期中个体发育的概念、特点及发育阶段划分的依据与标志。
2. 试述树木生命周期中年龄时期划分标准、实践意义及其与发育阶段的关系。
3. 树木衰老的机理、复壮的可能性与主要技术措施是什么？
4. 试述树木年周期中物候形成的原因及其变化的一般规律。
5. 试述落叶树的主要物候期。根据各物候期的特点，应如何采取主要栽培措施？
6. 树木的物候与造园设计中树种配置的关系及其应用是什么？

推荐阅读书目

1. 园林树木学(第2版). 陈有民. 中国林业出版社，2011.
2. 果树童期与提早结实. 沈德绪等. 上海科学技术出版社，1989.
3. 木本植物生理学. ［美］P.J·克雷默尔，T.T·考兹洛夫斯基著. 汪振儒等译. 中国林业出版社，1985.

第2章 树木各器官的生长发育

[**本章提要**] 了解与掌握园林树木各器官的生长发育特性是栽培养护园林树木的基本依据之一。本章介绍树木的根、茎、叶营养器官，以及花、果实生殖器官的生长发育规律及其与环境条件、栽培管理的关系。论述树木根系的分布、生长与土、肥、水管理等养护措施的关系；枝芽特性、树体形状等的变化规律及其与整形修剪的关系。阐述开花、结果的状况与观赏性的关系及花期调节方法。讲述了园林树木生长发育的整体性与器官生长发育的相关性。

园林树木通常由根、茎、叶、花、果实器官构成树根、树干和树冠，树冠包括枝、叶、花、果器官。习惯上把树干和树冠称为地上部分，把树根称为地下部分，而地上部分与地下部分的交界处称为根颈。不同类型的园林树木，如乔木、灌木或藤本，它们的结构与生长发育规律又各有特点，要很好地栽培管理和应用园林树木，必须认识园林树木各器官的生长发育规律、结构功能，以及它们之间的相互关系。

树木各器官的生长分为有限结构生长和无限结构生长。有限结构生长是生长到一定大小后就停止，最后达到衰老和死亡，如叶、花和果就是有限结构生长；茎和根依靠分生组织生长，能不断地自我补充和更新，称为无限结构生长。

植物的生长可用一定时间内干重的增加，也可用长度、粗度或体积的增大量为指标，由生长速度画出生长曲线来表示。植株、器官或组织的大小，干重的早期增长都近似于直线的指数增长。但是，终究会因树体内部的条件，控制生长的机理，单细胞或器官之间的交互作用受到限制，使其实际生长曲线衰变。如果以树木的高度或重量作为时间（萌发后的天数）的函数作图，就得到如图 2-1 所示的曲线。这种 S 形曲线是所有器官、植株、植物或动物种群等典型的生长曲线，至少由 4 个不同的部分组成。

① 迟滞期　这时发生准备生长的内部变化；

② 对数期　用生长速度的对数与时间作图得出一条曲线；

③ 生长速率逐步下降的时期；

④ 有机体成熟　生长停止，生物体稳定时期。

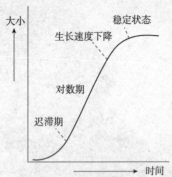

图 2-1　细胞、组织、器官及有机体的 S 形生长曲线

如将曲线继续延长，有机体将在某一时间达到衰老死亡，整个生长曲线将增加几个补充的成分。植株生长的正常停止，随后出现的衰老和死亡，必定是由于产生了某些抑制作用，如果解除和防止这种作用，就可得到不断生长、可能不死的植物。根、茎、枝、叶和生殖器官的季节生长及生命周期一般都符合这种形式。

生长曲线分析可以作为实际栽培的参考。一般促进生长的肥水措施都应在生长速率最快的时期到来之前应用。器官一旦建成，生长周期已经结束，要补救就来不及了。树木是由各种不同器官组成的统一体。为了深入掌握和控制树木的生长发育，必须了解各器官的生长习性及其相互关系。

2.1　根系生长

2.1.1　树木根系功能

根是植物适应陆地生活逐渐形成的器官，在植物生长发育中主要发挥吸收、固着、支持、输导、合成、贮藏和繁殖等功能。

补充内容见数字资源。

2.1.2　树木根系构成与起源类型

2.1.2.1　树木根系的构成

植物根的总和称为根系。树木的根系通常由主根、侧根和须根构成（图 2-2）。主根由种子的胚根发育而成。它上面产生的各级较粗大分支，统称侧根。

在侧根上形成的较细分支称为须根。并不是所有的树木都有主根，一般用扦插繁殖的植株就没有主根。生长粗大的主根和各级侧根构成树木根系的基本骨架，主要起支持、输导和贮藏作用。棕榈、竹类等单子叶树木，没有主根和侧根之分，只有从根颈或节发出的须根。

须根是根系最活跃的部分。根据须根的形态结构与功能，一般可将其分为以下三大类型：

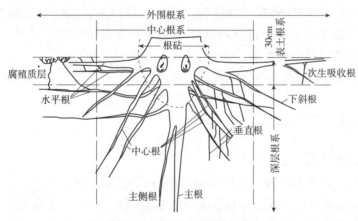

图 2-2 成年树木根系示意图

① 生长根及输导根　生长根(轴根)为初生结构的根，白色，具有较大的分生区，有吸收能力，其功能是促进根系向土层新的区域推进，延长和扩大根系的分布范围及形成小分支——吸收根。这类根生长较快，其粗度和长度较大(为吸收根的2～3倍)，生长期也较长。生长根经过一定时间生长以后，颜色变深，成为过渡根；进一步发育成具有次生结构的输导根，并可随年龄的增大而逐渐加粗变成骨干根或半骨干根，其主要功能是输导水分和营养物质，并起固定和支撑作用，同时也具有一定的吸收能力。

② 吸收根　也是初生结构，白色，其主要功能是从土壤中吸收水分和矿物质，并将其转化为有机物。它具有高度的生理活性，在根系生长的最好时期，其数目可占整个植株根系的90%以上。它的长度通常为0.01～0.40cm，粗度0.03～0.10cm，一般不能变为次生结构，寿命短(15～25d)。吸收根的多少与树木营养状况关系极为密切。吸收根在生长后期由白色转为浅灰色成为过渡根，而后经一定时间的自疏而死亡。

③ 根毛　是树木根系吸收养分和水分的主要部位。根毛的长度0.02～0.10cm，直径约为10μm。据研究，在树木吸收区，每平方厘米表面的根毛数量差异很大，同时还与树木的年龄和季节有关。高度液泡化且壁薄的根毛，寿命的长短也不同。多数的根毛仅生活几小时、几天或几周，并因根的栓化和木化等次生加厚的变化而消失。由于老根毛死去时，新的根毛有规律地在新伸长的根尖生长点后形成，因此，根毛不断地进行更新，并随着根尖的生长而外移。有些树种如美国皂角、伏令夏橙，可保持已栓化或木化的根毛几个月或几年，但是这种宿存的根毛，吸收作用比较弱。有的树木如鳄梨、长山核桃和美国山核桃没有根毛。一些裸子植物的根和菌根性根也没有根毛。一般来说，减少菌根发育和加速根尖伸长的环境因子常可刺激根毛形成。当然菌根的发育与根毛的出现，并不是相互排斥的。大多数柑橘，在普通土壤上栽培时不产生根毛，而在水培或沙培情况下则产生根毛。

2.1.2.2　树木根系的起源类型

植物学上根据根系形态和起源的不同，将根系分为直根系和须根系。直根系由胚根发育产生的初生根和次生根组成，主根发达、明显，极易与侧根相区别。大多数的裸子植物(马尾松、银杏)和双子叶植物(麻栎、樟树)的根系，属直根系。须根系是主根不发达或早期停止生长，由茎的基部形成许多粗细相似的不定根，呈丛生状态。多数单子叶植物类型的园林树木，如竹、棕榈等的根系是须根系。

生产实践中根据树木根系的发生及其来源，可分为实生根系、茎源根系、根蘖根系三大类型。

补充内容见数字资源。

2.1.2.3 根颈与特化根

根和茎的交接处称为根颈。实生树的根颈是由下胚轴发育而成的，称真根颈；而茎源根系和根蘖根系没有真根颈，其相应部分称为假根颈。根颈处于地上部分与地下部分交界处，是树木营养物质交流必需的通道。在秋季它最迟进入休眠，而在春季又最早解除休眠，因而对环境条件变化比较敏感。如果根颈部深埋或全部裸露，对树木生长均不利。

很多树木具有特化而发生形态学变异的根系，它包括菌根、嫁接根、气根、根瘤根、板根和排根等。

补充内容见数字资源。

2.1.3 树木根系分布

树木根系在土壤中分布范围的大小和数量的多少，不但关系到树体营养与水分状况的好坏，而且关系到其抗风能力的强弱。

2.1.3.1 树木根系的形态类型

树木根系在土壤中分布形态变异很大，但可概括为3种基本类型：主根型、侧根型和水平根型(图2-3)。主根型有一个明显的近乎垂直的主根深入土中，从主根上分出侧根向四周扩展，由上而下逐渐缩小，整个根系像个倒圆锥体。主根型根系在通透性好且水分充足的土壤里分布较深，故又称为深根性根系，如松、栎类等树木的根系。侧根型没有明显的主根，由若干支原生和次生的根所组成，大致以根颈为中心向地下各个方向做辐射扩展，形成网状结构的吸收根群，如杉木、冷杉、槭、水青冈等树木的根系。水平根型是由水平方向伸展的扁平根和繁多的穗状细根群组成的，如云杉、铁杉及一些耐水湿树种的根系，特别是在排水不良的土壤中更为常见。

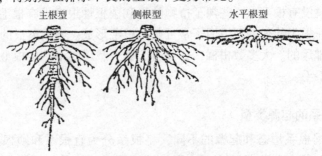

图 2-3　树木根系的形态类型

2.1.3.2 树木根系的水平分布和垂直分布

组成不同根型的根,依其在土壤中伸展的方向,可以分为水平根和垂直根两种(图2-3)。水平根多数沿土壤表层呈平行生长,它在土壤中的分布深度和范围,依地区、土壤、树种及繁殖方式不同而变化。杉木、落羽杉、刺槐、桃、樱桃、梅等水平根分布较浅,多在40cm的土层内;苹果、梨、柿、核桃、板栗、银杏、樟树、栎树等水平根系分布较深。在深厚、肥沃及肥水管理较好的土壤中,水平根系分布范围较小,分布区内的须根特别多。但在干旱瘠薄的土壤中,水平根可伸展到很远的地方,但须根稀少。垂直根是大体垂直向下生长的根系,大多是沿着土壤裂隙和某些生物(残)体所形成的孔道伸展,其入土深度取决于树种、繁殖方式和土壤的理化性质。在土壤疏松、地下水位较深的地方,伸展较深;在土壤通透性差,地下水位高,土壤剖面有明显黏盘层和沙石层的地方则伸展很浅。银杏、香榧、核桃、板栗、柿子的垂直根系较发达,而刺槐、杉木和多数核果类树木的垂直根不发达。

树木水平根与垂直根伸展范围的大小决定树木营养面积和吸收范围的大小。凡是根系伸展不到的地方,树木是难以从中吸收土壤水分和营养的。因此,只有根系伸展既广又深时,才能最有效地利用水分与矿物质。松树具有在银杉和云杉不能生存的地方继续生存的能力,是因为松树比其他两个树种的根分支和根尖多24倍,比吸收根面积多8倍。

根系水平分布的密集范围,一般在树冠垂直投影外缘的内外侧,这就是我们平时施肥的最佳范围。树根的扩展范围多为冠幅的2~5倍,根系的扩展距离至少能超过枝条1.5~3.0倍,甚至4倍。

根系垂直分布的密集范围,一般位于40~60cm土层,而其扩展的最大深度可达4~10m,甚至更深。一般来说,根系下扎只有树高的1/5~1/3,且只有少数根系达到这一深度(主根、大型固着根),吸收根则总是靠近地表。林木的根系分布一般较浅。

树木根系的分布与再分支的范围十分广泛。一棵100年生的松树,根系的总长度为50 000m,有500万个根尖。

2.1.3.3 土壤物理性质对树木根系的影响

树木根的形态,在不同土壤下会表现出很大的差异。土壤的孔隙状况、容重、水分状况、通气等都影响根系的生长和分布。在具有良好结构的土壤中,树木根系比较发达;反之,在大孔隙量少、土壤坚实、水分过多或过少的情况下,根系发育不良。但树木根系在土壤中的生长也会改善土壤的结构。

补充内容见数字资源。

2.1.4 根系生长速度与周期

树木的根系没有生理自然休眠期,只要满足其生长所需要的条件,周年均可生长。但在多数情况下,由于树木的种类、遗传物质、年龄、季节、自然条件和栽培技术的差异,根系的年生长可表现为一个周期或多个周期(图2-4)。

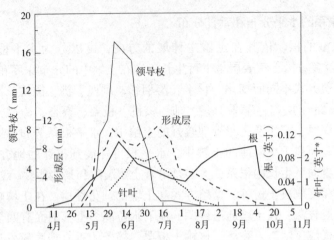

图 2-4　10 年生(美国)白松树高、茎、叶、根的年生长周期

2.1.4.1 根系的生长动态

根系的年生长包括现有根系的伸长和新侧根的发生(形成)与伸长。据报道,根系有两个主要生长周期,一次在春天,另一次在秋天。一般春天发生的新根数量多,而秋天新根生长能力强,生长量大。另有报道,树木根系的生长可有多个生长周期。如金冠苹果的根系一年中有 3 次生长高峰。第一次,一般从 3 月上旬开始到 4 月中旬达到高峰,而后随着开花和新梢的加速生长,根系生长转入低潮。第二次,从新梢将近停止生长开始到果实加速生长和花芽开始分化前后,6 月底至 7 月初出现高峰,这次发根数量多,时间长、生长快,是全年发根最多的时期,随后由于果实迅速发育而转入低潮。第三次,9 月上旬至 11 月下旬,此时花芽已经初步奠定基础,果实已经采收,随着叶片养分的回流积累,根的生长又出现第三个高潮,但随着土温下降,根的生长越来越慢,至 12 月下旬便停止生长,被迫进入休眠。另有报道,生长于北卡罗来纳州的火炬松和短叶松的根,一年中每一个月都生长,但 4 月和 5 月生长最好,1 月和 2 月生长最少。冬季根系生长最慢的日期与土壤温度最低的日期相一致,而夏季根系生长最慢的日期则与土壤湿度最低的日期相一致。

2.1.4.2 根系的生长速度和物质转化

树木生长最活跃的时期,一天可伸长 0.01~0.20cm。有学者发现,根的伸长量总是夜间比白天大。根系每一天都在不断地进行着物质的暂时贮藏和转化。如光合作用形成的糖,很快被运输到根,在根内与从土壤中吸收的二氧化碳发生作用,转化为各种氨基酸的混合物,很快被运送到树木生长点和幼叶内。氨基酸被用来形成新细胞的蛋白质,而原来与二氧化碳结合的有机酸,由于酶的作用将一部分糖和二氧化碳重新释放,再参与光合作用。这种方式产生的一部分糖,也能运输到根部转化为有机酸,以后再与根吸收的二氧化碳结合,被重新运输到叶部。这种循环在一

---

* 1 英寸 = 2.54cm。

天中是连续进行的。

2.1.4.3 根的生命周期与更新

(1) 树木生命周期中根系生长速度的变化

树木的一生中，根系也要经历发生、发展、衰老、死亡和更新的过程与变化。树木自繁殖成活以后，由于根的向地性，从根颈开始伸入土中，离心生长，逐渐分支，依次形成各级骨干根和须根，向土壤的深度和广度伸展。

不同类别的树木，以一定的发根方式和速度进行生长。幼时根系生长很快，一般都超过地上部分的生长速度。树木幼龄期根系领先生长的年限因树种而异。据研究，杉木根系在 1~5 年期间生长很快，随着树龄增加，根系生长速度趋于缓慢，并逐渐与地上部分的生长保持一定的比例关系。梨在定植的头两年垂直根发育很快，4~5 年可达其分布的最大深度。此后，主要是水平根迅速向四周扩展。树龄达 20 年以后，水平根延伸减慢，直至停止。根的粗度变化，在 3~4 年以前，垂直根的粗生长占优势。随着树龄的增加，水平根的粗生长逐渐超过垂直根。40~50 年生的梨树幼年形成的垂直根已经枯死，此时主要靠水平根向下成为垂直或斜生根系，伸向土壤深层。

(2) 根系的寿命与更新

树木的根系由比较长寿的大型多年生根和许多短命的小根组成。根系在离心生长过程中，随着年龄的增长，骨干根早年形成的弱根、须根，由根颈沿骨干根向尖端出现衰老死亡的现象，称为"自疏"。这种现象贯穿于根系生长发育的全过程。实际上，吸收根的死亡现象，是在根系生长一段时间以后，开始逐渐木栓化，外表变成褐色，逐渐失去吸收功能，有的轴根演变成输导根，有的则开始死亡。至于须根自身也有一个小周期，从形成到壮大直至死亡，也有一定规律，一般也只有数年的寿命。不利的环境条件，昆虫、真菌和其他有机体的侵袭以及树木年龄的增加，都影响根的死亡率。健康树木的很多小根在形成后不久就死去。有研究表明，果树幼苗主根的根尖在幼苗两个月时就死去。但是不同树种小根的寿命有差异，挪威云杉的大多数吸收小根，通常生存 3~4 年。第一年仅死去约 10%，而 20% 生存 4 年以上。小根的死亡一般随分支级数而有不同，如欧洲赤松的第二级侧根比主根有较高的死亡率。须根的死亡，起初发生在低级次骨干根上，其后主要发生在高级次骨干根上，以致较粗骨干根的后部出现光秃现象。

根系的生长发育，在很大程度上受土壤环境的影响，各树种、品种根系生长的深度和广度也是有限的，受地上部分生长状况和土壤条件的制约，待根生长达到最大幅度后，也发生向心更新。由于受环境影响，更新不规则，常出现大根季节性间歇死亡的现象。更新所发新根，仍按上述规律生长和更新，随树木衰老而逐渐缩小。有些树种，进入老年后常发生根系隆起。

当树木衰老或濒于死亡时，根系仍能保持一段时间的寿命，为萌发更新提供了某种可能性。

2.1.5 根系生长习性及影响根系生长因素

2.1.5.1 根系生长习性

像其他植物一样，树木的根系都有向地性。无论是实生苗，还是扦插苗，在根生成后，必然向地下深处伸长，即使生长中露出地面的根系也会重新向下弯曲钻入土壤。根型不同的树种或同一株树不同根向地下钻行的程度不同，可用向地角表示。向地角是以直立茎(干)为垂线，根伸展的方向与这条垂线间的夹角。向地角越小，向下钻行的程度越强。种子萌发时，由胚根发育成的初生根一般都垂直向下伸长，其向地角近于0°，这种根即为垂直根。未经移栽的核桃主根是很典型的垂直根，在这条垂直根下扎的根轴上，分生出许多斜生的侧根，其向地角小，一般50°以下，这样组成的根系，就是主根系。山荆子的初生根也是向下垂直伸长的，但其侧根发生量多，生长势强，向地角一般大于60°，有的甚至近于90°。在根群生长的过程中，近于水平方向生长的分支越来越占优势，垂直向下的主根逐渐减弱。这样形成的根系就是水平根系(见图2-2)。

树木根系向地角的大小，虽然不同树种与品种具有各自的特点，有其遗传的稳定性，但在一定程度上受土层厚薄、土壤松紧、肥力高低及湿度大小等因素的影响。根系在土壤中生长的方向，都有向适合于自己生长环境钻行的趋适性，如趋肥、向暖、趋疏松等。如《齐民要术》记载有"竹性爱向西南引"；谚语有"东家种竹西家有"，就是植物根系趋适性的响应。在生产实践中，经常看到树木的根系沿土壤裂隙、蚯蚓孔道及腐烂根孔起伏弯曲穿行，甚至呈极扁平状沿石缝生长。由此可见，根系具有很强的可塑性。此外，根系生长中因土壤阻碍而发生断裂和扭伤时一般都能愈合，且在愈合部附近再生出许多新根，扩大根系的伸展范围。

2.1.5.2 影响根系生长的因素

根系生长与树体内部的营养状况和温度、土壤水分(通常最适于树木根系生长的土壤含水量为土壤最大田间持水量的60%~80%)与通气状况、土壤营养等外部的环境条件有极其密切的关系。

补充内容见数字资源。

2.1.6 栽培管理与根系生长

创造良好的环境条件，促进根系的发育，是树木栽培的重要课题。

树木在不同年龄时期，根系发育特点是不同的。在幼年期，为使树木尽快生长扩大树冠，必须进行深耕或扩穴，增施有机质改良土壤，以形成强大的根系。但在密植的情况下，为使幼树提早结果，对乔砧及生长旺盛的品种，则必须抑制垂直根的生长，尽量促进水平根的发育，并注意采取弯根、垫根等方法控制根系徒长。在施肥上应多侧施和浅施，诱导水平根的发育。随着树龄的增长和结实量的增加，要加深耕作层，深施肥，促进下层根的发育；同时还要注意控制地上部分的结实量，以增加地上部分对根系碳水化合物的供应。到衰老期，应注意骨干根的更新复壮，多施粗有机质，增加土壤孔隙度,促进新生根的发生,以延缓衰老。

在年周期中,土壤管理也要根据生长特点进行。在早春,由于气温低,养分分解慢,根系处于刚恢复生长的阶段,此时应注意排水、松土,迅速提高土温(在春旱地区要注意灌水,促进根系的活动)。施肥应以腐熟肥料为主,促进吸收根的大量发育。至夏季期间,气温高,蒸发量大,同时又是树木生长发育的最旺盛期,保持根系的迅速生长特别重要。在高温干旱季节,松土、灌水、土面覆盖是保持根系正常活动的重要措施。此外,秋季的土壤管理也十分重要。据观察,秋季和初冬发生的吸收根往往比春季多,而且抗性强,寿命长;其中一部分可继续吸收水分与养分,并能将其吸收的物质转化成有机化合物贮藏起来,起着提高树木抗寒力的作用,也可满足树木生长的需要。因此,在秋季进行土壤深耕,深施较多的有机肥,对促进生长根的发育十分必要。

2.2 茎的生长

茎的生长有关内容见数字资源。

生长着的枝条,通常包括茎和叶,由节和节间组成。节是茎上着生叶的部位,当然也可指枝着生的地方。节间是茎上相邻节之间的部分。除了少数具有地下茎或根状茎的植物外,茎是植物体地上部分的重要营养器官。茎枝的生长和树体形成,决定于枝芽特性,芽抽枝,枝生芽,两者关系极为密切。了解树木枝芽生长特性,对研究园林树木生长发育规律,确定养护管理、整形修剪措施有重要意义。

2.2.1 茎的功能

茎在植物生长发育中主要发挥输导、支持、贮藏和繁殖、观赏等功能。

补充内容见数字资源。

2.2.2 芽的特性

芽是树木为适应不良环境条件和延续生命活动而形成的重要器官。它是带有生长锥和原始小叶片而呈潜伏状态的短缩枝或是未伸展的紧缩的花或花序,前者称为叶芽,后者称为花芽。生长在枝上有一定位置的芽称为定芽,定芽在枝上按一定规律排列的顺序性称为芽序。芽多着生于叶腋,芽序与叶序相同,可分为互生芽序、对生芽序、轮生芽序。了解芽序对幼树整形,安排主枝方位很有用处。

芽与种子有部分相似的特点,是树木生长、开花结实、更新复壮、保持母株性状、营养繁殖和整形修剪的基础。同时,芽偶尔也可由于物理、化学及生物等因素的刺激而发生遗传变异,为芽变选种提供条件。

芽的形成与分化要经过数月,长的近两年。其分化程度和速度与树体营养状况和环境条件密切相关。栽培措施在很大程度上可以改变芽的发育进程和性质,增加树体营养积累的措施都有利于促进芽的发育。枝条上着生的芽具有如下几个特性:

(1) 芽的异质性

同一枝条上不同部位的芽在发育过程中,由于所处的环境条件不同,以及枝条内部营养状况的差异，造成芽的生长势及其他特性的差别，称为芽的异质性。如枝条基部的芽发生在早春，此时正处于生长开始阶段，叶面积小、气温低，芽的发育程度较差，常形成瘪芽或隐芽。其后气温升高，叶面积增大，光合作用增强，芽的发育状况也得到改善。在枝条缓慢生长后期，叶片合成并积累了大量的养分，这时形成的芽极为充实饱满。有些树木在春夏交界处有一段盲节，这是由于树体处于贮藏营养与当年同化营养的转折期，同化营养暂时供应不足所造成的。此外，如果长枝的生长延至秋后，由于时间短，芽往往不易形成。

柑橘、板栗、柿、杏等新梢顶端的芽有自枯现象，因而最后形成的顶芽是腋芽（假顶芽），一般较为饱满，芽的饱满程度能够显著地影响以后新梢的生长势。树体成年期枝条的异质性，不仅表现在芽的饱满程度上，而且表现在芽的性质，即抽生不同的器官上（叶芽、花芽等）。

(2) 芽的早熟性和晚熟性

树木当年新梢上的芽形态形成后是否经冬天低温阶段才能萌发的特性称为芽的异熟性。有些树木当年新梢上的芽能够连续抽生二次梢和三次梢，芽的这种不经过冬季低温休眠，能够当年萌发的特性称为芽的早熟性，如紫叶李、红叶桃、柑橘等均具早熟性。具有早熟芽的树种，一般分枝较多，进入结果期早；另一些树种的芽，当年一般不萌发，要到翌年春天才能萌动抽枝。芽的这种必须经过冬季低温休眠，翌年春天才能萌发的特性，称为芽的晚熟性，如苹果、梨的多数品种都具晚熟芽。芽的早熟性和晚熟性还受树木年龄及栽培地区的影响，如树龄增大，晚熟芽增多，副梢形成的能力减退；又如，北方树种南移，早熟芽增加，发梢次数增多。

(3) 萌芽力及成枝力

1年生生长枝上的芽萌发抽枝的能力叫萌芽力。枝上萌芽数多的称萌芽力强，反之则弱。萌芽力一般以萌发的芽数占总芽数的百分率表示。1年生生长枝上的芽，不仅萌发而且能抽成长枝的能力，叫成枝力。抽长枝多的则成枝力强，反之则弱。在调查时一般以具体成枝数或以长枝（>15cm）占萌芽数的百分率表示成枝力。

萌芽力和成枝力因树种、品种、树势而不同，如柑橘、葡萄、核果类树木，萌芽力及成枝力均弱；梨的萌芽力强而多数品种成枝力弱。同一树种不同品种，萌芽力强弱也不同，如苹果中的'红玉'，萌芽力和成枝力均弱；'国光'萌芽力随树龄的增长而转强。一般萌芽力和成枝力都强的品种易于整形，但枝条过密，修剪时应多疏少截；萌芽力强、成枝力弱的品种，易形成中短枝，但枝量少，应注意适当短截，促进发枝。

(4) 芽的潜伏力

树木枝条基部的芽或某些副芽，在一般情况下不萌发而呈潜伏状态，这类芽称为潜伏芽。树木衰老或因某种刺激，使潜伏芽（隐芽）萌动发生新梢的能力称芽的潜伏力。芽的潜伏力可用芽保持萌芽抽枝的年限即潜伏寿命表示。芽潜伏力强的树种，枝条恢复能力强，容易进行树冠的复壮更新，如樟树、梅花、仁果类、柑橘、杨梅、板栗、柿、二球悬铃木、榔榆等。芽潜伏力弱，枝条恢复能力也弱，所以树冠容易衰老，如桃等。芽的这种特性对树木复壮更新是很重要的。芽的潜伏力也受营养条件和栽培管理的影响，条件好，隐芽寿命就长。

2.2.3 茎枝生长与特性

茎及由它长成的各级枝、干是组成树冠的基本部分，也是扩大树冠的基本器官。枝是长叶和开花结果的部位。枝干是整形修剪形成基本树形的基础，保持枝与干的正常生长是树木栽培中的一项重要任务。

2.2.3.1 枝条的加长生长和加粗生长

枝和干的形成与发展，来自芽的生长与发育。从植物解剖学的观点看，芽实际上是一个具有中轴的胚状枝。在这个胚状枝的轴上，螺旋状交错着生着一些次生的附属物，如鳞片、叶原基、苞片等。其顶端则是多层分生细胞群的生长点，芽的生长点在一定内外条件下发生快速的细胞分裂，产生初生分生组织，经过分化与成熟，形成了具有表皮、皮层、韧皮部、形成层、木质部、中柱鞘和髓等各种组织的嫩枝或嫩茎，而开始了年周期内枝的生长活动(见图2-4)。

(1) 枝条的加长生长

枝条的加长生长，一般是通过枝条顶端分生组织的活动——分生细胞群的细胞分裂伸长而实现的。加长生长的细胞分裂只发生在顶端，伸长则延续至几个节间。随着距顶端距离的增加，伸长逐渐减缓。在细胞伸长的过程中，也发生细胞大小形状的变化，胞壁加厚，并进一步分化成表皮、皮层、初生木质部和韧皮部、髓、中柱鞘等各种组织。生长点的上述活动，贯穿着枝条生长的始终。

但生长点的活动是不均衡的，由一个叶芽发展成为一个生长枝，通常要经过以下3个时期：

① 新梢开始生长期　叶芽开始萌动后，生长点的幼叶伸出芽外，随之节间伸长，幼叶分离。此期叶小而嫩，含水量高，光合作用弱。这一时期生理过程的特点，是树体贮藏物质水解占优势，含有大量水溶性糖和非蛋白氮，而淀粉含量特别少。新梢生长初期的营养来源，主要是上一年积累贮藏的养分。因此，上一年枝条的生长状况与翌年春季生长有着密切关系。

② 新梢旺盛生长期　此阶段茎组织明显延伸，幼叶迅速分离，叶片增多，叶面积加大，光合作用增强。这时新梢生长主要靠当年叶片制造的养分。由于新梢加速生长，消耗了大量的有机营养，使碳水化合物含量降低，进入树体的非蛋白氮占优势。此期，树木要从土壤中吸收大量的水分和无机盐类，生长点分生组织的细胞液浓度低，细胞形成新组织的速度加快，新梢加速生长。枝梢旺盛生长期的长短是决定枝条生长势强弱的关键。

③ 新梢缓慢生长和停止生长期　枝梢生长至一定时期后，由于外界环境如温度、湿度、光周期的变化，芽内抑制物质的积累，顶端分生组织的细胞分裂变慢或停止，细胞增大也逐渐停止。随着叶片衰老，光合作用逐渐减弱，枝内形成木栓层，并积累淀粉、半纤维素、蛋白质的合成加强，机械组织内的细胞壁充满木质素，枝条转入成熟阶段。

树木新梢生长次数及强度受树种及环境条件的影响，如雪松、柑橘、桃、葡萄、枣等，一年内能抽梢 2~4 次，而梨、苹果等一般延伸生长 1~2 次。

此外，裸子植物的某些树种（如金钱松、落叶松、银杏等）和被子植物的某些树种（如白桦、梨、紫叶李等），生长中可产生具长节间的长枝和节间不明显、枝顶有丛生叶的短枝。

(2) 枝条的加粗生长

树干、枝条的加粗，都是形成层细胞分裂、分化、增大的结果。加粗生长比加长生长稍晚，其停止也稍晚。在同一株树上，下部枝条停止加粗生长比上部稍晚。春天当芽开始萌动时，在接近芽的部位，形成层先开始活动，然后向枝条基部发展。因此，落叶树形成层开始活动稍晚于萌芽，同时离新梢较远的树冠下部的枝条，形成层细胞开始分裂的时期也较晚。由于形成层的活动，枝干出现微弱的增粗，此时所需要的营养物质主要靠上一年的储备。此后，随着新梢不断地加长生长，形成层活动也持续进行。新梢生长越旺盛，则形成层活动也越强烈，持续时间越长。秋季由于叶片积累大量的光合产物，枝干明显加粗。

形成层活动与新梢加长生长之间的这种相关性，是因为萌动的芽和加长生长时所形成的幼叶，能产生生长素一类的物质，激发形成层的细胞分裂。当加长生长停止，叶片老化至最终落叶时，形成层活动也随之逐渐减弱至停止。因此，为促进枝干的加粗生长，必须在枝上保留较多的叶片。

2.2.3.2 顶端优势与垂直优势

(1) 顶端优势

顶端优势是指活跃的顶部分生组织或茎尖常常抑制其下侧芽发育的现象，也包括树木对侧枝分枝角度的控制。一般乔木树种都有较强的顶端优势。顶端优势在树木上的表现是：枝条上部的芽能萌发抽生强枝，依次向下的芽，生长势逐渐减弱，最下部的芽甚至处于休眠状态。如果去掉顶芽和上部芽，即可使下部腋芽和潜伏芽萌发。顶端优势也表现在分枝角度上，枝条自上而下，分枝角度逐渐开张。如果去掉顶端对角度的控制效应，所发侧枝就呈垂直生长的趋势。这种顶端优势还表现在树木的中心干生长势要比同龄的主枝强，树冠上部的枝条要比下部的强。一般乔木树种，都有较强的顶端优势。乔化现象越明显，顶端优势也越强；反之则弱。

对于顶端优势的机理，虽然尚未完全弄清楚，但目前已经证实，除顶端的生长素外，来自根的细胞分裂素也有作用。侧芽由于缺乏细胞激动素，不能从相关抑制中解脱出来。对植物体施用细胞分裂素，可以使侧芽萌发。萌发以后，侧芽的生长发育还要有较高的生长素、赤霉素和必要的营养。顶芽的生长素可以控制根部合成的细胞分裂素的分配和运输。生长素含量较高者，得到的细胞分裂素也多，生长势也较强。

此外，顶芽（梢）的生长素对下面的侧芽有抑制作用。例如，在一般情况下，摘除顶芽，侧芽能萌发生长，但是如果在摘除顶芽的伤口上涂抹生长素，侧芽则如未摘除顶芽一样受到抑制，这就充分证明了这一点。其他生长调节剂对顶端优势的作用尚在研究中。

(2) 垂直优势

枝条与芽的着生方位不同,生长势的表现有很大的差异。直立生长的枝条生长势旺,枝条长;接近水平或下垂的枝条,则生长势弱;枝条弯曲部位的上位芽,其生长势超过顶端。这种因枝条着生方位背地程度越强,生长势越旺的现象在树木栽培上称为垂直优势。形成垂直优势的原因除与外界环境条件有关外,激素种类和含量的差异也有重要作用。根据这个特点,可以通过改变枝芽的生长方向来调节枝条生长势的强弱。

2.2.3.3 年轮及其形成

在树干和枝的增粗生长过程中,由于树木形成层随季节活动的周期性使树干横断面上出现因密度不同而形成的同心环带,即为树木年轮。热带树木可因干季和湿季的交替而出现年轮,有时由于一年中气候变化多次可导致树木出现几个密度不同的同心环带,实际每一轮并不代表一年,可称之为生长轮,但一年中生长轮的数量对于特定地区的特定树种来说也是有规律的。

2.2.3.4 茎枝的生长类型

茎的生长方向与根相反,多数是背地性的。除主干延长枝,突发性徒长枝呈垂直向上生长外,多数因不同枝条对空间和光照的竞争而呈斜向生长,也有向水平方向生长的。依树木茎枝的伸展方向和形态,可分为直立生长、下垂生长、攀缘生长、匍匐生长不同生长类型。

补充内容见数字资源。

2.2.4 树木层性与干性

层性是指中心干上主枝分层排列的明显程度,层性是顶端优势和芽的异质性共同作用的结果。中心干上部的芽萌发为强壮的中心干延长枝和侧枝,中部的芽抽生弱枝或较短小的枝条,基部的芽多数不萌发而成为隐芽。同样,随着树木年龄的增长,中心干延长枝和强壮的侧枝也相继抽生出生长势不同的各级分枝,其中,强的枝条成为主枝(或各级骨干枝);弱的枝条生长停止早,节间短,单位长度叶面积大,生长消耗少,营养积累多,易成为花枝或果枝,成为临时性侧枝。随着中心干和强枝的进一步增粗,弱枝死亡。从整个树冠看,在中心干和骨干枝上有若干组生长势强的枝条和生长势弱的枝条交互排列,形成了各级骨干枝分布的成层现象。有些树种的层性,一开始就很明显,如油松等;而有些树种则随年龄增大,弱枝衰亡,层性才逐渐明显起来,如雪松、马尾松、苹果、梨等。具有明显层性的树冠,有利于通风透气。层性能随中心主枝生长优势保持年代长短而变化。

干性是指树木中心干的长势强弱及其能够维持的时间。凡中心干(枝)明显,能长期保持优势生长者叫"干性强",反之叫"干性弱"。不同树种的层性和干性强弱不同。凡是顶芽及其附近数芽发育特别良好,顶端优势强的树种,层性、干性就明显。裸子植物中的银杏、松、杉类干性很强;柑橘、桃等由于顶端优势弱,层性与干性均不明显。因此,顶端优势的强弱与保持年代的长短,可以表现其层性是否明显。干性强弱是构成树干骨架的重要生物学依据，对研究园林树形及其演变和整形修剪有重要意义。

2.2.5 树木分枝方式与树冠的形成

除棕榈科的许多种外，分枝是植物，尤其是树木生长的基本特征之一。树木按照一定的分枝方式构成庞大的树冠，使尽可能多的叶片避免重叠和相互遮阴。枝叶在树干上按照一定的规律分枝排列，可更多地接受阳光，扩大吸收面积。树木在长期进化的过程中，为适应自然环境形成了一定的分枝规律。此外，分枝方式不仅影响枝层的分布、枝条的疏密、排列方式，而且还影响总体树形。

2.2.5.1 树木的分枝方式

(1) 总状(单轴)分枝

这类树木顶芽优势极强，生长势旺，每年能向上继续生长，从而形成高大通直的树干。大多数针叶树种属于这种分枝方式，如雪松、圆柏、龙柏、罗汉松、水杉、池杉、黑松、湿地松等。阔叶树中属于这一分枝方式的大都在幼年期表现突出，如杨、栎、七叶树、薄壳山核桃等。

(2) 合轴分枝

这类树木的新梢在生长末期因顶端分生组织生长缓慢，顶芽瘦小或不充实，到冬季干枯死亡；有的枝顶形成花芽，不能继续向上生长，而由顶端下部的侧芽取而代之，继续上长，每年如此循环往复，均由侧芽抽枝逐段合成主轴，故称为合轴分枝。园林中大多数树种属于这一类，且大部分为阔叶树。如白榆、刺槐、悬铃木、榉树、柳、樟树、杜仲、槐、香椿、石楠、苹果、梨、桃、梅、杏、樱花等。

(3) 假二叉分枝

假二叉分枝是指有些具对生叶(芽)的树种顶梢在生长末期不能形成顶芽，下面的侧芽萌发抽生的枝条，长势均衡，向相对侧向分生侧枝的生长方式。这类树种有泡桐、黄金树、梓树、楸树、丁香、卫矛和桂花等。

(4) 多歧式分枝

这类树木顶芽在生长末期，生长不充实，侧芽之间的节间短或在顶梢直接形成3个以上势力均等的侧芽，下一个生长季节，梢端附近能抽出3个以上的新梢同时生长的分枝方式。具有这种分枝方式的树种，一般主干低矮，如苦楝、臭椿和结香等。

有些植物，在同一植株上有两种不同的分枝方式，如杜英、玉兰、木莲、木棉、女贞等。很多树木，在幼苗期为单轴分枝，长到一定时期以后变为合轴分枝。单轴分枝在裸子植物中占优势，合轴分枝则在被子植物中占优势，所以合轴分枝是进化的性状。

补充内容见数字资源。

2.2.5.2 树形与冠形

(1) 树形

树形主要是指树冠的大小、形状和组成(侧枝、小枝等数目)等。树形是由于环境影响(如重力、光强、光周期、温度和矿质营养)与激素和遗传可能性内部效应相互作用而产生的。树形的分枝角、分枝量、枝条生长量和生长期及顶端优势程度等方面,都受遗传的控制,但也可以因环境影响而改变(图2-5)。例如,一些树种在湿润肥沃的土壤上,长成大树;而在炎热、干旱立地上,或接近树木线时,却保持灌木状。

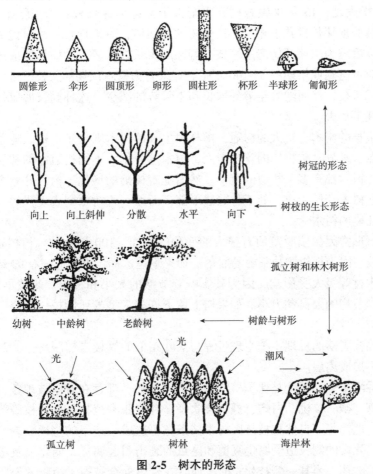

图 2-5 树木的形态

(2)冠形

芽和侧枝在轴枝长度上的差别,是决定木本植物冠形的重要因子。在许多树种中,冠形受活跃的顶端分生组织控制。塔形生长型是顶端优势强的表现,而伞形生长型是顶端优势弱的表现。一株完整的树木,顶端优势是否强,可以通过摘去顶芽或顶梢,优势能否消除来判断。许多裸子植物,具有大型芽的顶生主梢,常比芽小的侧枝顶梢萌动快,生长时间长,必然使树木枝条的生长从顶部向下部相应减少。

树木的冠形与树龄有着极其密切的关系(图2-5)。在衰老树木中,冠形的某种变化与枝条生长逐渐受到抑制和顶端优势逐渐丧失有关。当欧洲赤松或日本落叶松侧枝衰老时,主枝还能生长几年,而从侧枝近轴部分长出的多分枝的侧枝生长受阻。这种衰老状况渐渐从下向上蔓延至全株,直到顶梢最后失去优势,而形成平顶形的冠形。随着侧枝的衰老,分枝角从直立变得更接近水平,最终下垂,第二级侧枝通常下垂生长。这种由于衰老而引起生长型的变化，可以通过无性繁殖的方法，使老枝复壮而"逆转"。因此，将老的枝条部分嫁接在实生砧木上，可使老枝直接恢复生机，促进生长和增加顶端优势。

一些裸子植物树种和少数被子植物树种，在其成年时，抽生的短枝比幼年多。冈克尔（Gunckel）等发现，15年生银杏树几乎全部顶芽都抽成长枝，而100年生的银杏树，抽成长、短枝的顶芽数目几乎相等。这个树种的幼树，由于长枝占绝对优势，所以形成伞形树冠，以后因为顶芽开始产生短枝，侧芽产生长枝，老树的树形变成球形。这个变化多发生于树木达到成年期的35~40年生。如果剪去树木顶端的长枝，可引起一个或更多的侧枝变成长枝，然而随着年龄的增长和生长势的减少，这种侧枝形成长枝的能力会逐渐减少，甚至消失。

开旷地生长的树木有很大的树冠，雨林中生长的树木则趋于窄冠。随着树木群落的发展，对光照、水分、矿物质的竞争激烈，树木遂分化为不同树冠级的林层。在幼龄同龄林中，所有树木都有多少相似的冠形。然而随着树龄的增加，树冠开始郁闭，竞争逐渐激烈，有些树木开始受压，处于林冠层下部；而另一些树木则表现优势，成为林中最大和生长最旺盛的树木。

树木的冠形常因侧枝脱落而有很大的变化。例如，100年生的栎树树冠，常只有5级或6级侧枝，因为栎树侧枝很容易脱落。如果不是这样，栎树应该有99级侧枝。侧枝的脱落也使木材等级大受影响，因为其影响着节疤的大小和种类。侧枝早期脱落最好，因为它可减少节疤的数目和大小。如果树上留下许多大型的死侧枝，就会产生使木材等级下降的死节。

有两种侧枝脱落的机理：①生理过程与落叶相似的侧枝自然脱落；②侧枝死亡的自然整枝，但不形成离层。

在很多乔灌木中，无论是裸子植物还是被子植物，都存在着落枝现象，如池杉、落羽杉、杨、柳、槭、核桃、白蜡、栎、合欢等。有些藤本植物也有侧枝脱落的现象，如心叶蛇葡萄、地锦等。自然整枝是因树木枝条竞争造成一连串的生理衰老，使茎干低处的侧枝枯死。死亡的侧枝遭受腐生真菌和昆虫的袭击引起腐烂、弱化以及遭受风雪或其他环境因子的破坏。当某一侧枝死亡时，通常在着生处会被裸子植物的松脂或被子植物的树胶或填体的沉淀封闭起来。自然整枝的速度与程度取决于受温度、湿度影响的真菌活性和树木的配置密度及其对弱光的适应能力。

树木的冠形与侧枝的分枝角度有极其重要的关系。侧枝与主轴开张的程度，取决于分枝角的大小和侧枝向下弯曲的程度。在树干不同高度处，侧枝与主干的初期交角是不同的。通常是树冠上部幼年侧枝比树冠中部侧枝的分枝角度小，而树冠下部孱弱的侧枝甚至下垂。在分枝浓密的树木中，树冠顶部几乎遍布垂直着生的侧枝。

此外，当树干偏离垂直方向而倾斜时，因重力作用引起激素的重新分配，也会对树形造成不利的影响。

(3) 不同园林树木树冠的形成特点

① 乔木　乔木的树冠以地上芽分枝生长和更新。自1年生苗或前一季所形成的芽抽枝离心生长，枝茎中上部的芽垂直向上生长成为主干延长枝，几个侧芽斜生为主枝，第

二年又由主干上的茎抽生延长枝和第二层主枝,如此形成多个级别的枝干。随着树龄增长,中心干和主枝及延长枝优势转弱,树冠上部变圆钝而后宽广,表现出壮龄期的冠形,直至达到最大冠幅而后转入衰老更新阶段。

② 竹类和丛木类　竹类和丛木的冠相以地下芽更新为主,为多干丛生。从株体看,由许多粗细相似的丛状枝茎组成。对于每一枝干上形成的芽的芽质,有的类似乔木,有的相反。在枝干中下部的芽较饱满,抽枝旺,说明丛木单枝离心生长达到最大体积也快,衰老也快。

③ 藤木　多数类似乔木,主蔓生长势很强,幼时少分枝,壮年后分枝才多,多无自身冠形。藤木中也有少数种,刚开始生长时类似于灌木,而后才具缠绕性长枝,如紫藤、猕猴桃等。

2.2.5.3　生命周期中枝系和树冠形态的发展与演变

(1) 枝系的离心生长与离心秃裸

树木自繁殖成活以后,无论是有性繁殖,还是无性繁殖,由于茎的负向地(背地)性,向上生长,分枝逐年形成各级骨干枝和侧枝,在空中扩展。这种以根颈为中心,向两端不断扩大空间的生长(包括根的生长)称为离心生长。在枝系离心生长的过程中,随着年龄的增长,生长中心不断外移,外围生长点逐渐增多,竞争能力增强,枝叶生长茂密,造成内膛光照条件和营养条件恶化,内膛骨干枝上先期形成的小枝、弱枝,由于所处位置光合能力下降,得到的养分减少,长势不断削弱,由根颈开始沿骨干枝向各枝端逐年枯落。这种从根颈开始,枯枝脱落并沿骨干枝逐渐向枝端推进的现象,称为离心秃裸。离心秃裸的过程,一般先开始于初级骨干枝基部,然后逐级向高级骨干枝部分推进。树木离心生长的能力因树种和环境条件而异,但在特定的生境条件下,树木只能长到一定的高度和体积。这说明树木的离心生长是有限的。

离心秃裸的主要原因是树体骨干枝及其侧生部分原有的差异及其随着离心生长而造成的位置变化,所引起的环境条件,营养供应与激素分配的不均衡性。树冠的内膛和下部的弱小枝条,不但因其处于通风透光差和湿度大的环境易生病虫,而且由于本身叶片的光合能力下降,缺乏营养和激素供应,生长势逐渐下降,原来的强枝、高位枝、着叶丰富的枝条,营养和激素充足,竞争力强,进一步导致弱枝的衰弱与死亡。这种现象也随着树木生长点的不断外移而向梢端推进,发生了离心秃裸的现象。

补充内容见数字资源。

(2) 树体骨架的形成过程

以大高位芽和中高位芽分枝生长更新的乔木树种,由1年生苗或前一季节形成的芽萌动、抽枝进行离心生长。由于枝茎中上部的芽较饱满和具有顶端优势,来自根系供应的养分也比较优越,因而抽生较旺盛的枝条,垂直生长成为主干的延长枝,几个侧芽斜向生长,强者成为主枝。翌年又由中干上部的芽抽生延长枝和第二层主枝。第一层主枝先端芽抽生主枝延长枝和若干长势不等的侧枝,在一定的阶段内,每年都以一定方式分枝生长,主枝上部较粗壮的侧枝随着年龄增长,有些发展成为次一级的骨干枝;而下部芽所抽生的枝条都比较细弱，伸长生长停止较早，节间也短。因此从整个树体来看，由几个生长势强、分枝角度小(自上而下角度逐渐开张)的枝条和几个生长势弱、较开张的枝条，一组一组地交互排列，形成明显或不甚明显的骨干枝呈层分布的树冠。至于层间距的大小，层内分枝的多少和大小、秃裸程度、萌条情况等则取决于树种或品种特性、植株年龄、层次、在树冠上的位置以及生长条件和栽培技术等。

(3) 树体骨架的周期性演变

树木先开始离心生长，不久出现离心秃裸。此后在离心生长的同时也发生离心秃裸。但树木因受遗传性和树体生理以及所处土壤条件的影响，其离心生长是有限的。也就是说，根系和树冠只能达到一定的大小和范围。树木由于离心生长与离心秃裸，造成地上部大量的枝芽生长点及其产生的叶、花、果都集中在树冠外围(结果树处于盛果期)。由于受重力影响，骨干枝角度变得开张，枝端重心外移，甚至弯曲下垂，造成分布在远处的吸收根与树冠外围枝叶运输距离的增大，使枝条生长势减弱，中心干延长枝发生分杈、弯曲或枯死(称为截顶)。由于离心生长趋于衰弱，或向心枯死失去顶端优势的控制和局部环境条件的改善，导致潜伏芽寿命长的树种，在主枝弯曲高位处或枯死部位附近萌生直立旺盛的徒长枝，开始树冠的更新。徒长枝仍按离心生长和离心秃裸的规律形成新的小树冠，俗称"树上长树"。随着徒长枝的扩展，加速主枝和中干枯梢，全树由许多徒长枝形成新的树冠，逐渐代替原衰亡的树冠。由于新树冠是在土壤无机营养恶化的条件下，在老枝干上形成的，往往达不到原有树冠的高度，当新树冠达到其最大限度以后，同样会出现先端衰弱、枝条开张、向心枯死，引起优势部位下移，又可萌生新徒长枝来更新。这种更新的发生，一般是由冠外向内膛，由顶部向下部，直至根颈进行的，故叫"向心更新"。由于树木的离心生长与向心更新而导致树木的体态变化(图2-6)。根颈萌条又可像小树一样进行离心生长和离心秃裸，并按上述规律进行第二轮的生长与更新。有些实生树能进行多次这种循环的更新，但树冠一次比一次矮小，甚至死亡。根系也会发生类似的枯死与更新，但发生较晚。由于受土壤条件影响较大，周期更替不那么规则，在更新过程中常出现大根的间隙死亡现象。

树木离心生长持续的时间，离心秃裸的快慢，向心更新的特点等与树种、环境条件

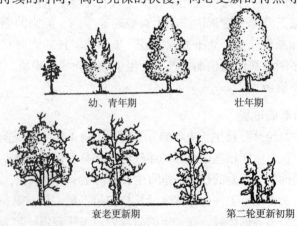

图2-6　树木(具中干)生命周期的体态变化

及栽植养护技术有关。

在乔木树种中，凡无潜伏芽或潜伏芽寿命短的只有离心生长和离心秃裸，没有或几乎没有向心更新，如桃树等；只有顶芽而无侧芽者，只有顶芽延伸的离心生长，而无离心秃裸，更无向心更新，如棕榈等。竹类多为无性繁殖，绝大多数种类10d内可以达到个体生长的最大高度，成竹以后虽然也有短枝和叶片的更新，但没有离心生长、离心秃裸和向心更新的现象。灌木离心生长时间短，地上部枝条衰亡较快，向心更新不明显，多以干基萌条和根蘖条更新为主。多数藤木的离心生长较快，主蔓基部易光秃，其更新与乔木相似，有些则与灌木相似，也有介于二者之间的类型。

2.2.6 影响枝条生长的因素

影响枝条生长的因素很多，主要有树种或品种与砧木、有机养分、内源激素、环境条件等。

补充内容见数字资源。

2.3 叶和叶幕形成

叶是行使光合作用制造有机养分的主要器官，叶片的活动是树木生长发育形成产量的物质基础。植物叶片还执行着呼吸、蒸腾、吸收等多种生理机能，常绿树木的叶片还是养分贮藏器官。因此，研究树木叶片及其叶幕的形成，不仅关系到树木本身的生长发育与生物产量的多少，而且关系到树木生态效益与观赏功能的发挥。

2.3.1 叶片形成与生长

树木单叶的发育，自叶原基出现以后，经过叶片、叶柄（或托叶）的分化，直到叶片的展开和叶片停止增长为止，构成了叶片的整个发育过程。新梢不同部位的叶，其开始形成的时间以及生长发育的时期各不相同。枝条基部的叶原基是在冬季休眠前在冬芽内出现的，至翌年休眠结束后再进一步分化，叶片和叶柄进一步延伸，萌芽后叶片展开，叶面积迅速增大，同时叶柄也继续伸长。

树木的叶片具有相对的稳定性，但是栽培措施和环境条件对叶片的发育，特别是对叶片的大小有显著的影响。叶的大小和厚度及营养物质的含量在一定程度上反映了树木的发育状况。在肥水不足、管理粗放的条件下，一般叶小而薄，营养元素含量低，叶片的光合效能差；在肥水过多的情况下，叶片大，植株趋于徒长。每一种树木在正常条件下，叶片大小和营养物质的含量都有一个相对稳定的指标。

单个叶片自展叶到叶面积停止增长，不同树种和同一树种的不同枝梢是不一样的。从长梢来看，一般中下部叶片生长时间较长，而中上部较短；短梢叶片除基部小叶发育时间短外，其他叶片大体比较接近。单叶面积的大小，一般取决于叶片生长的日数，以及旺盛生长期的长短。如生长日数长，旺盛生长期也长，叶片则大；反之则小。

同一枝条上不同节位的叶片在大小和厚度上是不同的。在一般情况下，新梢各节叶片的大小变化是有规律的。多数树木新梢基部的3~5片叶都远小于正常叶，叶腋也无正常腋芽。这种小叶是由于叶芽在上年秋季分化时，只在雏梢上形成几片雏叶而未形成腋芽原基所致。在春季萌芽后，这些雏叶在 5~8d 就停止生长而形成小叶，节间很短，叶腋无芽。这就是所谓枝上的"盲节"。在苹果和梨的新梢上，基部叶小的现象十分普遍。此外，在春梢停止生长后，如果顶芽又萌发形成秋梢，其基部也有小叶和盲节。

叶的生长除受肥水条件影响外，与光照和温度条件的关系十分密切。如华盛顿脐橙在光照长、温度低的情况下，叶片数量增加，但在高温下不明显。光照延长，有利于叶面积的增加。

由于叶片出现的时间有先后，一株树上就有各种不同叶龄的叶片，并处于不同的发育阶段。在春天，枝梢处于开始生长阶段，基部叶的生理活动较活跃，但随着枝条的伸长，活跃中心不断向上转移，下部的叶片渐趋衰老。因此，不同部位和不同年龄的叶片，其光合能力也不一样。在很幼嫩的叶中，叶组织量少，叶绿素含量低，所以光合产量低；随后由于叶龄的增加，叶面积扩大，生理处于活跃状态，光合效能大大提高，直到一定的成熟程度为止；以后，因叶片的衰老而降低。

2.3.2 叶幕形成特点与结构

树木的叶幕是指叶片在树冠内集中分布的群集总体。

2.3.2.1 叶幕的形成过程

树冠叶幕的形成过程与新梢和叶的生长动态基本一致。落叶树的叶幕，在年周期中有明显的季节变化。树种、品种、环境条件和栽培技术不同，叶幕形成的速度与强度也不同。在一般情况下树势强，年龄幼的树，或以抽生长枝为主的树种、品种，长枝比例大，叶幕形成的时间较长，叶面积高峰期出现晚；树势弱，年龄大或短枝型树种、品种，其叶幕形成的时间短，高峰期也早，如桃树以长枝为主，其叶面积形成较慢，树冠叶面积增大最快是在长枝旺盛生长期之后；而日本梨、苹果成年树以短枝为主，其树冠叶面积增大最快时期是短枝停梢期。落叶树木的叶幕，从春天发叶到秋季落叶，保持 5~8 个月的生活期；而常绿树木，由于叶片生存时间长（可达 1 年以上），而且老叶多在新叶形成之后脱落，故叶幕相对比较稳定。对落叶树木来说，理想的叶面积生长动态应该是前期叶面积增长较快，中期保持合理，后期保持时间较长，防止过早下降。树种不同，其叶面积的季节生长有不同的形式。有些树种一年只抽一次梢，在生长季节早期就达到了最大的叶面积，当年不能再产生任何新叶；有些树种可通过新叶原基的继续生长和扩展，或通过几次间歇性的突发生长（包括生长季中芽的重复形成与开放）增加叶面积。

2.3.2.2 叶幕的结构

叶幕的结构就是叶幕的形状与体积。它与树种、年龄、树冠形状等有密切的关系，同时也受整形修剪的方式、土壤、气候条件，以及栽培管理水平等因素的影响。叶幕结构的变化也会导致叶面积指数的变化。

幼年或人工整形的植株，其叶片可充满整个树冠，因此，树冠的形状与体积也是叶幕的形状与体积。自然整枝的成年树，叶幕形状与体积有较大的变化。在密植的情况下，枝条向上生长，下部光秃而形成平面形叶幕或弯月形叶幕；用杯状形整形就形成杯状叶幕，用分层形整枝就形成层状叶幕，用圆头形整形就形成半圆形叶幕。球状树冠为圆形叶幕，塔形树冠为圆锥形叶幕。叶幕的形状和厚薄是叶面积大小的标志。平面形、弯月形及杯状叶幕，一般绿叶层薄，叶面积小；而半圆形、圆形、层状形、圆锥形叶幕则绿叶层厚、叶面积较大(图2-7)。

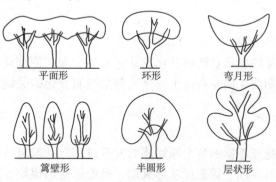

图 2-7 树冠叶幕示意图

2.3.3 叶面积指数

叶面积指数(LAI)即一个林分或一株植物叶的面积与其占有土地面积的比率。叶面积指数受植物的大小、年龄、株行距和其他因子的影响。

补充内容见数字资源。

2.4 花芽分化与开花

许多园林树木属于观花或兼用型观赏树木，掌握园林树木花芽分化条件和开花特点对于合理配置园林植物景观和做好园林树木栽培和养护具有重要意义。

2.4.1 花芽分化

植物的生长点既可以分化为叶芽，也可以分化为花芽。而生长点由叶芽状态开始向花芽状态转变的过程，称为花芽分化。花芽形成全过程，即从生长点顶端变得平坦而四周下陷开始，到逐渐分化为萼片、花瓣、雄蕊、雌蕊，以及整个花蕾或花序原始体的全过程，称为花芽形成。生长点内部由叶芽的生理状态转向形成花芽的生理状态的过程称为"生理分化"。由叶芽生长点的细胞组织形态转为花芽生长点组织形态的过程，称为"形态分化"。因此，树木花芽分化概念有狭义和广义之分。狭义的花芽分化是指形态分化，广义的花芽分化，则包括生理分化、形态分化、花器的形成与完善直至性细胞的形成。

花芽分化受树种、品种、树龄、经营水平和外界条件的影响。外部或内部一些条件对花芽分化的促进作用称为花诱导。当内外条件满足不了花芽分化的要求时，分化过程就可能中止，或使已开始花芽形态分化的芽出现花器败育或发育不全。对于观花观果树木来说,了解其花芽分化的规律,对于促进花芽的形成和提高花芽分化质量,增加花果生产与观赏效果具有重要意义。

2.4.1.1 花芽分化期

根据花芽分化的指标,花芽分化期可分为生理分化期、形态分化期及性细胞形成期。不同树种,其花芽分化过程及形态指标各异。分化标志的鉴别与区分是研究分化规律的重要内容之一。

(1) 生理分化期

生理分化期是指芽的生长点转向分化花芽而发生生理代谢变化的时期。据研究,生理分化期在形态分化期前4周左右。生理分化期是控制分化的关键时期,因而也称分化临界期。

(2) 形态分化期

形态分化期是指花或花器的各个原始体的发育过程。一般可分为分化初期、萼片原基形成期、花瓣原基形成期、雄蕊原基形成期、雌蕊原基形成期5个时期。有些树种的雄蕊原基形成期和雌蕊原基形成期时间较长,一般在翌年春季开花前完成。关于花芽分化指标还因树种是混合芽还是纯花芽,是单花还是花序,是单子房还是多室略有差别。

(3) 性细胞形成期

这一时期性细胞要经过冬春一定低温(温带树木 0~10℃,暖带树木 5~15℃)累积条件下,形成花器和进一步分化、完善与生长,再在翌年春季萌芽后至开花前,在较高的温度下,才能完成。如苹果,在花序分离时,其花粉母细胞和雌蕊胚囊才形成。花芽开始分化期和持续时间的长短因树体营养状况和气候状况而异,营养状况好的树体花芽分化持续时间长,气候温暖、平稳、湿润,花芽分化的持续时间长。早春树体营养状况很重要,如果条件差,有时也会发生退化现象。一年多次开花的植物,可在较高温度下形成花器和进一步分化、完善与生长。

2.4.1.2 花芽分化的季节型

树木的花芽分化与气候条件有着十分密切的关系,不同树种对气候条件有不同的适应性。根据不同树种花芽分化的季节特点,可以分为以下4种类型:

(1) 夏秋分化型

绝大多数早春和春夏间开花的树木,如仁果类、核果类的果树和某些观花的树种、变种,如海棠类、榆叶梅、樱花、迎春花、连翘、玉兰、紫藤、丁香、牡丹等花木多属此类。它们都是于前一年夏秋(6~8月)间开始分化花芽,并延迟到9~10月完成花器分化的主要部分。但也有些树种,如板栗、柿子分化较晚,在秋天还只能形成花原始体而看不到花器,延续时间更长。这类树木花芽的进一步分化与完善,还需要经过一段低温,直到翌年春天才能进一步完成性器官的发育。有些树种的花芽,即使由于某些条件的刺激和影响,在夏秋已完成分化,但仍需经过低温后才能提高其开花质量。如冬季剪枝插瓶水养,离其自然花期越远,开花就越差。

(2) 冬春分化型

原产于暖地的某些树木，如柑橘类，需从 12 月至翌年春季期间分化花芽，其分化时间较短且连续进行。这一类型中的有些树木延迟到年初分化，而在冬季较寒冷的浙江、四川等地，有提前分化的趋势。

(3) 当年分化型

许多夏秋开花的树木，如木槿、槐、紫薇、珍珠梅、荆条等，都是在当年新梢上形成花芽并开花，不需要经过低温。

(4) 多次分化型

在一年中能多次抽梢，每抽一次，就分化一次花芽并开花的树木。如茉莉花、月季、枣、葡萄、无花果等，以及其他树木中某些多次开花的变异类型，如四季桂、三季梨等。这类树木，春季第一次开花的花芽有些是前一年形成的，各次分化交错发生，没有明显的停止期，但大体也有一定的节律。

2.4.1.3 树木花芽分化的一般规律

(1) 花芽分化的长期性与不一致性

大多数树木的花芽分化时期相对集中而又有些分散。同一棵树上花芽分化的动态不整齐，分化成熟的时期也不一致。一般认为，新梢停止生长的早晚是衡量花芽形成与分化进展状况的一个重要标志。因此，形态分化期出现的不均衡性与顶芽停止生长时期出现的早晚有关。

有些树木，如苹果花芽的质量取决于冬前已达到的分化程度。一般情况下，植株落叶休眠之前，大部分花芽已形成雌蕊原基，但也有一部分成花晚的芽，只能达到雄蕊原基甚至花瓣原基的程度。这些分化不太完善的花芽，在冬春期间仍可继续分化，翌年可正常开花。如果芽内花原基出现晚，休眠时仅形成花萼原基，这些分化不完全的芽，翌年不能正常开花。

冬季花芽受一定的低温作用后，翌年春季继续进行芽内花器分化。以后各个花器逐渐完善，到雄蕊内四分体出现，雌蕊中胚囊形成。至此，各个花器官均已发育完善，即可开花。

许多研究表明，如果给予有利的条件，已开花的成年树木几乎在任何时候都可以进行花芽分化。如山桃、连翘、榆叶梅、海棠类、丁香等开花后适时摘叶可促进花芽分化，秋季可再次开花。此外，葡萄、枣、四季橘、柠檬、金柑及某些梨品种，一年可多次发枝并多次形成花芽，也就可以在一年内多次结果。

树木花芽分化规律及其长期性，可为多次结果提供理论根据，也为控制花芽分化数量并克服大小年提供更多的机会。

(2) 花芽分化的相对集中性和相对稳定性

各种树木花芽分化的相对集中期，在北半球不同年份有差别，但并不悬殊。例如，桃大多集中在 7~8 月，柑橘在 12 月至翌年 2 月。花芽分化的相对集中和相对稳定性与气候条件和物候期有密切关系。多数果树通常在每次新梢停长后(包括春、夏、秋梢)和采果后各有一个分化高峰,有些树木则在落叶后至萌芽前利用贮藏养分和适宜气候条件进行分化,如栗类和暖地的苹果等。这些特性为制定相对稳定的果园管理措施提供了理论依据。

(3) 花芽分化临界期——生理分化期

在此时期生长点对内因外因均高度敏感,是易于改变代谢方向的时期。因此,此时期在花后2~6周,也就是大部分短枝开始形成顶芽到大部分长梢形成顶芽的一段时期。陕西武功多数苹果品种在5月中旬至6月上旬。柑橘花芽分化临界期在果实采收前后。有研究表明,在花芽分化前(临界期)施一次氮肥,与多次在其他时期施用相比能获得更高产量,这证明控制花芽分化数量的措施,应着重在临界期进行。

(4) 花芽形成所需要的时间

一个花芽形成所需时间因树种而异。从生理分化到雌蕊形成所需时间,苹果需1.5~4个月,芦柑需0.5个月,雪柑约需2个月,福柑需1个月,甜橙需4个月左右。梅花为7月上中旬至8月下旬,牡丹为6月下旬至8月中旬。

(5) 花芽分化早晚与树龄、部位、枝条类型及结实大小年的关系

树木花芽分化期不是固定不变的,一般幼树比成年树晚。同一树上短枝早,中长枝及长枝上腋花芽形成的时间依次后延,腋花芽要比短果枝晚半个月。一般停止生长早的枝分化早,但花芽分化多少与枝长短无关,大年枝梢停止生长早,但因结实多,使花芽分化变晚。

2.4.1.4 影响花芽分化的因素

(1) 花芽分化的内部因素

① 花芽形态建成的内在条件　由叶芽转变为花芽,是一种由营养生长转向生殖生长的过程。这种转变过程需要如下条件:比建成叶芽更丰富的结构物质;形态建成中所需要的能源、能量贮藏和转化物质;形态建成中的调节物质;与花芽形态建成有关的遗传物质。

② 不同器官的相互作用与花芽分化　树木的根、枝、叶、花和果实生长与花芽的分化均有密切关系。形成花芽必须以良好的枝叶生长为基础,才能形成正常的花芽。开花结果与花芽分化的关系而言,开花量的多少和果实的发育时期间接影响新梢停止生长后花芽分化。而根系生长与花芽分化有明显正相关。

(2) 花芽分化的外部因素

已知外部条件可以刺激内部因素的变化并启动有关开花的基因,然后在开花基因的指导下合成特异蛋白质,从而促进生理分化和形态分化。

① 光照　光对树木花芽分化的影响主要是光量、光照时间和光质等方面。

② 温度　影响树木的一系列生理过程,如光合作用、根系的吸收率及蒸腾,同时还会影响激素水平。

③ 水分　水分过多不利于花芽分化，夏季适度干旱有利于树木花芽形成。

④ 矿质施肥　花芽生理分化期，施氨态氮肥促进生根和花芽分化。磷对成花的作用因树而异。由于营养元素的相互作用，大多数元素相当缺乏时，都会影响成花。

⑤ 栽培技术与花芽分化　搞好周年管理，加强肥水，防治病虫害，合理修剪、疏花来调节养分分配，减少消耗，使每年形成足够的花芽。另外，利用矮化砧、应用生长延缓剂等可促进成花。

补充内容见数字资源。

2.4.1.5　控制花芽分化的途径

控制花芽分化，必须通过各种栽培技术措施，调控树木生长发育的外部条件和平衡树木各器官间的生长发育关系，从而达到控制花芽分化的目的。必须遵循两个基本原则：一是充分利用花芽分化长期性的特点，对不同树种、不同年龄和不同大小年的树木采取相应的控制措施，提高控制效果；二是充分利用不同树种的花芽分化临界期，抓住控制花芽分化的关键时期，实施各种技术措施。在掌握两条基本原则的基础上，从光照、水分、矿质营养及生长调节剂的使用等几个方面采取相应的技术措施，控制花芽分化。

补充内容见数字资源。

2.4.2　开花生物学

一个正常的花芽，在花粉粒和胚囊发育成熟后，花萼与花冠展开的现象称为开花。开花是一个重要的物候现象，除一次开花的树木（如毛竹等）以外，一般都能年年开花。树木开花的好坏，直接关系园林树木的结实状况和景观效果。

2.4.2.1　开花与温度的关系

开花期出现时间的早晚，因树种、品种和环境条件而异，特别与气温有密切的关系。各种树木开花的适宜温度不同。日平均温度是影响开花早晚的一个方面。研究证明，从芽膨大到始花期间的生物学有效积温也是影响开花的重要指标。

补充内容见数字资源。

2.4.2.2　树木的开花习性

开花习性是植物在长期系统发育过程中形成的一种比较稳定的习性。

(1) 花期阶段的划分

树木开花可分为花蕾或花序出现期、开花始期（5%的花已开放）、开花盛期（50%的花开放）、开花末期（仅留存约5%的花开放）4个时期。

(2) 花、叶开放先后的类型

不同树种开花和新叶展开的先后顺序不同，在园林树木配置和应用中应了解树木的开花类型，通过合理配置，提高总体的绿化美化效果。概括起来可分为3类：

① 先花后叶类　此类树木在春季萌动前已完成花器分化，花芽萌动不久即开花，先开花后长叶。如银芽柳、梅、桃、杏、李、紫荆、迎春花、连翘等；有些常能形成一树繁花的景观，如玉兰、木兰等。

② 花、叶同放类　此类树木的花器分化也是在萌芽前完成的，开花和展叶几乎同时。如先花后叶类中的榆叶梅、桃与紫藤中某些晚花品种与类型。此外，多数能在短枝上形成混合芽的树种也属此类，如苹果、海棠、核桃等。混合芽虽先抽枝展叶而后开花，但多数短枝抽生时间短，很快见花，此类开花较前类稍晚。

③ 先叶后花类　此类的部分树木，如葡萄、柿、枣等，是由上一年形成的混合芽抽生相当长的新梢，于新梢上开花，萌芽开花均比前两类晚。此类多数树木花器是在当年生长的新梢上形成并完成分化的，一般于夏秋开花，在树木中属开花最迟的一类，如紫薇、刺槐、木槿、苦楝、凌霄、槐、桂花、珍珠梅等。有些能延迟到初冬开花，如枇杷、油茶、茶树等。

(3) 开花顺序

① 不同树种的开花先后　树木花期早晚与花芽萌动先后一致，因此，不同种树开花早晚也不同。长期生长在温带、亚热带的树木，除在特殊小气候环境外，同一地区、同一年各树种的开花期有一定的顺序。如北京地区的树木，一般每年均按以下顺序开放：银芽柳、毛白杨、榆、山桃、侧柏、圆柏、玉兰、小叶杨、杏、桃、垂柳、紫丁香、紫荆、核桃、牡丹、白蜡、苹果、桑、紫藤、构树、栓皮栎、刺槐、苦楝、枣、板栗、合欢、梧桐、木槿、槐等。

② 同一树种不同品种的开花早晚　在同一地方，同一树种的不同品种，开花也有一定的顺序。在北京，碧桃中的'早花白'碧桃3月下旬开花，'亮'碧桃4月中下旬开花。对于品种较多的花木，按花期常可分为早花、中花、晚花不同花期类型的品种。

③ 雌雄同株异花的树木开花先后　雌雄花既有同时开的，也有雌花先开或雄花先开的。凡长期实生繁殖的树木，如核桃常有这几种类型的混杂现象，即雌花先熟型，雄花先熟型和雌雄同熟型。

④ 同株树不同部位枝条或花序的开花先后　一般是短花枝先开，长花枝和腋花芽后开。向阳面比背阴面的外围枝先开。同一花序开花早晚不同，具伞形总状花序的苹果，其顶花先开；而具伞形花序的梨，则是边花序的基部先开；柔荑花序，基部先开。

(4) 花期长短

花期长短受树种和品种、外界环境条件及树体营养状况的影响。

① 因树种或类别而异　由于园林树木的种类繁多，几乎包括各种花器分化类型的树木，加上同种花木品种多样，同地区树木花期延续时间差别很大。杭州地区，开花短者6~7d(白丁香6d，金桂、银桂7d)；长的可达100~240d(茉莉可开112d，六月雪可开117d，月季最长可达240d左右)。在北京地区，开花短的只有7~8d(如山桃、玉兰、榆叶梅等)，开花长的可达60~131d(如木槿可达60d，紫薇70d以上，珍珠梅有的可开131d)。果树花期在同一地区，苹果可延续5~15d，梨4~12d，桃11~15d，枣21~37d。春季和初夏开花的树木多在前一年夏季开始进行花芽分化，于秋冬季或早春完成，到春

季一旦温度适合就陆续开花，一般花期短而整齐；而夏秋开花者，多为当年生枝上分化花芽，分化有早有晚，开花也就不一致，加上个体间差异大，因而花期持续时间较长。

② 因树龄和树体营养而异　同一树种的年轻植株比衰老植株开花早，花期长。树体营养状况好，开花延续时间也长。青壮龄树种或品种，由于树体营养水平高，开花整齐，单朵花期也长；老龄树开花不整齐，单朵花期也短。

③ 因天气状况和小气候条件而异　花期遇冷凉潮湿天气，可以延长；而遇有干旱高温天气则缩短。在不同的小气候条件下，花期长短不同。阴坡阴面和树荫下，阴凉湿润，树木的花期比阳坡阳面和全光下的花期长。

(5) 每年开花的次数

园林树木每年开花次数因树种、品种、树体营养状况、环境条件等而不同。

① 因树种或品种而异　多数树种或品种，每年只开一次花，但也有些树种或品种，一年内有多次开花的习性，如茉莉花、月季、柽柳（又名三春柳）、三季梨、四季桂、佛手、柠檬等。紫玉兰中也有多次开花的变异类型。金柑抽一次枝开一次花。

② 再（二）度开花　原产于温带和亚热带地区的绝大多数树种，一年只开一次花，但有时能发生第二次开花现象。常见的有桃、杏、连翘、'黄太平'苹果、甜橙等。树木第二次开花有两种情况：一种是花芽发育不完全或因树体营养不足，而延迟到春末夏初才开，这种现象时常发生在某些梨或苹果品种的老枝上；另一种是秋季发生第二次开花现象。为与一年二次以上开花习性相区别，用"再（二）度开花"这个术语比较确切。这种一年再（二）度开花现象即可以由"不良条件"引起，也可以由于"条件的改善"引起，以及这两种条件的交替变化所致。例如，秋季病虫危害损失叶片，或过早遇大雨引起落叶，促使花芽萌发，再（二）度开花，如梨、紫叶李、紫叶桃等。

树木再度开花，对一般园林树木影响不大，有时还可以研究利用。丁香可于8月下旬至9月上旬摘去全部叶片，并追施肥水，至国庆节前就可开花。在华北地区，紫薇花后剪除花（果）序部分，促成再萌新枝成花和开花，即可延长观花期。再（二）度开花消耗大量养分，不利于越冬，又不能成果，会影响第二年的花、果量。但对于具早熟性芽的树木，可以采用人工措施（摘心、夏剪、摘叶、生长素刺激），促萌花芽，达到控制花期和一年多次结果的目的。

2.4.2.3　花期控制与养护

内容见数字资源。

2.5　坐果与果实生长发育

2.5.1　授粉和受精

树木开花、花药开裂、成熟的花粉通过媒介达到雌蕊柱头上的过程叫"授粉"。花粉授到柱头上，花粉萌发形成花粉管伸入达到胚囊与卵子结合的过程，称为"受精"。影响授粉和受精的因素有以下4种：

2.5.1.1 授粉媒介

有的是风媒花，如松柏类、榆树、悬铃木、槭、核桃、板栗、白桦、杨柳科和壳斗科树木等；有的是虫媒花，如大多数花木和果木、泡桐、油桐等。有些虫媒树木，如椴树、白蜡也可借风力传播授粉。

2.5.1.2 授粉适应

在长期自然选择过程中，树木对传粉有不同的适应性。同花、同品种或同一植株（包括无性系）雄蕊的花粉落到雌蕊柱头上，称为"自花授粉"；自花授粉并结实，不论种子有无，称为"自花结实"。如大多数桃、杏的品种，部分李、樱桃品种和具完全花的葡萄等。自花授粉无种子者为"自花不育"。不同品种或不同植株间（包括无性系）的传粉称为"异花授粉"。能自花授粉的树木经异花授粉后，产量更高，后代生活力更强。除少数能在花蕾中进行闭花授粉（如豆科植物和葡萄等）外，许多树木适应异花授粉，其适应性状有：

① 雌雄异株　如杨、柳、杜仲、羽叶槭、银杏、构树等。

② 雌雄异熟　有些树种雌雄同株或同花，但常有雌雄异熟的适应性。如核桃为雌雄同株异花，多为雌雄异熟型；油梨和荔枝也是如此。还有些树种，如柑橘虽雌雄同花，但常为雌蕊先熟型，可减少自花授粉的机会。

③ 雌雄不等长　有些树种雌雄虽同花、同熟，但其雌雄不等长，影响自花授粉与结实，如某些杏、李的品种。

④ 柱头的选择性　柱头分泌液在对不同花粉刺激萌发上有选择性，或抑或促。

2.5.1.3 营养条件对授粉受精的影响

亲本树体的营养状态是影响花粉发芽、花粉管伸长速度、胚囊寿命，以及柱头接受花粉时间的重要内因。树体氮素不足，花粉管生长慢，在胚囊失去功能前未达珠心。对衰弱树，花期喷尿素可提高坐果率，据试验，后期（夏季）施氮肥有利于提高翌年结实率。硼对花粉萌发和受精有良好作用，有利于花粉管的生长。钙也有利于花粉管的生长，最适浓度可高达1mg分子浓度。施磷可提高坐果率，缺磷的树，发芽迟，花序出现迟，降低了异花授粉的概率，还可能降低细胞激动素的含量。

2.5.1.4 环境条件的影响

① 温度　影响花粉发芽和花粉管的生长，但不同树种或品种的最适温度不同。苹果10~25℃较好，30℃以上发芽不好；葡萄要求较高，20℃以上居多。花期遇低温会使胚囊和花粉受伤害。温度不足，花粉管生长慢，达胚囊前胚囊已失去受精能力。低温期长，开花慢，叶生长相对加快，消耗养分，不利于胚囊的发育与受精。低温还不利于昆虫传粉。中蜂采集活动要在10℃以上，意蜂要在12℃以上。

② 大风　花期遇大风（风速≥17m/s），使柱头干燥蒙尘，不利于花粉发芽，也不利于昆虫活动。

③ 干旱　过旱影响授粉，如枣树开花遇高温干旱，坐果率低。喷水对授粉有好处。

④ 阴雨潮湿　不利于传粉，使花粉不易散发或易失去活力，还会冲掉柱头上的黏液。

⑤ 大气污染　会影响花粉发芽和花粉管生长。不同树木花期对不同天气污染的反应不同。

2.5.2　坐果与落花落果

坐果是指经过授粉、受精后，子房膨大发育成果实。开花数并不等于坐果数，坐果数也不等于成熟的果实数。因为中间还有一部分花、幼果要脱落，这种现象叫落花落果。

补充内容见数字资源。

2.5.2.1　坐果的机制

发育着的子房，往往在开花前突然停止生长，授粉受精后促使子房内形成激素，即可重新生长；花粉中也含有少量生长素、赤霉素、芸薹素。当花粉管在花柱内伸长时可使形成激素的酶系统活化，受精后的胚乳也能合成生长素、赤霉素，都有利于坐果。

保证果实不落的内源激素不仅在种子内合成，木质部汁液内及来自根合成的细胞激动素也有利于坐果。不同树种坐果所需激素不同，坐果和果实增大所需的激素也不一样。不同树木的坐果对外源激素的反应也有差异。坐果的机制是高浓度的内源激素含量，与提高其调运营养物质的能力和促使基因活跃有关。

2.5.2.2　落花落果

引起落花的原因是多方面的。如花器官在结构上的缺陷，土壤水分的缺乏，温度过高或过低，光照不足等都易引起落花。授粉、受精不能正常进行，也会引起落花。坐果率的高低与树木本身的性状有关。落果的原因有生理、病虫、营养、气候等多方面因素。防止落花落果的方法有：①改善树体营养，即加强土、肥、水管理和树体的管理与保护；②创造授粉的良好条件；③利用环剥、刻伤技术；④利用激素、生长调节剂和微量元素。

2.5.3　果实生长发育

果实生长发育的好坏，不仅对果品及林木种子生产很重要，而且对观果尤其显得很重要。园林中栽植观果树木，常有"奇、丰、巨、色"4个方面的要求。

树木各类果实外部显示出固有的成熟特征时，称为"形态成熟期"。果熟期与种熟期有的一致，有的不一致。有些种子要经后熟，而个别种子也有早于果熟的。果熟期长短因树种或品种不同而异。不同树种从开花到果实成熟，所需的时间不同。果实的生长动态曲线一般有两种主要类型，即单S形和双S形增长曲线，但在某些浆果、梨果、单果和聚合果的生长中，可能还有其他变异类型的生长曲线。

补充内容见数字资源。

2.5.4 果实着色

一般果实的着色是由于叶绿素的分解，果实细胞内原有的类胡萝卜素和黄酮等色素物质绝对量和相对量增加，使果实呈现出黄色、橙色，由叶中合成的色素原输送到果实，在光照、温度和充足氧气的共同作用下，经氧化酶的作用而产生花青素苷，使果实呈现出红色、紫色等鲜艳色彩的过程。影响红色发育的条件，除遗传的原因外，主要与植物体可溶性碳水化合物的积累、光照、矿质营养、水分、温度、植物生长调节剂等具有相关性。

补充内容见数字资源。

2.6 树木整体性及各器官生长发育的相关性

树木是一个各器官相互依赖、又相互制约的有机整体。树木一部分器官对另一部分器官生长发育的调节效果，称为相关效应或相关性。树木有机整体中各器官之间生长发育的相关性，是通过树体营养物质的吸收、合成、贮藏、分配和激素调节而实现的。树木的整体性及各器官生长发育的相关性，是制定栽培养护措施的重要依据之一。

2.6.1 树体营养物质合成与利用

树木生长、开花和结果等生命活动能力大小，在很大程度上取决于树体营养物质的合成与利用状态的好坏。

2.6.1.1 植株的营养类型和年周期营养习性

（1）树木的营养类型

树木生活在一定的立地条件下，受生境的影响极大，因而植株也形成了与之相适应的类型。表现在树体营养水平、组织结构、生长动态及生理机能等方面存在着明显的差异。营养类型是植株因营养水平不同而表现出形态与生理上差异的各种类型。

① 瘠饿型　一般是生长在瘠薄干旱的立地上，较长时期忍受肥水供应不足而形成的。树体生长缓慢，叶片少、小而发黄，光合能力低，容易早衰脱落；枝条细弱、皮薄、质硬、易枯；主干尖削，皮色灰暗、陈旧；根浅量少，分生能力弱，吸收根少；树体有机和无机营养水平低，抗逆性差。这类树木多为幼壮树，不易结果，对矿质营养反应敏感，只要改善土壤的肥水供应，就可恢复树势，正常生长。

② 早衰型　多发生在瘠薄干旱、黏重、板结、通透性差的立地上，其生理、形态都呈现出未老先衰，"老"而"小"的特点。一般易生弱小萌条，树形杂乱，主干弯曲；树皮紧、裂纹浅、颜色略淡；枝叶枯黄，平顶早实、多实；花果瘦小且易落花落果；根量少、细根多，树体营养水平低，生长异常缓慢，抗逆性差。瘠饿型树木的肥水条件如得不到及时改善，极易形成小老树。一旦形成小老树，对肥水条件的改善极不敏感，树势恢复迟缓，需要刺激再生，使其复壮。因此，要在改土增肥水的同时，结合重剪，甚至截干才能取得较好的效果。

③ 强旺型　一般出现在氮肥过多、肥水供应充足的地方。其枝叶生长旺盛,易发秋梢和徒长枝,节间长,枝条基部芽不充实;秋梢叶大而薄,枝梢木质化程度低;根系生长量大,长根比例相对增加,生长势强,分生细根能力差;叶片光合作用强度大,但积累水平不高,营养生长占优势,生殖生长较差,植物各器官间生长节奏交错干扰,不易分化花芽。这一类型的树木,改造的关键不是施肥量的多少,而是各矿质元素的配比及树体有机营养的合理分配。要在合理增肥控水的同时,采用轻剪、缓放、适当切根的修剪方法,增加营养物质的积累,提高综合营养水平,调节营养物质的流向,促进花芽分化,建成营养生长与生殖生长协调的树体结构,以利观花、观果功能的正常发挥。

④ 丰硕型　这类植株的综合营养水平高而稳定,树体各部分各类营养物质分配合理,开花结果的数量比较均衡,质量较好,大小年的差异较小,生长节奏稳定,生长与发育协调。这类树木是经过合理的肥培和修剪培育起来的。

(2) 树木年周期的代谢类型与动态

树木年周期营养代谢中有氮素代谢和碳素代谢两个基本类型。生长前期以氮代谢为主,称为扩大型代谢。此期对氮素吸收和同化十分强烈,营养器官迅速扩大,有机物质消耗多而积累少,表现为营养生长的旺盛,对肥水(特别是氮素)要求高。生长后期在前期营养生长的基础上,光合能力增强,成为以碳素代谢为主的贮藏物质的累积,为当年果实产量和来年的生长和开花结果奠定物质基础。这两种代谢类型互为基础,如春季的扩大型代谢是以上一年后期的贮藏型代谢的累积物质为基础,又为后期贮藏型代谢创造条件。

按营养物质分配习性和生长发育的阶段特点,可分为4个时期:

① 自萌动到新梢旺盛生长初期　是以利用贮藏营养物质为主的器官建造期,物质供应以局部调节为主。

② 新梢旺盛生长期　是营养物质的多源竞争,供应紧张时期。

③ 新梢缓慢生长至采收　是器官分化充实期,以同化器官为中心的均势扩散供应为主。

④ 自果实成熟、采收后至落叶　是营养物质储备期,营养物质分配表现出集中向地下运输的特点。

2.6.1.2　树木的光合作用与矿质营养的吸收

内容见数字资源。

2.6.1.3　树木营养物质的运输和分配规律

树体内营养物质的分配和运转的总趋势,是由合成器官向需要的器官运送。在运送过程中,又包括各种有机物的转化和合成。这些转化和运输又与外界条件紧密相关。但树木营养物质的运输与分配有其自己的路径和特性。

(1) 营养物质运输的途径

树体生长所需营养物质有两大来源:根系吸收或合成的营养和叶片同化的营养。根系吸收的水分和无机营养通过导管或管胞向上运输，而碳水化合物主要是通过韧皮部的筛管运输，这种运输既可由上往下，又可由下往上。早春枝、干、根中的贮藏营养由下往上运输，以供萌芽、抽枝需要。在生长季有机营养则主要是来自上部枝叶的合成与贮存。欲使主要来自枝叶的有机养分积累在上部，可在主干进行刻伤或在枝基进行环剥或环束，以减少落花落果和促进花芽分化。在生长季，从环剥口的上缘长出较多的愈伤组织，下端也产生少量愈合组织。用示踪原子试验证明，营养物质在生长季的运输，既可往下，又可往上。碳水化合物也有小部分通过导管运输。果树栽培中，常根据不同季节营养来源和转运途径对树体采取整形措施，如扭枝、拿枝等改变枝条角度、大扒皮等，来调节营养的运输。

(2) 营养物质的运输和分配规律

树木营养物质的分配和转运，有营养分配的不均衡性、局限性、异质性和养分分配中心等规律。

(3) 树木碳素同化物质分配的三种形式

树木是由功能高度分化的各类器官组合成的统一体，各器官间相互制约，使同化的碳素营养物质分配特性与结构形式相一致。其中有3种基本分配形式：①强代谢器官间的竞争与交换；②主轴（枝、干、根骨干部分）贮存；③就近分配。

(4) 树木氮素营养物质的分配

内容见数字资源。

(5) 器官间营养分配的制约关系

内容见数字资源。

2.6.1.4 营养物质的消耗与积累

内容见数字资源。

2.6.2 树木各器官生长发育相关性

植物的一部分对另一部分生长或发育的调节效果称为相关效应或相关性。相关性的出现主要是由于树体内营养物质的供求关系和激素等调节物质的作用。相关性一般表现为互相抑制或互相促进。这种互相依赖又互相制约的表现，也是植物有机体整体性的表现，是对立统一的辩证关系。

最普遍的相关现象包括地上部分与地下部分、顶端优势（分枝的抑制、补偿生长现象、分枝角的控制等主侧相关）、营养生长与生殖生长、各器官间的相关等。

2.6.2.1 地上部分与地下部分的相关

树木各器官的相互关系中，以地下部根系与地上部各器官的相关关系最为明显。因为根系生命活动所需要的营养物质和某些特殊物质，主要是由叶片光合作用生产的。这些物质沿着枝干的韧皮部向下运输以供应根系；同时，地上部分生长所需要的水分和矿物质元素，主要是由地下根系吸收，沿着木质部向上运输而供应的。当然根系也具有代谢性能，能合成20多种氨基酸、三磷酸腺苷、磷脂、核苷酸、蛋白质、细胞分裂素等重要物质。这些物质可以参与蛋白质的合成和其他代谢，对于生长结实极为重要。因为树体经常进行着这种上下运输的生理活动，它们之间每时每刻都在互相影响着，在正常生长过程中，保持着一定的动态平衡关系。如果改变了这种平衡关系，如病虫害、自然灾害及修剪等，使原有的协调关系遭到破坏，则常出现新器官的再生，以恢复其平衡。如果地下部根系遭到破坏，则必然影响地上部枝叶的生长，常出现生长弱或偏心生长等现象，严重时不能恢复平衡而导致死亡。由此可见，树木地上部分和地下部分是一个整体，它们之间存在着密切的相关关系，在生长量上保持着一定的比例，称为冠根比或枝根比(T/R)。这个参数对诊断树体健康水平和质量负载能力大有帮助。

树木的冠根比(T/R)因树种或品种、土壤条件及其他栽培措施而异，特别是土壤的质地与通透性对树木的冠根比有明显的影响。如生长在沙地上的苹果树，冠根比为0.7~1.0；在壤土地上为2.0~2.5；在黏土地上为2.1。至于常绿树，据报道，柑橘为1.24，枇杷为3.64。一般树木的冠根比(干重)多为3~4。冠根比还随树龄而变化，通常从幼年起随树龄的增长，冠根比有所增加，至成年期后，保持相对稳定的状态。

树木的冠幅与根系的水平分布范围也有密切关系。这种关系虽因树种和环境条件而异，但一般根系的水平扩张大于树冠，而垂直伸长则小于树高。同时，个别大根与地上部的大枝之间具有局部的对应关系。一般表现为在树冠的同一方向内，地上部的枝叶多，其相对的地下部分根量也多。

此外，从根系和枝条在年周期中的生长情况看，它们之间也存在着密切的相关关系。根系、新梢与果实生长都需要养分，相互之间存在着供应关系上的矛盾。但树体可通过自动调节，解决养分供应的矛盾，如使各生长高峰错开等。春季树木的根系开始生长，利用贮藏营养，形成一个生长小高峰，而后根系生长减慢，枝条生长由慢到快，出现高峰。曲泽洲等对'国光'和'金冠'苹果所做的根系与枝条生长相互关系的研究指出，一年中根系生长有3次高峰，并与枝条生长高峰相交替，即根系生长旺盛时，枝条生长迟缓；反之，枝条生长旺盛时，则根系生长迟缓。

因此，人们在了解上述相关性的基础上，可以利用相应的栽植养护技术措施，调节地上部和地下部的生长。在土壤通气良好，磷肥供应充足，水分较少，氮肥适当，温度较低和疏花疏果等条件下有利于根系生长；反之，如适当疏枝，短截修剪，提供充足氮肥和水分，减少磷肥，在较高温度条件下，则有利于地上部枝叶的生长。此外，在花、果生产中，常利用矮化砧调节地上部的生长，又可密植，通过加强深耕和肥水管理，为根系创造良好条件，增加树势，早期即可高产稳产。

2.6.2.2 营养生长与生殖生长的相关

这种相关主要表现在枝叶生长，果实发育和花芽分化与产量之间的相关。这是因为树木的营养器官和生殖器官虽然在生理功能上有区别，但它们的形成都需要大量的光合产物。生殖器官所需要的营养物质是由营养器官供应的，所以生殖器官的正常生长发育是与营养器官的正常生长发育密切相关的。生殖器官的正常生长发育表现在花芽分化的数量和质量及花、果的数量和质量上。而营养器官的正常生长发育表现在树体的增长，如干周的增粗，枝叶增加，以及树高的增长等。根据观察，在一定限度内，树体的增长与产量的增加是呈正相关的。因此，良好的营养生长是生殖器官正常发育的基础。树木营养器官的发达是开花结实丰盛、稳定的前提，但营养器官的扩大，本身也要消耗大量的养分，因此，常出现两类器官间竞争养分的矛盾。

枝条生长过弱或过旺或停止生长晚，造成营养积累不足，运往生殖器官的营养量少，均可使果实发育不良，或造成落花落果，影响花芽分化。一切不良的气候、土壤条件和不当的栽培措施，如干旱或长期阴雨，光照不足，施肥灌水不合时宜、过多或不足，修剪不当等，都会使营养生长不良，进而影响生殖器官的生长发育。反之，开花结实过量，消耗营养过多，也能削弱营养器官的生长，使树体衰弱，影响花芽分化，形成开花、结果的"大小年"现象。所以在花果生产中，常在加强肥水的基础上，对花芽和叶芽的去留要有适当的比例，以调节养分需求矛盾。由此看来，虽然生殖生长与营养生长偶尔呈正相关，但多数情况下是呈负相关的。例如，施肥使生殖生长和营养生长都得到促进，二者呈高度的正相关。但迅速生长的生殖组织需要获得大量的营养，因而又抑制了枝条、形成层和根的生长。大量结实对营养生长的抑制效应，不仅表现在结实的当年，而且对下一年或下几年都有反应。

2.6.2.3　各器官间的相关

树木各器官间是互相依赖、互相制约和互相作用的。这种相关的表现是普遍存在的。它也体现了树木整体的协调和统一。

(1) 枝量与叶面积相关

由于枝是叶片着生的基础，在相同树种或相同砧木上，某一品种的节间长度是相对稳定的。所以就单枝来说，枝条越长，叶片数量越多；从总体上看，枝量越大，相应的叶面积也就越大。

(2) 枝条生长与花芽分化相关

枝条生长与花芽分化之间存在着密切的关系。随着枝条的生长，叶片增加，叶面积加大，为花芽分化提供了制造营养物质的基础，因而有利于花芽分化。但枝条生长过旺或停止生长过晚，由于消耗营养物质过多，又能抑制花芽分化。在自然生长发育过程中，树木的花芽分化多在枝条生长缓慢和停止生长时开始(但葡萄可在枝条生长最旺盛时进行分化)。这对改善栽培措施，促进花芽分化方面很有启示。如当前在实践中应用改变枝向或角度，使用矮化砧和短枝型芽变，以及利用生长抑制剂等，都是为了减弱和延缓枝条的生长势，促进花芽分化。

一般情况是水平枝的营养生长量比直立枝少，而且能产生更多的花芽。例外的是葡萄和杏树，它是强枝和直立枝条产生花芽多，而且节数与形成花芽数呈正相关。但是，节数多少只能说明产生花芽的部位多少，而花芽分化的能力和质量，仍然决定于树体的营养水平和激素的平衡。

(3) 叶面积与果实的相关

许多试验表明，增加叶果比可增加单果重量，但并非直线相关，不是留果越少，单

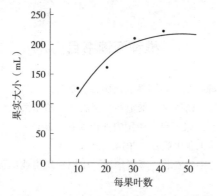

图 2-8　单果叶片数与成熟果大小的关系

个叶数越多，果实就越大，而是应有一定的比例。否则，果数减少，单果增大到一定程度，总量却会减少（图 2-8）。一般叶（片）果比为 20~40 时，既可增加果实的大小，也能保证正常的产量。当然，树种不同，气候、土壤条件的差异，也应有相应的叶果比。

综上所述，树体各部位和器官的相关性有以下特点：①有整体性，各相关部分互相依赖；②在不同季节有阶段性；③局部器官除有整体性外，还有相对独立性。

树体上的枝有的能分化生殖器官，有的则不能，取决于该枝条能否积累养分。在积累养分上，枝条有其相对的独立性。在营养物质的供求上，根系吸收的物质向树冠供应整体性强；而叶面喷肥的吸收仅局限于就近枝叶利用；长枝叶片制造的养分，用以营养整个树体为主，局部小枝叶片所制造的养分则先满足自身需要，多余的再转运。为恢复树势，应主要从根部施肥灌水着手；欲促使局部结果和花芽分化，则以叶面喷肥见效为快。

思考题

1. 如何理解树木生长与发育这两者之间的关系？
2. 试述根系的类型、特点、分布规律及其与树木栽植养护的关系。
3. 试述树木的枝芽特性及其与整形修剪、生长调节的关系。
4. 举例说明树木生命周期中枝系的发展与演变规律。
5. 什么是叶幕和叶面积指数？二者与树木生长发育及树木园林功能发挥有何关系？
6. 什么是花芽分化、花芽形成？简述花芽分化类别，并结合实际分析园林树木的开花类型。
7. 花芽分化的控制和花期养护的途径与主要措施是什么？
8. 试述落花落果的原因与防治措施，以及促进果实着色的途径与方法。
9. 试述树木生长的不同营养类型，它们的相互关系及其各自的栽培方向与养护措施。
10. 试述园林树木生长发育的整体性。

推荐阅读书目

1. 园林树木学(第2版). 陈有民. 中国林业出版社, 2011.
2. 园林树木栽培养护与管理. 杨凤军, 景艳莉, 王洪义. 哈尔滨工程大学出版社, 2015.
3. 果树栽培学总论(第4版). 张玉星. 中国农业出版社, 2011.
4. 园林树艺学. 唐岱. 化学工业出版社, 2014.
5. 园林植物景观营造手册. 中岛宏著, 李树华译. 中国建筑工业出版社, 2012.

第3章 苗木培育

[**本章提要**]介绍了园林苗圃地的选择及苗圃设计。简述了园林树木种实的采集、调制、贮藏以及种子品质检验的具体技术措施。根据播种苗和营养繁殖苗的生长发育特点，阐明了培育园林苗木的基本方法和技术要点，以及大苗培育的管理技术。介绍了苗木调查、园林苗木质量要求与出圃及设施育苗。

苗木是具有根系和茎干的木本植株。一般来说，凡在苗圃培育，准备提供出圃、定植的树木，不论其年龄大小如何都称苗木。它是园林绿地树木配置的主要来源，而优质苗木则是园林树木栽植的物质基础。有了优良的苗木，再配合科学的栽植养护技术，就能提高栽植成活率，更好地发挥树木的生物学潜能和取得更好的栽植效益。根据园林苗木培育所用材料和方法，可将苗木分为播种苗和营养繁殖苗。在实际生产中普遍采用的是移植苗，即经播种繁殖和营养繁殖的苗木，通过多年多次移植培养出符合园林绿化要求的各种类型大苗。

3.1 苗圃建立

3.1.1 苗圃地选择

建立园林苗圃，选择适宜的圃地十分重要。如果圃地选择不当，会给育苗工作带来重大损失，不仅达不到壮苗的目的，而且会造成人力、物力的大量浪费，从而提高育苗成本。在城市绿化规划中对园林苗圃的布局做了安排之后，就应进行圃地的选择。圃地要满足以下条件：

(1) 经营条件

① 交通条件　交通方便，利于运输生活用品、育苗生产资料和苗木等。

② 电力条件　电力应有保障，不宜在电力供应困难的地方设置园林苗圃。

③ 人力条件　尽可能设在居民点的附近，以便招收季节工和解决畜力、住房等问题，如能靠近有关科研院校，则有利于得到先进技术的指导和采用机械化作业。

④ 周边环境条件　尽量远离污染源。

⑤ 销售条件　园林苗圃设置除考虑自然条件优越的地点外，还必须考虑苗木供应的区域，即具有较强的销售竞争优势。

(2) 自然条件

苗圃地自然条件的选择应有利于苗木生长。

① 地形、地势和坡向　苗圃地要求排水良好，地势较高，地形较平坦，坡度以1°~3°为宜。较黏重的土壤坡度可适当大些；砂质土壤坡度可小些，以防止被冲刷。南方多雨地区可选择3°~5°的缓坡地，山地坡度超过5°的宜耕坡地，应修筑水平梯田。陡坡山地、易积水洼地、重盐碱地、风口、寒流汇集、林中空地、昼夜温差大等地不宜作为圃地。圃地坡向的选择，如南方温暖多雨，常以东南坡和东北坡向为佳，南坡和西南坡幼苗易受灼伤。北方地区冬季寒冷，且多西北风，选用东南坡最好。在苗圃内有不同坡向时，按树种习性合理安排，如北坡安排耐寒、喜阴树种，南坡安排耐旱、喜光种类。

② 土壤条件　圃地土壤一般以砂质壤土和轻黏壤土为宜，其肥力水平较高或中等；土壤酸碱度以中性和微酸性为好。

③ 水源及地下水位　圃地应有充足的水源，排灌方便，水质要好，其含盐量不应超过0.1%，最高不得超过0.15%。干旱地区可利用的最深地下水位，一般砂土为1.0~1.5m，砂壤土2.5m左右，黏性土壤4m左右。

④ 气象条件　选择气象条件比较稳定、灾害性天气很少发生的地区，不能设在气象条件极端的地域。

⑤ 病虫害和植被情况　土壤贫瘠、病虫害严重的地方，特别是有检疫病虫害的地区不宜选作苗圃地。某些难以根除的灌木杂草，也是需要考虑的问题之一。

3.1.2　建立苗圃的方法

园林苗圃依面积大小一般可分为大、中、小型。大型苗圃面积在20hm^{2}以上，中型苗圃面积3~20hm^2，小型苗圃面积在3hm^{2}以下。大型苗圃是育苗的骨干，也是今后育苗发展的必然趋势。苗圃是园林生产的基本建设项目之一，苗木的产量、质量和成本等都与环境条件有着密切关系。故在建立苗圃时，要对苗圃地的环境条件进行全面调查、综合分析，归纳出圃地条件的特点，结合培育苗木的特性，提出育苗技术的对策与其他有关工作。苗圃建立的步骤和方法如下。

3.1.2.1 苗圃地的调查

内容见数字资源。

3.1.2.2 苗圃设计

苗圃设计是根据最新的科学技术成就，拟定苗圃若干年内的业务工作。其目的在于更好地开展与安排培育苗木的工作。

苗圃设计时必须明确以下前提：苗圃的性质与任务，培育苗木的种类和每种苗木培育数量与出圃规格，生产和灌溉方式，必要的建筑工程和设备，苗圃的人员编制等。

苗圃设计的表现形式是以图、表和文字说明组成，设计说明是补充设计图、表的不足，又与图、表形成相辅相成的完整材料。苗圃设计的内容应按下列顺序进行编审。

(1) 前言

要说明苗圃的性质和任务，培育苗木的重要性和具体要求等。

(2) 设计的依据、原则

建立苗圃的任务书，各种图面材料，苗圃所在地区的社会经济情况和自然条件的材料，苗圃附近地区的育苗技术资料，靠近苗圃地的有关气象资料，有关育苗的最新科学技术和科研材料，育苗技术规程和其他有关规定；在现有经济技术条件下，以最低的成本获得最大的经济效益、社会效益和生态效益等。

(3) 苗圃地的概况

① 苗圃设置地点　苗圃所在地属省(自治区、直辖市)、县(市)、乡(镇)及位置、境界。

② 苗圃的经营条件

交通条件　有无铁路、公路、交通线的分布及道路情况，能否满足苗木及其他物资运输的需要。

劳动力供应情况　附近有无机关、学校及居民点，能否充分供应苗圃作业所需的劳动力。

动力来源及作业机具供应情况　当地有无电源，有无拖拉机或畜力及其他耕作机具。

水源情况　附近有无河、湖、水库等可供灌溉之用。

③ 苗圃的自然条件

气候　生长期天数、生长期内平均气温；早霜、晚霜期；年平均气温、最高气温及最低气温；年平均降水量；年平均相对湿度；年平均蒸发量；最多风向和最大风速等。综合上述材料，就可以说明气候条件对育苗工作的影响，并合理安排苗圃的主要工作和提出防止各种不良气候因子的必要措施。

地形　坡向、坡度，有无洼地及沟壑，最高与最低处的高差及其他地形特点。

土壤　母岩、土壤种类及其剖面特征、土层厚度、养分状况及地下水位等，从而确定土壤的适用性，并拟定土壤管理应采取的措施。

土壤病虫害感染度及杂草滋生情况 查明苗圃地及周围有无病虫害及其蔓延程度,并据此拟定所应采取的措施(如土壤消毒等),提出预防病虫、消灭杂草的措施。

(4) 苗圃面积的计算

计算苗圃面积前应先确定各种苗木的培养期限(苗龄),培育时期内所采用的技术,并根据规定的产苗量定额确定各种苗木的单位面积产量。

苗圃的总面积包括生产地面积和非生产地面积。直接用于育苗或休闲的土地面积称生产用地面积。苗圃中的道路、水面、排灌系统、房舍、场院、防风林、生篱及其他用地的面积称非生产用地面积。非生产用地面积不可超过总面积的20%~25%。计算生产用地面积时,必须明确:各种苗木的生产任务,即每年所需出圃的苗木种类、年龄及数量;单位面积产苗量;轮作制。计算时可用下列公式:

$$P = \frac{NA}{n} \cdot \frac{B}{C}$$

式中 P——某树种所需的育苗面积;
N——每年生产苗木数量;
A——苗木培育年龄;
n——该树种中单位面积产苗量;
B——轮作区的总区数;
C——每年育苗所占的区数。

在实际生产中,苗木抚育、起苗、贮藏等工序中都会造成苗木的损失,因此,每年的产苗量应适当增加3%~5%,也就是在计算面积时要留有余地。

(5) 苗圃地的区划

为了充分合理利用土地,方便生产,必须进行圃地区划。圃地区划要根据地形、水文、土壤、气候(如风向等)及经济条件,结合生产任务、各类苗木育苗特点、树种特性等具体情况进行。

大型苗圃区划要求严格,一般由生产用地和辅助用地(非生产用地)两部分组成。生产用地是直接用来生产苗木的地块,通常包括播种区、营养繁殖区、大苗区、采条母树区、设施繁殖区、引种驯化区、试验区等,若采用轮作制,则应划分轮作区。辅助用地包括道路、排灌系统、防风林及管理区建筑等用地。

① 苗圃生产区的设置

播种区 是培育播种苗的生产区。播种苗小而幼嫩,对不良环境条件抵抗力弱,对水、肥、气、热等条件要求较高,需要精细的管理。因此,应选择全圃自然条件和经营条件最有利的地段作为播种区。

营养繁殖区 是培育扦插、嫁接、压条、分株等苗木的生产区。通常苗圃营养繁殖区主要是培育扦插苗,因此,应设在土层深厚、疏松,地下水位较高,排水良好,管理方便的地方。

大苗区 又称移植区。是培育各种苗龄较大、根系发达的苗木生产区。一般大苗区占地面积较大,土壤条件中等即可。因此,大苗区可尽量设在抚育工作能充分机械化的地方。

采条母树区　是培育营养繁殖所需种条的地方，可设在苗圃边缘，土壤肥沃、湿润的地方。

为了便于生产管理，在生产区内还可以划分为若干耕作区，其大小可根据苗圃地的面积、地形及机械化程度确定。有条件的地方还可划分设施繁殖区、容器苗区等。

② 辅助用地的设置　要从实际出发，应本着既要满足生产需要，又要尽量少占用地的原则进行。

道路网的设置　道路网的配置及宽窄，应以保证车辆、机具的正常通行，并尽量少占地为原则。道路网包括主道、副道、步道等。主道是贯穿苗圃中央的一条主要运输道路。在大型苗圃中，其主道宽度一般为4~8m，中小型苗圃一般为2~4m。副道起辅助主道的作用，一般与主道垂直或在主道的两侧设置，其宽度为1~4m。步道设置是为了便于苗圃工作人员作业和通行，设在耕作区和小区之间，其宽度为0.7~1m。道路网的设计须与排灌系统的渠道设计相结合。

灌溉系统的设置　灌溉系统包括水源、提水设备和引水设施三部分。目前园林苗圃灌溉的形式一般有3种：明渠灌溉、管道灌溉及移动喷灌。明渠灌溉是灌水渠设在地面的一种传统灌溉方式。它具有建造容易、成本较低等优点，但浪费土地、渗水较多、操作不便。管道灌溉通过管道输水进行灌溉。主管及支管埋在地下，其深度在耕作层以下，支端通往苗区。用高压水泵直接将水送入管道或先将水压入水池或水塔再流入灌水管道。出水口可直接灌溉，也可安装喷头喷灌或用滴灌。这种灌溉形式的优点是节约土地、用水经济、操作方便，但成本较明渠灌溉高。移动喷灌是主水管和支管均在地表，可进行随意安装和移动的一种灌溉方式。按照喷射半径，能相互重叠的要求安装喷头，喷灌完一个区域后，再移到另一区域。此法一般可节水20%~40%，并具有节省耕地，不产生深层渗漏、地表径流和土壤板结的优点，并可与施肥、喷药等抚育措施相结合，不但可节省劳力，同时还可调节小气候，增加空气湿度。这是今后园林苗圃灌溉的发展方向。

排水系统的设置　排水系统对地势低、地下水位高及降水量集中的地区更为重要。排水系统由大小不同的排水沟组成。大排水沟应设在圃地最低处，直接通入河、湖或市区排水系统。中小排水沟通常设在路旁，耕作区的小排水沟与小区步道相结合。在地形、坡向一致时，排水沟和灌溉渠往往各居道路一侧，形成沟、路、渠并列的布局。排水沟与路渠相交处应设涵洞或桥梁。一般大排水沟宽1m以上，深0.5~1m；耕作区内小排水沟宽0.3~1m，深0.3~0.6m。排水系统占地一般为苗圃面积的1%~5%。

建筑管理区的设置　建筑管理区包括房屋建筑和圃内场院等部分，如仓库、办公室、宿舍、机具房、种子贮藏室、晒场、堆肥配肥场等。一般设在交通方便，地势高燥、靠近水源、电源或不适宜育苗的地方。

另外，为了防止野兽、牲畜和人为活动对苗木的践踏和危害，应在苗圃四周设置高篱。为了避免苗木遭受风、沙、雪害，则应设置防风林带。

进行圃地区划时应注意将同一类作业区规划在一起，不宜分散各处。

(6) 育苗技术措施的设计

根据苗圃的自然条件，经营条件及所培育各种苗木的生物学特性等，提出各种苗木的一系列育苗措施及其依据。育苗技术措施设计的内容包括：整地、轮作、施肥、种子处理、播种时期、播种方式、方法，出苗前后的一系列抚育措施（播种、除草、松土、间苗、灌溉、保护等）。

(7) 苗圃组织管理

苗圃的组织管理是为培育优质高产苗木服务的。要坚持目标管理，加强承包生产技术责任制，实行成本核算，强化和精简经营机构，提高各类人员的素质，实现企业化管理。苗圃在业务技术上要接受园林有关部门的指导，根据市场要求，前一年年底编制好生产作业设计，按设计指导翌年生产。同时，苗圃要实行苗圃主任负责制，人员编制要优化组合，健全各类人员的考核制度，把竞争机制引入育苗生产管理中。苗圃必须建立育苗技术档案，并运用计算机手段，以提高苗圃的管理水平。

(8) 苗圃建立经费概算及投资计划

这是建立苗圃的重要项目，要依据任务书和圃地的实际情况及生产苗木的需要，按以下各类计算：

① 苗圃支出的计算　如房舍建筑、道路和排灌系统的设置，防风林及高篱的建立，作业用机具、手工工具、运输工具等的购置，以及土壤消毒、平整土地等的费用。

② 每年育苗支出的计算　包括育苗的种子（或插穗）、肥料、药料及各种物料等的支出，按培育苗木的种类分别计算。

③ 苗圃育苗劳力及畜力的计算　根据对各类苗木年设计的一系列育苗技术措施及各项工作进行的时间和工作量，分别计算出各月份及全年所需的劳动日数及畜工日数（按苗木类别），以便合理而有计划地分配使用劳动力。

逐项细致地核算汇总，即为建立苗圃的一次投资。由于主客观上的原因，还要在一次投资额的基数上，再加一定百分比的不可预见费，物价上涨指数费（10%~15%）和设计费（2%）等，才成为建圃的总需投资额。根据建圃规定的年限和苗木生产的急需程度，分年度定出投资分配比，并进一步估算经济效益。

此外，从解决社会闲散劳动力、满足苗木需求及净化、美化环境等方面做社会效益及生态效益分析。

3.1.3　苗圃技术档案

内容见数字资源。

3.2　播种苗培育

用种子繁殖所得的苗木称为播种苗或实生苗。播种育苗在实际生产上应用最广，许多乔灌木都用种子繁殖培育，其优点是园林树木的种实体积小，采收、贮藏、运输及播种等操作简单，易于掌握；且种子来源广，便于大量繁殖，也多用于嫁接繁殖时的砧木培育；播种苗根系发达，适应性强，阶段发育年龄小，可塑性强，且寿命长。但缺点是种子繁殖的后代性状易于分离（有利于引种驯化，获得新品种），常不能保持母树原有的观赏性状或优点，而且幼年期较长。

3.2.1 种实采集、调制及贮藏

相关内容见数字资源。

3.2.1.1 采种

(1) 种子成熟的特征

种子成熟过程就是胚和胚乳发育的过程。经过受精的卵细胞逐渐发育成具有胚根、胚轴、胚芽和子叶的完全种胚。种子成熟的过程一般包括生理成熟和形态成熟两个过程。

① 生理成熟 在种子成熟过程中，种胚形成，种子具有发芽能力时称为生理成熟。生理成熟的种子特点是：含水率高，内部的营养物质处于易溶状态，种皮不致密，保护组织不健全，不能防止水分散失，内部易溶物质容易渗出种皮，对外界不良环境的抵抗力很差，不耐贮藏。多数树木的种子不在此时采种，但对于长期休眠的种子，如椴树、山楂等，可采集生理成熟的种子沙藏或播种，可缩短休眠期，提高场圃发芽率。

② 形态成熟 当种子完成种胚的生长发育，种实的外部形态呈现出成熟的特征时称为形态成熟。种子形态成熟的特点是：种子内部营养物质积累结束，含水率降低，营养物质由易溶状态变为难溶状态的脂肪、蛋白质、淀粉等，种子本身的重量不再增加或增加很少，呼吸作用微弱，种皮致密、坚实，抗病力强，耐贮藏。因此，一般树种的种子都应在形态成熟后采集。

③ 生理后熟 大多数树木的种子生理成熟在先，隔一定时间才能达到形态成熟；也有一些树种，其生理成熟与形态成熟的时间几乎一致；还有少数树种生理成熟在形态成熟之后，如银杏、七叶树、水曲柳和冬青等，在种子达到形态成熟时，种胚还发育不完全，不具备发芽能力，只有在采收后经过一个后熟阶段，种胚才发育完全，具有正常的发芽能力。

(2) 采种期和采种方法

内容见数字资源。

3.2.1.2 种实的调制

种实调制的目的是获得纯净的、适于播种或贮藏的优良种子。种实调制的内容包括干燥、脱粒、去翅、净种、分级、再干燥等工序。不是所有类型的种实都需要经过这些工序，一般球果工序多，而阔叶树的果实有的只需做其中几项。

(1) 球果类

球果类是裸子植物的雌球花受精后发育形成的，种子着生在种鳞腹面，聚成球果，如马尾松、雪松、黑松、落叶松、柳杉、柏树。另一些裸子植物的坚果状种子，着生在肉质种皮或假种皮内，如红豆杉、罗汉松等。球果处理工序最全面，球果类的脱粒工作首先要经过干燥。一般将采到的球果摊在日光下暴晒或放在干燥通风处阴干，使果鳞失水后反曲开裂，种子即脱出，然后除去杂质和瘪粒，并进行种粒分级，即可得到纯净的种子用于贮藏。

(2) 干果类

干果类的突出特征是果实成熟后果皮干燥。其中，有些果实类型，如蒴果(杨、柳、丁香、连翘、大叶黄杨、紫薇、栾树、泡桐、油茶、乌桕)、荚果(刺槐、皂荚、合欢、紫藤、相思树、锦鸡儿及紫穗槐)和蓇葖果(梧桐、广玉兰、绣线菊、珍珠梅)等，成熟时果皮开裂，散出种子；另一些果实类型，如坚果(板栗、栓皮栎)、颖果(毛竹)、瘦果(蔷薇、月季)、翅果(榆、槭、白蜡、水曲柳)和聚合果(马褂木)等，种子成熟后果实不开裂，种子不散出。坚果类、翅果类、荚果类、蒴果类等含水率很低的，采后即可在阳光下晒干脱粒净种。而含水率较高的，一般不能暴晒且应立即放入阴凉干燥处阴干，使种子脱粒过筛精选。

(3) 肉质果类

有关内容见数字资源。肉质果类可依据具体特征分为浆果、核果和梨果。浆果的果皮肉质或浆质并充满汁液，果实内含1枚或多枚种子，如樟树、桂花、猕猴桃、葡萄、接骨木、金银花、金银木、女贞、爬山虎、黄波罗等。核果的果皮可分3层，通常外果皮呈皮状，中果皮肉质化，内果皮由石细胞组成，质地坚硬，包在种子外面，如梅花、榆叶梅、山桃、山杏、毛樱桃、山茱萸等。梨果属于假果，其果肉是由花托和果皮共同发育而形成的，通常情况下，花托膨大与外果皮和中果皮合成肉质，内果皮膜质或纸质状构成果心，如海棠花、花楸、山楂、山荆子等。一般的处理方法是将果实堆在一起，使之适当沤制，果皮变软，或浸水，将其揉搓，用水将果肉淘洗干净，净种，阴干，晾干后贮藏。

3.2.1.3 种子的贮藏

乔灌木种子成熟期早晚不一，但多数树种是秋采春播，所以必须通过越冬贮藏。另外，为了调节大小年之间的种子供应，有时要将种子贮藏几年。因此，贮藏种子的目的是延长种子寿命，并延缓种子发芽力的下降。

(1) 影响种子寿命的因素

种子寿命是指种子保持生命力的时间。种子在贮藏过程中处于休眠状态，但生命活动并未停止，其内部仍然进行着微弱的呼吸作用。如贮藏条件不良，种子堆内就会发生所谓的"自潮"或"自热"现象，缩短种子的寿命。因此，种子贮藏期间，保持种子生命力的关键是控制种子呼吸作用的性质和强度。

常规的贮藏条件下，可根据种子寿命长短将其划分为短命种子、中命种子和长命种子。种子发芽年限在3年内的称为短命种子，有广玉兰、紫玉兰、香椿、板栗、栎类、银杏、杨、柳、榆树、荔枝等；发芽年限在3~15年的属于中命种子，有松、云杉、冷杉、槭树、椴树、水曲柳等；寿命在15年以上的称为长命种子，这类种子以豆科植物最多，如合欢、皂荚、台湾相思等，还有锦葵科的某些种子。

① 影响种子寿命的内在因素

种子内含物质的性质　　一般认为富含脂肪、蛋白质的种子，如松科、豆科等寿命长，而富含淀粉的种子，如栎类、板栗等寿命短。核桃种实虽属富含脂肪的种子，但其内果皮已木质化，无弹性，所以寿命短。

种皮构造的影响 凡种皮构造致密、坚硬或具有蜡质，不易透水、透气的种子寿命长。例如，法国巴黎市博物馆陈列的银合欢种子，距今已有150多年，仍有发芽力。

种子含水量 种子在贮藏期间，其含水量的多少，直接影响呼吸作用，也影响种子表面微生物的活动，从而影响种子的寿命。贮藏的种子必须保持合适的含水量。

贮藏期间，维持种子生命力所必需的含水量称为"种子的安全含水量"，也称"种子标准含水量"。高于安全含水量的种子，由于新陈代谢作用旺盛，不利于长期保持种子的生命力。低于安全含水量的种子则由于生命活动无法维持而引起死亡。

种子的成熟度和机械损伤 同一树种的种子由于种子的成熟度或机械损伤不同，寿命也不同。

② 影响种子寿命的环境条件

温度 贮藏期内，温度过高过低都会对种子产生致命的危害。对种质资源的保存，有研究用液态氮(-196℃)来保存，其效果的优劣取决于种子含水量。多数种子在低温下可以延长寿命，但保存种子绝非温度越低越好，尤以安全含水量较高的种子不宜在0℃以下贮藏。变温促进种子呼吸，不利于延长种子寿命。因此，贮藏种子的适宜温度是-20~5℃。一般所谓低温是指0~5℃。

空气相对湿度 种子具有很强的吸湿性能，因而空气相对湿度的高低，能改变种子含水量。种子含水量与空气湿度之间保持平衡的含水量，称为平衡含水量。对一般的树种来说，种子贮藏期间以相对湿度较低为宜，若能控制在25%~50%，则有利于多数树木种子的贮藏。

通气条件 通气在于加强种子堆内的气体交换。通气对种子寿命的影响与种子的含水量和温度有关。含水量低的种子，呼吸作用极微弱，需氧少，在密封条件下可长时间地保持生命力。含水量高的种子，要适当地通气，保证供给种子必需的氧气。

生物因子 在贮藏期间，微生物、昆虫、鼠类等直接危害种子。实践证明，高温、多湿及通气不良是微生物发展的有利条件。

由此可见，影响种子寿命的因素是多方面的，温度、湿度、通气三项条件相互影响、相互制约，其中，种子含水量是影响种子贮藏效果好坏的主导因子。因此，贮藏时，必须对种子的特性、环境条件进行综合分析，采取适宜的贮藏方法，才能比较好地保持种子的生命力。

(2) 种子的贮藏方法

根据种子的特性，可将种子的贮藏方法分为干藏法和湿藏法。

① 干藏法 即将干燥的种子贮藏于干燥的环境中，凡是含水量低的种子都可以采取此法。适于干藏的有侧柏、杉木、柳杉、水杉、云杉、油松、马尾松、白皮松、红松、合欢、刺槐、白蜡、丁香、连翘、紫薇、紫荆、木槿、山梅花等树种的种子。

普通干藏法 大多数树木种子都可用普通干藏法，但有些在自然条件下贮藏很快丧失生命力的种子除外。

低温干藏法 将贮藏的温度降至0~5℃，相对湿度维持在25%~50%。

低温密封干藏法　这种方法多用于需长期贮藏，或因普通干藏和低温干藏易丧失发芽力的种子，如榆、柳、桉树的种子等均可用低温密封干藏法。低温密封干藏法主要是能较好地控制种子的含水率。只要把种子装入能密封的容器，容器中放些吸水剂，如氯化钙、生石灰、木炭等，把容器口封闭，贮藏在低温(0~5℃)种子库或类似环境中，可延长种子寿命5~6年。对于含水量低的种子，甚至可采取超干燥超低温密封贮藏的方法进一步来延长其寿命。国际植物遗传资源委员会(IBPGR)推荐5%±1%种子含水量和-18℃低温作为世界各国长期保存种质的理想条件。

超低温保存和气藏法　内容略。

② 湿藏法　是将种子存放在湿润、低温和通气的环境中。凡是标准含水量高的种子或干藏效果不好的种子都适合湿藏。在有些情况下，湿藏还可以逐渐解除种子的休眠，为萌发打下基础。适于湿藏的有板栗、栎类、银杏、南天竹、紫杉、四照花、大叶黄杨、忍冬、女贞、玉兰、柑橘等树木的种子。湿藏法可分室内堆藏和露天埋藏(室外埋藏)。

种子运输其实也是一种短期贮藏种子的方法。运输种子时为保证种子质量，必须对种子进行妥善包装，防止种实过湿、暴晒、受热发霉。运输应尽量缩短时间，运输过程中要经常检查，运到目的地应及时贮藏。

3.2.2　园林树木种子品质检验

园林树木种子品质检验又称种子品质鉴定。种子的品质包括遗传品质和播种品质两个方面。种子的检验是科学育苗不可缺少的环节，通过检验才能了解园林树木种子的质量，评价种子的使用价值，为合理使用种子提供科学依据。这里所讲述的种子品质检验主要指种子的播种品质，包括种子的净度、重量、含水量、发芽率、发芽势、真实性和品种纯度、生活力、种子健康状况、包衣种子等。

种子品质鉴定的程序、检测内容和具体操作方法请参考叶要妹主编的与本教材配套的《园林树木栽植养护学实验实习指导书》(第3版)(中国林业出版社，2022年)。有关内容见数字资源。

3.2.3　播种前准备工作

有关内容见数字资源。

3.2.3.1　整地作床

(1)整地

整地是指通过耕、耙、耱来改良土壤的结构和理化性质以达到蓄水保墒，提高土壤肥力，促进苗木根系的呼吸和生长的目的。同时，可有效地消灭杂草和防治病虫害。整地主要有翻地、去除杂物、耙平、填压土壤等环节。

整地深度为20~30cm，具体依耕地的时期、土壤状况、培育苗木种类而定，一般秋耕(深20~25cm)、干旱的地方，移植苗木或培育大苗时(深25~35cm)宜深；春耕(深约10cm)、河滩地宜浅。整地应遵循"保持熟土在上，生土在下，不乱土层，土肥相融"的原则。

(2) 土壤处理

土壤处理的目的是消灭土壤中残存的病原菌（猝倒病）和地下害虫。现在国内外所采用的方法可分为高温处理与药剂处理。

(3) 作床和作垄

作床或作垄又称育苗方式或作业方式，园林苗圃中的育苗方式分为苗床式（作床）育苗和大田式（作垄）育苗两种。

① 作床 在园林苗圃的生产中应用最广，多适用于生长缓慢、需细心管理的小粒种子及量少或珍贵树种的播种。常用的苗床分高床和低床（图3-1）。床面高于地面的苗床称为高床。一般床高15~25cm，床面宽约1m，步道宽为30~50cm；苗床的长度依地形而定。高床适用于我国南方多雨地区，黏重土壤易积水或地势较低排水条件差的地区，以及要求排水良好的树种如油松、金钱松、木兰等。床面低于地面的苗床称为低床。一般床面低于步道15~20cm，床面宽1.0~1.5m，步道宽为40~50cm，确定苗床长度的原则同高床。多适用于湿度不足和干旱地区育苗，以及喜湿的中、小粒种子的树种，如悬铃木、水杉、侧柏、圆柏等。

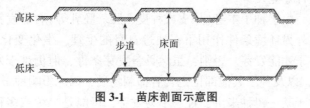

图3-1 苗床剖面示意图

② 作垄 采用与农作物相似的作业方式进行育苗。对于生长快、管理技术要求不高的树种，一般均可采用。作垄育苗便于使用机械，工作效率高，节省人力，成本低，各苗圃普遍采用。作垄分高垄和低垄两种。

(4) 播种前的整地

目的是为种子发芽，幼苗出土创造良好条件，以提高场圃发芽率和便于幼苗的抚育管理。故整地要求做到细致平坦、上暄下实。

3.2.3.2 种子处理

做好种子精选和种子消毒的工作。播种前对种子进行消毒，不仅杀死种子本身携带的各种病害，而且可使种子在土壤中免遭病菌危害，起到消毒和防护的双重作用。常用的消毒剂有福尔马林、硫酸铜、高锰酸钾，采用药剂浸种、药剂拌种、温水浸种等方法。

3.2.3.3 园林树木种子的休眠与催芽

(1) 园林树木种子休眠

园林树木种子休眠是在树木生命周期中，胚胎阶段的一种休眠现象，它是指种子由于内因或外界环境条件的影响而不能立即萌芽的自然现象，是植物为了种的生存，在长期适应严酷环境中形成的一种特性。种子休眠分类很多，在此不一一列举。仅依其休眠程度可分为被迫休眠和自然休眠。

① 被迫休眠　一些树木种子成熟后，由于种胚得不到它发芽所必需的水分、温度、氧气等环境条件而引起的休眠，一旦有了这些条件，就能很好发芽。这类休眠为浅休眠或短期休眠。如杨、榆、桦、栓皮栎、落叶松、侧柏等。

② 自然休眠　又称生理休眠、长期休眠或深休眠。有些种子成熟后，即使给予一定的发芽条件也不能很快发芽，需要经过较长时间或经过特殊处理才能发芽。如圆柏、红松、椴树、山楂、银杏、红松、厚朴、刺槐、对节白蜡、相思树等。形成长期休眠的原因比较复杂，总的来说，可分为：

种皮的机械障碍　种皮坚硬、致密或具有蜡层、油脂，不易透气透水，因而种子不能发芽，如刺槐、皂角种子种皮致密，即使在湿润条件下也很难吸水膨胀、迅速发芽。又如核桃楸、杏等种皮坚硬不易开裂，种胚难以突破种皮，因而发芽困难。此类种子，采用物理的或化学的方法破坏其种皮的障碍就能发芽，采用低温层积催芽法也能取得良好效果。

种胚后熟　种胚发育不全影响发芽，如银杏，在种实脱落后，种胚还很小，在贮藏过程中，种胚不断地发育生长，经4~5个月后，种胚发育完全，完成后熟作用之后，再给予适宜的环境条件才能发芽。

含有抑制物质　由于种子本身(果皮或种皮、胚、胚乳等)含有发芽抑制物质，只有当这些抑制物质在外界环境条件作用下，通过自身的生理、生化变化过程，改变性质，解除抑制作用，种子才能发芽。否则，虽然具备发芽条件，但仍难于发芽。如红松种皮含有单宁约5.5%，以及种子其他部位也含有抑制物质，因此影响种子发芽。

综合因素　对于某一树种来讲，种子不易发芽，可能是一种或多种因素造成的。如红松种子不易发芽，是其因种皮厚、致密、坚硬，具有蜡层而形成不易透水透气的特点，同时，由于其种皮中含有单宁和其他部位含有抑制物质等综合因素所造成的。

总之，种子休眠具有十分复杂的机制和机理，虽然取得了许多研究成果，但不少问题仍模糊不清。园林树木种子休眠特性及破眠技术的研究仍是繁重而现实的工作，在许多方面都有待深化，休眠特性的利用也是以后值得重视的课题。

(2) 园林树木种子的催芽

① 种子的催芽　种子的催芽就是以人为的方法打破种子休眠，加速种子萌动。催芽可提高场圃发芽率，减少播种量，节约种子，缩短发芽时间，且出苗整齐，有利于播种地的管理。因此，种子的催芽是育苗生产实践中一项常用的技术措施。

② 常用的种子催芽方法

层积催芽法　把种子与湿润物混合或分层放置，促进其达到发芽程度的方法称为层积催芽。层积催芽又分低温层积催芽、变温层积催芽和暖温层积催芽等。园林苗圃中常用的方法为低温层积催芽法，具体操作方法同种子的湿藏。该法将种子保持在0~10℃的低温条件下1~4个月或更长时间。在这期间应注意检查，当有40%~50%种子开始裂嘴即可取出播种。若到播种期，种子还没有开始裂嘴，则可将种子转至背风向阳或室内温度高的地方沙藏，促其萌动后播种。

清水浸种法　多数园林树木种子用清水浸种后，都可以促使种皮变软，吸水膨胀，提早发芽。浸种的水温和时间，因不同树种而异。如用温水和热水浸种，必须充分搅拌，使种子受热均匀，防止烫伤种子。浸种的用水量相当于种子的2倍。浸种的时间也因不同树种而异，一般为24~48h，或更长些，并且应每天换水1次。通过浸种而充分吸水膨胀后的种子，稍加晾干后即可播种，或混沙堆放在室内促其略发芽后播种。

机械损伤法　利用机械的方法擦伤种子，改变其透性，增加种子的透水透气能力，从而促进发芽，常将种子与粗沙、碎石等混合搅拌(大粒种子可用搅拌机进行)，以磨伤种皮。如国家植物园将油橄榄种子顶端剪去后播种，获得了44.7%的较好发芽率。

酸、碱处理　把具有坚硬种壳的种子，浸在有腐蚀性的酸、碱溶液中，经过短时间处理，使种壳变薄，增加透性，促进发芽。常用95%的浓硫酸浸10~120min，或用10%氢氧化钠浸24h左右。浸泡时间依树种种子而定，浸后必须用清水冲洗干净，以免影响种胚萌发。

除以上常用种子催芽法外，还可用盐类及微量元素，如硫酸锰(0.1%)、硫酸锌(0.1%~0.2%)、硫酸铜(0.01%)、钼酸铵(0.03%)、高锰酸钾(0.05%~0.25%)、过氧化氢(3%)等；用有机药剂和生长素，如赤霉素(20~500mg/L)、萘乙酸、2,4-D、PEG渗透调节剂、乙醇、胡敏酸、酒石酸等，以及用稀土、电离辐射、超声波、电磁波、激光、同位素等处理种子，进行催芽。

3.2.3.4　接种工作

播种有菌根菌、根瘤菌的树种，如松属、桦木科、豆科树种和榆树等，在无菌地育苗时，必须接种，才能提高苗木的质量。接种可用拌种或菌根土覆盖的方法。

3.2.4　播种

3.2.4.1　播种时期

从全国来讲一年四季均可播种，但大部分地区一般树种的播种常以春、秋两季为多。在南方温暖地区多数种类以秋播为主；在北方冬季寒冷，多数种类以春播为主，但具体时间应根据当地的土壤、气候条件和种子的特性来确定。春季要适时早播，当土壤5cm深处的地温稳定在10℃左右时，即可播种，对晚霜敏感的树种应适当晚播；秋(冬)播种要在土壤结冻前播完，土壤不结冻地区，在树木落叶后播种；夏季成熟易丧失发芽力的种子，宜随采随播，如白榆、蜡梅。如果是保护地栽培或营养钵育苗则全年都可播种，不受季节限制。

3.2.4.2　播种方法

撒播　将种子均匀地播于苗床上。适用于小粒种子，如杨、桉树、梧桐、悬铃木等。其优点是产苗量高，但是浪费种子，且不便于抚育管理，由于苗木密度大，光照不足，通风不良，苗木生长细弱，抗性差，易感染病虫害。因此，一般不推广大面积撒播。

点播　按一定的株行距将种子播在苗床上，多用于大粒种子，如银杏、油桐、核桃、板栗等。应依种子的大小及幼苗生长的速度确定株行距。为利于出苗，种子应侧放，覆土厚度为种子直径的1~3倍。

条播　是按一定的行距将种子均匀地撒在播种沟中。其优点是：苗木有一定的行间距，便于抚育管理及机械化作业，比撒播节省种子，幼苗行距较大，受光均匀，通风良好，能保证苗木质量。多数树种适于条播。条播分窄条播和宽条播，窄条播的播幅宽度一般为 3~5cm；宽条播的播幅宽度因不同树种而异，阔叶树种为 10cm 左右，针叶树种为 10~15cm。条播行向一般为南北方向，以利光照均匀。

3.2.4.3　苗木的密度与播种量

(1)苗木密度

苗木密度是指单位面积(或单位长度)上苗木的数量。在圃地育苗，要求有合理的密度，即苗木质量较高的、合格苗数量较多的密度。确定密度时要依据树种的生物学特性、生长的快慢、圃地的环境条件、育苗的年限，以及育苗的技术要求等。此外，要考虑育苗所使用的机器、机具的规格来确定株行距。

苗木密度的大小，取决于株行距，尤其是行距的大小。播种苗床一般行距为 8~25cm，大田育苗一般为 50~80cm，行距过小不利于通风透光，也不便于管理。由生产经验得知，单位面积的产苗量一般范围为：针叶树一年生播种苗为 150~300 株/m²，速生针叶树可达 600 株/m²。阔叶树 1 年生播种苗为：大粒种子或速生树种 25~120 株/m²；生长速度中等的树种 60~160 株/m²。

(2)播种量的计算

播种量是指单位面积上播种的数量。播种量确定的原则是：用最少的种子，达到最大的产苗量。播种量一定要适中，偏多会造成种子浪费，出苗过密，间苗费工，提高育苗成本；播种量太少，产苗量低。计算播种量可按下列公式：

$$X = C \frac{A \cdot W}{P \cdot G \cdot 1000^2}$$

式中　X——单位长度(或单位面积)实际所需的播种量，kg；

　　　A——单位长度(或单位面积)的产苗数；

　　　W——种子千粒重，g；

　　　P——净度(小数)；

　　　G——发芽势(小数)；

　　　C——损耗系数。

C 值因树种、圃地环境条件、育苗技术和经验而异；同一树种，在不同条件下的具体数值可能不同。各地可通过试验来确定。C 值的变化范围大致如下：①用于大粒种子(千粒重 700g 以上)：$C \geq 1$；②用于中、小粒种子(千粒重为 3~700g)：$1 < C \leq 5$。如油松种子 $1 < C < 2$，白蜡种子 $C = 2.5~4.0$；③用于极小粒种子(千粒重在 3g 以下)：$C > 5$。如杨树种子 $C = 10~20$。

苗床净面积(有效面积)按国家标准《主要造林树种苗木质量分级》(GB 6000—1999)每公顷为 6000m² 计算(每亩 400m²)。

3.2.4.4 播种技术

播种是育苗工作的重要环节,播种工作做得好坏直接影响种子的场圃发芽率、出苗的快慢和整齐程度,对苗木的产量和质量有直接的影响。播种分人工播种和机械播种两种。目前采用最多的是人工播种。播种工作包括划线、开沟、播种、覆土、镇压5个环节。

① 划线 播种前划线定出播种的位置。划线要直,便于播种和起苗。

② 开沟与播种 开沟宽度一般 2~5cm,如采用宽幅条播,可依其具体要求来确定播种沟的宽度。开沟深浅要一致,沟底要平,沟的深度要根据种粒大小来确定,粒大的种子要深一些,粒小的如泡桐、落叶松等可不开沟,混沙直接播种。下种时一定要使种子分布均匀。为保证种子与播种沟湿润,要做到边开沟,边播种,边覆土。

③ 覆土 是播种后用土、细沙或腐殖质土等覆盖种子,一般覆土厚度为种子直径的 1~3 倍,但小粒种子以不见种子为度。子叶出土的树种覆土要薄,子叶不出土的树种覆土可厚;土壤黏重的圃地覆土要薄,土壤水分差的圃地覆土要厚;春播覆土要薄,秋(冬)播覆土要厚。过深过浅都不宜,过深幼苗不易出土,过浅土层易干燥。在生产中,中小粒种子播种时,由于覆土薄,土壤表面易干燥,灌水后土壤容易板结、龟裂,可采用地膜覆盖,待种子扎根后,打开地膜,换以苇帘等遮阴,使之逐渐适应干燥的环境,过 5~7d 后全光并转入正常肥水管理。

④ 镇压 为使种子和土壤密接,要进行镇压。如果土壤太湿或过于黏重,要等表土稍干后镇压。也可采用机械播种具体可参考现代化机器种植培育系统工作流程。

3.2.5 播种苗年生长发育时期的划分及其育苗技术要点

有关内容见数字资源。

3.2.5.1 一年生播种苗的年生长

播种苗从开始播种到生长结束的年生长发育过程中,不同时期地上部分与根系生长,以及对环境条件的要求各不相同。根据一年生播种苗的年生长周期可划分为出苗期、幼苗期(生长初期)、速生期(生长盛期)和苗木硬化期(生长后期)4 个时期。

(1) 出苗期

出苗期是幼苗刚刚出土的时期。从播种到幼苗的地上部分出现真叶,地下部分出现侧根为止。

① 出苗期的生长特点 在出苗期,阔叶树种子叶出土未出现真叶,或子叶留土真叶未展开;针叶树种子叶出土后,种皮未脱落尚无初生叶。针、阔叶树种地下部分都只有主根而无侧根。出苗期的营养来源主要是种子所贮藏的营养物质。这时期地上部分生长很慢,而根系生长很快。

② 育苗技术要点 促进种子迅速萌发、出苗早而整齐、苗多均匀且健壮。因此,其育苗措施要为种子发芽和幼苗出土创造良好的水分、温度、通气等条件,提高种子的场圃发芽率。为此,要选择适宜的播种期,尽量做好种子催芽,适时早播,提高播种技

术，尤其是覆土厚度要适宜，注意调节土壤温度、湿度、通气状况。春季播种为提高地温、减少灌水次数，可采取地膜覆盖等措施；夏季播种为防止高温危害苗木，需要进行遮阴。

(2) 幼苗期(生长初期)

从幼苗地上部分出现真叶，地下部分出现侧根开始，到幼苗的高生长量大幅度上升为止。

① 幼苗期的生长特点　幼苗地上部分出现真叶或初生叶，地下部分生出侧根，这时幼苗的营养来源全靠自行制造的营养物质。这个时期阔叶树的幼苗开始出现真叶，叶形变化大，由过渡叶形逐渐过渡到固定叶形；针叶树的幼苗大部分种壳已经脱落，并在生长点上长出初生叶。幼苗前期高生长缓慢，而根系生长较快，从长出1次侧根到多次侧根，到幼苗期的后期，主要吸收根系深度可达10cm以上，苗木的高生长速度则由慢变快。这时期苗木幼嫩、抗性弱。

② 育苗技术要点　这一时期，育苗的中心任务是在保苗的基础上进行蹲苗，促进根系的生长发育，给下一段的速生期打好基础。因此，要加强松土、除草；灌溉要适时适量；对于阔叶树和生长快的针叶树应及时间苗并定苗；合理追肥，尤其对磷肥的需要量要适当增加；注意防治病虫害，尤其对于易患猝倒病的苗木，应及时采取预防措施；对某些树种要进行必要的遮阴。

(3) 速生期(生长盛期)

从苗木的高生长量大幅度上升开始，到高生长量大幅度下降为止。

① 速生期的生长特点　是幼苗生长最旺盛的时期，此时苗木的高生长显著加快，叶片的面积和数量都迅速增加，直径生长快。地上部分和根系的生长量是全年生长最多的时期。据观察，在此时期，有些树种幼苗的生长出现两个以上速生阶段。这是由于干旱、炎热产生苗木生长暂缓的现象，而到夏末秋初，水分充足，气温不太高时，高生长速度又逐渐上升。这种现象可通过加强灌水、施肥等养护措施得到消除。也有些树种在速生暂缓期根系生长最快，如温州蜜柑。因此，这段时期基本上决定了苗木的质量，大部分树种的速生期从6月中旬开始至8月底、9月初，一般为70d左右。

② 速生期的育苗技术要点　这一时期，加强对苗木的抚育管理是提高苗木质量的关键，要以水、肥管理为主，追肥2~3次，适时适量地进行灌溉，及时松土除草，防治病虫害，不耐高温的苗木应适当遮阴，未定苗的针叶树速生初期定苗。到速生期的后期应适时停止施氮肥、灌水，促使幼苗在停止生长前充分木质化，有利于越冬。

(4) 苗木硬化期(生长后期)

从苗木高生长大幅度下降开始到苗木的根系生长结束为止。

① 苗木硬化期的特点　苗木高生长急剧下降，不久后高生长停止，接着直径生长停止，当地上部分停止生长时，通常根系的生长仍延续一段时间。这时期苗木的形态也发生变化，落叶树苗木叶柄逐渐形成离层而脱落；有些针叶树种的苗木，如杉木、柳杉、柏类等，叶色变深或趋向紫色；同时，苗木也木质化并形成健壮的顶芽，体内的营养物质进入贮藏状态。

② 育苗技术要点　在这个时期，要防止幼苗徒长，尽量促进苗木木质化。对针叶树来说，要形成健壮的顶芽，松苗防止二次高生长以提高苗木越冬抗寒的能力，保证苗木质量。因此，要停止一切促进苗木生长的措施，如施肥、灌水等，可适当地施些钾肥，对一些树种要注意做好防寒工作。

一年生播种苗各时期是根据幼苗生长发育过程所表现的特点来划分的。各时期的长短，因树种及育苗技术的不同而不尽相同，在育苗工作中要灵活运用。

3.2.5.2　留床苗的年生长

留床苗又叫留床保养苗。这类苗木是在上一年育苗地上继续培育的苗木，与播种苗的各时期不同。

(1) 苗木的高生长类型

根据苗木高生长期的长短可分为春季生长类型和全期生长类型。

① 春季生长类型　又称前期生长类型，苗木的高生长期及侧枝延长生长期很短，一般1~3个月，而且每个生长期只生长1次，一般到5~6月高生长即结束。北方属此类树种的高生长期只有1~2个月，南方属此类树种的高生长期为1~3个月。这类树种有松属、银杏、白蜡、栓皮栎、麻栎、核桃、板栗等。

② 全期生长类型　苗木的高生长持续在整个生长期里。北方树种，高生长期一般为3~6个月，南方树种为6~8个月，有的达到9个月以上。此类树种有杨、柳、榆树、刺槐、悬铃木、泡桐、杜仲、落叶松、侧柏、柳杉、圆柏、湿地松、雪松等。全期生长类型的苗木，高生长也不是直线上升的，而有1~2次生长暂缓的现象。

根据苗木不同的高生长类型，育苗工作应做到有的放矢，如春季生长型的树种应该早施肥，追肥期如果拖到5~6月以后，高生长已结束再追肥，则对高生长不起作用。

(2) 留床苗的生长阶段

留床苗在生长发育过程中，根据地上部分和地下部分的生长情况可分为生长初期（一般从冬芽膨大起到高生长量大幅度上升为止）、速生期、硬化期3个阶段。

3.2.6　育苗地管理

有关内容见数字资源。

3.2.6.1　出苗前圃地的管理

从播种时开始到幼苗出土时为止，这期间播种地的管理工作主要有覆盖保墒、灌溉、松土、除草、防鸟兽害等。

3.2.6.2　苗期管理

苗期管理是从播种后幼苗出土，一直到冬季苗木生长结束，对苗木及土壤进行管理，如间苗和补苗、截根、灌溉、降温措施（遮阴和喷水降温）、施肥、中耕降草、防寒越冬、疾虫害防治等。

3.3 营养繁殖苗培育

营养繁殖是利用乔灌木树种的营养器官如枝、根、茎、叶、芽等，在适宜的条件下，培养成一个独立个体的育苗方法。营养繁殖又称无性繁殖。用这种方法培育出来的苗木称为营养繁殖苗或无性繁殖苗。

营养繁殖是利用植物细胞的全能性、再生能力及与另一株植物嫁接生长的亲和力进行育苗的。营养繁殖的优点是可保持母本的优良性状；成苗迅速，开始开花结实时间比实生苗早；不但可提高苗木的繁殖系数，而且可解决不结实或结实稀少树木的繁殖问题。缺点是没有明显的主根，根系不如实生苗发达（嫁接苗除外），抗性较差，寿命较短，多代重复营养繁殖可能引起退化，致使苗木生长衰弱。营养繁殖常用的方法有扦插、嫁接、压条、分株、埋条及组织培养等。

3.3.1 扦插苗培育

扦插是以植物营养器官的一部分如根、茎（枝）、叶等，在一定的条件下插入土、沙或其他基质中，利用植物的再生能力，经过人工培育使之发育成一个完整新植株的繁殖方法。经过剪截用于直接扦插的部分叫插穗，用扦插繁殖所得的苗木称为扦插苗。

扦插繁殖方法简单，材料充足，可进行大量育苗和多季育苗，已经成为树木，特别是不结实或结实稀少名贵园林树种的主要繁殖手段之一。扦插育苗和其他营养繁殖一样具有成苗快、阶段发育老和保持母本优良性状的特点。但是，因插条脱离母体，必须给予适合的温度、湿度等环境条件才能成活，对一些要求较高的树种，还需采用必要的措施，如遮阴、喷雾、搭塑料棚等措施才能成功。因此，扦插繁殖要求管理精细，比较费工。

3.3.1.1 扦插成活原理

(1) 插条的生根类型

从形态上看，根据插穗不定根发生的部位不同，可以分为3种生根类型。一是皮部生根类型，即以皮部生根为主，从插条周身皮部的皮孔、节（芽）等处发出很多不定根。皮部生根数占总根量的70%以上，而愈伤组织生根较少，甚至没有，如红瑞木、金银花、柳树等。二是愈伤组织生根类型，即以愈伤组织生根为主，从基部愈伤组织（或愈合组织），或从愈伤组织相邻近的茎节上发出很多不定根。愈伤生根数占总根量的70%以上，皮部根较少，甚至没有，如银杏、雪松、黑松、金钱松、水杉、悬铃木等。三是综合生根类型，即愈伤生根与皮部生根的数量相差较小，如杨、葡萄、夹竹桃、金边女贞、石楠等。

① 皮部生根　属于此种类型的插条都存在根原始体或根原基，其位于髓射线的最宽处与形成层的交叉点上。这是由于形成层进行细胞分裂，向外分化成钝圆锥形的根原始体，侵入韧皮部，通向皮孔，在根原始体向外发育过程中，与其相连的髓射线也逐渐增粗，穿过木质部通向髓部，从髓细胞中取得营养物质。一般扦插成活容易，生根较快

的树种，其生根部位大多是皮孔和芽的周围。

② 愈伤组织生根　此种生根型的插条，其不定根的形成要通过愈伤组织的分化来完成。首先，在插穗下切口的表面形成半透明的、具有明显细胞核的薄壁细胞群，即为初生的愈伤组织。初生愈伤组织的细胞继续分化，逐渐形成和插穗相应组织发生联系的木质部、韧皮部和形成层等组织。最后充分愈合，在适宜的温度、湿度条件下，从愈伤组织中分化出根。因为这种生根需要的时间长，生长缓慢，所以凡是扦插成活较难、生根较慢的树种，其生根部位大多是愈伤组织生根。

此外，插条成活后，由上部第一个芽（或第二个芽）萌发而长成新茎，当新茎基部被基质掩埋后，往往能长出不定根，这种根称为新茎根。如杨、柳、悬铃木、结香、花石榴等可促进新茎生根，以增加根系数量，提高苗木的产量和质量。

(2) 扦插生根的生理基础

在研究扦插生根的理论方面，有许多学者做了大量工作，从不同的角度提出了很多见解，并以此来指导扦插实践，取得了一定的成果。现将这些观点简要介绍如下：

① 生长素　认为植物扦插生根，愈合组织的形成都是受生长素控制和调节的，细胞分裂素和脱落酸也有一定的关系。枝条本身所合成的生长素可以促进根系的形成，其主要合成在枝条幼嫩的芽和叶上，然后向基部运行，参与根系的形态建成。因此，园林工作者用人工合成的各种生长素，如萘乙酸（NAA）、吲哚乙酸（IAA）、吲哚丁酸（IBA）及广谱生根剂 ABT，HL 43 等处理插穗基部后提高了生根率，而且也缩短了生根时间。此外，许多试验和生产实践也证实，生长素不是唯一促进插条生根的物质，还必须有另一种由芽和叶内产生的一类特殊物质辅助，才能导致不定根的发生，这种物质即为生根辅助因子。

② 生长抑制剂　是植物体内一种对生根有妨碍作用的物质。很多研究证实，生命周期中老龄树抑制物质含量高，而在树木年周期中休眠期含量最高，硬枝扦插靠近梢部的插穗又比基部的插穗抑制物质含量高。因此，生产实际中，我们可采取相应的措施，如流水洗脱、低温处理、黑暗处理等，消除或减少抑制剂，以利于生根。

③ 营养物质　插条的成活与其体内养分，尤其是碳素和氮素的含量及其相对比率有一定的关系。一般说 C/N 比高，也就是说植物体内碳水化合物含量高，相对的氮化合物含量低，对插条不定根的诱导较有利。插穗营养充分，不仅可以促进根原基的形成，而且对地上部分增长也有促进作用。实践证明，对插条进行碳水化合物和氮的补充，可促进生根。一般在插穗下切口处用糖液浸泡或在插穗上喷洒氮素如尿素，能提高生根率。但外源补充碳水化合物，易引起切口腐烂。

④ 植物的发育　由于年代学、个体发育学和生理学 3 种衰老机制的影响，植物插条生根的能力也随着母树年龄的增长而减弱。根据这一特点，对于一些稀有、珍贵树种或难繁殖的树种，为使其在生理上"返老还童"可采取以下有效途径：

绿篱化采穗　即对准备采条的母树进行强剪，不使其向上生长。

连续扦插繁殖　连续扦插 2~3 次，新枝生根能力急剧增加，生根率可提高 40%~50%。

用幼龄砧木连续嫁接繁殖　即把采自老龄母树上的接穗嫁接到幼龄砧木上，反复连续嫁接2~3次，使其"返老还童"，再采其枝条或针叶束进行扦插。

用基部萌芽条作插穗　即将老龄树干锯断，使幼年(童)区产生新的萌芽枝用于扦插。

⑤ 茎的解剖构造　插条生根的难易与茎的解剖构造也有着密切的关系。如果插穗皮层中有一层、二层或多层的纤维细胞构成的一圈环状厚壁组织时，生根就困难；如果皮层中没有或有而不连续的厚壁组织时，生根就比较容易。因此，扦插育苗时可采取割破皮层的方法，破坏其环状厚壁组织而促进生根。如原湖北省林业科学研究所将油橄榄插条纵向划破，提高了扦插成活率。

3.3.1.2　影响插条生根的因素

(1) 内因

① 树种的生物学特性　不同树种的生物学特性不同，因而它们的枝条生根能力也不一样。根据插条生根的难易程度可分为：

易生根的树种　如柳、青杨、黑杨、水杉、池杉、杉木、柳杉、悬铃木、紫穗槐、连翘等。

较易生根的树种　如侧柏、扁柏、罗汉松、刺槐、槐、茶、茶花、樱桃、野蔷薇、杜鹃花、珍珠梅等。

较难生根的树种　如金钱松、圆柏、日本五针松、梧桐、苦楝、臭椿等。

极难生根的树种　如黑松、马尾松、樟树、板栗、核桃、栎树、鹅掌楸、柿树等。

② 母树的年龄　由于年龄较大的母树阶段发育老，细胞分生能力低，而且随着树龄的增加，枝条内所含的激素和养分发生变化，尤其是抑制物质的含量随着树龄的增长而增加。这种随母株树龄的增大，生根所需时间延长，生根率和根系质量下降的现象称为年龄效应。因此，在选条时，应采自年幼的母树，最好选用1~2年生实生苗上的枝条。如湖北省潜江林业研究所，对水杉不同母树年龄1年生枝条的扦插试验，其插穗生根率：1年生为92%，2年生为66%，3年生为61%，4年生为42%，5年生为34%，母树年龄增大，插穗生根率降低。

③ 枝条的着生部位及发育状况　来自母树不同部位的枝条，在形态和生理发育上存在潜在差异，这些差异是受着生部位(位置)的影响产生的，这种现象在生产中称为位置效应。有些树种树冠上的枝条生根率低，而树根和干基部萌发的枝条生根率高。因为母树根颈部位的一年生萌蘖条其发育阶段最年幼，再生能力强，又因萌蘖条生长的部位靠近根系，得到了较多的营养物质，具有较高的可塑性，扦插后易于成活。干基萌发枝生根率虽高，但来源少。所以作插穗的枝条用采穗圃的枝条比较理想，如无采穗圃，可用插条苗、留根苗和插根苗的苗干，其中以留根苗和插根苗的苗干更好。

针叶树母树主干上的枝条生根力强，侧枝尤其是多次分枝的侧枝生根力弱，若从树冠上采条，则从树冠下部光照较弱的部位采条较好。在生产实践中，有些树种带一部分2年生枝，即采用"踵状扦插法"或"带马蹄扦插法"常可以提高成活率。

硬枝插穗的枝条，必须发育充实、粗壮、充分木质化、无病虫害。

④ 插穗年龄　其对生根的影响显著，一般以1年生枝的再生能力最强，但具体年龄

也因树种而异。例如，杨树类 1 年生枝条成活率高，2 年生枝条成活率低，即使成活，苗木的生长也较差。水杉和柳杉 1 年生的枝条较好，基部也可稍带一段 2 年生枝段；而罗汉柏带 2~3 年生的枝段生根率高。

⑤ **枝条的不同部位** 同一枝条的不同部位根原基数量和贮藏营养物质的数量不同，其插穗生根率、成活率和苗木生长量都有明显的差异。一般来说，常绿树种中上部枝条较好。这主要是因为中上部枝条生长健壮，代谢旺盛，营养充足，且中上部新生枝光合作用也强，对生根有利。落叶树种硬枝扦插中下部枝条较好。因中下部枝条发育充实，贮藏养分多，为生根提供了有利因素。若落叶树种嫩枝扦插，则中上部枝条较好。由于幼嫩的枝条，中上部内源生长素含量最高，而且细胞分生能力旺盛，对生根有利，如毛白杨嫩枝扦插，梢部最好。

⑥ **插穗的粗细与长短** 这对于成活率、苗木生长有一定的影响。对于绝大多数树种来讲，长插条根原基数量多，贮藏的营养多，有利于插条生根。插穗长短的确定要以树种生根快慢和土壤水分条件为依据，一般落叶树硬枝插穗 10~25cm；常绿树种 10~35cm。随着扦插技术的提高，扦插逐渐向短插穗方向发展，有的甚至一芽一叶扦插，如茶树、葡萄采用 3~5cm 的短枝扦插，效果很好。

对不同粗细的插穗而言，粗插穗所含的营养物质多，对生根有利。插穗的适宜粗细因树种而异，多数针叶树种为 0.3~1cm；阔叶树种为 0.5~2cm。

在生产实践中，应根据需要和可能，采用适当长度和粗细的插穗，合理利用枝条，应掌握粗枝短截、细枝长留的原则。

⑦ **插穗的叶和芽** 插穗上的芽是形成茎、干的基础。芽和叶能供给插穗生根所必需的营养物质和生长激素、维生素等，对生根有利。尤其对嫩枝扦插及针叶树种、常绿树种的扦插更为重要。插穗留叶多少一般要根据具体情况而定，一般留叶 2~4 片，若有喷雾装置，定时保湿，则可留较多的叶片，以便加速生根。

⑧ **插穗的含水量** 从母树上采集的枝条或插穗，对干燥和病菌感染的抵抗能力显著减弱，因此，在进行扦插繁殖时，一定要注意保持插穗自身的水分。生产上，可用水浸泡插穗下端，不仅增加了插穗的水分，还能减少抑制生根物质。浸泡时间因树种而异，一般为 3~5d 及以上。

(2) 外因

① **温度** 插穗生根的适宜温度因树种而异。多数树种生根的最适温度为 15~25℃，以 20℃最适宜。然而很多树种都有其生根的最低温度，如杨、柳在 7℃左右即开始生根。一般规律为发芽早的如杨、柳要求温度较低；发芽萌动晚的及常绿树种如桂花、栀子、珊瑚树等要求温度较高。此外，处于不同气候带的植物，其扦插的最适宜温度也不同，如美国的马利施(H. Malisch)认为温带植物在 20℃左右合适；热带植物在 23℃左右合适。前苏联学者则认为温带植物为 20~25℃；热带植物为 25~30℃。

不同树种插穗生根对土壤的温度要求也不同，一般土温高于气温 3~5℃时，对生根极为有利。这样有利于不定根的形成而不利于芽的萌动，集中养分在不定根形成后芽再萌发生长。在生产上可用马粪或电热线等作酿热材料提高地温，还可利用太阳光的热能进行倒插催根，提高其插穗成活率。

温度对嫩枝扦插更为重要，30℃以下有利于枝条内部生根促进物质的利用，因此对生根有利。当温度高于30℃时，会导致扦插失败。一般可采取喷雾方法降低插穗的温度。插穗活动的最佳时期，也是腐败菌猖獗的时期，所以在扦插时应特别注意。

② 湿度　在插穗生根过程中，空气的相对湿度、插壤湿度以及插穗本身的含水量是扦插成活的关键，尤其是嫩枝扦插，应特别注意保持合适的湿度。

空气的相对湿度　对难生根的针、阔叶树种的影响很大。插穗所需的空气相对湿度一般为90%左右。硬枝扦插可稍低一些，但嫩枝扦插空气的相对湿度一定要控制在90%以上，使枝条蒸腾强度最低。生产上可采用喷水、间隔控制喷雾等方法提高空气的相对湿度，使插穗易于生根。

插壤湿度　插穗最容易失去水分平衡，因此要求插壤有适宜的水分。插壤湿度取决于扦插基质、扦插材料及管理技术水平等。据毛白杨扦插试验，插壤中的含水量一般以20%~25%为宜。毛白杨插壤含水量为23.1%时，成活率较10.7%提高34%；含水量低于20%时，插条生根和成活都受到影响。有报道表明，插条由扦插到愈伤组织产生和生根，各阶段对插壤含水量要求不同，通常以扦插为高，愈伤组织产生和生根依次降低。尤其是在完全生根后，应逐步减少水分的供应，以抑制插条地上部分的旺盛生长，增加新生枝的木质化程度，更好地适应移植后的田间环境。

③ 通气条件　插穗生根时需要氧气，所以插穗基质要求疏松透气。如基质为壤土，每次灌溉后必须及时松土，否则会降低成活率。

④ 光照　能促进插穗生根，对常绿树及嫩枝扦插是不可缺少的。但扦插过程中，强烈的光照又会使插穗干燥或灼伤，降低成活率。在实际工作中，可采取喷水降温或适当遮阴等措施来维持插穗水分平衡。夏季扦插时，最好的方法是应用全光照自动间歇喷雾法，既保证了供水又不影响光照。

⑤ 扦插基质　不论使用什么样的基质，只要能满足插穗对基质水分和通气条件的要求，都有利于生根。目前所用的扦插基质有以下3种状态：

固态　生产上最常用的基质，一般有素砂、蛭石、珍珠岩、石英砂、炉灰渣等。这些基质的通气、排水性能良好。但反复使用后，颗粒往往破碎，粉末成分增加，故要定时更换新基质。此外，常用的基质还有泥炭土、苔藓、泡沫塑料等。

液态　把插穗插于水或营养液中使其生根成活，称为液插。液插常用于易生根的树种。由于营养液作基质时插穗易腐烂，一般情况下应慎用。

气态　把空气造成水汽迷雾状态，将插穗吊于雾中使其生根成活，称为雾插或气插。雾插只要控制好温度和空气相对湿度就能充分利用空间，插穗生根快，缩短育苗周期。但由于插穗在高温、高湿的条件下生根，炼苗就成为雾插成活的重要环节之一。

基质的选择应根据树种的要求，选择最适基质。在露地进行扦插时，大面积更换扦插土，实际上是不可能的，故通常选用排水良好的砂质壤土。

3.3.1.3　促进插穗生根的技术

(1) 生长素及生根促进剂处理

① 生长激素处理　常用的生长素有萘乙酸(NAA)、吲哚乙酸(IAA)、吲哚丁酸

(IBA)、吲哚丁酸钾(KIBA)、2,4-D等。使用方法，一是先将少量乙醇溶解生长素，然后配制成不同浓度的药液。低浓度(如50~200mg/L)溶液浸泡插穗下端6~24h，高浓度(如500~10 000mg/L)可进行快速处理(几秒到1min)。二是将溶解的生长素与滑石粉或木炭粉混合均匀，阴干后制成粉剂，用湿插穗下端蘸粉扦插；或将粉剂加水稀释成为糊剂，用插穗下端浸蘸；或做成泥状，包埋插穗下端。处理时间与溶液的浓度随树种和插条种类的不同而异。一般生根较难的树种浓度要高些，生根较易的浓度要低些。硬枝浓度高些，嫩枝浓度低些。

② 生根促进剂处理　目前使用较为广泛的有中国林业科学研究院林业研究所王涛研制的ABT生根粉系列；华中农业大学林学系研制的广谱性植物生根剂HL 43；昆明市园林科学研究所等研制的3A系列促根粉等。它们均能提高多种树木，如银杏、桂花、板栗、红枫、樱花、梅、落叶松等的生根率，其生根率可达90%以上，且根系发达，吸收根数量增多。

(2) 洗脱处理

洗脱处理一般有温水处理、流水处理、乙醇处理等。洗脱处理不仅能降低枝条内抑制物质的含量，同时还能增加枝条内水分的含量。

① 温水洗脱处理　将插穗下端放入30~35℃的温水中浸泡几小时或更长时间，具体时间因树种而异。某些针叶枝如松树、落叶松、云杉等浸泡2h，起脱脂作用，有利于切口愈合与生根。

② 流水洗脱处理　将插条放入流动的水中，浸泡数小时，具体时间也因树种不同而异。多数在24h以内，也有的可达72h，甚至有的更长。

③ 乙醇洗脱处理　用乙醇处理也可有效地降低插穗中的抑制物质，大大提高生根率。一般使用浓度为1%~3%，或者用1%的乙醇和1%的乙醚混合液，浸泡时间6h左右，如杜鹃花类。

(3) 营养处理

用维生素、糖类及其他氮素处理插条，也是促进生根的措施之一。如用5%~10%的蔗糖溶液处理雪松、龙柏、水杉等树种的插穗12~24h，对促进生根效果很显著。若用糖类与植物生长素并用，则效果更佳。在嫩枝扦插时，在其叶片上喷洒尿素，也是营养处理的一种。

(4) 化学药剂处理

有些化学药剂也能有效地促进插条生根。如乙酸、磷酸、高锰酸钾、硫酸锰、硫酸镁等。如生产中用0.1%的乙酸水溶液浸泡卫矛、丁香等插条，能显著地促进生根。再如用0.05%~0.1%的高锰酸钾溶液浸插穗12h，除能促进生根外，还能抑制细菌，起消毒作用。

(5) 低温贮藏处理

将硬枝放入0~5℃的低温条件下冷藏一定时期(至少40d)，使枝条内的抑制物质转化，有利于生根。

(6) 增温处理

春天由于气温高于地温，在露地扦插时，易先抽芽展叶后生根，以致降低扦插成活率。为此，可采用在插床内铺设电热线（即电热温床法）或在插床内放入生马粪（即酿热物催根法）等措施来提高地温，促进生根。

(7) 倒插催根

一般在冬末春初进行。利用春季地表温度高于坑内温度的特点，将插条倒放于坑内，用沙子填满孔隙，并在坑面上覆盖2cm沙，使倒立的插穗基部的温度高于插穗梢部，这样为插穗基部愈伤组织的根原基的形成创造了有利条件，从而促进生根，但要注意水分控制。

(8) 黄化处理

在生长季前用黑色的塑料袋将要作插穗的枝条罩住，使其处在黑暗的条件下生长，形成较幼嫩的组织，待其枝叶长到一定程度后，剪下进行扦插，能为生根创造较有利的条件。

(9) 机械处理

在树木生长季节，将枝条基部环剥、刻伤或用铁丝、麻绳或尼龙绳等捆扎，阻止枝条上部的碳水化合物和生长素向下运输，使其贮存养分，至休眠期再将枝条从基部剪下进行扦插，能显著地促进生根。

3.3.1.4 扦插的种类及方法

在植物扦插繁殖中，根据使用繁殖的材料不同，可分为枝插、根插、叶插、芽插、果实插等。其分类情况如下：

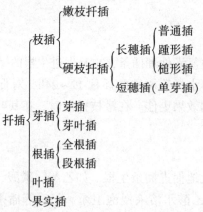

在园林苗木的培育中，最常用的是枝插，其次是根插和叶插。现介绍如下：

(1) 枝插

根据枝条的成熟度与扦插季节，枝插又可分为硬枝扦插与嫩枝扦插。

① 硬枝扦插　是利用已经休眠的枝条作插穗进行扦插，通常分为长穗插和单芽插两种。长穗插是用两个以上的芽进行扦插，单芽插是用一个芽的枝段进行扦插。

硬枝插条的选择　一般应选优良的幼龄母树上发育充实、已充分木质化的 1~2 年生枝条作插穗。落叶树种在秋季落叶后至翌春发芽前采条，采条后如不立即扦插，应将枝条进行贮藏处理，如低温贮藏处理、窖藏处理、沙藏处理等。在园林实践中，还可结合整形修剪时切除的枝条选优贮藏待用。

硬枝插条的剪截　一般长穗插条 15~20cm 长，保证插穗上有 2~3 个发育充实的芽，单芽插穗长 3~5cm。剪切时上切口距顶芽 1cm 左右，下切口的位置依植物种类而异，一般在节附近薄壁细胞多，细胞分裂快，营养丰富，易于形成愈伤组织和生根，故插穗下切口宜紧靠节下。

下切口的切法　有平切、斜切、双面切、踵状切等（图 3-2），一般平切口生根呈环状均匀分布，便于机械化截条，对于皮部生根型及生根较快的树种应采用平切口；斜切口与插穗基质的接触面积大，可形成面积较大的愈伤组织，利于吸收水分和养分，提高成活率，但根多生于斜口的一端，易形成偏根，同时剪穗也较费工。双面切与插壤的接触面积更大，在生根较难的植物上应用较多。踵状切口，一般是在插穗下端带 2~3 年生枝段时采用，常用于针叶树。

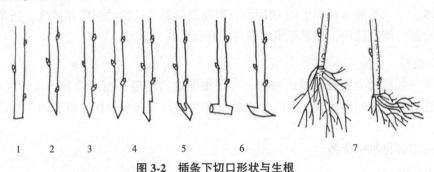

图 3-2　插条下切口形状与生根
1. 平切　2. 斜切　3. 双面切　4. 踵形切　5. 槌形切
6. 下切口平切与斜切　7. 下切口平切生根均均，斜切根偏于一侧

扦插　扦插前要整理好插床。露地扦插要细致整地，施足基肥，使土壤疏松，水分充足。必要时要进行插壤消毒。扦插密度可根据树种生长快慢、苗木规格、土壤情况和使用的机具等而定。一般株距 10~50cm，行距 30~80cm。在温棚和繁殖室，一般密插，插穗生根发芽后，再进行移植。插穗的扦插角度有直插和斜插两种，一般情况下，多采用直插。斜插的扦插角度不应超过 45°，插入深度应根据树种和环境而定。落叶树种插穗全插入地下，上露一芽或与地面平。露地扦插在南方温暖湿润地区，可使芽微露。在温棚和繁殖室内，插穗上端一般都要露出扦插基质。常绿树种插入地下深度应为插穗长度的 1/3~1/2。

② **嫩枝扦插**　是在生长季，用生长旺盛的半木质化的枝条作插穗进行扦插。嫩枝扦插多用全光照自动间歇喷雾或荫棚内塑料小棚扦插等，以保持适当的温度和湿度。扦插基质主要为疏松透气的蛭石、河沙等。扦插深度为 3cm 左右，密度以叶片间不相互重叠为宜，以保持足够的光合作用。

嫩枝插条的选择　一般针叶树如松、柏等，扦插以夏末剪取中上部半木质化的枝条较好。实践证明，采用中上部的枝条进行扦插，其生根情况大多数好于基部的枝条。针叶树对水分的要求不太严格，但应注意保持枝条的水分。落叶阔叶树及常绿阔叶树嫩枝扦插，一般在高生长最旺盛期剪取幼嫩的枝条进行扦插。对于大叶植物，以叶未展开成大叶时采条为宜。对于嫩枝扦插，枝条插前的预处理很重要，含单宁高的难生根的植物可以在生长季以前进行黄化处理、环剥处理、捆扎处理等。

嫩枝插条的剪截　采条应在清晨日出前或在阴雨天进行，不要在阳光下、有风或天气很热的时候采条，注意保湿。枝条采回后，在阴凉背风处进行剪截。一般插条长10~15cm，带2~3个芽，插条上保留叶片的数量可根据植物种类与扦插方法而定。

扦插　一般均是在人工控制的环境条件下进行密插。密度以两插穗之叶不互相重叠为宜。扦插角度一般为直插。扦插深度一般为其插穗长度的1/3~1/2，如能人工控制环境条件，扦插深度越浅越好，可为0.5cm左右，不倒即可。

③ 扦插后的管理　这也很重要。一般扦插后应立即灌一次透水，以后注意经常保持插壤和空气的湿度。对常绿枝及嫩枝露地扦插要搭荫棚遮阴降温，每天10：00~16：00遮阴降温，同时，每天喷水，以保持湿度。插条上若带有花芽应及早摘除。

插条成活长到15~30cm时，选留一个粗壮的枝条，其余抹去。用塑料棚密封扦插时，可减少灌水次数，每周1~2次即可，但要及时调节棚内的温度和湿度，插条扦插成活后，要经过炼苗阶段，使其逐渐适应外界环境再移到圃地。

(2) 根插

对于一些枝插生根较困难的树种，可用根插进行繁殖，以保持其母本的优良性状。一般应选择健壮的幼龄树或生长健壮的1~2年生苗作为采根母树，根穗的年龄以1年生为好。

有关内容见数字资源。

(3) 叶插

利用叶片进行繁殖培育成新植株，是因叶片有再生和愈伤能力。多数木本植物叶插苗的地上部分是由芽原基发育而成。因此，叶插穗应带芽原基，并保护其不受伤，否则不能形成地上部分。其地下部分(根)是愈伤部位诱生根原基而发育成根的。木本植物除一般单叶插外，针叶树种主要有针叶束扦插，通过水培的称为针叶束水插育苗。

补充内容见数字资源。

3.3.1.5　扦插育苗实用技术

(1) 全光照自动喷雾技术

(2) 基质电热温床催根育苗技术

(3) 雾插(空气加湿、加温育苗)技术

内容见数字资源。

3.3.2　嫁接苗培育

嫁接是指将一种植物的枝或芽接到另一种植物的茎(枝)或根上，使之愈合生长在一起，形成一个独立植株的繁殖方法。供嫁接用的枝、芽称接穗或接芽；承受接穗或接芽的植株(根株、根段或枝段)叫砧木。用枝条作接穗的称枝接，用芽作接穗的称芽接。通过嫁接繁殖所得的苗木称为嫁接苗。

嫁接繁殖是园林树木和果树培育中一种很重要的方法。它除具有营养繁殖的特点外，通过嫁接还可利用砧木对接穗的生理影响，提高嫁接苗的抗性，扩大栽植养护范围；可调节树势、改造树型、治救创伤、补充缺枝；可更换成年植株的品种和改变植株的雌雄性；可使一树多种、多头、多花，提高其观赏价值；也可利用"芽变"，通过嫁接培育新品种。

3.3.2.1 嫁接成活的原理与过程

接穗和砧木嫁接后，能否成活的关键在于二者的组织是否愈合，而愈合的主要标志应该是维管组织系统的连接。嫁接成活，主要是依靠砧木和接穗之间的亲和力以及结合部位伤口周围的细胞生长、分裂和形成层的再生能力。形成层是介于木质部与韧皮部之间再生能力很强的薄壁细胞层(图3-3)。在正常情况下，薄壁细胞层进行细胞分裂，向内形成木质部，向外形成韧皮部，使树木加粗生长，在树木受到创伤后，薄壁细胞层还具有形成愈伤组织，把伤口保护起来的功能。因此，嫁接后，砧木和接穗结合部位各自的形成层薄壁细胞进行分裂，形成愈伤组织，逐渐填满接合部的空隙，使接穗与砧木的新生细胞紧密相接，形成共同的形成层，向外产生韧皮部，向内产生木质部，两个异质部分从此结合为一体。这样，由砧木根系从土壤中吸收水分和无机养分供给接穗，接穗的枝叶制造有机养料输送给砧木，二者结合而形成了一个能够独立生长发育的新个体。

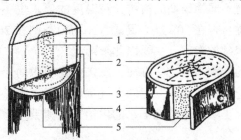

图3-3 枝的纵横断面
1. 木质部　2. 髓　3. 韧皮部　4. 表皮　5. 形成层

由此可见，在技术措施上，除了根据树种遗传特性考虑亲和力外，嫁接成活的关键是接穗和砧木二者形成层的紧密接合，其接合面越大，越易成活。实践证明，要使两者的形成层紧密接合，嫁接时必须使它们之间的接触面平滑，形成层对齐、夹紧、绑牢。

3.3.2.2 影响嫁接成活的因素

影响嫁接成活的主要因素有砧木和接穗的亲和力，砧木、接穗质量，外界条件及嫁接技术等以下几个方面。补充内容见数字资源。

(1) 砧木和接穗的亲和力

亲和力是指砧木和接穗在结构、生理和遗传特性上，彼此相似的程度和互相结合在一起的能力。亲和力高，嫁接成活率也高；反之，嫁接成活的可能性越小。亲和力的强弱与树木亲缘关系的远近有关。一般规律是亲缘关系越近，亲和力越强。同种和同品种之间嫁接亲和力最强。

(2) 砧木、接穗的生活力及树种的生物学特性

愈伤组织的形成与植物种类和砧、穗的生活力有关。一般来说，砧、穗生长健壮，体内营养物质丰富，生长旺盛，形成层细胞分裂最活跃，嫁接容易成活。如果砧木萌动比接穗稍早，可及时供应接穗所需的养分和水分，嫁接易成活；如果接穗萌动比砧木早，则可能因得不到砧木供应的水分和养分"饥饿"而死；如果接穗萌动太晚，砧木溢出的液体太多，又可能"淹死"接穗。有些种类，如柿树、核桃富含单宁，切面易形成单宁氧化隔离层，阻碍愈合；松类富含松脂，若处理不当也会影响愈合。

此外，如果砧木和接穗的细胞结构、生长发育速度不同，嫁接则会形成"大脚"或"小脚"现象。如在黑松上嫁接五针松，在女贞上嫁接桂花，均会出现"小脚"现象。除影响美观外，生长仍表现正常。因此，在没有更理想的砧木时，在园林苗木的培育中仍可继续采用上述砧木。

(3) 影响嫁接成活的外界环境因素

影响嫁接成活的环境因素主要是温度和湿度。在适宜的温度、湿度和良好的通气条件下进行嫁接，则有利于愈合成活和苗木的生长发育。

温度　对愈伤组织形成的快慢和嫁接成活有很大的关系。在适宜的温度下，愈伤组织形成最快且易成活，温度过高或过低，都不适宜愈伤组织的形成。一般来说植物在25℃左右嫁接最适宜，但不同物候期的植物，对温度的要求也不一样。物候期早的比物候期迟的适温要低，如桃、杏在20~25℃最适宜，而山茶则在26~30℃最适宜。春季进行枝接时，各树种安排嫁接的次序，主要以此来确定。

湿度　对嫁接成活的影响很大。一方面，嫁接愈伤组织的形成需具有一定的湿度条件；另一方面，保持接穗的活力也需一定的空气湿度。大气干燥则会影响愈伤组织的形成和造成接穗失水干枯。土壤湿度、地下水的供给也很重要。嫁接时，如土壤干旱，应先灌水增加土壤湿度。

光照　对愈伤组织的形成和生长有明显抑制作用。在黑暗的条件下，有利于愈伤组织的形成，因此，嫁接后一定要遮光。低接用土埋，既保湿又遮光。

此外，通气对愈合成活也有一定影响。给予一定的通气条件，可以满足砧木与接穗接合部形成层细胞呼吸作用所需的氧气。

(4) 嫁接技术的熟练程度

嫁接操作技术是保障嫁接成活重要的一个环节，应牢记"快、平、准、紧、净"五字要领。"快"是嫁接刀要锋利，嫁接动作要快捷，尽量减短接穗削面和砧木接口的晾晒时间，对含单宁较多的植物，可减少单宁被空气氧化的机会。"平"是接穗削面和砧木接口要平整光滑，没有凹凸处，以便二者能紧密结合。"准"是在插入接穗时要将接穗和砧木之间的形成层对准，这一点是整个嫁接过程中关键之关键，形成层未对准，绝对不会成活。"紧"是对砧、穗二者的包扎要严紧，不得有松散现象存在；只有紧实了，才能形成愈伤组织。"净"是砧、穗切面保持清洁,不要被泥土污染。

3.3.2.3 砧木和接穗的相互影响

(1) 砧木对接穗的影响

一般砧木都具有较强和广泛的适应能力,如抗旱、抗寒、抗涝、抗盐碱、抗病虫等,因此能增加嫁接苗的抗性。如用海棠作苹果的砧木,可增强苹果的抗旱性和抗涝性,同时也增强对黄叶病的抵抗能力;枫杨作核桃的砧木,能增强核桃的耐涝和耐瘠薄性。有些砧木能控制接穗长成植株的大小,使其乔化或矮化。如山桃、山杏是梅、碧桃的乔化砧,寿星桃是桃和碧桃的矮化砧。一般乔化砧能推迟嫁接苗的开花、结果期,延长植株的寿命;一般矮化砧则能促进嫁接苗提前开花、结实,缩短植株的寿命。

(2) 接穗对砧木的影响

嫁接后砧木根系的生长是靠接穗所制造的养分,因此,接穗对砧木也会有一定的影响。如杜梨嫁接成梨后,其根系分布较浅,且易发生根蘖。

3.3.2.4 砧木、接穗的选择

(1) 砧木的选择

性状优异的砧木是培育优良园林树木的重要环节。选择砧木的条件:①与接穗亲和力强;②对接穗的生长和开花有良好的影响,并且生长健壮、丰产、花艳、寿命长;③对栽植养护地区的环境条件有较强的适应性;④容易繁殖;⑤对病虫害抵抗力强。

(2) 接穗的选择、采集和贮藏

接穗应选自性状优良,生长健壮,观赏价值或经济价值高,无病虫害的成年树。一般选择树冠外围中、上部生长充实、芽体饱满的新梢或1年生发育枝。

夏季采集的新梢,应立即去掉叶片和生长不充实的新梢顶端,只保留叶柄,并及时用湿布包裹,以减少枝条的水分蒸发。取回的接穗不能及时使用时,可将枝条下部浸入水中,放在阴凉处,每天换水1~2次,可短期保存4~5d。

春季枝接和芽接采集穗条,最好结合冬剪进行,也可在春季树木萌芽前1~2周采集。采集的枝条包好后吊在井中或放入冷窖内沙藏,若能用冰箱或冷库在5℃左右的低温下贮藏则更好。

3.3.2.5 嫁接方法

按所取材料不同,嫁接方法可分为枝接、芽接、根接三大类。补充内容见数字资源。

(1) 枝接

枝接多用于嫁接较粗的砧木或在大树上改换品种。枝接时期一般在树木休眠期进行,特别是在春季砧木树液开始流动,接穗尚未萌芽的时期最好。此法的优点是接后苗木生长快,健壮整齐,当年即可成苗,但需要接穗数量大,可供嫁接时间较短。枝接常用的方法有切接、劈接、插皮接、腹接等。

① 切接　一般用于直径2cm左右的小砧木，是枝接中最常用的一种方法（图3-4）。嫁接时先将砧木在距地面5cm左右处剪断、削平，选择较平滑的一面，用切接刀在砧木一侧（略带木质部，在横断面上为直径的1/5~1/4）垂直向下切，深2~3cm。

削接穗时，接穗上要保留2~3个完整饱满的芽，将接穗从距下切口最近的芽位背面，用切接刀向内切达木质部（不要超过髓心），随即向下平行切削到底，切面长2~3cm，再于背面末端削成0.8~1cm的小斜面。将削好的接穗，长削面向里插入砧木切口，使双方形成层对准密接。接穗插入的深度以接穗削面上端露出0.2~0.3cm为宜，俗称"露白"，有利愈合成活。如果砧木切口过宽，可对准一边形成层，然后用塑料条由下向上捆扎紧密，使形成层密接。必要时可在接口处涂接蜡或封泥，可减少水分蒸发，达到保湿的目的。

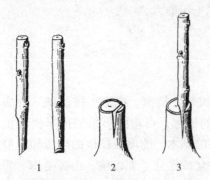

图3-4　切接（李继华，1977）
1. 削接穗　2. 稍带木质部纵切砧木　3. 砧穗结合

嫁接后为保持接口湿度，防止失水干萎，可采用套袋、封土和涂接蜡等措施。接蜡配方为：黄蜡1.5kg，松香2.5kg，动物油0.5kg。调制时先把动物油放入锅中，加温水，再放入黄蜡和松香，不断搅拌使其全部融化，冷却即成。使用时加温融化，用刷子涂抹接口和穗端。

② 劈接　适用于大部分落叶树种。通常在砧木较粗、接穗较小时使用（图3-5）。将砧木在离地面5~10cm处锯断，用劈接刀从其横断面的中心直向下劈，切口长约3cm，接穗削成楔形，削面长约3cm，接穗外侧要比内侧稍厚。接穗削好后，把砧木劈口撬开，将接穗厚的一侧向外，窄面向里插入劈口中，使两者的形成层对齐，接穗削面的上端应高出砧木切口0.2~0.3cm。当砧木较粗时，可同时插入2或4个接穗。一般不必绑扎接口，但如果砧木过细，夹力不够，可用塑料薄膜条或麻绳绑扎。为防止劈口失水影响嫁接成活，接后可培土覆盖或用接蜡封口。

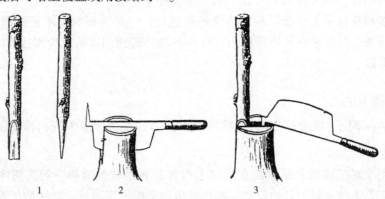

图3-5　劈接（李继华，1977）
1. 削接穗　2. 劈砧木　3. 插入接穗

③ 插皮接　枝接中最易掌握，成活率最高，应用也较广泛的一种。要求在砧木较粗，并易剥皮的情况下采用。在园林树木培育中用此法高接和低接的都有。一般在距地面 5~8cm 处断砧，削平断面，选平滑处，将砧木皮层划一纵切口，长度为接穗长度的 1/2~2/3。将接穗削成长 3~4cm 的单斜面，削面要平直并超过髓心，厚 0.3~0.5cm，将背面末端削成 0.5~0.8cm 的一小斜面或在背面的两侧再各微微削去一刀。接时，把接穗从砧木切口沿木质部与韧皮部中间插入，长削面朝向木质部，并使接穗背面对准砧木切口正中，接穗上端注意"露白"。如果砧木较粗或皮层韧性较好，砧木也可不切口，直接将削好的接穗插入皮层即可。最后用塑料薄膜条（宽 1cm 左右）绑扎。此法也常用于高接，如龙爪槐的嫁接和花果类树木的高接换种等。如果砧木较粗可同时接上 3~4 个接穗，均匀分布，成活后即可作为新植株的骨架（图 3-6）。

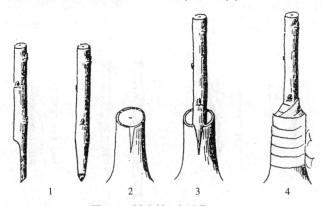

图 3-6　插皮接（李继华，1977）
1. 削接穗　2. 切砧木　3. 插入接穗　4. 绑扎

④ 舌接　适用于砧木和接穗 1~2cm 粗，且大小粗细差不多的嫁接。舌接砧木、接穗间接触面积大，结合牢固，成活率高，在园林苗木生产上用此法高接和低接的都有。将砧木上端削成 3cm 长的削面，再在削面由上往下 1/3 处，顺砧干往下切 1cm 左右的纵切口，呈舌状。在接穗平滑处顺势削 3cm 长的斜削面，再在斜面由下往上 1/3 处同样切 1cm 左右的纵切口，和砧木斜面部位纵切口相对应。将接穗的内舌（短舌）插入砧木的纵切口内，使彼此的舌部交叉起来，互相插紧，然后绑扎（图 3-7）。

⑤ 插皮舌接　多用于树液流动、容易剥皮而不适于劈接的树种。将砧木在离地面 5~10cm 处锯断，选砧木平直部位，削去粗老皮，露出嫩皮（韧皮）。将接穗削成 5~7cm 长的单面马耳形，捏开削面皮层，将接穗的木质部轻轻插于砧木的木质部与韧皮部之间，插至微露接穗削面，然后绑扎（图 3-8）。

⑥ 腹接　分普通腹接及皮下腹接两种，是在砧木腹部进行的枝接。常用于针叶树的繁殖上，砧木不去头，或仅剪去顶梢，待成活后再剪去接口以上的砧木枝干。

普通腹接　将接穗削成偏楔形，长削面长 3cm 左右，削面要平而渐斜，将背面削成长 2.5cm 左右的短削面。砧木切削应在适当的高度，选择平滑的一面，自上而下深切一口，切口深入木质部，但切口下端不宜超过髓心，切口长度与接穗长削面相当。将接穗长削面朝里插入切口，注意形成层对齐，接后绑扎保湿（图 3-9）。

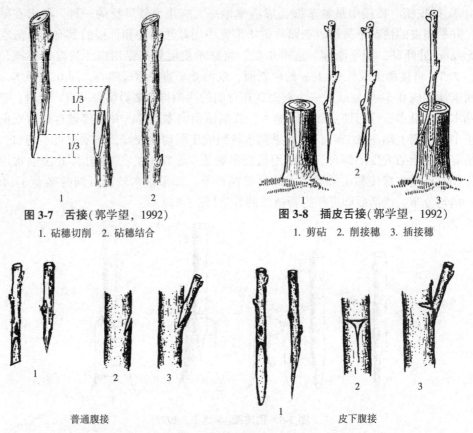

图3-7　舌接(郭学望,1992)
1. 砧穗切削　2. 砧穗结合

图3-8　插皮舌接(郭学望,1992)
1. 剪砧　2. 削接穗　3. 插接穗

普通腹接　　　　　　　　　皮下腹接

图3-9　腹接(俞玖,1988)
1. 削接穗　2. 切砧木　3. 插接穗

皮下腹接　即砧木切口不伤及木质部,将砧木横切一刀,再竖切一刀,呈"T"字形切口,切口不伤或微伤。接穗长削面平直斜削,背面下部两侧向尖端各削一刀,以露白为度。撬开皮层插入接穗,绑扎即可(图3-9)。

此外,其他枝接方法还有靠接(图3-10)与桥接(图3-11)。

(2)芽接

芽接是苗木繁殖应用最广的嫁接方法。是用生长充实的当年生发育枝上的饱满芽作接芽,于春、夏、秋三季皮层容易剥离时嫁接,其中秋季是主要时期。根据取芽的形状和结合方式不同,芽接的具体方法有嵌芽接、"T"字形芽接、方块芽接、环状芽接等。而苗圃中较常用的芽接主要为嵌芽接和"T"字形芽接。

① 嵌芽接　又叫带木质部芽接。此法不受树木离皮与否的季节限制,且嫁接后接合牢固,利于成活,已在生产实践中广泛应用。嵌芽接适用于大面积育苗。其具体方法如图3-12所示。

切削芽片时,自上而下切取,在芽的上部1~1.5cm处稍带木质部往下切一刀,再在芽的下部1.5cm处横向斜切一刀即可取下芽片,一般芽片长2~3cm,宽度不等,依接穗粗度而定。

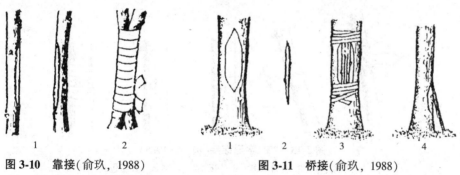

图 3-10　靠接(俞玖,1988)
1. 砧穗削面　2. 接合后绑严

图 3-11　桥接(俞玖,1988)
1. 伤口修整　2. 削接穗　3. 绑扎　4. 小苗桥接

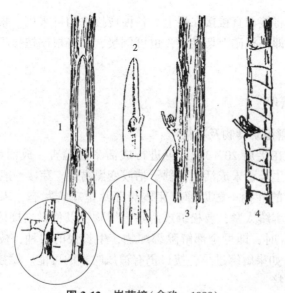

图 3-12　嵌芽接(俞玖,1988)
1. 取芽片　2. 芽片形状　3. 插入芽片　4. 绑扎

砧木的切法是在选好的部位自上向下稍带木质部削一与芽片长宽均相等的切面。将此切开的稍带木质部的树皮上部切去,下部留有 0.5cm 左右。接着将芽片插入切口使两者形成层对齐,再将留下部分贴到芽片上,用塑料带绑扎好即可。

② "T" 字形芽接　又叫盾状芽接、"丁"字形芽接。是育苗中芽接最常用的方法。砧木一般选用 1~2 年生的小苗,砧木过大,不仅皮层过厚不便于操作,而且接后不易成活。芽接前采当年生新鲜枝条为接穗,立即去掉叶片,留有叶柄。削芽片时先从芽上方 0.5cm 左右处横切一刀,刀口长 0.8~1cm,深达木质部,再从芽片下方 1cm 左右处连同木质部向上切削到横切口处取下芽,芽片一般不带木质部,芽居芽片正中或稍偏上一点。砧木的切法是在距地面 5cm 左右,选光滑无疤部位横切一刀,深度以切断皮层为准,然后从横切口中央切一垂直口,使切口呈一 "T" 字形。把芽片放入切口,往下插入,使芽片上边与 "T" 字形切口的横切口对齐(图 3-13)。然后用塑料带从下向上一圈压一圈地把切口包严,注意将芽和叶柄留在外面,以便检查成活率。

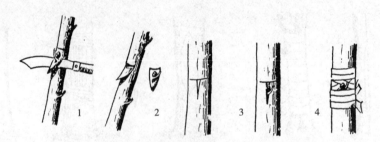

图 3-13 "T"字形芽接(俞玖, 1988)
1. 削取芽片 2. 芽片形状 3. 切砧木 4. 插入芽片与包扎

(3) 根接

用树根作砧木，将接穗直接接在根上。各种枝接法均可采用。根据接穗与根砧的粗度不同，可以正接，即在根砧上切接口；也可倒接，即将根砧按接穗的削法切削，在接穗上进行嫁接。

3.3.2.6 嫁接后的管理

(1) 检查成活、解除绑缚物及补接

枝接和根接一般在接后 20~30d，可进行成活率的检查。成活后接穗上的芽新鲜、饱满，甚至已经萌发生长；未成活则接穗干枯或变黑腐烂。芽接一般 7~14d 即可进行成活率的检查，成活者的叶柄一触即掉，芽体与芽片呈新鲜状态；未成活则芽片干枯变黑。在检查时如发现绑缚太紧，要松绑或解除绑缚物，以免影响接穗的发育和生长。一般当新芽长至 2~3cm 时，即可全部解除绑缚物，生长快的树种，枝接最好在新梢长到 20~30cm 长时解绑。如果解绑过早，接口仍有被风吹干的可能。嫁接未成活应在其上或其下错位及时进行补接。

(2) 剪砧、抹芽、除蘖

嫁接成活后，凡在接口上方仍有砧木枝条的，要及时将接口上方砧木部分剪去，以促进接穗的生长。一般树种大多可采用一次剪砧，即在嫁接成活后，春季开始生长前，将砧木自接口处上方剪去，剪口要平，以利愈合。对于嫁接难成活的树种，可分两次或多次剪砧。嫁接成活后，砧木常萌发许多蘖芽，为集中养分供给新梢生长，要及时抹除砧木上的萌芽和根蘖，一般需要去蘖 2~3 次。

(3) 立支柱

嫁接苗长出新梢时，遇到大风易被吹折或吹弯，从而影响成活和正常生长。故一般在新梢长到 5~8cm 时，紧贴砧木立一支柱，将新梢绑于支柱上。在生产上，此项工作较为费工，通常采用如降低接口、在新梢基部培土、嫁接于砧木的主风方向等其他措施来防止或减轻风折。

其他抚育管理同播种苗。

3.3.3 压条、埋条育苗

3.3.3.1 压条育苗

压条繁殖是将未脱离母体的枝条压入土内或空中包以湿润物，待生根后把枝条切离母体，成为独立新植株的一种繁殖方法(图3-14)。此法多用于扦插繁殖不容易生根的树种，如玉兰、蔷薇、桂花、樱桃、龙眼等。

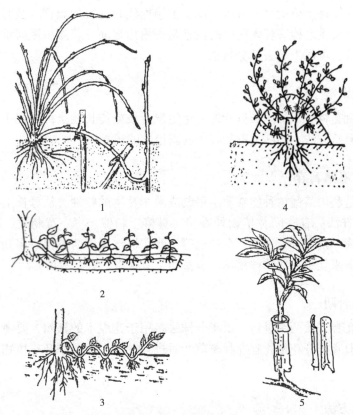

图 3-14　普通压条示意图(俞玖，1988)
1. 普通压条法　2. 水平压条法　3. 波状压条法　4. 堆土压条法　5. 高压法

(1) 压条的种类及方法

① 低压法　根据压条的状态不同，可分为普通压条法、水平压条法、波状压条法及堆土压条法等。

普通压条法　为最常用的方法。适用于枝条离地面比较近且又易于弯曲的树种，如迎春花、木兰、大叶黄杨等。

水平压条法　适用于枝长且易生根的树种，如连翘、紫藤、葡萄等。

波状压条法　适用于枝条长且柔软或为蔓性的树种，如紫藤、荔枝、葡萄等。

堆土压条法　也叫直立压条法。适用于丛生性和根蘖性强的树种，如杜鹃花、木兰、贴梗海棠、八仙花等。

② 高压法　也叫空中压条法。凡是枝条坚硬不易弯曲或树冠太高枝条不能弯到地

面的树枝，可采用高压繁殖，如桂花、荔枝、山茶、米兰、龙眼等。

(2) 促进压条生根的方法

对于不易生根或生根时间较长的树种，为了促进压条快速生根，可采用刻伤法、软化法、生长刺激法、扭枝法、缢缚法、劈开法及土壤改良法等阻滞有机营养向下运输而不影响水分和矿物质的向上运输，使养分集中于处理部位，刺激不定根的形成。

(3) 压条后的管理

压条之后应保持土壤的合理湿度，调节土壤通气和适宜的温度，适时灌水，及时中耕除草。同时，要注意检查埋入土中的压条是否露出地面，若露出则需重压，如果留在地上的枝条太长，可适当剪去部分顶梢。

3.3.3.2 埋条繁殖

埋条繁殖就是将剪下的生长健壮的1年生发育枝或徒长枝全部横埋于土中，使其生根发芽的一种繁殖方法，实际上就是枝条脱离母体的压条法。

3.3.4 分株繁殖育苗

分株繁殖是利用某些树种能够萌生根蘖或灌木丛生的特性，从母株上分割成独立植株的一种繁殖方法。有些园林植物如香椿、臭椿、刺槐、枣、黄刺玫、珍珠梅、绣线菊、玫瑰、蜡梅、紫荆、紫玉兰、金丝桃等，能在根部周围萌发出许多新株，这些萌蘖从母株上分割下来就是一些单株植株，本身均带有根系，容易栽植成活。

3.3.4.1 分株时期

分株主要在春、秋两季进行。由于分株法多用于花灌木的繁殖，要考虑到分株对开花的影响。一般春季开花植物宜在秋季落叶后进行分株，而秋季开花植物应在春季萌芽前进行。

3.3.4.2 分株方法

(1) 灌丛分株

将母株一侧或两侧土挖开，露出根系，将带有一定茎干(一般1~3个)和根系的萌株带根挖出，另行栽植(图3-15)。挖掘时注意不要对母株根系造成太大的损伤，以免影响母株的生长发育，减少以后的萌蘖。

(2) 掘起分株

将母株全部带根挖起，用利斧或利刀将植株根部分成有较好根系的几份，每份地上部分均应有1~3个茎干，这样有利于幼苗的生长。

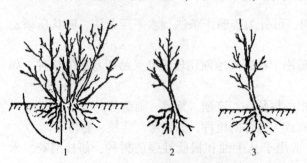

图 3-15 灌丛分株(俞玖，1988)

1. 切割　2. 分离　3. 栽植

（3）根蘖分株

将母株的根蘖挖开，露出根系，用利斧或利锄将根蘖株带根挖出，另行栽植。

3.4 大苗培育

大苗培育是园林苗圃区别于林业苗圃的重要特点。采用大规格苗木在城镇、企事业单位、旅游区、风景区、公园、道路等绿化美化中栽植的优点有：①可以收到立竿见影的效果，很快满足绿化功能、防护功能及起到美化环境、改善环境的作用；②由于绿化环境复杂，人类对树木的影响和干扰很大，以及土壤、空气、水源的严重污染，建筑密集、拥挤都极大地影响树木的生长，而选用大苗栽植才有利于抵抗这些不良影响；③大规格苗木抵抗自然灾害的能力强。如抵抗严寒、干旱、风沙、水涝、盐碱能力强。

园林苗圃所培育的大规格苗木，要经过多年多次的移植、整形修剪等栽培管理措施，才能培育出符合规格要求的各种行道树、庭荫树、绿篱及花灌木等园林大苗。

补充内容见数字资源。

3.4.1 苗木移植

3.4.1.1 苗木移植意义

移植是指把较小规格或根系不能满足定植要求的苗木挖出来，在移植区内按规定的株行距栽植下去的过程。这一环节是培育大苗的重要方法。

苗木移植的重要作用首先是扩大了苗木地上、地下的营养空间，改变了通风、透光条件，使苗木地上、地下生长良好；其次是移植切去了部分主、侧根，使根系再生，促进须根的发育，根系紧凑集中，有利于提高栽植成活率；最后是移植过程中对根系、树冠进行合理的修剪，人为调节了地上、地下的生长平衡，使培育的苗木规格整齐、枝叶繁茂、树姿优美。

园林栽植选用的树种繁多，有常绿的、落叶的、乔木、灌木、藤本及各种造型的树木等。它们的生态习性不同，有的喜光，有的耐阴；有的生长快，有的生长较慢。大多数树种育苗初期都比较密，难以长成大苗，必须进行移植，扩大株行距，才有利于苗木根系、树干、树冠的生长，培育出具有理想树冠、优美树姿、大规格的高质量苗木。

苗木移植成活的基本原理和技术措施及移植时间是大苗移植必须掌握的重要内容，将在树木栽植一章中讲述。

3.4.1.2 移植次数与密度

（1）移植的次数

培养大苗所需移植的次数，取决于该树种的生长速度和对苗木的规格要求。一般来说，园林绿化中应用的阔叶树种，在播种或扦插苗龄满一年时即进行第一次移植，以后根据生长快慢和株行距大小，每隔2~3年移植一次，并相应地扩大株行距。目前各生产单位对普通的行道树、庭荫树和花灌木用苗只移植2次，在大苗区内生长2~3年，苗龄达到3~4年即可出圃。而对重点工程和易受人为破坏的地段或要求马上产生绿化效果的地方所用苗木则常需培育5~8年，甚至更长时间，这就要求做2次以上的移植。对生长缓慢、根系不发达而且移植后较难成活的树种，如栎类、椴树、七叶树、银杏、白皮松等，可在播种后第三年(苗龄2年)开始移植，以后每隔3~5年移植一次，苗龄8~10年，甚至更长一些时间方可出圃。

(2) 移植的密度

苗木移植的密度(株行距)取决于苗木的生长速度、气候条件、土壤肥力、苗木年龄、培育年限及机械操作等因素。一般移植密度可根据苗木3~4年后郁闭的冠幅生长量确定。阔叶树种可考虑3年的生长量，常绿树种可考虑4年的生长量，例如，圆柏1年生播种苗可留床保养1年后移植。根据该树种树冠生长速度(树冠生长曲线)，4年后可生长到50cm左右，再留出行间耕作空间20cm，株间耕作空间10cm，移植株行距可定为60cm×70cm。这样才能耕作宽度大，操作方便，只有到第四年才感觉宽度小，应该进行下一次移植；若再过4年树冠可生长到100cm，移植株行距可定为110cm×120cm，再长再移植。2年生元宝枫留床苗，3年后树冠生长到120cm，移植株行距可定为130cm×140cm，再过3年树冠长至230cm，最后一次移植株行距可定为240cm×250cm。

3.4.1.3　移植方法与抚育

(1) 移植方法

① 穴植法　人工挖穴栽植，成活率高，生长恢复较快，但工作效率低，一般适用于较大苗木的移植。植穴的直径和深度应略大于苗木的根系。

② 沟植法　先按行距开沟，将苗木按一定的株距放入沟内，然后覆土。此法一般用于较小苗木的移植。

③ 孔植法　先按株行距画线定点，然后在点上用打孔器打孔，深度同栽植深度或稍深一些，把苗放入孔中，覆土。

无论采用以上哪种方法，都要使苗木根系舒展，不能有卷曲和窝根现象。栽植深度一般应比原来的土印略深，以免灌水后因土壤下沉而露出根系。人工栽植覆土后要踩实，并及时灌透水。

(2) 移植苗的抚育

移植苗的年生长分为活期(缓苗期)、生长初期、速生期和苗木硬化期(生长后期)，与留床苗最大的区别为成活期。其抚育措施可参照本教材"5.9 成活期的养护管理"和"3.2.6.2 苗期管理"相关内容。

3.4.2　苗木整形修剪

具体内容见数字资源。

3.4.3　园林苗圃土、肥、水管理

园林苗圃土肥水管理包括土壤管理、苗圃轮作和苗木套种、施肥、灌溉与排水。具

体内容见数字资源。

另外，园林苗圃要做好病虫害防治。

3.5 苗木调查及出圃

3.5.1 苗木调查

苗木调查的目的，主要是了解苗木的产量和质量，做好苗木出圃前的各项准备，以便有计划地供应栽植地所需苗木；此外，通过调查也可以总结育苗经验，为编制下年度育苗计划提供可靠的依据。

苗木调查时间通常在苗木生长后期（硬化期）到出圃前的时候进行。苗木调查要求有90%的可靠性；产量精度要达到90%以上，质量精度要达到95%以上。

常用的苗木调查方法有计数统计法、标准行法和标准地法。计数统计法是在要调查的苗木生产区进行每苗调查的方法，适用于数量较少的大苗或比较珍贵的苗木调查。标准行法是在调查的苗木生产区中，每隔一定行数抽出一行作为标准行，再在标准行上进行每苗调查，或在标准行上再选若干段进行每苗调查的方法，适用于条播、点播、插条和移植育苗地的苗木调查。标准地法又称样方调查，样方可为方形或圆形。所采用的抽样方法主要有机械抽样法、随机抽样法和分层抽样法。最常用的是机械抽样法，其特点是各样地（样方或样段）距离相等，分布均匀。随机抽样法是利用随机数表决定样地的位置，全部苗木被抽中的机会相等，多采用随机法确定调查起始点。分层抽样法是将调查区根据不同类别的苗木粗细、高矮、密度等分层因子，分成几个类型组，再分别抽样调查的一种抽样方法。样方调查是在要调查的苗木生产区，每隔一定距离，设置若干块 $1m^2$ 的小标准地，适用于条播、撒播及行距小的插条和移植育苗地的苗木调查。样地面积一般根据苗木密度来确定。即在调查区内选接近苗木平均密度的地段，一般播种苗的样地平均应有 20~50 株苗木（针叶树多为 30~50 株），密度小的插条苗和移植苗平均应有 15~30 株苗木。

应用标准行法或标准地法调查时，一般实际调查的行数或面积应占苗木生产区总行数或总面积的 2%~4%，并且要使标准行或标准地均匀分布在整个调查区内。

调查内容包括苗高、地径、苗木数量、主根及侧根生长状况等指标。其中，根系只需挖取若干样株进行抽查。调查时要按树种、育苗方法、苗木的种类和苗龄等项进行记录，并将合格苗和等外苗分别统计，填入苗木调查统计表（表 3-1）。

表 3-1 苗木调查统计表

地区	类别	树种	苗龄	面积	质量					株数	备注
					苗高(cm)	地径(cm)	主根长(cm)	侧根数	冠幅(cm)		

调查人： 年 月 日

3.5.2 苗木质量要求及苗龄表示方法

3.5.2.1 苗木质量

苗木质量是指苗木在其类型、年龄、形态、生理及活力等方面满足特定立地条件下绿化目标的程度。优良苗木简称壮苗。壮苗表现为生命力旺盛、抗性强、栽植成活率高、生长较快。苗木质量评价是苗木质量调控的核心问题之一。过去对苗木质量的评价主要是根据苗高、地径和根系状况等形态指标。目前，苗木生理指标、苗木活力指标、观赏价值也作为质量评价指标。

苗木质量的形态指标主要包括苗高、胸径(地径)、苗木重量、根系(包括侧根数、根系总长度、根表面积指数等)、茎根比、顶芽等。苗木质量的好坏直接影响栽植的质量、成活率、养护成本及绿化效果。因此，优良苗木(壮苗)应具备以下条件：

① 根系发达，接近根颈一定范围内有较多的侧根和须根，主侧根分布均匀，主根短而直，根系要有一定长度，大根系无劈裂。
② 苗木粗壮通直(藤本除外)，有与粗度相称的高度，树冠匀称、丰满，其中常绿针叶树，特别是柏类、罗汉松及雪松等下部枝叶不枯落或呈裸干状，充分木质化，枝叶繁茂，色泽正常。
③ 冠根比(T/R)适当，而重量大。
④ 无病虫害和机械损伤，抗性强。
⑤ 芽充实饱满，萌芽力弱的树种(特别是针叶树种)要有发育正常而饱满的顶芽。
⑥ 树形优美。

3.5.2.2 苗木出圃的规格要求

苗木出圃的规格根据绿化任务的不同要求来确定，可参照北京市园林局园林苗木出圃的规格(表3-2)制定相应的标准。

表3-2 苗木出圃的规格标准

苗木类别	代表树种	出圃苗木的最低标准	备注
大中型落叶乔木	合欢、槐、毛白杨、元宝枫	要求树形良好，干直立，胸径在3cm以上(行道树在4cm以上)，分枝点在2~3m以上	干径每增加0.5cm提高一个规格级
常绿乔木	—	要求树形良好，主枝顶芽苗壮、明显，保持各树种特有的冠形，苗木下部枝叶无脱落现象。胸径在5cm以上，苗木高度在1.5m以上	高度每增加50cm提高一个规格级
有主干的果树，单干式灌木，小型落叶乔木	苹果、柿树、榆叶梅、紫叶李、碧桃、西府海棠	要求主干上端树冠丰满，地径在2.5cm以上	地径每增加0.5cm提高一个规格级

(续)

苗木类别		代表树种	出圃苗木的最低标准	备注
多干式灌木	大型灌木类	丁香、黄刺玫、珍珠梅	要求地径分枝处有3个以上的分布均匀的主枝，出圃高度80cm以上	高度每增加30cm提高一个规格级
	中型灌木类	紫薇、木香、棣棠	要求地径分枝处有3个以上的分布均匀的主枝，出圃高度50cm以上	高度每增加20cm提高一个规格级
	小型灌木类	月季、郁李、小檗	要求地径分枝处有3个以上的分布均匀的主枝，出圃高度30cm以上	高度每增加10cm提高一个规格级
绿篱苗木		小叶黄杨、侧柏	要求树势旺盛，全球成丛、基部丰满，灌丛直径20cm以上，高50cm以上	高度每增加20cm提高一个规格级
攀缘类苗木		地锦、凌霄、葡萄	要求生长旺盛，枝蔓发育充实，腋芽饱满，根系发达，每株苗木必须带2~3个主蔓	以苗龄为出圃标准，每增加一年提高一级
人工造型苗		黄杨球、龙柏球	出圃规格不统一，应按不同要求和不同使用目的而定	

对于一般园林树木的规格，国际树木学会(简称ISA)有一套树木规格标准，其中每项要求都是经过几十年的研究和探讨形成的，世界上很多国家进行园林绿化设计及施工时参照的就是ISA标准。这一标准的主要内容如下：

① 根系发达 要求有良好的根部系统，根系从中心向四周均匀辐射，没有盘根、偏根等现象发生。

② 要有明显的中央主干 在整株树木自然高度的2/3以下不能出现双主干或多主干的现象，以免影响其抗风能力。

③ 要有60%以上的"冠高比" 即树冠高度与整株树木自然高度要达到60%以上。

④ 接合点分干(主枝)粗度不超过主干(中心干)粗度的1/2 ISA对行道树的一项标准就是有强接枝。树木的主干在往上生长时会不断长出横生分干枝条，ISA要求在主干和这些分干的接合之处，分干的粗度不超过主干的粗度的1/2，即长出的分干的粗度在主干粗度的1/2以下，且以1/3为最理想。直径至少为剪口处母枝(干)直径的1/2。

⑤ 分枝的布局要求 第一，中心干分布的上一层的分枝(主枝)与下一层的分枝的距离大约为全树自然高的5%。举例说，假如一棵树的自然高度是10m，则其理想上下层分枝距离是0.5m。第二，每层的分枝应呈螺旋楼梯形状从下往上排列分布，上一层的分枝不应与下一层的分枝排列在同一方向，造成上下重叠。这两项要求主要是考虑到整株树木重量的平均分布及枝干在风中抗力的安全性。

⑥ 主干和骨干枝分干呈"干粗收窄" "干粗收窄"是指骨干枝的粗度从基部端开始，慢慢往梢端收窄。从物理学角度出发，如果一棵树的主干如竹笋般往上收窄，其抗风能力一定会比粗细均匀的主干树木强得多，在风中不易弯曲折断，分枝干同理。有"干粗收窄"的主干树由于结构性强，承重能力高，往往能够衍生更多枝条，也会长得更高。

3.5.2.3 苗龄及其表示方法

(1) 苗木年龄的计算方法

一般是以经历 1 个年生长周期作为 1 个苗龄单位。

(2) 苗龄的表示方法

苗龄用阿拉伯数字表示。第 1 个数字表示播种苗或营养繁殖苗在原地生长的年龄，第 2 个数字表示第一次移植后培育的年数，第 3 个数字表示第二次移植后培育的年数。数字用短横线间隔，即有几条横线就是移栽了几次。各数之和为苗木的年龄即几年生苗。如：

1-0 表示没有进行过移栽的 1 年生播种苗；

2-1 表示移植 1 次后培育 1 年的 3 年生移植苗；

2-1-1 表示经两次移植，每次移植后培育 1 年的 4 年生移植苗；

1(2)-0 表示 1 年干 2 年根未移植的插条苗；

1(2)-1 表示 2 年干 3 年根移植 1 次的插条移植苗。

3.5.3 苗木出圃

苗木出圃的内容包括起苗、苗木分级、假植和统计苗木数量等。

3.5.3.1 起苗

起苗时间要与植树季节相配合。冬季土壤结冻地区，除雨季植树用苗，随起随栽外，在秋季苗木生长停止后和春季苗木萌动前起苗。

起苗要达到一定深度，要求做到：少伤侧根、须根，保持比较完整根系和不折断苗干，不伤顶芽(萌芽能力弱的针叶树)；一般针、阔叶树实生苗起苗深度为 20~30cm，扦插苗为 25~30cm。为防止风吹日晒，将起出的苗木根部加以覆盖或做临时假植。圃地如果干燥应在起苗前进行灌溉，待土不沾锹时起苗。

起苗方法分裸根苗和带土苗两种。起裸根苗(小苗)最好用手锹，由两人组成一组，一个在离播种行 10cm 处挖一条小沟，深 35~40cm，沟的一壁垂直，另一壁倾斜，在垂直壁下部 25~30cm 处用锹挖一条较深的沟并把过长的根切断，然后将锹插入第一行与第二行苗木之间，将苗木挖出交给另一人再继续用锹起苗，另一人则将苗根上的泥土轻轻震落，并适当修剪受伤的主根和枝条，然后将苗木有次序地放在荫蔽之处，或用稻草临时覆盖，或直接假植。绿化用大苗或珍贵树种多用带土苗。起带土苗时必须在离主干一定距离的四周挖沟，再用锹在地表 30~50cm 以下在近于垂直主干的方向挖横沟，切断过长的主根，保持土团的完整，用稻草或草绳打包，然后搬出坑外，以便运输。

3.5.3.2 苗木分级

参照国家标准《主要造林树种苗木质量分级》(GB 6000)中规定，以地径为主要指标，苗高为次要指标，根系作为参考，将苗木分为 3 级：Ⅰ级苗为发育良好的苗木；Ⅱ级苗为基本上可出圃的苗木；Ⅲ级苗为不能出圃的弱苗，应留圃继续培养一段时间后，达到一定规格后方可出圃。另外，还有一种不宜出圃，无继续培养价值的弱小苗，即为废苗。Ⅰ、Ⅱ级苗是合格苗，可以出圃。

3.5.3.3 统计苗木数量

分级之后即可将各级苗木加以统计并算出总数，苗木产量包括Ⅰ、Ⅱ、Ⅲ级苗木数量的总和。没有达到出圃规格，又无继续培养价值的弱小苗不计入苗木产量。

3.5.3.4 苗木假植

将苗木的根系用湿润的土壤进行埋植处理称为假植。假植的目的主要是防止根系干燥，保证苗木质量。假植可分为临时假植和越冬假植。在起苗后短时间即将出圃的苗木，或栽植时当天栽不完的苗木要用湿润的土壤临时掩埋根系，称为临时假植。因离栽植的时间较短，也叫短期假植。当秋（冬）季起苗翌年栽植的苗木，或其他起苗与植树时间相距较长要通过假植越冬时，称越冬假植或长期假植。

假植的方法是选择排水良好、背风、荫蔽的地方，挖深25~30cm的宽沟，沟壁一面倾斜，然后按苗木的大小不同单株排放于沟壁上，将挖第二条沟的土壤培至苗高的1/2处。随挖随假植。

3.5.3.5 苗木的包装

为了防止苗木失水，便于运输，提高栽植成活率，一般要对苗木进行包装（详见第5章）。

3.6 设施育苗

由于露地育苗易受不良环境条件的制约，受人工气候箱的启发，人们为了提高苗木的品质，缩短育苗周期，加快栽植的速度和成功率，从而出现了育苗环境控制的设施育苗，如容器育苗、大棚裸根育苗、大棚容器育苗、温室育苗和工厂化育苗等。

3.6.1 育苗设施

根据用途不同，育苗设施可分为生产用设施、试验用设施和展览用设施；根据温度性能不同，育苗设施可分为防暑降温设施和保温加温设施。防暑降温设施包括荫棚、荫障和遮阳覆盖设施等，保温加温设施包括温室、温床、工棚和冷床等；根据骨架材料不同，可分为竹木结构设施、混凝土结构设施、钢结构设施和混合结构设施；根据建筑形式不同，可分为单栋设施和连栋设施。单栋设施包括单屋面温室、双屋面温室、塑料拱棚、各种简易覆盖设施等，主要用于小规模的生产和试验研究。连栋温室是通过将多个双屋面的温室在屋檐处连接起来，去掉连接处侧墙，加上檐沟而构成，其内部空间大，土地利用率高，便于机械化操作，适合工厂化生产。目前我国在育苗中常用的设施有温室、日光温室、塑料大棚、遮阳网和防雨棚等。

3.6.1.1 温室

按覆盖材料的不同，温室大体可分为玻璃温室和塑料日光温室两类。

(1) 玻璃温室

玻璃温室空气湿度低，透光性能好，适用于喜强光和低湿环境的花灌木的育苗与栽培。玻璃温室种类依结构材料不同，可分为铝合金架、钢架和木材等。玻璃温室按屋顶形状可分为单屋面、双屋面和不等式双屋面 3 种类型，分别又可分为单栋式和连栋式两类（图 3-16）。

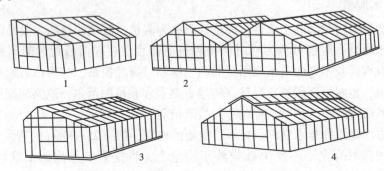

图 3-16 玻璃温室的种类（李永华，2020）
1. 单屋面式 2. 双屋面连栋式 3. 不等双屋面式 4. 双屋面单栋式

随着温室的现代化、大型化，玻璃温室除了有柱、屋架、檩、天窗、侧窗、天沟等结构外，还有自然通风系统、加热系统、幕帘系统、降温系统、补光系统、补气系统、计算机自动控制系统、灌溉和施肥系统等。现代化的温室设备，是设施育苗最佳的环境保护设施，但其一次性投资大，要依经济条件而发展。

(2) 塑料日光温室

塑料日光温室大多是以塑料薄膜为采光覆盖材料，以太阳能为热源，利用加厚的墙体和后坡、防寒沟、纸被、草苫等保温御寒设施以达到最大采光和最小限度散热，从而形成充分利用光热资源、减弱不利气象因子影响的我国特有的一种保护设施。塑料日光温室是传统农业与现代农业技术相结合的典型之一，它投资少、效益高，适合我国当前农村的经济及技术条件；同时，它在保暖性、采光性、实用性和能耗等方面都具有明显的优越之处，不仅是我国北方地区主要的设施育苗形式，而且已成为我国设施栽植养护中面积最大的栽植养护方式。

3.6.1.2 塑料大棚

塑料大棚是指不用砖石结构围护，只以竹、木、水泥或钢材等杆材作骨架，在表面覆盖塑料薄膜的大型保护地栽植养护设施。塑料大棚不仅用于设施育苗，还可以用于遮雨育苗及无土栽培中。

补充内容见数字资源。

3.6.1.3 遮阳网和防雨棚

遮阳网俗称遮阴网、凉爽纱，多以聚乙烯、聚丙烯等为材料，经编织加工制作而成的一种网状新型农用塑料覆盖材料，具有轻量化、高强度、耐老化等特点。我国南方地区地处亚热带或热带，夏季多暴雨、台风，高温和强烈日照常导致病虫害多发，育苗受到限制，生产无法得到保证。利用遮阳网替代芦帘、秸秆等传统覆盖材料在夏秋高温季节育苗，已成为我国南方地区一种成本低、效益高、简易实用的覆盖新技术。

防雨棚是在多雨的夏季和秋季，将塑料薄膜等覆盖材料扣在大棚或小棚的顶部，其四周扣防虫网或通风不扣膜，使植物免受雨水直接淋洗。

补充内容见数字资源。

3.6.2 容器育苗

容器育苗是指利用各种能装基质(营养土)的容器作工具进行育苗，如营养杯、营养袋和营养篮等。用育苗容器育成的苗木，称为容器苗。在育苗过程中使用容器，使苗木的根系在限定的范围或基质内生长，是容器苗与裸根苗的不同之处。自 20 世纪 90 年代以来，美国、加拿大等发达国家开始研究和推广双容器栽培方法，并逐步解决了普通容器栽培中的问题。双容器栽培系统是普通苗圃生产和普通容器栽培的一种替代形式，是一种现代工厂化苗木栽培生产系统。通过把栽有苗木的容器放置于埋在地下的支持容器中，使基质栽培、滴灌施肥技术、覆盖保护集于一体。双容器栽培越来越明显的优势也逐步为大多数苗木生产商所认识。

3.6.2.1 容器育苗的特点

容器苗的培育有 3 种主要方式：

① 播种育苗　直接将种子播种到容器内的基质上进行苗木培育，主要用于培育容器小苗。

② 移植育苗　将已经长根的苗木，包括裸根苗(组培苗、芽苗)和容器苗，移栽到合适的容器内进行苗木再培育，主要用于苗木类型的转换或培育更大规格的容器苗。

③ 扦插育苗　通过嫩枝或硬枝扦插方法，培育容器小苗。

相对于圃地育苗，容器育苗具有诸多优点：一是苗木根系在容器内形成，根系与基质紧密结合在一起，形成发育良好的完整根团，起苗时不伤根、不散坨，移植后没有缓苗期，苗木成活率高；二是育苗所用容器和营养基质经过消毒杀菌，病虫害和杂草少，育苗条件可控性强，管理集中和精细，育苗成苗率高；三是容器育苗利用一定的育苗设施和技术手段，不受季节限制，可以周年生产，因此，可缩短育苗周期；四是容器育苗可定量播种或扦插，节省种条，单位面积产苗量高；五是容器育苗对土地需求不严，不占用耕地，不破坏土壤表层，基质可就地取材；六是育苗全过程都可实现机械化和现代化操作，实施育苗的人工调控和标准化管理，提高苗木的科技含量，提升苗木质量。

容器育苗虽有许多优点，但也有一些缺点。容器育苗单位面积产苗量低，成本高；营养土的配制和处理操作技术比一般育苗复杂，营养土的配方要因树种而异；容器选用不当，会造成苗木根系生长畸形，影响后期苗木的生长；在栽植上也存在运输不便及运费高的问题；同时，对容器的大小、规格，施肥灌溉的控制及病虫防治等抚育措施都有待进一步总结和研究。

3.6.2.2 育苗容器

育苗容器一般应满足两个方面的条件：一是容器本身特性优良，如制作材料来源广，成本低廉，加工容易，操作方便，材质轻，保水性好，有一定强度，装运不易破碎等；二是满足苗木的生物学要求，有利于苗木的生长发育。

(1) 育苗容器的种类

按容器制作材料可分为硬质塑料、薄膜塑料、生物降解塑料、营养砖、泥炭纤维、纸质、聚乙烯泡沫等类型。

按容器的形状可分为筒形、圆锥形、长方形、正方形、六角形、蜂窝形等。

按容器的栽植方式可分为栽植容器和不可栽植(可回收)容器。可栽植容器主要采用泥炭、稻草、纸张、黄泥、生物塑料等可降解材料制成。不可栽植容器一般采用塑料、聚乙烯等材料制作而成。

补充内容见数字资源。

(2) 育苗容器的规格

容器规格的选择取决于树种种类、育苗期限、苗木大小、绿化栽培成本、运输条件等。一般常规育苗容器高 10~25cm，直径 5~15cm。

3.6.2.3 容器育苗的基质

容器育苗的基质是苗木培育的物质基础，是至关重要的育苗因素。

(1) 基质应具备的条件

① 化学性质稳定，具有种子发芽和幼苗生长所需要的各种营养物质。

② 经多次浇水，不易出现板结现象。

③ 保水性能好，而且通气好，排水好。

④ 重量轻，便于搬运。

⑤ 含盐量低，酸碱度适中。

⑥ 最好用经过火烧或高温消过毒的土壤，可以消灭病虫害及杂草种子，减少育苗过程中的除草等工作。

(2) 基质配制的主要材料

育苗时，根据培育的树种不同，将各种基质成分或原料按照适当的比例混合成所需的基质。按照基质的成分、质地和单位面积的重量，育苗基质可分为以下几种：

① 重型基质　质地紧密，单位面积的重量较重的基质，以各种营养土为主要成分，常见的有红心土、黄心土、河沙、菌根土等。

② 轻型基质　质地疏松，单位面积的重量较轻的基质，以各种有机质或其他轻体材料为主要成分，常见的原料有：农林废弃物类的各种秸秆，如麦秸、麻秸、木薯秸、

棉秸、玉米秸秆、葵花秸、茅草茎等；各种种子或果实的外壳，如花生壳、水稻壳、棉花外壳、葵花籽壳、蓖麻籽壳、油茶果壳、板栗皮、核桃壳等；其他废弃物，如林木枯枝落叶、修剪下的枝条、木屑、竹屑、树皮等。工矿企业膨化的轻体废料，如珍珠岩、蛭石、泥炭、火烧土、煤渣、硅藻土、火山灰、酚醛泡沫、炉渣、燃烧后的稻壳灰等。工业固体生物质废料类，如食品厂、纺织厂、棉麻厂废料、造纸厂废料、木材加工厂废料、食用菌废渣、中药厂药渣、发酵工业废料、经发酵的农家肥、处理后的城市垃圾肥料等。

③ 半轻型基质　质地和重量介于重型基质和轻型基质之间的基质，由营养土和各种有机质按一定比例配制而成。目前在苗木培育中轻型基质和半轻型基质的应用越来越广泛。

(3) 基质配方举例

育苗实践中常用的配方有：

① 泥炭和蛭石的混合物　泥炭和蛭石的混合物是最常用的培养基质，常用比例为 1∶1、3∶2、7∶3。

② 泥炭、蛭石和腐殖质土(表土)的混合物　常用比例为 1∶1∶2。

③ 烧土、完全腐熟的堆肥和过磷酸钙的混合物　常用比例为 40∶9∶1；也可烧土 78%~88%，完全腐熟的堆肥 10%~20%，过磷酸钙 2%。

④ 泥炭土、烧土和黄心土的混合物　常用比例为 1∶1∶1。

(4) 育苗基质的处理

① 基质 pH 值的调节　一般针叶树育苗基质的 pH 值为 5.0~6.0，阔叶树的为 6.0~7.0。在育苗过程中，由于灌水、施肥等措施，基质 pH 值可能会发生变化，需及时调整。

② 基质消毒处理　参考本章播种前的整地、处理中的土壤处理。

3.6.2.4　容器育苗技术

(1) 育苗基质装填和置床

① 露地育苗　一般采用营养袋或营养钵，将处理好的基质装填到育苗容器中，边装填边震实。装填的基质应比容器上沿低 1~2cm，不宜装填过满。将苗床做成宽 1~1.3m 的平床或低床，苗床的长度视地形而定。将装填好基质的容器整齐、紧密地排放于苗床上，容器上沿和地面持平或略高出 1~2cm，但不要低于地面。将容器间隙用砂土填实，并在苗床四周培土。

② 温室育苗　可将容器放置于育苗架上，从容器中穿出的根系可自行空气断根。当使用穴盘进行容器育苗时，将处理好的基质初步湿润后进行装盘，装填要均匀、充足，可稍镇压，但不可过度压实。对于需要覆料的种子，穴盘装填时要留出足够的空间覆料，不可填得过满。穴盘装填完后，对基质进行打孔，使种子可以平稳地播于穴孔中，并盖上覆料，可保证在浇水时种子不会被冲到邻近的穴孔中或流失。穴孔的大小和下凹的程度视种子的形状和大小而定，打孔时可进行机械打孔，也可进行人工打孔。

(2) 容器苗的抚育管理

① 容器苗的水分管理　在播种苗小苗期间，应尽量保持基质的湿润；中期则要干湿交替，干则浇透；生长后期则应控水。对于扦插苗，前一周内要坚持早、晚各浇一次水，1周后要坚持每天早上浇一次水，每次要浇透，苗期要保持基质湿润。下雨天要注意排水，做到外水不淹，内水不积。

② 容器苗的施肥管理　培育容器苗时，使用的一般是无肥或低肥的基质，这有利于苗木早期的生根和发芽。但苗木的根系形成后，原先基质中的养分已远远不能满足苗木生长的需要，此时需要进行合理施肥，增加养分，促进苗木健壮地生长。具体方法可参考本章播种苗和扦插苗管理相关内容。

③ 容器苗的病虫害防治　做好病虫害防治是容器苗管理的主要措施之一。常见的病害有猝倒病、白粉病、灰霉病、锈病、根腐病等，常见的虫害有蚜虫和介壳虫。防治病虫害时，要坚持预防为主、对症下药，在病虫害发生时要及时用药防除。

④ 容器苗的除草　除草时坚持"除早、除小、除了"的原则，做到容器内、床面和步道上均无杂草。

3.6.2.5 控根容器育苗技术

控根容器育苗又称控根快速育苗，是近几年新兴的一种以调控植物根系生长为核心的新型育苗栽培方式，主要优点是生根快，生根量大，苗木成活率高，移栽方便，一年四季都可以移栽，特别是名、特、新、稀、优树种在控根容器中栽培，省时省力、成活率高、见效快；在一些重要展销会、接待会议上，用于租摆，更显示出特殊作用。因此，控根容器苗木称为"活动的绿洲"和"可移动的森林"。

(1) 控根容器育苗的技术

控根快速育苗技术由控根育苗容器、复合栽培基质及控根培育管理技术三部分组成。控根育苗容器是技术的核心部分，由聚乙烯主要材料制作的侧壁、插杆和底盘3个部件组成。使用时将各部件组装起来即可，在大规格苗木生产实践中，一般情况下不使用底盘。底盘为筛状构造，独特的设计形式对防止根腐病和主根的盘绕有独特的功能。侧壁为凹凸相间状，凸起外侧顶端有小孔，当苗木根系向外生长时，由于"空气修剪"作用，促使根尖后部萌发更多新根继续向外向下生长，极大地增加了侧根数量（图3-17）。复合栽培基质是针对不同树种要求，对精选过的有机废料（如动物牲畜粪便、玉米芯、秸秆、枯枝落叶、锯末等）采用特殊工艺发酵处理后，再按一定比例与具有保水、生根、缓释等功效的肥料及必要的微量元素复合配制而成。控根培育管理技术主要包括种子处理、幼苗培育、水热调控技术、移植技术等。该技术的3个部分相互联系、相互依赖，缺一不可。

(2) 控根容器的作用

① 增根作用　控根育苗容器内壁设计有一层特殊涂层。且容器侧壁凹凸相间，外部突出的顶端开有气孔，当种苗根系向外和向下生长，接触空气（侧壁上的小孔）或内壁的任何部位，根尖则停止生长，实施"空气修剪"和抑制无用根生长。接着在根尖后部萌

图 3-17 控根容器育苗
1. 容器侧壁、插杆和底盘 3 个部件　2. 组装后控根容器　3. 控根容器苗木根系

发 3 个或 3 个以上新根，继续向外向下生长，根的数量以 3 的级数递增。

② 控根作用　控根就是可以限制主根发育，使侧根形状短而粗，发育数量大，接近自然生长形状，不会形成缠绕的盘根。同时，由于控根育苗容器底层的结构特殊，使向下生长的根在基部被空气修剪，在容器底部 20mm 形成对水生病菌的绝缘层，确保了苗木的健康。

③ 促长作用　由于控根育苗容器的形状与所用栽培基质的双重作用，根系在控根育苗容器生长发育过程中，通过"空气修剪"，短而粗的侧根密布四周，苗木根系发育健壮，可以贮存大量的养分，满足苗木定植初期的生长需求，为苗木的成活和迅速生长创造了良好的条件。育苗周期较常规方法缩短 50% 左右，移栽时不伤根，不用砍头，不受季节限制，管理程序简便，成活率高，生长速度快。

3.6.3　无土栽培

无土栽培又称水培或营养液栽培，是指不利用土壤，将苗木栽培在营养液或基质中，由营养液代替土壤给苗木提供水分和营养物质，使苗木能够正常生长并完成整个生命周期的生产方式。无土栽培通过人工创造优良的根系环境条件，取代根系的土壤环境，最大限度地满足根系对水、肥、气等条件的要求，用于苗木生产时，产量高，品质好，能发挥生产的最大潜力。

补充内容见数字资源。

3.6.3.1　无土栽培的特点

优点：①苗木生长势强，产量高，效益好；②节约大量的水和肥；③苗木病虫害少，清洁卫生；④节省劳力；⑤不受地区限制，充分利用空间；⑥有利于实现苗木工厂化生产，提高劳动生产率。但是，无土栽培也存在一些缺点：①投资大，耗能较高，生产苗木成本也高；②技术要求高，营养液的配制、供应及在育苗过程中的调控相对较为复杂；③管理不当易引起病害传播。

3.6.3.2　无土栽培的营养液

营养液是指根据不同植物对各种养分和肥料的需求特点，将各种无机元素按一定数量和比例进行人工配制的满足植物生长所需营养的溶液。营养液是无土栽培技术的核心,营养液的水质选择,浓度、酸碱度的掌握,以及配制管理是栽培技术的重点环节,对栽培效果具有直接影响。进行无土栽培时,只有对营养液及其配制管理具有深入的了解,能灵活而又正确地使用营养液,才能取得良好的栽培效果。使用营养液时要掌握以下几个原则:①营养液必须含有各种植物生长所必需的营养元素;②营养液的总盐分浓度和酸碱反应符合植物生长发育的需要;③含各营养元素的化合物性质稳定,且以有利于根系吸收的状态存在。

3.6.3.3 无土栽培的基本方法

无土栽培的方法很多,目前生产上有水培、雾(气)培、基质栽培。

(1)水培

水培是指植物根系直接与营养液接触,不用基质的栽培方法。英国 Cooper 在 1973 年提出了营养液膜法的水培方式,简称"NFT"(nutrient film technique),它的原理是使一层很薄的营养液(0.5~1cm)层,不断循环流经苗木根系,既保证不断供给苗木水分和养分,又不断供给根系新鲜 O_2。NFT 法栽培苗木,灌溉技术大大简化,不必每天计算苗木需水量,营养元素均衡供给。根系与土壤隔离,可避免各种土传病害,也无须进行土壤消毒。

(2)雾(气)培

雾培又称气培或雾气培。它是将营养液压缩成气雾状而直接喷到苗木的根系上,根系悬挂于容器的空间内部。

(3)基质栽培

基质栽培是无土栽培中推广面积最大的一种方法。它是将苗木的根系固定在有机或无机的基质中,通过滴灌或细流灌溉的方法,供给苗木营养液(图3-18)。基质栽培可分为砂培、砾培、蛭石培、岩棉培、木屑培等,栽培基质可以装入塑料袋内,或铺于栽培沟或槽内。基质栽培的营养液是不循环的,称为开路系统,这可以避免病害通过营养液的循环而传播。

基质栽培缓冲能力强,不存在水分、养分与供 O_2 之间的矛盾,且设备较水培和雾培简单,甚至可不需要动力,所以投资少、成本低,生产中普遍采用。

图 3-18 基质栽培(叶要妹摄)

3.6.4 组织培养

在无菌条件下,将离体的植物器官、组织、细胞或原生质体在人工培养基中培养成完整植株的过程,称为组织培养。

思考题

1. 试述常见园林树木种实采集、调制、贮藏方法。
2. 论述各类苗木的年生长规律及育苗的基本方法和管理技术要点。
3. 试述苗木质量要求与出圃的内容。
4. 简述设施育苗的特点与要求及相应的育苗要点。
5. 简述控根容器育苗的技术。

推荐阅读书目

1. 园林苗圃学(第3版). 李永华. 中国农业出版社, 2020.
2. 园林绿化苗木培育与施工实用技术. 叶要妹. 化学工业出版社, 2011.
3. 看图学嫁接. 郭学望. 天津教育出版社, 1992.

第4章 园林树种的选择与配置

[**本章提要**]本章介绍了园林绿地主要环境类型的特点与树种选择的要求。阐述了园林树种选择与配置的原则与方法，阐述了栽植密度与树种搭配的重要性及原则。

园林绿地中的树木，除天然分布和自然更新外，绝大多数是人工选择和栽植的。园林树木栽植地的条件复杂，综合体现了气候、地形、土壤、水文、植被和人为等因子。这些因子互相联系、相互制约。特别是在城市环境中，人为活动对栽植地特性的影响十分强烈，必须予以综合分析与归纳，以便根据栽植目的，正确选择及合理配置树种。

园林树木的配置应综合考虑生物学、生态学和美学的要求。它包括树木的景观配置方式、群集栽培中的水平结构和垂直结构(复层混交)及树种搭配等内容，是一项很复杂的综合技能。在配置中要处理好树种间、植株间、树木与环境、树木与景观间的关系。协调好这些关系是园林树木配置的中心任务。

4.1 树木生长的局部环境类型

城市的热量平衡与水分平衡特征是城市气候形成的物理基础。城市土壤条件的差异除了受自然地理因素的影响外，主要受土建、交通运输、废物排放及其他人为活动的严重干扰。因此，由于城市各种因素的特性和分布的不均匀性，使城市的不同区域和部位形成了有明显差异的局部环境条件。因城市绿地多样，环境也多样，本教材先简要介绍城市绿地的类型，然后对几种典型城市绿地的环境作简要概述。

4.1.1 城市绿地的类型

住房和城乡建设部 2017 年 11 月发布、2018 年 6 月 1 日起实施的《城市绿地分类标准》(CJJ/T 85—2017)把城市绿地分划分为公园绿地、防护绿地、广场绿地、附属绿地及区域绿地 5 大类，前 4 类属于城市建设用地之内的绿地，区域绿地为城市建设用地之外的绿地。5 大类城市绿地概括如下：

4.1.1.1 公园绿地

公园绿地是指城市中向公众开放，以游憩为主要功能，兼具生态、景观、文教和应急避险等功能，有一定游憩和服务设施的绿地。它是城市建设用地、城市绿化系统和城市市政公用设施的重要组成部分，是表示城市整体环境水平和居民生活质量的重要指标。包括综合公园、社区公园、专类公园(包括动物园、植物园、历史名园、遗址公园、游乐公园、其他专类公园)、游园。

4.1.1.2 防护绿地

防护绿地是指城市中具有卫生、隔离、安全、生态防护功能，游人不宜进入的绿地。主要包括卫生隔离防护绿地、道路及铁路防护绿地、高压走廊防护绿地、公用设施防护绿地等。其功能是对自然灾害和城市公害起到一定的防护或减弱作用。

4.1.1.3 广场绿地

广场绿地是指以游憩、纪念、集会和避险等功能为主的绿地，其绿化占地比例大于或等于 35%。绿化占地比例大于或等于 65% 的则计入公园绿地。

4.1.1.4 附属绿地

附属于各类城市建设用地(除了公园绿地和广场绿地)的绿化用地，包括居住用地、公共管理与公共服务设施用地、商业服务设施用地、工业用地、物流仓储用地、道路与交通设施用地、公用设施用地中的绿地。由于附属绿地所属的用地性质不同，其环境条件也有较大差异。

4.1.1.5 区域绿地

区域绿地是指位于城市建设用地之外，具有城乡生态环境及自然资源和文化资源保护、游憩健身、安全防护隔离、物种保护、园林苗木生产等功能的绿地。可分为：

① 风景游憩绿地　包括风景名胜区、森林公园、湿地公园、郊野公园、其他风景游憩绿地。

② 生态保育绿地　为保障城乡生态安全，改善景观质量而进行保护、恢复和资源

培育的绿色空间。主要包括自然保护区、水源保护区、湿地保护区、公益林、水体防护林、生态修复地、生物物种栖息地等各类以生态保育功能为主的绿地。

③ 区域设施防护绿地　区域交通设施、区域公用设施等周边具有安全、防护、卫生、隔离作用的绿地。主要包括各级公路、铁路、输变电设施、环卫设施等周边的防护隔离绿化用地。

④ 生产绿地　为城乡绿化美化生产、培育、引种试验各类苗木、花草、种子的苗圃、花圃、草圃等圃地。生产绿地为城市服务，并具有生产的特点。这类绿地大都分布在城镇郊区，以生产、科研为主要目的，也可供游览和休息。此类地区光照条件好，蒸发蒸腾作用强，空气湿度较大，土壤侵入体较少，污染较轻，基本上属于自然的或已熟化的土壤，适生的树种较多。

4.1.2　几种典型城市绿地环境

4.1.2.1　高层建筑中的狭窄街巷绿地环境

这些地方多位于城区的新老商业中心，其街道狭窄，建筑物相互遮蔽，接受直射辐射量较少，日照时间短；夏季气温一般偏低，而冬季因受周围建筑物热辐射的影响，气温一般偏高，因而温差较小；风速一般偏低，但高层建筑和街道有时会产生狭管效应，使风速增大；街道走向也会影响光照条件。这些地方的裸露土壤表面积极少，多为水泥铺装，严重阻碍了土壤与大气的水、气交换，且存在着一定程度的环境污染，是自然状况被破坏最彻底的一种人工环境。在这种绿地中，树种多选用窄冠、耐阴、抗污染、抵抗多种不良条件又耐粗放管理的小乔木、灌木。

4.1.2.2　宽阔的街道与广场绿地环境

这主要是街道两旁的绿带、街心花园、林荫道、装饰绿带、桥头绿地，以及一些未绿化而覆盖沥青、水泥、砖石的公共用地和停车场等。这类绿地的气温一般较其他绿地高，相对湿度较其他绿地小；阳光充足，蒸发、蒸腾耗热少，贮热量大，在盛夏季节是温度最高的地段，风速与郊区近似或略小。这些地段暴露的土壤表面积较少，通透性差，有一定程度的烟尘污染，自然环境的破坏也较严重。这种类型的绿地应选择耐旱、耐高温的树种，做到乔、灌、草结合。在抚育管理上应注意抗旱、防日灼等。

4.1.2.3　建筑绿地环境

建筑绿地一般为房屋建筑之间的小块绿地，包括工厂、机关、文教、卫生、房屋建筑附近的小游园、小公园、公共庭院等。这类绿地因房屋建筑及部分地面的铺装等，日照时间较短，光照条件较差，接受的直接辐射较少；夏季气温一般偏低，而冬季因受周围建筑辐射热的影响，气温偏高，年温差较小；其风速也有所减弱。这类绿地暴露的土壤表面积较大，通透性稍好，但因建筑垃圾、灰渣较多，土壤污染，pH 值一般偏高，同时，由于行人踩踏，地基较深，土壤排水时有不畅。这种类型的绿地应注意选用耐土壤紧实，有一定抗污染能力的树种。

4.1.2.4 公园绿地环境

公园绿地一般有较多的植物覆盖、水面和裸露的土面。这些地区面积大小不一，可从几公顷到几十公顷。光照条件较好，蒸发量与蒸腾量较大，空气湿度较高，冬夏气温偏低，土壤条件较好。但因游人踩踏，土壤仍然比较紧实，环境也受污染的影响，自净能力较弱，基本上属于半自然状态。这种类型的绿地，其树种选择较为灵活多样，但仍要注意选择那些较耐土壤紧实、抗污染的树种。

4.1.2.5 生产绿地环境

生产绿地一般多处于城镇郊区，土壤中的侵入体较少，污染较轻，基本上属于自然的或已熟化的土壤，光照条件好，空气湿度较大，适于树木生长，空气清新，生态环境较好，也能起到良好的休闲、观光功能。树种选择主要根据生产需要和当地气候与土壤条件决定。

4.1.2.6 风景名胜区或森林公园环境

这类绿地一般位于郊外，其交通方便，多为风景名胜和疗养胜地，由于有大面积风景优美的森林或开阔的水面，对城市环境有较好的调节与净化作用。而又因其地处城市外侧，受城市影响很小，大量的植被使其下垫面与市区显然不同。无论是热量平衡还是水分循环都更多地表现为自然环境的特点。这类地区的气温明显低于市区，空气湿度较大。土壤保持了其自然特征，层次清楚，腐殖质较丰富，结构与通透性较好，在较大程度上保留了天然植被。这类地区的适生树种较多，可根据园林景观的需要决定取舍。那些处在工业基地附近的绿地在一定程度上会受到空气污染的影响，树种选择时应加以考虑。

4.2 园林树种选择

4.2.1 树种选择意义与原则

4.2.1.1 树种选择的意义

(1) 园林树种选择是造景成败的关键之一

树木在系统发育过程中，经过长期的自然选择，逐步适应了其所生存的环境条件，并把这种适应性遗传给后代，形成了对环境条件有一定要求的特性——生态学特性。

树种不同，其生态学特性各异。在园林树木栽培中，树种选择适当与否是造景成败的关键之一。大量事实证明，如果正确地选择了树种，加上其他必要的栽培管理措施，造景就会基本获得成功；如果树种选择不当，栽培管理措施又没有跟上去，结果是年年造林不见林，岁岁栽树难见树，残存下来的树木，不是枝枯叶黄，就是未老先衰，不能达到栽植目的。

(2) 园林树种选择决定其能否长期发挥效益

树木是多年生木本植物，园林树木的栽植养护是一种长期性的工作，它不像一、二年生植物那样可时时更换；也不像林木和果树栽培那样，只占其生命周期的一个有限阶段，而是要长期发挥效益。在某种意义上讲，树木越老，价值越高。因此，栽培树种的选择，可以说是"百年大计"，甚至"千年大计"的开端，必须予以认真对待。

(3) 园林树种选择影响投入和养护成本

树种选择适当，栽植成活率高，能旺盛生长，正常发育，稳定长寿，不断发挥功能效益，投入和养护成本也低；反之，树种选择不当，就会无法成活或成活率低，即使成活也会生长不良，不能发挥功能效益，浪费种苗、劳力和资金，投入和养护成本也高。

4.2.1.2 树种选择的原则

园林树种选择应该考虑两个方面：①树种的生态学特性；②要使栽培树种最大限度地满足生态与观赏效应的需要。前者是树种的适地选择，后者则是树种的功能选择。如果单纯地追求树与地相适，而忽略造景的功能要求，就是盲目的或偏离预期效益的。如果树种的功能效益较好，而栽植的立地条件不适合，其结果往往是事倍功半，也达不到造景的要求。

因此，对树种功能效益的要求是目的，适地适树则是达到此目的的手段或前提，在前提具备的条件下，才可取得预想的效果。

园林树种选择的主要原则：①所选树种适应栽植地点的立地条件，即"适地适树"；②要具备满足栽植目的的要求（观赏、防风、遮阴、净化等）的性状；③具有较高的经济价值，适于综合利用，可获得适当比例的木材、果品、药材、油料、香料等产品；④苗木的来源较多，栽培技术可行，成本不会太高；⑤安全，不污染环境。

4.2.2 适地适树

4.2.2.1 适地适树的概念

适地适树是使栽植树种的特性，主要是生态学特性和栽植地的立地条件相适应，达到在当前技术、经济条件下，以充分发挥所选树种在相应立地上的最大生长潜力、生态效益与观赏功能。

在园林树木栽培中，"树"的含义是指树种、类型或品种的生物学、生态学及观赏方面的特性；"地"的含义是指栽植立地的气候、土壤、生物及污染状况。"树"与"地"不可能有绝对的、永久的适应，树木与环境的某些矛盾贯穿于栽培管理的全过程。因为环境条件不但受自然力的主宰，也受人为活动的影响，如光、热、水、气、肥的昼夜、季节与年代变化，人类的活动对环境的改善与干扰等，都可能造成环境质量与树木要求的变化，导致树与地的适应程度的改变。因此，适地适树是相对的、可变的，"树"与"地"之间的不适应则是长期存在的、是绝对的。

对于园林工作者来说，掌握适地适树的原则，首先是使"树"和"地"之间的基本矛盾在树木栽培的主要过程中相互协调，能够产生好的生物学和生态学效应；其次是在"树"

和"地"之间发生较大矛盾时,适时采取适当的措施,调整它们之间的相互关系,变不适为较适,变较适为最适,使树木的生长发育沿着稳定的方向发展。这后一方面就是所谓"适法"。如果栽培方法不当,即使"树"与"地"适应再好,也发挥不了树木的生物学与生态学潜能,甚至导致栽培的失败。我们应该十分重视适地、适树与适法的辩证关系。

4.2.2.2 适地适树的标准

根据"适地适树"的概念及"树"与"地"的含义,衡量适地适树的标准有以下两种:

① 生物学标准 即在栽植后能够成活,能正常生长发育和开花结果,对栽植地段不良环境因子有较强的抗性,具有相应的稳定性。它是"树"与"地"的适应程度在树木生长发育上的集中表现,一般可用立地指数和其他生长指标进行评价。

② 功能标准 包括生态效益、观赏效益和经济效益等栽培目的要求得到较大程度的满足。

适地适树的功能标准只有在树木正常生长发育的前提下才能充分发挥。如果树木栽不活、长不好,根本就谈不上其他功能效益;反之,如果功能标准达不到要求,就失去了园林树木栽培的意义。因此,二者相辅相成,不可偏废。

4.2.2.3 适地适树的途径

为了使"地"和"树"相适应,一般可采取以下3条主要途径。

① 对应选择(选树适地或选地适树) 即为特定立地条件选择与其相适应的树种或者为特定树种选择能满足其要求的立地。前者为选树适地,这是绿地设计与树木栽培中最常见的;后者为选地适树,是偶尔得到某些栽植材料时所采用的。不论是"选树适地"还是"选地适树",在性质上都是单纯的适应,是最简单,也是最可靠的方法。

② 改地适树 即当栽植地段的立地条件有某些不适合所选树种的生态学特性时,采取适当的措施,改善不适合的方面,使之适应栽植树种的基本要求,达到"地"与"树"的相对统一。如整地、换土、灌溉、排水、施肥、遮阴、覆盖等都是改善立地条件,使之适宜树木生长的有力措施。

③ 改树适地 即当"地"和"树"在某些方面不相适应时,通过育种改变树种的某些特性,或通过嫁接繁殖增强接穗的抗性和适应性,以适应特定立地的生长。如通过抗性育种增强树种的耐寒性、耐旱性或抗污染性等,以适应在寒冷、干旱和污染环境中的生长;又如通过选用适应性广、抗性强的砧木进行嫁接,以扩大适栽范围。

上述3条途径的关系:3条途径不是孤立分割的,而是互相补充的,途径①为基础,途径②和③只有在途径①的基础上才能收到良好的效果。虽然在实际工作中,后两条途径,特别是改地适树的措施得到了广泛应用,但是在当前技术、经济条件下,改树和改地的程度都十分有限,而且这些措施也只有"地""树"基本相适的基础上才能收到良好的效果。

4.2.2.4 适地适树的方法

要做到适地适树,就必须充分了解"地"与"树"的特性,深入分析树种与立地因子的关系，找出立地条件与树种要求的差异，选择最适宜的树种。

(1) 立地条件的调查分析

① 必须了解栽植地区的大气候与地貌特征，特别是温度与降水情况。树种分布主要受热量与水分的影响。降水与温度的不同组合，不仅决定了树木生长质量的好坏，而且决定树木(种)数量的多少。在树木的地带性分布中，都有中心分布区和边缘分布区之分。一般在树种中心分布区，都有其生长的良好气候条件。

② 分析绿地类型及其对树木的功能要求。这种分析不仅可以反映绿地环境特点，而且也反映了人们选择某些树种的主要目的。

③ 分析栽植地段地面状况，主要是地面覆盖的种类与比例，如裸地、草坪、林荫地、水泥、渣石、沥青铺装等所占面积与比例，以及对土壤通透性的影响。

④ 调查栽植地点的小气候、土壤理化性质及环境污染状况。小气候条件主要是光照、温度(特别是极端温度)和风速，这几个因子不但与地形有关，而且与建筑物的布局和高度有极其密切的关系。土壤条件主要是土层厚度、质地、pH 值、水分(主要是排水状况)、石渣含量、地下有无不透水层等。污染状况包括大气污染、水污染与土壤污染的种类与浓度。

⑤ 分析生物因子，特别是病虫危害的可能性和可控程度等。

(2) 树种筛选

通过以上分析，我们可以确定相应区域内，具有相同或相近功能的一系列地带性分布的树种。根据这些树种对栽植立地各因子，特别是对限制因子的反应，筛选出适栽树种。具体要求如下：

① 在功能效益相似的树种中，应选择最适应栽植立地条件的树种。

② 对于具有相似适应性和同等功能的树种，应尽量以乡土树种为主。

③ 乡土树种应区分中心分布区与边缘分布区，在中心分布区生长效果最好；在边缘分布区，应特别找出影响其生长的主导因子，有针对性地对立地进行改造或回避。

④ 引种历史长，并已基本驯化的外来树种，如二球悬铃木、池杉、刺槐等，在相应地区可视为乡土树种。

⑤ 对于新引进树种或品种、类型，应从与该地区气候(特别是温度与降水)和土壤条件极为相似的原产地区引入，还应分析引进树种的自然历史发展过程和遗传可塑性，对引进树种进行试栽，取得经验后才能逐步推广。

⑥ 无论是乡土树种，还是外来树种，都应注意种源的选择。

4.2.3 各类用途园林树种选择

内容见数字资源。

4.2.3.1 行道树的选择

行道树是城市园林绿地系统的重要组成部分，是城市风貌的直观反映，合理选择行道树非常重要。行道树所处街道上的环境条件较特殊，例如，土壤条件差，根系生长空间狭窄，地面铺装多，路面的辐射强，行人践踏严重，空中线缆和地下管线的障碍和伤害，建筑物的遮阴等。因此，行道树必须对城市街道上的不利环境条件有较强抗性，并能满足遮阴、防护等功能。

行道树选择的要求：①干性强，分枝点较高，冠大荫浓，冠形美，株形整齐，观赏价值高，最好叶片秋季变色，冬季可观树形和枝干；②生命力强，寿命长，易繁殖，深根性，少根蘖，移栽成活率高，生长迅速、健壮；③花、果、枝、叶无毒，无臭味，无飞毛，枝干无刺；④发芽早，落叶晚且集中，便于集中清扫；⑤对土壤、水分、肥料要求不高，耐瘠薄，耐修剪，适于粗放管理；⑥病虫害少，耐高温，耐践踏，耐铺装，耐污染，抗烟尘，抗雪压，抗风力性强，树皮耐强光暴晒。

目前各地应用较多的行道树有悬铃木、樟树、槐、银杏、枫香、山杜英、广玉兰、白玉兰、栾树、合欢、马褂木、榉树、榕树、喜树、桂花、无患子、乐昌含笑、柳、七叶树、苦楝、枫杨、意杨、毛白杨、金钱松、雪松、白皮松、华山松、油松、黑松、湿地松等。

4.2.3.2 庭荫树的选择

庭荫树是指栽植于庭院、公园等绿地中，形成一定绿荫和景观，为人们提供一个避免日光暴晒的室外休憩场所的树木。

庭荫树的选择以观赏效果为主，结合遮阴功能。选择的标准和要求是：①树体大，主干通直，树冠开张，枝叶浓密，树形优美；②具有一定的观花、观果、观叶等观赏特性；③寿命长，生长快；④病虫害少，无污染，抗逆性强。

庭荫树在园林中的比重很大，在选择与配置上应充分考虑各种庭荫树的观赏特性，在不同的景区侧重应用不同的种类，常绿树及落叶树的配置比例也要避免千篇一律，不要过多使用常绿树。此外，庭荫树距建筑物也不宜过近，以免室内阴暗。

常用的庭荫树主要有油松、白皮松、合欢、槐、槭类、白蜡、梧桐、樟树、榕树、泡桐、榉树、香椿、枫杨、圆柏，以及各种观花观果、观叶观形的乔木，如桂花、柿树、枇杷等。

4.2.3.3 孤植树的选择

孤植树即孤立种植的单株树，又称独赏树、赏形树、独植树，可独立成景，表现的主要是树木的个体形态美或色彩美，常作为园林空间的主景。

用作孤植树的树种应具备以下条件：①树体高大雄伟，树形优美，树冠开阔宽大，呈圆锥形、尖塔形、垂枝形、风致形或圆柱形等；②花、果、树皮或叶色美丽，季相变化丰富；③寿命较长；④有特色。可以是常绿树，也可以是落叶树，通常又常选用具有美丽的花、果、树皮或叶色的树种。

常用的孤植树有雪松、南洋杉、金钱松、五针松、圆柏、'龙柏'、白皮松、银杏、木棉、玉兰、广玉兰、凤凰木、槐、垂柳、樟树、榕树、红枫等。

孤植树通常采用单独种植的方式，也偶有用2~3株树合栽形成一个整体树冠。在孤植树的周围最好有开阔的空间，因此，常种植在大片草坪上，或植于广场中心、花坛中心、道路交叉口、坡路转角处，也可植于小庭院的一角与山石相互成景。

4.2.3.4 林带与片林树种的选择

林带与片林是较大规模成片、成带的树林状的种植方式，可以整齐、规则式种植，也可以因地制宜采取自然式种植。在树种选择和搭配时，除考虑防护功能外，更应着重考虑美观和实际需要。

(1) 林带

林带是以带状形式栽种数量很多的各种乔、灌木。多应用于街道、公路的两旁构成行道树或防护林带，如用作园林景观的背景或隔离措施，可屏障视线，分隔园林空间，还可庇荫、防风、滞尘、降低噪声等。林带可以是单纯林，也可以是混交林。林带一般均采用成行成排的种植形式。根据园林功能，林带有多种，树种选择也不尽相同。

(2) 片林

片林是园林绿地中成片栽植的树林，主要是表现树木的群体美。可分为密林(郁闭度 0.7~1.0)与疏林(郁闭度 0.4~0.6)。

4.2.3.5 园景树的选择

园景树是园林中种类最为繁多、形态最为丰富、景观作用最为显著的骨干树种。

(1) 观形观叶类

常用的树种有雪松、金钱松、南洋杉、白皮松、丝木棉、重阳木、枫香、黄栌、乌桕、青榨槭、紫叶李、水杉、鹅掌楸、悬铃木、槭树、黄连木、爬山虎、棕榈等；各种垂枝树木等。

(2) 观花观果类

主要树种有白玉兰、紫玉兰、梅、樱花、桃、紫叶桃、碧桃、寿星桃、紫薇、木棉、扶桑、丁香、紫丁香、桂花、蜡梅、火棘、牡丹、茶花、杜鹃花、月季、珍珠梅、金银木、紫荆、木槿、木芙蓉、结香、木绣球、夹竹桃、南天竹、石榴、迎春花、棣棠、连翘、栀子花、含笑、红千层等。

(3) 竹类

主要树种有毛竹、刚竹、紫竹、孝顺竹、罗汉竹、凤尾竹等。

4.2.3.6 藤木类的选择

藤木类包括各种缠绕性、吸附性、攀缘性、钩搭性等茎枝细长难以自行直立的木本植物。在园林中用途较多，可用于各种形式的棚架，可用于建筑及设施的垂直绿化，可攀附杆、柱，可攀缘于高大枯树上形成独赏树的效果，可悬垂于屋顶、阳台，还可用作地被植物覆盖地面。应用时应根据具体要求及植物的习性进行选择。攀缘类藤木树种的主要应用形式有棚架、廊柱、门(窗)檐、墙垣、山石的攀附等。

常用的藤木有紫藤、金银花、木香、木通、云实、野蔷薇、凌霄、地锦、薜荔、葡萄、常春藤、常春油麻藤、络石、扶芳藤等。

4.2.3.7 花坛树的选择

花坛植物通常选用矮小、有色彩、观赏期长的花灌木为主要材料，配以草本花卉；或者以草本花卉为主要材料，配以花灌木。

适作花坛的树种较多，常用的有月季、牡丹、杜鹃花、瓜子黄杨、雀舌黄杨、海桐、枸骨、火棘、小蜡、金叶女贞、紫叶小檗、桂花、大叶黄杨、竹类等。

4.2.3.8 绿篱树的选择

绿篱是用灌木或小乔木成行密植成密集的林带。绿篱在园林中主要起分隔空间、范围场地、遮蔽视线、衬托景物、美化环境及防护作用等。

绿篱树应符合以下基本条件：①生长缓慢，萌芽力与成枝力强，耐修剪；②叶小而紧密，适宜密植，基部不空，花果观赏期长，叶形美丽；③耐寒、耐旱、耐阴，抗逆性强；④易繁殖，栽植易成活，管理方便；⑤无毒、无臭、病虫害少，对人畜无害。

常用绿篱树种有柏类（'龙柏'、'洒金'柏、'金叶'圆柏等）、黄杨类（大叶黄杨、'金边'黄杨等）、紫叶小檗、小叶女贞、金叶女贞、小蜡、红檵木、福建茶、冬青、龟甲冬青、无刺枸骨、火棘、海桐、珊瑚树、月桂、卫矛、石楠、蚊母树、狭叶十大功劳、栀子花、杜鹃花、野蔷薇、丰花月季、绣线菊、云实、箬竹、凤尾竹等。

4.2.3.9 地被树的选择

园林绿化中应用的地被树种是指那些植株低矮、枝叶密集、具有较强扩展能力、能迅速覆盖地面且抗污染能力强、易于粗放管理、种植后不需要经常更换的成片栽植的多年生木本植物，包含灌木、藤本及竹类。地被树应符合的基本条件：①植株低矮，萌芽力、分枝力强，枝叶稠密，能有效体现景观效果；②枝干水平延伸能力强，延伸迅速，短期就能覆盖地面；③适应性强，适宜粗放管理；④绿色期长，观赏性高，富于季节变化。

可供选择的优良地被树种有铺地柏、砂地柏、金丝桃、桃叶珊瑚、金缕梅、糯米条、小紫珠、马缨丹、八角金盘、石岩杜鹃、锦绣杜鹃、百里香、鹅掌柴、变叶木、山葡萄、络石、常春藤、扶芳藤、地锦、菲白竹、菲黄竹、翠竹等。

4.3 种植点的配置方式

树木种植点的配置方式多种多样，变化无穷，分类方法上不尽统一，可初步归纳如下：

4.3.1 按种植点的平面配置分类

按种植点在一定平面上的分布格局，可分为规则式配置、不规则式配置和混合式配置3种。

4.3.1.1 规则式配置（图4-1）

这种方式的特点是有中轴对称，株行距固定，同相可以反复延伸，排列整齐一致，

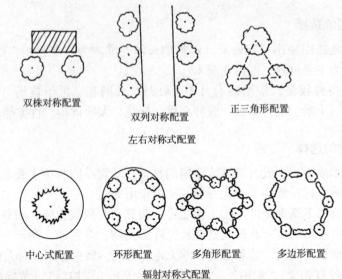

图 4-1 规则式配置(陈有民，2011)

表现严谨规整。

① 中心式配置　多在某一空间的中心做强调性栽植，如在广场、花坛等地的中心位置种植单株或具整体感的单丛。

② 对称式配置　一般是在某一空间的进出口、建筑物前或纪念物两侧对称地栽植，一对或多对，两边呼应，大小一致，整齐美观。

③ 行状配置　树木保持一定株行距呈行状排列，有单行、双行或多行等方式，也称列植。一般用于行道树、树篱、林带、隔障等。这种方式便于机械化管理。

④ 三角形配置　有正三角形或等腰三角形等配置方式。两行或成片种植，实际上就是多行列植。正三角形方式有利于树冠与根系的平衡发展，可充分利用空间。

⑤ 正方形配置　株行距相等的成片种植，实际上就是两行或多行配置。树冠和根系发育比较均衡，空间利用较好，仅次于正三角形配置，便于机械作业。

⑥ 长方形配置　株行距不等，其特点是正方形配置的变形。

⑦ 圆形配置　按一定的株行距将植株种植成圆环。这种方式又可分成圆形、半圆形、全环形、半环形、弧形及双环、多环、双弧、多弧等多种变化方式。

⑧ 多边形配置　按一定株行距沿多边形种植。它可以是单行的，也可以是多行的；可以是连续的，也可以是不连续的多边形。

⑨ 多角形配置　包括单星、复星、多角星、非连续多角形等。

4.3.1.2　不规则式配置(图 4-2)

不规则式配置也称自然式配置，不要求株距或行距一定，不按中轴对称排列，不论组成树木的株数还是种类多少，均要求搭配自然。其中又有不等边三角形配置和镶嵌式配置的区别。

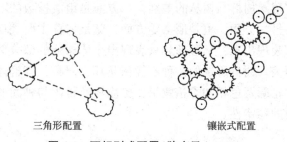

三角形配置　　　　　镶嵌式配置

图 4-2　不规则式配置(陈有民，2011)

4.3.1.3　混合式配置

在某一植物造景中同时采用规则式和不规则式相结合的配置方式，称为混合式配置。

4.3.2　按种植效果的景观配置

4.3.2.1　单株配置(孤植)

单株配置的孤立树，无论是以遮阴为主，还是以观赏为主，都是为了突出树木的个体功能，但必须注意其与环境的对比和烘托关系。一般应选择比较开阔的地点，如草坪、花坛中心、道路交叉口或转折点、冈坡及宽阔的湖池岸边等处种植。由于孤立树受光强烈，温度、湿度变化大，易遭灾害因子的袭击，孤植树种应以喜光和生态幅度较宽的中性树种为主。一般情况下很少采用耐阴树种。

适于单株配置的树种有马尾松、黄山松、圆柏、侧柏、雪松、金钱松、白皮松、油松、水杉、落羽杉、南洋杉、毛白杨、银杏、七叶树、鹅掌楸、珊瑚朴、小叶栎、皂荚、枫香、槐、凤凰木、南洋楹、樟树、广玉兰、玉兰、合欢、榕树、乌桕、海棠、樱花、梅花、桂花、深山含笑、白兰、木棉、碧桃、山楂等。

4.3.2.2　丛状配置

丛状配置所形成的树丛，通常由 2～10 株同种或异种乔木组成，树丛的功能可以庇荫为主兼顾观赏，也可以观赏为主。以庇荫为主的树丛，一般由单一的乔木树种组成。以观赏为主的树丛，则可将不同种类的乔木与灌木混交，还可与宿根花卉搭配。每丛树木的株数可增至 15 株左右。树丛的组合，既要体现其群体美，又要表现组成树丛单株树木的个体美。因此，树丛既要有较强的整体感，又要求某些单株具有独赏的艺术效果。树丛的树种选择与孤立树基本相似，但树丛整体的抗性一般优于孤立树。丛内光照、温度和湿度等因子的变化幅度稍小。若要在丛内配置灌木，应选稍耐阴的种类。

4.3.2.3　群状配置

群状配置所形成的树群，株数一般从十几株到七八十株不等。其组成上，可以是单一树种构成，也可以是多个树种混植；可以是乔木混交，也可以为乔、灌木混交；可以是单层，也可以是多层。树群与树丛的差别，一方面是组成株数的不同，即组成树群的树木株数比树丛多；另一方面，也是最主要方面，就是树群主要表现群体美，不能把每一株树的个体美全部表现出来，林冠部分只表现出个体树冠的部分美，林缘的树木只表现其外缘部分的个体美。树群所选的树种不像树丛那么严格，其群体抗性更强。在配置时应注意树群的整体轮廓及色相和季相效果，更应注意种内与种间的生态关系，必须在较长时期内保持相对的稳定性。

4.3.2.4 篱垣式配置

篱垣式配置所形成的条带状树群是由灌木或小乔木密集栽植而形成的篱式或墙式结构，称为绿篱或绿墙。一般由单行、双行或多行树木构成，虽然行距较小且不太严格，但整体轮廓鲜明而整齐。绿篱宽度或厚度较小，长度不定且可曲可直，变型较多；高度从20~160cm，甚至210cm不等。绿篱不管以组合空间、阻挡视线、阻止通行、隔音防尘、美化装饰等哪一种功能为主，都应体现绿篱的整体美、线条美、姿色美。绿篱一般由单一树种组成，常绿、落叶或观花、观果树种均可，但必须具有耐修剪、易萌芽和更新、脚枝不易枯死等特性。

4.3.2.5 带状配置

带状配置所形成的林带，实际上就是带状树群，但垂直投影的长轴比短轴长得多。林带种植点的平面配置可以是规则的，也可是自然的。目前多采用正方形、长方形或等腰三角形的规则式配置。带状配置树种的选择以乔木树种为主，可单一树种配置，也可用乔木、亚乔木或灌木等多树种混交配置。对树种特性的要求与树群相似。林带的功能主要是防风、滞尘、减噪声、分隔空间、阻挡视线及作为河流和道路两侧的配景，但城郊林带的配置也须注意园林艺术布局，兼有观赏、游憩的作用。林带的结构有通风型、疏透型和紧密型3种，具体采用哪种类型，根据其功能要求而定。凡以防尘、隔音等为主要目的，应采用紧密结构的林带；若以防风、遮阴等为主要目的，则应采用疏透或通风结构的林带。

4.3.2.6 林分式配置

林分式配置一般形成比树群面积大的自然式人工林，这是林学的概念与技术，按照园林的要求引入自然风景区、疗养区、森林公园和城市绿化建设中的配置方式。这样配置的片林，树木株数较多，可以不同群落搭配成大的风景林。虽然每个群落的树种组成可以是单一的或多样的，层次结构可以是单层的或多层的，年龄结构可以是同龄的或异龄的，但是在配置时要特别注意系统的生态关系以及养护上的要求。在自然风景区进行林分式配置时，应以营造风景林为主，注意林冠线与林相的变化，林木疏密的变化，林下植物的选择与搭配，种群与种群及种群与环境之间的关系，并应按照园林休憩游览的要求，留出一定大小的林间空地。

4.3.2.7 疏散配置

以单株或树丛等在一定面积上进行疏密有致、景观自然的配置方式称为疏散配置。

这种配置可形成疏林广场或稀树草地。若面积较大，树木在相应面积上疏疏落落、断断续续，有过渡转换、疏散起伏，既能表现树木个体的特性，又能表现其整体韵律，是人们进行观赏、游憩及空气浴和日光浴的理想场所。

4.4 栽植密度与树种组成

4.4.1 栽植密度

4.4.1.1 栽植密度的概念与意义

栽植密度是指单位面积上栽植苗木的株数，单位为株/m^2或株/hm^2。栽植密度也常用"株距×行距"表示。

在树木的群集栽培中，特别是在树群和片林中，密度或相邻植株之间的距离是否合适，直接影响树木营养空间的分配和树冠的发育程度。栽植密度同配置方式一样，都会影响树木的群体结构。树丛、树群或森林各组成部分的空间分布格局，是树木和环境之间及树木彼此之间相互作用的表现形式。一定结构的群体都有其本身的形成与发展规律。在各个不同的发展阶段，这种群体结构在外部形态和生理生态上都表现出差异性的特征。密度则是形成群体结构的最主要因素之一。研究栽植密度的意义在于充分了解由各种密度所形成的群体及组成该群体的个体之间的相互作用规律，从而进行合理的配置，使它们在群体生长发育过程中能够通过人为措施，形成一个稳定而理想的结构。这种群体结构既能使每一个体有比较充分的发育条件，又能较大限度地利用空间，使之达到生物、生态与艺术的统一，以满足栽植主要目的的要求。因此，栽植密度的意义表现可概括为：①群体的结构是否合理，群体是否稳定；②空间资源利用是否合理；③美学要求是否得到满足。

4.4.1.2 栽植密度对树木生长发育的影响

(1) 对树木高生长的影响

一般情况下，栽植密度对树木生命周期中的树高无显著性影响。幼龄期不同树种因其喜光性、分枝特性及顶端优势等生物学特性的不同，对密度有不同的反应，只有一些较耐阴的树种及侧枝粗壮、顶端优势不旺的树种，才有可能在一定的密度范围内表现出密度加大有促进高生长的作用。如樟树在密林中，树干较通直，树体较高，树冠较窄；孤立生长或栽植密度较小时，树冠较宽，枝下高较低，树干一般不如密林中的植株通直。

(2) 对树干直径生长的影响

在一定的树木间开始有竞争作用的栽植密度以上，栽植密度越大，树干直径生长越小，这个作用的程度是很明显的。

(3) 对根系生长的影响

一般根系的生长与树冠大小呈正相关，即栽植密度越大，冠幅越小，树木的根量也就越小。

(4) 对树冠和林冠生长的影响

幼树在栽植初期,基本上处于孤立状态,个体之间的关系很不密切。随着个体年龄的增长,树冠生长逐渐加速。在栽植密度较大的群体中,相邻植株的枝叶提早相接或相交,个体树冠之间的关系发生较早,导致树体与群体各部分受光条件的差异,树冠生长受到抑制,其平均冠幅也必然较小;相反,在栽植密度较小的群体中,相邻植株树冠之间的关系发生较迟,枝条尚有较大的伸展余地,其平均冠幅也较大。由此可见,栽植密度不同的群体,其平均冠幅有随密度增加而递减的趋势,即栽植密度越大,平均冠幅越小。

(5) 对开花结果的影响

同样的道理,栽植密度越大,光照越弱,开花结实也就越少。

(6) 对群体及其组成个体形象的景观稳定性的影响

栽植密度越大,自然整枝强烈,冠长缩小,冠幅生长停滞,叶幕层的厚度与面积缩小,外缘植株向外歪斜,偏冠。在不规则配置中,相邻个体距离较大的一侧,枝下高较低,枝条伸展较远;反之,密度较小,树冠生长衰退较迟,冠幅受抑制较小。因此,配置密度与方式,不但影响树冠的生长,而且影响群体及其组成个体形象的景观稳定性。群集栽植较稀疏者,不但有较强的整体感,而且少数植株还有独赏的艺术效果;而较密集者则难以表现其个体美。

4.4.1.3 确定栽植密度的原则

栽植密度对树木生长发育过程中的作用规律是确定配置距离的理论依据。同时,确定栽植密度还必须遵循以下原则:

(1) 根据栽培目的

园林树木的功能多种多样,但在具体栽植中主要目的或应发挥的主要功能可能有所不同,因而也就要求采用不同的密度,形成不同的群体结构。如以观赏为主,则要注意配置的艺术要求,是以个体美为主,还是以群体美为主,或者是要体现二者结合的美感。欲突出个体美感以观花、观果为主要目的,一般栽植密度不宜过大,特别是以观花、观果为主时,应以满足树冠的最大发育程度(即成年的平均冠幅)确定其密度,使树冠能得到充分的光照条件而体现"丰、香、彩"的艺术效果。如以防护为主,则其密度应根据防护效果决定。以防风为主的防护林带,其栽植密度要以林带结构的防风效益为依据。一般认为,在较大区域内的防风效果,以疏透型结构为最好。要求组成林带的树木枝下高要低,树冠应该均匀而稍稀,因此栽植密度不宜太大。水土保持和水源涵养林要求迅速遮盖地面,并能形成厚的枯枝落叶层,因此栽植密度以大些为好。

(2) 根据树种的生物学特性

由于各树种的生物学特性不同,它们的生长速度及其对光照等各方面条件的要求存在很大的差异,栽植密度也不一样。一般耐阴树种对光照条件的要求不高,生长较慢,栽植密度可大一些;喜光树种不耐庇荫,栽植密度过大影响生长发育。树冠庞大的树种不宜过密，否则会影响生长；而窄冠树种则可以适当密植。例如，泡桐、杨树等树冠开张，对光照条件要求强烈，生长十分迅速，冠幅生长极易受到抑制，必须稀植；云杉耐阴，池杉及铅笔柏树冠狭窄，均可适当密植。此外，树种组成及各树种生活型与耐阴性不同，配置密度也有差异。例如，喜光、耐阴树种混植的密度可大于喜光树种而小于单一的耐阴树种；乔木树种与耐阴灌木树种混交的密度可大于单一的乔木树种。总之，具体树种的配置密度，应以它们的生物学特性为基础。

(3) 根据立地条件

立地条件的好坏是决定树木生长快慢最基本的因素。好的立地条件能给树木生长提供充足的水肥，树木生长较快；相反，在较贫瘠的立地条件上树木生长较慢。因此，同一树种在较好的立地条件上配置间距应该大一些，而在较差的立地条件上，配置间距应该小一些。

(4) 根据经营要求

有时为了提前发挥树木的群体效益或为了储备苗木，可按设计要求适当密植，待其他地区需要苗木或因密度太大将要抑制生长时，可及时移栽或间伐。

4.4.2 树种组成

4.4.2.1 树种组成的概念

树种组成是指树木群集栽培中构成群体的树种成分及其所占比例。由一个树种组成的群体称为单纯树群或单纯林；由两个或两个以上的树种组成的群体称为混交树群或混交林。园林树木的群集栽培多为混交树群或混交林。

树种组成不同，形成的群体结构也不同。如以生态特性或生活型(生长型)不一的多树种混交，它们都以在地面以上的不同高度出现，具有明显的分层现象，构成复层林(有时也为单层)。而由同一树种组成的单纯树群或单纯林，除少数耐阴树种外，多为单层树群或单层林。

树种组成不同，同一群体的年龄结构也不相同。由喜光树种组成的群体多为相对同龄树群或同龄林。由单一耐阴树种或喜光树种与耐阴树种组成的群体多为异龄树群或异龄林，当然也会因此而表现出不同的层次。

4.4.2.2 混交树群或混交林的特点

在园林树木配置中，与单树种栽植相比，多树种混交具有许多优点，主要表现在以下几个方面：

(1) 营养空间的利用更充分

通过把不同生物学特性的树种适当地进行混交，能够比较充分地利用空间。如把耐阴性(喜光与耐阴)、根型(深根性与浅根性，吸收根密集型与吸收根分散型)、生长特点(速生与慢生、前期生长型与全期生长型)及嗜肥性(喜氮、喜磷、喜钾、吸收利用的时间性)等不同的树种搭配在一起形成复层混交林，可以占有较大的地上、地下空间，有利于树种分别在不同时期和不同层次范围利用光照、水分和各种营养物质。

(2) 改善环境的作用更优

混交林的冠层厚，叶面积指数大，结构复杂，首先是可以形成优于相同条件下纯林的小气候。如林内光照强度减弱，散射光比例增加，分布比较合理，温度变幅较小，湿度大而且稳定等。其次是混交林常积累数量较多、成分较复杂的枯落物，这些枯落物分解后，有改良土壤结构和理化性质、调节水分、提高土壤肥力的作用。最后是有较高的防护与净化效益，如防风、减噪、滞尘和吸收有毒气体等都优于纯林。

(3) 抗御自然灾害的能力更强

混交林抗御病虫害及不良气象因子危害的能力强。在混交林中，由于环境梯度的多样化，适合多种生物生活，食物链复杂，容易保持自然平衡。因小气候的变化，一些害虫和菌类失去大量繁殖的生态条件，同时，某些寄生性昆虫、菌类和益鸟又在新环境下迅速增多，因而混交林中的病虫害比纯林轻。此外，混交林抗御风雪及极端温度危害的能力也比纯林强。

(4) 观赏的艺术效果更好

混交林组成与结构复杂，只要配置适当就能产生较好的艺术效果。例如，乔木与灌木树种混交，常绿与落叶树种混交，以及叶色与花色或物候进程不同的树种混交，一方面可丰富景观的层次感，包括空间、时间(季相)、色彩和明暗层次；另一方面也可因生物成分增加，表现出景观的勃勃生机，凡此种种都增强了群体栽植的艺术感染力，提高了观赏效果。

4.4.2.3 树种混交的种间关系

混交栽培中，树种的种间关系十分复杂，它们之间相互作用的性质与表现形式多种多样，种间关系也因受多种因素的影响而异。

(1) 树种种间关系的性质

在树种种间关系的性质上，实际存在着互助、竞争、偏利、偏害、无利又无害等多种情况。但从总体上看，任何两个以上的树种邻接时，都可能同时表现出有利(互助)和有害(竞争)两方面的关系，只是有利和有害作用的程度因树种对生态条件的要求而有所不同。一般两个树种的生态要求差别大(如极喜肥和极耐贫瘠、极喜光和极耐阴等)，或要求都不高(如均耐贫瘠，或均耐阴)，种间关系常表现为以互助为主；相反，当两个树种的生态要求都高(如均喜光，或均喜肥)，种间关系常表现为以竞争为主。

树种间有利和有害的作用，有时是前者占主导地位，有时是后者占主导地位，而且可能随时间和条件的变化而向相反的方向转化。如喜光树种与中性树种混交，在幼年期，前者遮阴，有利于后者生长；但随着年龄的增长，中性树种对光照条件的要求逐渐提高，喜光树种的过度遮阴则不利于中性树种的生长和发育。

(2) 树种种间关系的表现形式

树种种间关系的表现形式有直接关系与间接关系之分。前者包括机械关系、生物关系，后者包括生物物理关系和生物化学关系。

(3) 树种种间关系的影响因素

树种的种间关系是随时间和条件的不同而发展变化的。

① 树种的种间关系随年龄阶段不同而异。年龄增大，个体的生长速度发生变化，对外界环境条件的要求也随之变化，原来以有利作用为主的种间关系则可能转变为以有害作用为主。混交中的树种间关系在一个年龄世代的变化，可以作为植物造景中的树种混交与培育的依据。

② 树种的种间关系随立地条件不同而异。每个树种都有它的最适生、适生和不适生的条件。在最适生或适生的条件下，该树种生长良好，竞争力强。因此，两个树种搭配时，在不同的立地条件下，种间关系常表现出不同的发展方向。如北京油松与元宝枫混交，在立地条件较好的地方，更耐干旱的元宝枫往往压抑油松，甚至将油松淘汰掉。树种的种间关系随立地条件变化的规律，应作为树种搭配的参考。

③ 树种的种间关系也随树种搭配、配置密度、配置方式、混交方法及树种在群体中的位置不同而不同。

4.4.2.4 混交树群的树种选择与搭配

(1) 选择与搭配的依据

在树种混交配置造景中，树种的选择与搭配必须依据树种的生物学特性、生态学特性及造景要求进行。特别是树种的生态学特性及种间关系的性质与变化，它们是进行树种选择与搭配的重要基础。

(2) 树种选择的方法

首先，应重视主要(基调或主调)树种的选择，特别是乡土树种、市树市花(木本)，使它的生态学特性与栽植地的立地条件处于最适状态。因为无论是在树木与环境、树种与树种之间的关系方面，还是在景观价值方面，主要树种都处于主导地位，同时也控制着群体的内部环境。如果有两个以上的主要树种，还要注意它们之间的协调。

其次，为主要树种选择好混交树种。这是调节种间关系的重要手段，也是增强群体稳定性、迅速实现其景观与环境效益的重要措施。混交树种选择不当，有时会被主要树种从群体中排挤掉，而更多的可能是压抑或替代主要树种，达不到栽植目的的要求。选择混交树种，要尽量使其与主要树种在生长特性和生态等方面协调一致，以便兴利避害，合理混交；同时，混交树种也要适应栽植地的立地条件，以实现混交栽植的预期目的。

选择混交树种一般应根据以下具体条件：

① 混交树种不但要有良好的配景作用，而且要有良好的辅佐、护土和改土作用或其他效能，能给主要树种创造有利的生长环境，提高群体的稳定性，充分发挥其综合效益。

② 混交树种与主要树种的生态学特性有较大的差异，对环境资源利用最好能互补。较理想的混交树种应生长缓慢，较耐阴，根型及其对养分、水分的要求与主要树种有一

定的差别。如果主要树种较耐阴，除可选择耐阴的灌木树种做下木以外，也可选择喜光的高大乔木树种与之混交。

③ 树种之间没有共同的病虫害。

(3) 树种搭配的方法

主要树种及其混交树种选定以后，在实际配置中要注意根据各个树种的生态学特性，特别是树种的耐阴性及将来所处的垂直层次来进行合理搭配。在集群栽培的成熟树群或片林中，光照、温度和湿度条件都有一定的梯度变化，如上层、外缘的光照强于下层和内部；南侧的光照条件显然优于北侧。因此，在垂直层次的配置中，上层、中层、下层应分别为喜光、中性、耐阴树种；在水平层次的配置中，近外缘，特别是南侧外缘附近，可栽植较喜光的树种。

思考题

1. 简述不同绿地类型的环境特点及其与树种选择的关系。
2. 简述园林树种选择的意义与原则。
3. 简述适地适树的概念、标准、途径与方法。
4. 简述各类用途园林树种的选择。
5. 种植点的配置方式有哪些？
6. 简述栽植密度的意义，对树木生长发育的影响及确定栽植密度的原则。
7. 简述混交树群的优点。如何做好混交树群的树种选择与搭配？

推荐阅读书目

1. 园林树木学(第2版). 陈有民. 中国林业出版社, 2011.
2. 造林学(第2版). 孙时轩. 中国林业出版社, 1992.
3. Tree Maintenance(7th Edition). Hartman J R & Pirone P P. Oxford University Press, 2000.
4. 园林树木栽培与养护. 王国东. 上海交通大学出版社, 2016.

第5章 园林树木的栽植

[**本章提要**] 全面介绍了园林树木栽植成活的基本理论和技术措施，阐述了栽植过程中各工序的技术和方法，并有代表性地提出了竹类、棕榈类植物栽培要点。

党的二十大报告提出要坚持"绿水青山就是金山银山"的理念，坚持人民城市人民建、人民城市为人民，提高城市规划、建设、治理水平，打造宜居、韧性、智慧城市。而城市园林绿化水平，对于这一目标的实现至关重要。园林树木，特别是城市园林绿地中的树木，绝大多数都是根据规划设计需要，人为选择、安排和栽植的。园林绿化工程是一种以栽植有生命的绿色植物为主要对象的工程，因此，树木栽植成活的原理和技术，是每个园林工作者必须掌握的基本理论和技能的重要组成部分。

5.1 栽植的意义与成活原理

5.1.1 栽植概念与意义

"栽植"实际上是移栽，它是按设计或计划要求将树木从一个地点移植到另一个地点，并使其继续生长的操作过程。树木移栽是否成功，不仅要看栽植后树木能否成活，而且要看以后树木生长发育的能力，受到的干扰是否最小。"栽植"不是简单的"种植"，而应包括起(掘、挖)苗(树)、搬运和种植3个基本环节。起苗是将苗木(树木)从生长地连根掘起；搬运是将起(掘)出的苗(树)木运到计划栽植的地点；种植是按要求将植株放入事先挖好的坑(或穴)中，使树木的根系与土壤密接。

园林树木要发挥其各项功能，必须建立在生长良好、健壮的基础上。要确保新植的园林树木能够生长良好和健壮，需要做到以下几点：①种植设计要合理，须因地制宜，适地适树；②苗木质量要优良；③在确保成活的基础上提高栽植质量，创造一切有利于新植树木恢复长势的生长条件和环境；④在符合各种树木生态习性和生物学特性的基础上进行科学的养护管理。如果设计不合理，栽植不成活或生长不好，加之养护管理不到位，那么树木的各种功能则无从谈起。

种植又分定植、假植和寄植。定植是按造景要求，将植株种植在预定位置而再不移走，永久性地生长在栽种地。假植是指起挖的苗(树)木不能及时运走，或运到新的地方后不能及时栽植而将其根系短时间或暂时性埋入湿润土壤，防止失水的操作过程。寄植是指建筑或园林基础工程尚未结束，而结束后又须及时进行绿化施工的情况下，为了贮存苗木，促进生根，将植株临时种植在非定植地或容器中的方法。

植株从起挖、装运至定植，通常只需几小时或几天就可完成栽植的全过程。即使需要长途运输和进行大树移栽，所花费的时间也只是树木生命周期中一段很短的时间，因此，栽植质量对树木的一生有极其重要的影响。栽植后的健康状况、发根生长的能力、对病虫等灾害的抗性、艺术美感及养护成本等都可能与挖掘、运输及种植中所用方法与措施有极大影响。若栽植质量不好，即使土壤和苗木都很好，也可能导致相当严重的后果，甚至造成苗木的死亡。

虽然精细栽植比粗放栽植要花费较多的时间和成本，但其效果却截然不同。园林树木养护中的许多问题，实际上来源于某些操作者的粗放栽植。他们只考虑把树栽上就可以了，而不考虑树木的成活及成活后是否能良好生长。实际上这些问题在起掘苗木之前就应予以认真考虑。

5.1.2 树木栽植成活原理

5.1.2.1 树木吸水与蒸腾

植物体的大部分水是通过根系的吸收而取得的。植物吸收水分的机理有两种。第一种机理是依靠根压和渗透压的梯度，使水分上升，这是一种推动力。根压是根系的生理活动使液流从根系上升到枝叶的动力。一般植物的根压为1~2个大气压*，而树木的根压可达6~7个大气压(一个大气压可使水柱上升10.33m)。春天落叶树发叶之前的根压是水分上升的主要动力。渗透压是渗透过程中溶剂通过半透膜的压力，水分子可通过半透膜(原生质膜、细胞膜等)从稀溶液进入浓溶液，使根系源源不断地从土壤溶液中吸收水分。如有些植物的吐水现象及桦木、槭树、美国鹅掌楸和葡萄等产生的伤流就是主动吸水的反映。第二种机理是被动吸水。它是随着地上导管或管胞中水分子的拉力吸水，并使液流上升至枝叶。树木木质部的导管或管胞中的水分具有很高的内聚力，并能承受

---

* 1个大气压≈101.325kPa。

张力。随着枝叶蒸腾速率的增加和木质部汁液产生的张力，水就开始大量流入植物体，根系周围表面就变成了被动吸水的表面。

树木蒸腾失水的途径有气孔、表皮及皮孔等，以气孔为主。气孔可通过保卫细胞调节其开闭程度，控制水分的蒸腾。

无论在什么环境条件下，只要是一棵正常生长的树木，其地上与地下部分都处于一种生长的平衡状态，地上的枝叶与地下的根系都保持一定的比例(冠/根比)。枝叶的蒸腾量可得到根系吸收量的及时补充，不会出现水分亏缺(图5-1)。

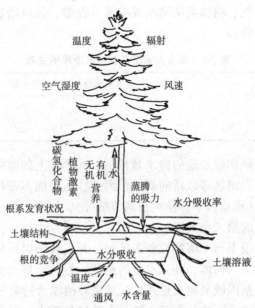

图 5-1　树木吸水及其影响因素

5.1.2.2　树木栽植成活的原理

树木栽植地生境最好与原植地类似，或优于原生境，移栽成活率高。在树木栽植过程中，植株受到的干扰首先表现在树体内部的生理与生化变化，总的代谢水平和对不利环境抗性下降。这种变化开始不易觉察，直至植株发生萎蔫甚至死亡时则已发展到极其严重的程度。

在树木栽植过程中，将植株挖出以后，根系，特别是吸收根遭到严重破坏，根幅与根量缩小，树木根系全部(裸根苗)或部分(带土苗)脱离了原有协调的土壤环境，根系主动吸水的能力大大降低。在运输中的裸根植株甚至吸收不到水分，而地上部分却因气孔调节十分有限，还会蒸腾和蒸发失水。在树木栽植以后，即使土壤能够供应充足的水分，但因在新的环境下，根系与土壤的密切关系遭到破坏，减少了根系对水分的吸收表面。此外，根系损伤后，虽然在适宜的条件下具有一定的再生能力，但要发出较多的新根还需经历一定的时间，若不及时采取措施，迅速建立根系与土壤的密切关系，以及枝叶与根系的新平衡，树木极易发生水分亏缺，甚至导致死亡。因此，树木栽植成活的原理是保持和恢复树体以水分为主的代谢平衡。

5.1.3　保证树木栽植成活的关键

树木的栽植是一项系统工程，要保持和恢复树体的水分平衡，必须抓住关键，采取得力的措施才能达到。

在苗（树）木挖运和种植的过程中，要严格保湿、保鲜，防止苗（树）木过多失水。有人试验表明，一般苗木的含水量达70%以上，其栽植成活率随苗木失重的增加而急剧下降（表5-1）。因此，在苗（树）木栽植各个环节中，通过适量修剪枝叶、缩短操作时间、选择合理栽植季节和天气、树体周围喷水或喷雾等保湿、保鲜措施而防止苗木过度失水是栽植成活的第一个关键。

表 5-1　苗木失重率与栽植成活率的关系　　　　　　　　　　　　　　%

苗木项目	苗木失水量与苗木成活关系			
苗木失重率	5	10	20	30
栽植成活率	90	70	40	0

具有一定规格、未经切根处理的树木栽植后，90%以上的吸收根死亡，能否成活的标志就是植株栽植后要发出足够数量的新根。因此，尽可能多带根系，并尽快促进根系的伤口愈合和发出新根（伤口修平、涂生长调节剂等），短期内恢复和扩大根系的吸收表面与能力，是栽植成活的第二个关键。

栽植中要使树木的根系与土壤颗粒密切接触，并在栽植以后保证土壤有足够的水分供应，才能使水分顺利进入树体，补充水分的消耗。但是土壤水分也不能过多，否则会导致土壤通气不良，根系因缺氧而窒息死亡。这是栽植成活的第三个关键。

以上3个关键相互联系，缺一不可。第一个关键是根本，特别是其中水分管理至关重要。防止苗木过度失水发生萎蔫和避免包扎材料水分过多发生霉变，是保鲜的前提。只有保鲜才能保证苗木有较强的生活力和发根能力，才能从土壤中吸收较多的水分，恢复树体水分代谢平衡，促进成活。

明确了苗木栽植成活的原理以后，就在苗木种类、质量选择的基础上，在挖、运、栽及栽后管理的过程中，抓住这些关键，采取相应措施，尤其注意保持苗木栽植时的含水量，尽量减少苗体水分的消耗，维持正常的水分平衡，为成活创造良好的条件，才能保证栽植树木的成活。

不同树种对于栽植的反应有很大的差异。一般须根多而紧凑的侧根型或水平根型的树种比主根型或根系长而稀疏的树种容易栽植。比较容易栽植或栽植后受干扰较小的树种有悬铃木、榆树、槐、刺槐、银杏、椴树、槭树、白蜡、杨和柳等；较难栽植的树种有七叶树、樟树、枫香、铁杉、云杉等；最难栽植的树种有山毛榉、桦木、山楂、山核桃、椎树、马尾松、鹅掌楸及栎属的许多种。

5.2　园林树木栽植季节

我国地域辽阔，树种繁多，只要措施得力，一年四季都有可以栽植园林树木的地方。但考虑到降低栽植成本和提高栽植成活率，对大部分地区而言，其经济适栽期一般以晚秋和早春为佳。

5.2.1 春季栽植

在我国南方地区，春季栽植最为理想。此时气温逐渐回升，雨水较多，空气湿度大，土壤水分条件好，地温转暖，有利于根系的主动吸水，从而有利于保持树木水分的平衡。

早春是我国多数地区树木栽植的适宜时期，但持续时间较短，一般为2~4周，若栽植任务不太大，就比较容易把握有利的时机；若栽植任务较大而劳动力又不足，很难在适宜时期内完成。因此，春植与秋植适当配合，可缓和劳动力紧张的状况。

5.2.2 夏季栽植

夏季栽植风险较大。此时树木生长最旺盛，枝叶蒸腾量很大，根系需吸收大量的水分以供应地上部分生长，而土壤的蒸发作用又很强，容易缺水，易使新栽树木在数周内遭受旱害。但如果在夏季栽植时恰逢雨季，由于供水充足，空气湿度大，蒸发减少，在采取相应配套措施情况下也可获得较高的成活率。

5.2.3 秋季栽植

秋季栽植的时期较长，从落叶盛期以后至土壤冻结之前都可进行。近年来许多地方提倡秋季带叶栽植，尤其是落叶树种，取得了栽后愈合发根快、第二年萌芽早的良好效果。但在秋季多风、干燥或冬季寒冷的情况下，秋植不如春植好。

5.2.4 冬季栽植

在气温比较暖和，冬天土壤不冻结，天气不太干燥的华南地区，可以进行冬季栽植。但在冬季严寒的华北北部、东北大部，土壤冻结较深，也可采用带冻土球的方法冬季栽植。

一般说来，冬季栽植主要适合于落叶树种，它们的根系冬季休眠时期很短，栽后仍能愈合生根，有利于第二年的萌芽和生长。

5.3 树木栽植技术

园林种植工程的核心任务就是在确保设计效果的基础上，力保树木栽植成活并尽快恢复树木的生长势。这就要求施工单位和施工人员必须在各个环节上措施到位。努力做到苗（树）木随起、随运、随栽和适时管理，使各个环节的具体措施真正落实。

在种植工程施工时应遵守以下原则：①严格按规划设计要求施工（按图施工）；②施工技术必须符合树木的生活习性；③抓紧适宜的栽植时间，合理安排种植顺序；④严格执行植树工程的技术规范和操作规程。

补充内容见数字资源。

5.3.1 栽植前准备工作

由于园林树木栽植是一项时效性很强的系统工程，其准备工作的好坏直接影响工程进度和质量，影响树木栽植成活率及其后的生长发育，影响设计效果的表达和生态效益的发挥，必须给予足够的重视。栽植工程前期准备要与绿化工程中其他项目的准备工作结合起来，统筹考虑。

5.3.1.1 了解设计意图与工程概况

施工技术人员应向设计人员了解设计意图、预想效果，以及施工完成后近期目标等；通过向设计单位和工程主管部门了解工程基本概况，包括：①植树与其他有关工程(铺草坪、建花坛以及土方、道路、给排水、山石、园林设施等)的范围和工程量；②施工期限(开始和竣工日期，其中栽植工程必须保证不同类别的树木在当地最适栽植期内进行)；③工程投资(设计预算、工程管理部门批准投资数)；④施工现场的地上(地物及处理要求)与地下(管线与电缆及其他地下设施的分布与走向)情况；⑤定点放线的依据(以测定标高的水准基点和测定平面位置的导线点，或与设计单位研究确定的地上永久性固定物作依据)；⑥工程材料来源和运输条件，尤其是苗木出圃地点、时间、质量和规格要求。

5.3.1.2 现场踏查与核实

工程施工前，业主和设计单位可能与各施工单位举行一个答疑会或现场协调会。负责施工的主要技术人员在了解设计意图、工程概况、有利因素与难点、施工要求等之后，必须亲自到现场进行细致地踏查与核实。有关内容见数字资源。

5.3.1.3 图纸会审

由建设单位组织设计、施工单位参加图纸会审。会审时先由设计单位进行图纸交底，然后各方提出问题。经协商统一后的意见形成图纸会审纪要，由建设部门正式行文，参加会议各方盖章，作为与设计图同时使用的技术文件。有关内容见数字资源。

5.3.1.4 编制施工组织方案

内容见数字资源。

5.3.1.5 施工现场准备

种植前安排相关施工人员进驻工地，并对栽植工程的现场进行清理，拆迁或清除有碍施工的障碍物，然后按设计图纸要求进行地形整理，并设置水源。对于土质较差或不适宜种植的土壤，必须先进行整地，土壤耕地深度可参考植物种植必需的最低土层厚度要求(表5-2)。土壤改良或换客土等措施。施工现场的技术准备工作主要包括土壤改良、微地形整理、整地、定点放线等工作，要根据现场实际实施部分或全部工作内容。有关内容见数字资源。

表 5-2　绿地植物种植必需的最低土层厚度　　　　　　　　　　　　　　　　　cm

植被类型	草本花卉	草坪地被	小灌木	大灌木	浅根乔木	深根乔木
土层厚度	30	30	45	60	90	150

5.3.1.6 栽植工程的苗木选择

苗木的质量和规格是确保施工效果的根本。施工单位应该在栽植前根据设计要求和操作规程针对苗木的质量、年龄、规格、繁殖方式、来源等进行认真分析和调查。

(1) 苗木质量

苗木质量的好坏直接影响栽植的质量、成活率、养护成本及绿化效果,因而应选择优良苗(树)木。高质量的苗木应具备本教材第 3 章的 3.5.2 苗木质量所述的条件。

(2) 苗木年龄

苗木的年龄对栽植成活率的高低有很大影响,并与成活后植株的适应性和抗逆性有关。

幼龄苗木　植株较小,根系分布范围小,起挖过程对树体地上与地下部分的破坏较小,受伤根系再生力强,对栽植地环境的适应能力较强,恢复期短,成活率高,且栽植过程(起掘、运输和栽植)也较简便,并可节约施工费用。但在城市条件下易受到人为活动的损伤,甚至造成死亡而缺株,也会影响近期的景观和生态效果。

壮龄树木　根系分布深广,吸收根远离树干,起挖时伤根率较高,若措施不当,栽植成活率低。为提高栽植成活率,对起挖、运输、栽植及养护技术要求较高,施工养护费用也高。但壮龄树木的树体高大,姿形优美,栽植成活后能很快发挥绿化效益,在重点工程特殊需要时,可以适当选用,但必须采取大树移植的特殊措施。

目前,根据城市绿化的需要和环境条件的特点,一般绿化工程多需用较大规格的幼龄苗木,移栽较易成活,绿化效益发挥也较快。为提高成活率,尤其应该选用苗圃多次移植的大苗。

(3) 苗木规格

绿地中一般设计有不同的树种和不同的苗木规格。规格的大小要综合考虑施工成本、养护难度、绿化效果等因素。园林栽植工程选用的苗木规格应遵循以下原则:落叶乔木最小胸径为 3cm,行道树和人流活动频繁的地方还应更大些,常绿乔木最小也应选用树高 1.5m 以上的苗木,同时乔木要求具有 3~5 个以上分布均匀、角度适宜的主枝,枝叶茂密,树干完整;花灌木株高在 1m 以上,有 3~6 个主干或主枝,分布均匀,冠形丰满;绿篱株高大于 50cm,个体一致,下部不脱裸,苗木枝叶茂密;藤本有 2~3 个多年生主蔓,无枯枝现象;竹类为 1~2 年生竹株,散生竹竹鞭长度大于 50cm;观赏树(孤植树)株形优美,有个体特点,树高 2.5m 以上,分枝均匀。

(4) 苗木来源

栽植的苗(树)木,一般有 3 种来源,即当地园林苗圃培育、从园林绿地调出或野外搜集、外地购进。

① 当地园林苗圃培育的苗木　这类苗木一般质量高，种源及历史清楚，一般对栽植地气候与土壤条件都有较强的适应能力，可随挖随栽。这不仅可以避免长途运输对苗木的损害和降低运输费用，而且可以避免病虫害的传播，因此，在园林中应用最多，但在应用中要特别注意树种或品种的真伪。

② 从园林绿地中调出或野外搜集的树木　从野外搜集或原已定植但现密度过大需要调整，或因基建需要进行移植的树木，一般都是成年大树，移栽到新的地点后可较快地发挥观赏效果。但这些树木受相邻植株的庇护，树冠和根系发育不丰满，移植到空旷地后易发生枝枯和日灼现象。因此，对于这类树木，应根据其具体情况采取得力措施，作好移栽前的准备工作。

③ 外地购进的苗木　当本地培育的苗木供不应求或苗木成本较高时，也可考虑从外地购进。但必须从相似气候区内订购，且在提苗之前应该对欲购苗木的种源、起源、年龄、移植次数、生长及健康状况等进行详细的调查。要把握好起挖、包装的质量关，按照规定进行苗木检疫，运输中及时洒水保湿和防止机械损伤，并尽可能地缩短运输时间。

近年来控根容器苗定植已在绿化中大量应用。容器苗的优点首先在于销售或栽植不受季节的影响，即使在夏秋高温干旱之际都可进行；其次是栽植中受到的干扰小，能保持正常生长，管理方便。同时克服了容器苗栽植时应将周围盘旋的根系展开或纵向切开，以减少根系枯死和以后的根环束现象。

5.3.2　栽植程序与技术

栽植的具体程序包括：挖种植穴(或槽)、苗木的起挖、包装、运输以及栽植、修剪、栽后管理与现场清理等。

5.3.2.1　挖种植穴(或槽)

挖种植穴(或槽)就是严格按照定点放线的标记，依据一定的规格、形状及质量要求，破土完成挖穴的任务。这是落实设计意图，确保栽植成功的重要因素。在有条件的情况下，挖穴应尽量在栽植前提早进行，特别是春植计划，若能提前安排至秋冬进行，则有利于基肥的分解和栽植土的风化，可有效提高栽植成活率。

(1) 种植穴的规格与要求

种植穴应有足够的大小，以容纳植株的全部根系，避免栽植过浅或窝根。其具体规格应根据根系的分布特点、生长速度、土层厚度、肥力状况、紧实程度及剖面是否有间层等条件而定。种植穴的直径至少比根的幅度或土球直径大 30~40cm；种植穴的深度比土球厚度深 15~20cm(表5-3)。特别是在贫瘠、坚实的土壤中，种植穴则应更大更深些，穴径可为根幅或土球直径的 2~5 倍。在山坡上挖种植穴，深度以坡的下沿为准。在绿篱等栽植距离很近的情况下应挖槽整地(表5-4)。专类园和果园也多用挖槽整地。穴或槽周壁上下大体垂直，不应呈"锅底"形或"V"字形。在挖穴与挖槽时，肥沃的表层土壤与贫瘠的底层土壤应分开放置，除去所有的石块、瓦砾和妨碍生长的杂物。贫瘠的土壤中应换上肥沃的土壤或掺入适量的优质腐熟有机肥。

表5-3 乔、灌木种植穴的规格

落叶乔木胸径(cm)	落叶灌木高度(m)	常绿树高度(m)	穴径(cm)×穴深(cm)
		1.0~1.5	(50~60)×40
3~5	1.2~1.5	1.5~2.0	(60~70)×(40~50)
5~7	1.5~1.8	2.0~2.5	(70~80)×(50~60)
7~10	1.8~2.0	2.5~3.0	(80~100)×(60~70)
10~12	2.0~2.5	3.0~3.5	(100~120)×(70~90)

表5-4 绿篱种植槽规格

绿篱苗高度(m)	挖槽规格(宽×深)(cm×cm)	
	单行式	双行式
0.5~0.8	40×30	60×30
1.0~1.2	50×40	80×40
1.2~1.5	60×40	100×40
1.5~2.0	100×50	120×50

(2) 土壤排水与改良

即使在挖掘苗木时保持了较完整的根系，如果不注意土壤类型和栽植地的其他条件，也可能导致栽植的失败。例如，松树需要排水良好的土壤，如果将其栽植在通透性差、内渍严重的黏土上，而又不注意改善排水条件使之逐渐适应，就会使其在1~3年内死于氧气供应不足。因此，在排水极差的立地上，应避免栽植松树或其他不耐低氧的树种，否则就要进行土壤改良，并采取一定的土壤排水措施。

在一般情况下，可在土壤中掺入砂土或适量的腐殖质，增加其通透性，改良土壤结构。也可加深种植穴，在穴底填入一层排水沙砾；或在附近挖一与种植穴底部相通而低于种植穴的渗水暗井，并在种植穴的通道内填入树枝、落叶及石砾等混合物，加强根区的地下径流排水。在渍水极端严重的情况下，可用管径约8cm的农用瓦管或带孔的PVC管敷设地下排水系统（图5-2）。挖穴时如发现地下管线，应停止操作，及时找有关部门协商解决。种植穴挖好后按规格质量要求验收，不合格者应返工。

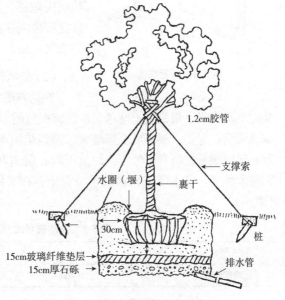

图5-2 树木栽植与植穴排水
(Hartman J R & Pirone P P, 2000)

(3) 施基肥

为保证园林树木栽植后生长发育良好，对未经改良的土壤，挖好种植穴后最好施用基肥。施肥量由技术人员视苗木大小和种植时间确定。施肥时，将一定数量的腐熟有机肥或经处理后的生物有机肥与适量表土混匀，放入种植穴底，其上覆盖一层5cm厚的表土(挖穴深度或种植深度要一并考虑)，然后再种植。

5.3.2.2 苗木的挖掘与包装

苗木的合理挖掘与处理应尽可能多地保护根系，特别是较小的侧根与较细的支根。这类根吸收水分与营养的能力最强，其数量的明显减少，会造成栽植后树木生长的严重障碍，降低树木恢复的速度。根据苗木的根系暴露的状况，可以分为裸根挖掘和带土球挖掘。

(1) 挖掘前的准备

挖掘前的准备工作包括挖掘对象的确定、包装材料及工具器械的准备等。首先要按计划选择并标记选中苗木，其数量应留有余地，以弥补可能出现的损耗；其次是拢冠，即对于分枝较低、枝条长且比较柔软的苗木或丛径较大的灌木，应先用草绳将较粗的枝条向树干绑缚，再用草绳打几道横箍，分层捆住树冠的枝叶，然后用草绳自下而上将各横箍连接起来，使枝叶收拢，便于操作与运输，以减少树枝的损伤与折裂(图5-3)。对于分枝较高、树干裸露、皮薄而光滑的苗木，因其对光照与温度的反应敏感，栽植后种植方向改变易导致日灼和冻害，故挖掘前应在主干北面用油漆做好标记，以便能按原来的朝向栽植。

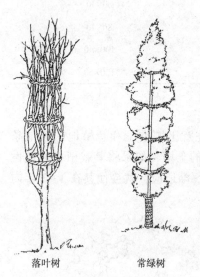

图 5-3　树冠绑缚

(2) 苗木根系或土球挖掘的规格

挖掘时苗木根幅或土球大小与保留的根量有关。从某种意义上讲，根幅或土球越大，保留根量越多，移栽对树木生命活动所造成的干扰越小，越易成活；但是，根幅或土球越大，操作越困难，重量越大，成本也越高。因此，应将苗木的保留根系控制在一个恰当的范围内。苗木起挖所保留根系的多少或土球规格的大小，因树木种类、苗木规格和移栽季节而定，在实践中应在保证苗木成活的前提下灵活掌握(表5-5)。

表 5-5　乔木树种土球挖掘的最小规格　　　　　　　　　　　　　　　　cm

地径	3~5	5~7	7~10	10~12	12~15
土球直径	40~50	50~60	60~75	75~85	85~100

乔木树种挖掘的根幅或土球规格也可以根据树木胸径或地径的大小而定。乔木树种根系或土球挖掘直径一般是树木胸径的6~12倍，其中，树木规格越小，比例越大；反

之，则越小。若以树木地径为依据，也可按下列公式推算：

$$土球直径(cm) = 5 \times (树木地径 - 4) + 45$$

即树木地径在 4cm 以上时，地径每增加 1cm，土球直径相应增加 5cm；地径超过 19cm，土球直径则以其 6.3(2π)倍计算。土球高度约为土球直径的 2/3。

(3) 裸根挖掘与包装

落叶树可以裸根或带土球栽植。前一种方法对树木的成活与生长会造成较大的障碍，但需要的器械少，成本低，只要应用得当，也可取得比较理想的栽植效果。常绿树或地径超过 10cm 的落叶树通常都应带土球移栽。有些树种如悬铃木、杨、柳及榆树等，其抗性强，萌芽力高，裸根栽植的成活率高，同时生长受到的干扰也小；而有些树种如鹅掌楸、玉兰等，在成活期中几乎要耽误 1 年左右的时间，才能恢复正常生长。

裸根挖掘应保证树木根系有一定的幅度与深度。乔木树种的根幅可按胸径 8~12 倍确定，灌木树种可按灌木丛高度的 1/3；根的深度应根据其垂直分布的密集深度而确定，对于大多数乔木树种来说，60~90cm 深就足够了。

挖掘开始时，先以树基中心为圆心，以计划的根幅为半径在地面画圆，于圆外绕树开沟起苗，垂直挖至比根群的主要分布区稍深一点，切断侧根。然后于一侧向内掏挖，适当摇动树干查找深层粗根和主根的方位，并将其切断。如遇难以切断的粗根，应把四周土壤掏空后，用手锯锯断，切忌用铁锹去硬铲，以免造成根系劈裂。将根系全部切断后，摇振苗木，由外向内逐渐抖落、掏弃土壤，对已劈裂的根应进行修剪。

(4) 带土球苗的挖掘与包装

一般常绿树和地径超过 10cm 的落叶树，必须带土球移栽。虽然带土球栽植增加了成本，树木根系范围也有一定程度缩小，但土球内的根系完整，并保持着与土壤的密切关系，栽植后的成活与生长受干扰很小。土球的直径、深度在很大程度上取决于土壤类型、根的习性及树木种类等因素。具长主根的树种，如多数松类、美国山核桃、乌桕、枫香等，应为圆锥形土球；具较深根系的树种，如多数栎类，应为径、高几乎相等的球形；根系浅而分布广的树种，如榆、柳、杉等应为宽而平的土球。土球较常见的形状是圆锥形、截头形、橘圆形、近椭圆形，甚至正方形。

土球重量的计算方法，是以米(m)为单位，量出土球的直径自乘，再乘以土球的深(或高)度，取其总数的 2/3，然后乘以 1762(土壤的平均质量约为每立方米 1762kg)，最后结果就是以千克(kg)为单位估算的土球重量，计算公式及其含义如下：

$$W = \frac{2}{3} D^2 \cdot H \times 1762$$

式中　W——土球重量，kg；

　　　D——土球横径，m；

　　　H——土球高(或纵径)，m。

落叶树土球的直径，像裸根挖掘一样，为树干直径的 8~12 倍；常绿树可以稍小，一般为树干直径的 6~10 倍。这一规格与一般人认为常绿树的土球应大于落叶树的看法相反。这是因为一般常绿树须根多，根系比较紧凑集中，在较小的土球内可保留有较多须根。

挖掘开始时，先铲除树干周围的表层土壤，以不伤及表面根系为准。然后按规定半径绕干基画圆，在圆外垂直开沟到所需深度后向内掏底，边挖边修削土球，并切除露出的根系，使之紧贴土球。伤口要平滑，大切面要消毒防腐。挖好的土球是否需要包扎或采用什么方法包扎则取决于树木的大小、根系盘结程度、土壤质地及运输距离等。如果土壤黏紧，土球不太大，根系盘结较紧，运输距离较近，则可以不进行包扎或仅进行简易的包扎。如果土球直径在50cm以下且土质不松散，可先将稻草、蒲包、粗麻布或塑料布等软质材料在穴外铺平，然后将土球挖起修好后放在包装材料上，再将其向上翻起绕干基扎牢（图5-4）；也可用草绳沿土球径向绕几道，再在土球中部横向扎一道，使径向草绳固定即可（图5-5）。如果土球较松，或土球直径在50cm以上，则应在坑内包扎，并要在掏底包扎前系数道腰箍，具体方法参见"本章5.4.2.2 大树挖掘"。

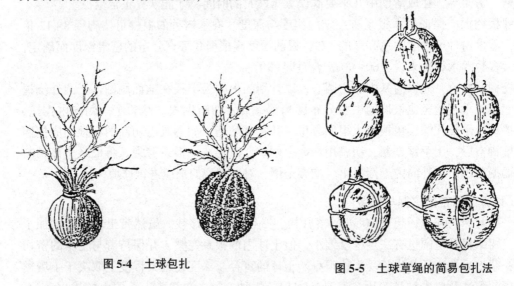

图5-4 土球包扎　　　　图5-5 土球草绳的简易包扎法

5.3.2.3 苗木运输

在苗木运输的过程中要防止树体，特别是根系过度失水，保护根、干免受机械损伤，要轻装、轻卸。如果有大量的苗木同时出圃，在装运之前，应对苗木的种类、数量与规格进行核对，仔细检查苗木质量，淘汰不合格苗木，补齐所需的数量，并附上标签，在标签上注明树种、年龄、产地等。车厢内应先垫上草袋等物，以防车板磨损苗木。

装运裸根苗时，应将根系向前、树梢向后，顺序码放整齐，在后车厢处垫上草帘或蒲包，将树干、树冠用绳捆好，上面盖好苫布。

带土球苗装运时，苗高不足2m者可竖放；苗高2m以上的应使土球在前，苗梢向后，斜放或平放，并用木架将树冠架稳，梢端不拖地。土球直径小于50cm的，可装2~3层，并装紧固定，防止开车时晃动；土球直径大于50cm的，只许放一层。运苗时，土球上不许站人和压放重物。

树苗应有专人跟车押运，经常注意苫布是否被风吹开。短途运苗，中途最好不停留；长途运苗，裸露根系易被风吹干，应注意洒水。休息时车应停在阴凉处。苗木运到后应及时卸车，并要轻拿轻放。卸裸根苗时不应抽取，更不能整车推下；经长途运输的裸根苗木，根系较干时应浸水 1~2d。带土球小苗应抱球轻放，不应提树干；较大土球苗，可用长而厚的木板斜搭于车厢，将土球移到板上，顺势慢慢滑动卸下，或用吊车吊下。包扎不严的土球苗不能滚卸，以免散土球。

5.3.2.4 假植与寄植

假植与寄植都是在定植之前，按要求将苗木的根系埋入湿润土壤中，以防风吹日晒失水，保持根系活力，促进根系恢复与生长的方法。假植一般适用于适宜种植季节起苗并种植施工或晚秋起苗越冬后种植施工的苗木，而寄植则适用于春季掘起的苗木，需要在非适宜种植季节夏季种植施工的苗木。寄植比假植的要求高。

(1) 假植

苗木运到现场后，不能及时栽植的，应视距拟栽植时间长短分别采取相应的假植措施。裸根苗临时放置 1~2d 的，可在根部及枝叶少量喷水后用苫布或草袋盖好；如需较长时间假植，应选靠近施工地点、排水良好、背风阴凉的地方挖一宽 1.5~2.0m、深 0.3~0.5m（长度视需要而定）的假植沟，按树种或品种分别集中假植，并做好标记。树梢应顺主风方向斜放，将苗木排在沟内，然后在根部覆盖湿润细土拍实，一层一层依次进行（图5-6）。在此期间，如土壤过干应适量浇水，但也不可过湿，以免影响日后的操作。

带土球的苗木如果在 1~2d 内能够栽完就不必假植；1~2d 内栽不完的，应集中放好，四周培土，土球间隙也填加湿润细土，树冠用绳拢好，定期向枝叶喷水保湿。

图 5-6 裸根苗假植方法

(2) 寄植

春季掘起的苗木，如果夏季种植，则可采用寄植的方法；或者为了能够在夏季等非适宜种植季节种植施工，可使用春季苗木寄植的形式过渡培养。一般是在早春树木发芽之前，按规定挖好土球苗或裸根苗，在施工现场附近进行相对集中的种植。

对于裸根苗，应先造土球再行寄植。造土球的方法是：在地上挖一个与根系大小相当，向下略小的圆形土坑，坑中垫一层包装材料（如草帘、蒲包等），按正常方法将苗木植入坑中，将湿润细土填入根区，使根、土密接，不留任何大的孔隙，也不要损伤根系。然后将包装材料收拢，捆在根颈以上的树干上，脱出假土球，加固包装，即完成造土球的工作。

土球苗寄植一般可用竹筐、藤筐、柳筐及箱、桶或缸等容器，其直径应略大于土球，并应比土球高 20~30cm。先在容器底部放些栽培土，再将土球放在正中，四周填土，分层压实，直至离容器上沿 10cm 时筑堰浇水。

寄植场应设在交通方便、水源充足而不易积水的地方。容器摆放应便于搬运和集中管理，按树木种类、容器大小及一定株行距在寄植场挖相当于容器高度 1/3 深的置穴。将容器放入穴中，四周培土至容器高度的 1/2，拍实。寄植期间应适当施肥、浇水、修剪和防治病虫害，在肥水管理中应特别注意防止植株徒长，增强抗性。在准备实施种植施工前应停止浇水，提前将容器外部的土扒平，待竹木等吸湿容器略风干坚固以后，立即移栽。

5.3.2.5 栽植前修剪

苗木挖掘后或种植前应对苗木进行一定程度的修剪，合理的栽植前修剪既能保证园林景观的整体观赏效果，又可以提高苗木对新环境的适应能力与成活率，避免因新植树木死亡而造成的资源浪费。修剪目的主要有3个方面：①通过修剪保持树体水分代谢平衡，提高苗木栽植成活率；②培养苗形，在满足成活的基础上达到预期的观赏效果；③通过修剪减少苗木起挖、运输、栽植过程中的伤害。

落叶乔木栽植前修剪应保持原有树形，以疏枝为主、短截为辅；有中央领导干的树种应尽量保持中央领导干；中心干不明显的树种，选择直立枝代替中心干生长，控制竞争枝；对保留的主、侧枝应在健壮芽上方短截，可剪去枝条1/5~1/3。枝条茂密的常绿阔叶乔木可适当疏枝、短截，保留一定数量的1~3级枝，叶量保留1/5~1/3；常绿针叶树不宜过多修剪，只剪下垂枝、病虫枝、枯死枝、过密枝。用作行道树的苗木，定干高度不小于2m，定干高度以下枝条全部疏除。

苗木栽植前应剪掉腐烂根、裸露的细长根、劈裂损伤根等，对于较粗大根系要保证截口平滑，以利愈合。

5.3.2.6 栽植技术

(1) 栽植深度与方向

栽植深度应以新土下沉后，树木基部原来的土印与地表相平或稍低于地表(3~5cm)为准。栽植过浅，根系经风吹日晒容易干燥失水，抗旱性差；栽植过深，树木生长不旺，甚至造成根系缺氧窒息，进而导致死亡(图5-7)。

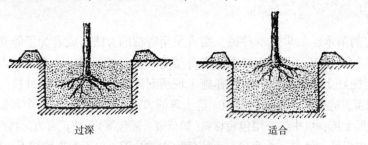

图5-7 栽植深度

苗木栽植深度也因树木种类、土壤质地、地下水位和地形地势而异。一般发根(包括不定根)能力强的树种如杨、柳、杉木等和根系；穿透力强的树种如悬铃木、樟树、三角枫等可适当深栽；榆树可以浅栽。土壤黏重、板结应浅栽；质地轻松可深栽。土壤排水不良或地下水位过高应浅栽；土壤干旱、地下水位低应深栽。坡地可深栽；平地和低洼地应浅栽，甚至须抬高栽植。此外，栽植深度还应注意新栽植地的土壤与原生长地的土壤差异，如果树木从排水良好的立地移栽到排水不良的立地上，其栽植深度应比原来浅5~10cm。

苗木，特别是主干较高的大苗，栽植时应保持树冠原来的朝向。因为树干和枝叶生长方向不同，其组织结构的充实程度或抗性存在着差异。朝西、北向的干枝结构坚实（年轮窄就是证明）、抗性强。如果原来树干朝南的一面栽植时朝北，冬季树皮容易冻裂，夏季容易遭受日灼危害。此外，阴阳面的树叶也存在差异。当然，若无冻害或日灼危害，应尽量把观赏价值高的树冠面朝向主要视线。栽植时除特殊要求外，树干应垂直于东西、南北两条轴线。

(2) 栽植过程与要求

① 裸根栽植（图5-8） 先检查种植穴的大小是否与苗木根深和根幅相适应。穴过浅要加深，并在穴底垫10~20cm的疏松土壤，并适度踩实。然后在穴底堆一半圆形土堆，按预定方向与位置将苗木根系骑在土堆上，并使根系沿锥形土堆四周自然散开，保证根系自然舒展而不窝根。苗木放好后先用挖坑时挖出的表土回填，或扩穴铲土。直接与根接触的土壤，一定要细碎、湿润，不要太干也不要太湿，切忌粗干土块挤压，以免伤根和留下空洞。如果苗小可一人扶苗，如果苗

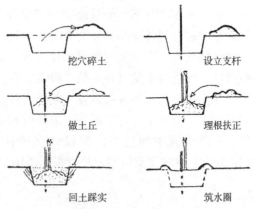

图5-8 树木的栽植方法
（Bernatzky A，1987）

大可用绳索、支杆拉撑苗木，当土壤回填至穴高的1/3时，可轻轻将苗木向上提起或左右抖动苗木，以便土粒从根缝中自然下落，使根系与土壤密接，然后分层填土，分层踏实。如果土壤太黏就不要踩得太紧，否则会因通气不良而影响根系的正常呼吸。

栽植前如果发现裸根苗木失水过多，应将植株根系放入水中浸泡10~20h，充分吸水后栽植。对于小规格乔灌木，无论失水与否，都可在起苗后或栽植前用泥浆蘸根后栽植，即用过磷酸钙2份、黄泥15份，加水80份，充分搅拌后，将树木根系浸入泥浆中，待每条根均匀黏上黄泥后栽植，可保护根系，促进成活，但要注意泥浆不能太稠，否则容易起壳脱落，损伤须根。

② 带土栽植 可泛指树木根系带有原生长基质的栽植方法。带土栽植的常规操作是将带土苗小心地放入事先准备好的栽植穴内，其方向和深度与裸根苗相同。一切栽植方向和深度的调整都应在包扎物拆除之前进行。如果土球没有破裂的危险，应将包扎物拆除干净。拆除包装后不应再推动树干或转动土球，否则会发生根土分离。如果包扎物拆除困难或土球易破裂，可剪断包扎物，松开蒲包或草袋，任其在土中腐烂（如果包装物太多，应去掉一部分）。

容器苗栽植，必须将苗木从容器中脱出，并把盘绕在外围的根系切除，防止窝根和形成根环束现象。容器苗栽植不进行提苗，但同样要分层填土，分层踏实。

如果栽植地地势低或地下水位高，则需要在栽植前做好排水和通气措施。不管是裸根栽植还是带土栽植，在干旱地区或浇灌条件十分差的地段，除推广容器苗外，还可使用保水剂进行抗旱栽植。保水剂的使用，除可提高土壤通透性外，还具有一定的保墒效果，提高树体抗逆性。另外，保水剂栽植可节约肥料30%以上，可节水50%~70%，尤

其适合于北方干旱地区。目前主要应用的保水剂为聚丙烯酰胺和淀粉接枝型，拌土使用的大多选择粒径0.5~3mm的剂型，以有效根层干土中加入0.1%拌匀，然后浇透水；或让保水剂吸足水成饱和凝胶，以10%~15%比例与土拌匀。

(3) 立支架

对新栽树木立支架是为了保护树木不受机具、车辆和人为损伤，固定根系，防止被风吹倒并使树干保持直立状态。凡是胸径在5cm以上的乔木，特别是裸根种植的落叶乔木、枝叶繁茂而又不宜大量修剪的常绿乔木和有台风的地区或风口处栽植的大苗（树），均应考虑进行树体支撑。立支架时，支柱要牢固，树木绑扎处应夹垫软质物，绑扎后树干须保持正直。立支架时捆绑不要太紧，应允许树木能适当地摆动，以利提高树木的机械强度，促进树木的直径生长、根系发育，增加树木的尖削度和抗风能力。如果支撑太紧，在去掉支架后树木容易发生倾斜或翻倒。因此，树木的支撑点应在防止树体严重倾斜或翻倒的前提下尽可能降低。成排树木或栽植较近的树木，可用绳索或木、竹相互连接，在两端或中间适当位置设置支撑柱。有些带土球移栽的树木也可不进行支撑（图5-9）。树木立支架的方法可根据使用材料和支撑部位分为桩杆式和牵索式两种。

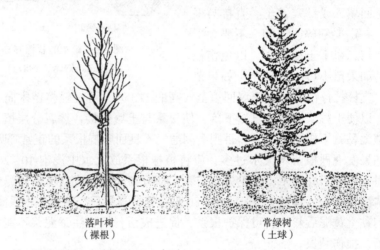

图5-9 栽植后的树木（Hartman J. R. & Pirone P. P, 2000）

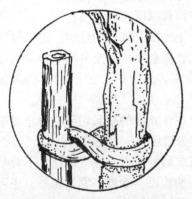

图5-10 树干与立杆的"∞"字形连接
(Hartman J. R. & Pirone P.P, 2000)

① 桩杆式支架 使用的材料有木桩、竹桩、水泥桩或铁管桩，其支点一般低于牵索式支架。桩杆式支架根据支架物的姿态可分为直立式和斜撑式。依支架物的数量则可分单柱形支架、扁担形支架、三角形支架、十字形（双扁担形）支架、四柱形支架等。

直立式 高5~6m的树木，可将1~2根长2.0~2.5m的桩材或支柱，打入离干基15~30cm的地方，深约60cm。然后将一胶皮管在树干适当位置上围成一圈，用铁丝连接起来，扭成"∞"字形绕在立桩上（图5-10）。直立支架又有单立式、双立式和多立式之分。若采用双立式或多立式支架，相对立柱可用横杆呈水平状紧靠树干连接起来。如果没有软管，也可用粗麻布、粗帆布、蒲包等软质材料以各种方式环绕在树干与支架相接触的地方，并把松的一端钉在支架上(图5-11)。有条件的地方还可采用专用支架进行支撑。

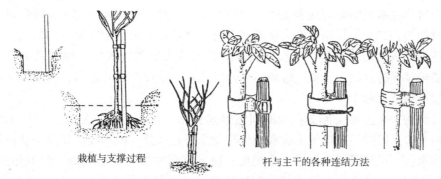

栽植与支撑过程　　　　　　　杆与主干的各种连结方法

图5-11　树木的栽植与支撑

斜撑式　用适当长度(1.5~2.0m)的3根支杆，以树干基部为中心，由外向内斜撑于树干1.0~1.5m高的地方，组成一个正三棱锥形的三脚架进行支撑。3根支柱的下端入土30~40cm，上面的交点同样以软管、蒲包等将树干垫好后连接在一起。

② 牵索式支架　较大的树须用1~4根(一般为3根)金属丝或缆绳拉住加固。这些支撑线(索)从树干高度约1/2的地方拉向地面，与地面的夹角约为45°。线的上端用防护套或胶皮管及其他软垫绕干一周连接起来。线的下端固定在铁(或木)桩上。角铁(或木)桩上端向外倾斜，槽面向外，周围相邻桩之间的距离应该相等(见图5-2)。在大树上牵索，有时还要将金属线连在紧线器上。

牵索支架很少在街道或普通公园应用，这是因为这些金属线索会给行人或游客带来潜在的危险，特别是在夜间容易绊伤行人。因而应对牵索加以防护或设立明显的警示标识，如在线上系上白布条或将竹竿劈开一条缝套在线上，再在竹竿外部涂以红白相间的油漆，以引起行人的注意。

(4) 开堰浇水

树木在设立支架后应沿树穴外缘开灌水堰，如图5-12所示。灌水堰埂高20~25cm，用脚或铁铲将埂夯实，以防浇水时跑水、漏水。树木栽植后，浇水的频率取决于土壤类型、树木规格及降水量、降水频度等，通常在无自然降雨的情况下栽后要连续浇3次水。第一遍水称为"定根水"，浇完第一遍水后，应检查堰内有无跑水、漏水情况，如有应及时填土，并将歪斜的树木扶直；隔2~3d再浇第二遍水，过5~7d浇第三次水。待第三遍水浇完之后的2~3d，及时对灌水堰内的板结表土进行中耕，然后撤除灌水堰，将堰埂土壤培至树基处，在树干周围

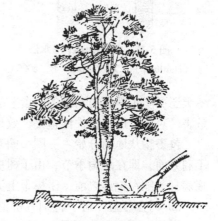

图5-12　开堰浇水

形成一小土堆。

每次浇水时，水量要足，但速度要慢。在浇水之前最好在土壤上放置木板或草袋，让水落在木板或草袋后流入土壤中，以减少水对土壤的冲刷作用，而慢慢渗入土中，直至湿润根层的土壤，即做到小水灌透。在浇水中应注意两个问题：一是不要频繁少量浇水，因为这样浇水只能湿润地表几厘米内的土层，诱使根系向地表生长，降低树木的抗旱和抗风能力；二是不要超量大水灌溉，否则不但赶走了根系正常发育的氧气，会影响生长，还会促进病菌的发育，导致根腐，同时浪费水资源。因此，树木根系周围的土壤，既要经常保持湿润，又不应饱和。春天根系开始生长和放叶之前，新栽树木周围的土壤一般应保持相对干燥。

新移栽的大树土球，可能在短时间内迅速失水干燥，不能只靠雨水保持土球的湿润。在树木成活以前还要根据土壤水分状况经常补充水分。树木成活期间经常向移栽后的树冠喷水，不但可以减少树体水分损失，而且可以冲掉叶面的蜘蛛、螨类和烟尘等，对促进树木移植成活有很大的作用，但要注意不能因此而使土壤长时间处于过湿状态。晚秋或冬天移栽的阔叶树在翌春发芽前需水较少。

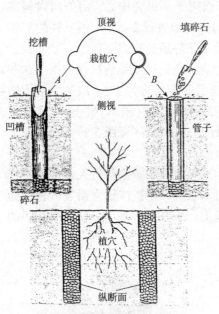

图 5-13　Rex-Keyser 灌水法

(Hartman J. R. & Pirone P. P, 2000)

新栽植的大树可用一种十分方便的 Rex-Keyser 灌水法。其具体做法是：在树坑挖好以后，在相对侧的坑壁上各挖 1 个半圆形垂直槽直到坑底，将尺度为 45.7cm×7.6cm×0.2cm，带有 1.5~2.5cm 孔径网眼的卡纸板或三夹板圆筒嵌入槽内，上端平地表，用碎石填满管筒，盖住上口后按常规方法栽树。通过这些管筒的孔，雨水或浇灌的水很容易到达临界根层（图 5-13）。还有一种称作"水洞"的聚乙烯（PVC）管，顶部开口，管径约 8cm，侧面有小孔。将其直埋入土壤，顶端与地面相平。每棵树至少有 2 个水洞。这类装置不但有利于灌水，而且可减少水分的流失。

(5) 树干包裹与树盘覆盖

① 裹干　新栽的树木，特别是树皮薄、嫩、光滑的幼树，需用粗麻布、无纺布、草绳、特制皱纸（中间涂有沥青的双层皱纸）或其他材料包裹树干，以防日灼、干燥、低温危害及减少蛀虫侵害，冬天还可防止啮齿类动物的啃食。从荫蔽树林中移出的树木，因其树皮极易遭受日灼的危害，对树干进行保护性包裹，效果十分显著。

包裹物从地面开始，一圈一圈互相重叠地向上裹至第一级分枝处。树干包裹也有其不利方面，即在多雨季节，由于树皮与包裹材料之间保持过湿状态，容易诱发真菌性溃疡病，若能在包裹之前，于树干上涂抹杀菌剂，则有助于减少病菌感染。

② 树盘覆盖　对于特别有价值的树木，尤其是在秋季栽植的常绿树，树盘可用碎木、树皮、核桃壳等覆盖，可提高树木移栽的成活率。因为适当的覆盖可以减少地表蒸

发，保持土壤湿润和防止土温变幅过大。覆盖物的厚度至少是全部遮蔽覆盖区而见不到土壤，有的也可栽种地被花卉覆盖树盘。

5.3.2.7 栽植后修剪

园林苗木栽植后修剪主要适用于灌木类植物，目的是补偿根系的损失，使植物地上与地下部分达到一定程度的水分平衡，同时完成植物单体或群体的整形要求。对乔木类植株，主要是对受伤枝条和修剪不够理想的枝条进行复剪。

5.4 大树移栽工程

有关内容见数字资源。

5.4.1 大树移栽意义和特点

大树移栽工程是指对胸径 15cm 以上的常绿乔木或胸径 20cm 以上的落叶乔木的移栽工作。这是城市绿化中，为了及早发挥树木的造景效果常采用的重要手段和技术。大树移植的意义主要表现在最短时间内改善环境景观，较快地发挥园林树木的功能效益，及时满足重点工程、大型市政建设绿化与美化等要求；有效提高城市绿化覆盖率和绿视率，代表城市绿化的更高水准；同时体现城市绿化的历史感、年代感。

大树移栽的特点是：①移栽时间长；②工程量大，费用高；③成活困难；④绿化效果快速且显著。

补充内容见数字资源。

5.4.2 大树移栽技术

大树移栽的基本要求与一般树木相同，但因树体高大，操作困难，就必须在常规大苗移植的基础上严格实施各项技术措施。

5.4.2.1 大树移栽前的准备与处理

(1) 做好规划与计划

进行大树移栽事先必须做好规划与计划，包括栽植的树种规格、数量及造景要求等。为了促进移栽时所带土球具有尽可能多的吸收根群，应提前对移栽树木进行断根缩坨，提高移栽成活率。事实上，许多大树移栽失败，主要是由于没有对准备移栽的大树采取促根的措施。

(2) 选树

对可供移栽的大树进行实地调查。调查的内容包括树种、树龄、干高、胸径、树高、冠幅、树形等进行测量记录，注明最佳观赏面的方位并摄影。调查记录土壤条件及周围情况，判断是否适合挖掘、包装、吊运；分析存在的问题和解决措施。此外，还要了解树木的所有权等。对于选中的树木应立卡编号，为设计提供资料。大树个体选择可根据以下要求综合考虑：形态特征合乎景观要求，树冠丰满，树姿优美；幼、壮龄树；生长正常，干粗矮、皮较厚，无病虫害；原环境条件要适宜挖掘、吊装和运输操作；优选容器苗、苗圃多次移植苗、提前断根苗；规格合适。

(3) 断根缩坨

断根缩坨又称为围根缩坨、回根、盘根或截根。定植多年或野生大树，特别是胸径在25cm以上的大树，应实施移栽前2~3年断根缩坨，利用根系的再生能力，断根刺激，促使树木形成紧凑的根系和发出大量的须根。从林内选中的树木，为增强其适应全光和低湿的能力，应在断根缩坨之际，对其周围的环境进行适当的清理，疏开过密的植株，并对移栽的树木进行适当修剪，改善透光与通风条件，增强树势，提高抗逆性。

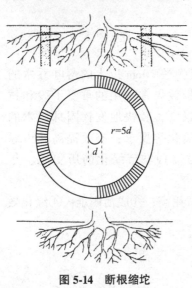

图 5-14　断根缩坨
（Bernatzky A，1987）

断根缩坨通常在春季或秋季进行。在具体操作时，应根据树种习性、年龄大小和生长状况，判断移栽成活的难易，确定开沟断根的水平位置。落叶树种的沟离干基的距离约为树木胸径的5倍，常绿树须根较落叶树集中，断根半径可小些。沟可围成方形或圆形，但须将其周长分成4或6等份。第一年相间挖2或3等份，沟宽应便于操作，一般为30~50cm；沟深视根的深度而定，一般为50~70cm。沟内露出的根系应用利剪（锯）切断，与沟的内壁相平，伤口要平整光滑，大伤口还应涂抹防腐剂，有条件的地方可用酒精喷灯灼烧进行炭化防腐。将挖出的土壤打碎并清除石块、杂物，拌入腐叶土、有机肥或化肥后分层回填踩实，待接近原土面时，浇一次透水，渗完后覆盖一层稍高于地面的松土。第二年以同样方法处理剩余的2~3等份。第三年移栽（图5-14）。用这种方法开沟截根，可使断根切口附近产生大量新根，有利于成活，变一次截根为两次截根，避免了对树木根系的集中损伤，不但可以刺激根区内发出大量新根，而且可维持树木的正常生长。在实际工作中，为了应急，在一年中的早春和深秋分两次完成断根缩坨的工作，也可取得较好的效果。

5.4.2.2　大树挖掘

(1) 土球挖掘与软材包装

一般适用于胸径为10~20cm，生长在壤土及其他不太松软土壤上的大树。若带土直径不超过1.3m，土球多用草绳、麻袋、蒲包、塑料布等软质材料包装。挖掘时先按计划确定土球半径，以树基为中心绕树画一圆，再于圆外绕圆开沟。沟宽多为60~80cm，应便于操作；沟深多为60~90cm，一般以根系密集层以下为准。凡在开沟中露出的直径在3cm以上的大根，则用锯切断，切口要平滑，大伤口应涂防腐剂。小根用利铲截断或剪除。在挖掘过程中，应随挖随修整土球形状。当沟挖至要求的深度时，再向土球底部中心掘挖，并留下土球直径的 1/4~1/3 的中心土柱，以便于包扎和土球固定。在进一步修削土球根群以上的表土和掘挖土球下部的底土时，必须先打腰箍，再将无根的表土削成凸弧形。在整个挖掘、切削过程中，要防止土球破裂。土球中夹有石块等杂物暂时不必取出，到栽植时再做处理，这样就可保持土球的整体性。

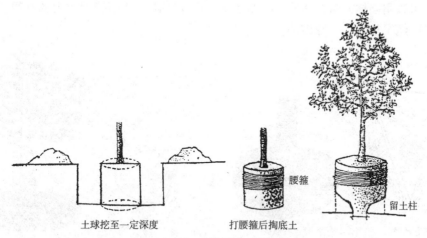

图 5-15　土球的挖掘与打腰箍

打腰箍应在土球挖掘到所需深度并修好土柱后进行（图 5-15）。开始时，先将草绳一端压在土柱横箍下面，然后一圈一圈地横扎。包扎时用力拉紧草绳，边拉边用木锤慢慢敲打草绳，使草绳嵌入土球而不致松脱，每圈草绳应紧接相连、不留空隙；至最后一圈时，将绳头压在该圈的下面，收紧后切除多余部分。腰箍包扎的宽度依土球大小而定，一般从土球上部 1/3 处开始，围扎土球全高的 1/3。如果开始挖掘之前没有将表层浮土铲去，则在腰箍打好后铲去土球顶部浮土，再在腰箍以下向土球底部中心掘土，直至留下 1/4~1/3 的土柱为止，然后打花箍。土球底部的土柱越小越好，一般只留土球直径的 1/4，不应大于 1/3。这样在树体倒下时，土球不易崩碎，且易切断树木的垂直根。花箍打好后再切断主根，完成土球的挖掘与包扎。打花箍的形式分"井"字包（又称古钱包）、五角包和橘子包（又称网格包）3 种。运输距离较近，土壤又较黏重时，常采用"井"字包或五角包的形式；比较名贵的树木，运输距离较远且土壤的砂性又较强时，则常采用橘子包的形式。

① "井"字包的包扎法　先将草绳一端结在腰箍上或主干上，然后按照图 5-16 左所示的顺序包扎。先由 1 拉到 2，绕过土球底部拉到 3，再拉到 4，又绕过土球的底部拉到 5，如此顺序地打下去，最后包扎成图 5-16 右所示的样子。

② 五角包的包扎法　先将草绳一端结在腰箍上或主干上，然后按照图 5-17 左所示顺次序包扎。先由 1 拉到 2，绕过土球底部，由 3 拉至土球上面到 4，再绕过土球底，由 5 拉到 6。如此包扎拉紧，最

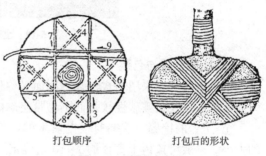

图 5-16　"井"字包

后包扎成图 5-17 右所示的样子。

③ 橘子包的包扎法　先将草绳一端结在主干上，再拉到土球边，依图 5-18 左所示的顺序由土球面拉到土球底。如此继续包扎拉紧，直至整个土球被草绳包裹为止（图 5-18）。橘子包包扎通常只要扎上 1 层就可以了。有时对名贵的或规格特大的树木进行包扎，可以用同样方法包 2 层，甚至 3 层。中间层还可选用强度较大的麻绳，以防止吊车起吊时绳子松断，土球破碎。

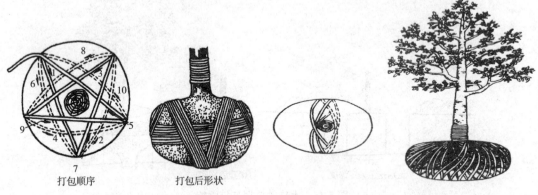

图 5-17　五角包　　　　　　　　　　　　　图 5-18　橘子包

根据国内外的实践经验，用粗麻布（将麻袋切开）、粗帆布、蒲包或草包等摊开，紧包土球，接口用扣钉钉牢，使其成为一个整体，称为麻布包装土球苗。如果是大土球，则必须用网绳加固。即用细绳编织成 12~15cm 大的网眼并与土球大小相当的网袋，套在已包扎的土球外，在干基将网袋紧紧收拢捆牢（图 5-19）。

图 5-19　土球保护网片

(2) 土台挖掘与包装

带土台移栽多采用箱式包装，因而又称板箱式移栽。一般适用于胸径 15~30cm 或更大的树木，以及土壤砂性较强而不易带土球的大树移栽。

① 土台的挖掘　挖掘前根据树木的种类、株行距和干径大小确定植株根部留土台的大小。一般可按树干直径的 7~10 倍确定土台。

土台大小确定之后，以干基为中心，按比土台大 10cm 的边长，画一正方形框线，铲除正方形内的浮土，沿框外缘挖一宽 60~80cm 的沟。沟深与规定的土台高度相等。挖掘时随时用箱板进行校正，修平的土台尺寸可稍大于边板规格，以便绞紧后保证箱板与土台紧密。土台下部可比上部小 10~15cm 呈上宽下窄的倒梯形，这样可分散箱底承受的压力。土台四个侧面的中间应略微突出，以便装箱时紧抱土台，切不可使土台四壁中间向内凹陷(图 5-20)。

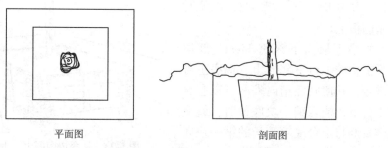

图 5-20　土台的挖掘(陈有民，2011)

② 装箱　修好土台后应立即上箱板。先将土台 4 个角修成弧形，用蒲包包好，再将箱板围在四面，用木棒等顶牢，经过检查校正，使箱板上下左右对好。其上缘应低于土台 1cm(预计土台将要下沉数)，即可将钢丝分上下两道围在箱板外面(图 5-21)。上下两道钢丝绳的位置，应距箱板上、下边缘各 15~20cm。在钢丝绳接口处安装紧线器，并将其松到最大限度。上、下两道钢丝绳的紧线器应分别装在相反方向箱板中央的横板条上，并用木墩将钢丝绳支起，以便紧线。紧线时，必须两道钢丝绳同时进行。钢丝绳的卡子不可放在箱角和带板上，以免影响拉力。紧线时如钢丝跟着转动，则用铁棍将钢丝绳别住。当钢丝绳收紧到一定程度时，即可进行下一道工序。钢丝绳收紧后，先在两块箱板交接处，即围箱的四角钉铁皮(图 5-22)。每个角的最上和最下一道铁皮距上、下箱板

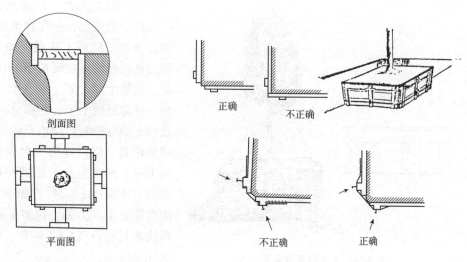

图 5-21　土台围板固定(陈有民，2011)　　　　图 5-22　箱角钉铁皮

边各 5cm；如箱板长 1.5m，则每角钉 7~8 道；如长 1.8~2.0m，每箱角钉 8~9 道；如长 2.2m，钉 9~10 道。铁皮通过箱板两端的横板条时，至少应在横板上钉 2 枚钉子。钉尖向箱角倾斜，以增强拉力。箱角与板条之间的铁片，必须绷紧、钉直，然后旋松紧线器，取下钢丝。

土台四周箱板钉好之后，开始掏土台下面的底土，上底板和面板。先按土台底部的实际长度，确定底板的长度和所需块数。然后在底板两端各钉一块铁皮，并空出 1/2，以便对好后钉在围箱侧板上。

掏底时，先沿围板向下深挖 35cm，然后用小镐和小平铲掏挖土台下部的土。掏底土可在两侧同时进行，并使底面稍向外凸，以利收紧底板。当土台下边能容纳一块底板时，就应立即将事先准备好与土台底部等长的第一块底板装上，然后继续向中心掏土（图 5-23）。

图 5-23　从两边掏底土、上底板

上底板时，将底板一端空出的铁皮钉在木箱板侧面的带板上。再在底板下放木墩顶紧，底板的另一端用千斤顶将底板顶起，使之与土台紧贴，再将底板另一端空出的铁皮钉在相应侧板的纵向横条上。撤下千斤顶，同样用木墩顶好，上好一块后继续往土台内掏，直至上完底板为止。但在最后掏土台中央底土之前，先用四根 10cm×10cm 的方木将木箱四方侧板向内顶住。其支撑方法是：先在坑边中央挖一小槽，槽内插入一块小木板，将方木的一头顶在小木板上，另一头顶在侧板中央横板条上部，卡紧后用钉子钉牢，这样四面钉牢就可防止土台歪斜（倒）。然后掏出中间底土。掏挖底土时，如遇树根可用手锯锯断，并使锯口留在土台内，决不可让其凸出，以免妨碍收紧底板。掏挖底土要注意安全，决不能将头伸入土台下面。在风力超过 4 级时应停止掏底作业。上底板时，如土壤质地松散，应选用较窄木板，一块接一块地封严，以免底土脱落。万一脱落少量底土，应在脱落处填充草席，蒲包等物，然后上底板。如土壤质地较硬，则可在底板之间留 10~15cm 宽的间隙。底板上好之后，将土台表面稍加修整，使靠近树干中心的部分稍高于四周。表面土壤亏缺时，应填充较湿润的好土，用锹拍紧。修整好的土台表面应高出围板 1cm，再在土台上面铺一层蒲包，即可钉上木板（图 5-24）。如需钉四块上板则应相距 15~20cm。需多次吊运的树木，四块木板应钉成"井"字形。钉铁皮的方法如前所述。

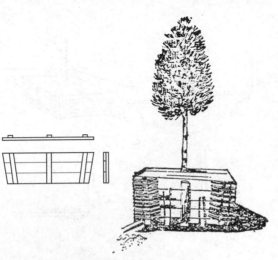

图 5-24　上盖板完成装箱工作

(3)冻土球挖掘

冻土球挖掘是土壤冻结时挖掘土球，土球挖好后不必包装，可利用冻结河道或泼水冻结地面用人、畜拉运。优点是可以利用冬闲，节省包装和减轻运输成本。

通常选用当地耐寒的树种进行冻土球移栽。如果土壤干旱且冻土不深，可在土壤冻结之前灌水，待气温降至-15~-12℃，土层冻结深度达20cm左右时，开始挖掘土球；如果下层土壤尚未冻结，则应等待2~3d后继续挖，直至挖出土球。如果事先未灌水，土壤冻结不实，则应在土球上泼水促冻。带冻土球的树木运输除一般方法外，还可利用雪橇或爬犁等运输，十分方便。

(4)裸根挖掘

裸根挖掘适用于移植容易成活，干径在10~20cm的落叶乔木，如杨、柳、刺槐、银杏、合欢、栾树、元宝枫等。个别树种（如槐）干径粗达40~50cm的也可成活。裸根移植大树，必须在落叶后至萌芽前最适季节进行。有些树种仅适宜在春季移栽，土壤冻结期不宜进行。对潜伏芽寿命长的树木，地上部除留一定的主枝、副主枝外，可对树冠进行重剪；但慢生树种不可修剪过重，以免影响栽后相当一段时期的观赏效果。挖掘时，先按规定的根幅在树干周围开沟至所需深度，再从沟底向树干底下掏土，同时用四齿叉垂直插入树盘外缘的土壤中，向外拉或向内推叉柄上端，梳出先端的根系，且逐渐向干基推进，直至离根颈约30cm以外大根上的土壤全部梳理干净，切断下部粗根，挖出树木，去掉主干基部的土壤。

由于根系完全失去包被，为了防止根系失水干枯和机械损伤，应用湿蒲包或草包等进行包装。包装的形状视具体情况而定。大根分散时可分别包扎；根系密集时可整体包扎成球。如果几天以后才能栽植，则应在打包之前，在包内适当放入湿草或湿苔藓等保湿材料。

5.4.2.3 大树带土装卸与运输

树木挖起包扎以后，应及时起运。装运1t以上的大树，单靠人力是难以搬动的，特别是一些交通不便的地方，在装运大树时更应注意选择工具和设备，保证安全操作。

(1)滚动装卸

如果树木所带土球为近圆形，直径又在60cm以上，可在土球包扎后，在穴口一侧开一个与穴等宽的斜坡，将树木按垂直于斜坡的方向倒下，把住树干将土球滚出土坑，并在地面与车厢底板间搭上结实的跳板，滚动土球将树木装入车厢。如果土球过重（直径大于80cm），可将结实的带状绳网一头系在车上，另一头兜住土球向车上拉，这样上拉下推就比较容易地将树木装上车。卸车方法同装车，但方向相反。

(2)滑动装车

在坡面（跳板）平滑的情况下，可按上拉下推的方法滑动装卸。若为木箱移栽，可在箱底横放滚木，上拉下推滚滑前移装车或缓慢下滑卸车。

(3) 吊运装卸

① 土球吊装 其方法生产上常用两种：第一种是用吊带或钢索将土球和树干捆好吊起，或直接绑缚树干吊起。如使用钢索，应在钢索与土球、树干之间垫上草包、竹片、木板等物，以免损伤树干、伤害根系或弄碎土球(图5-25)；第二种是用尼龙绳网或帆布、橡胶带兜好土球吊运。

吊运与卸车的动力可用吊车、滑辂、人字架、摇车等。

② 板箱吊运 板箱包装的土台，可用钢丝围在木箱下部1/3处，另一粗绳系在树干(干外面应垫物保护)的适当位置，使吊起的树木呈倾斜状(图5-26)。树

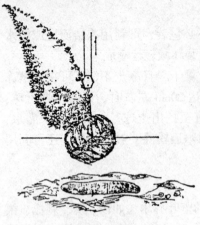

图 5-25 土球吊装

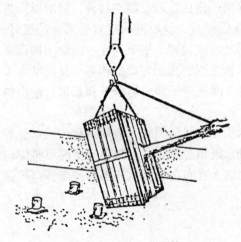

图 5-26 板箱土台吊装

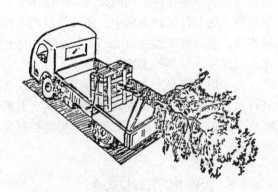

图 5-27 板箱包装树木的装运

冠较大的还应在分枝处系一根牵引绳，以便装车时牵引树冠的方向。装车时土球和木箱重心应放在车后轮轴的位置上，树冠向车尾。树冠过大的还应在车厢尾部设交叉支棍，土球下面两侧应用东西塞稳，木箱应同车身一起捆紧，树干与卡车尾钩系紧(图5-27)。

5.4.2.4 大树的栽植

软材包扎的大树，栽植前必须检查植穴的规格、质量及待栽树木是否符合设计要求。如果不符合要求应立即采取补救措施。当植穴准备就绪后，对号入座，按要求将大树放入坑中，支撑树体，使树干直立，再按常规方法和更严格的要求完成栽植，并拆除临时支撑物。

板箱移栽的大树，植穴应为正方形，每边比箱宽50~60cm，加深15~20cm，土壤不好的还应加大植穴规格。如果需换土或施肥，应预先做好准备。栽前先测量从箱底至树干土印深度，检查并调整植穴的深度，要求做到栽后树干土印与地面齐平。然后应将肥料与土壤拌匀，并在坑穴中央堆一高15~20cm，宽70~80cm的长方形土台，长边与箱

底板方向一致。起吊时，在箱底两边的内侧穿入钢丝，将木箱兜好，卸车立直到地面后再将板箱垂直吊放至植穴内（图5-28，图5-29）。若土体不易松散，放下前应拆去中部两块底板，入穴时应保持原来的树木生长方向或把姿态最好的一侧朝向主要观赏面。近落地时，一人负责瞄准对直，四人坐在植穴边用脚蹬木箱的上口放正和校正位置，然后拆开两边底板，抽出钢丝，并用长竿支牢树冠，待拌入肥料的土壤填至1/3时再拆除四面壁板，以免散坨。捣后再填土，每填20~30cm土，捣实一次，直至填满土为止。按土坨大小与植穴大小做双圈灌水堰，内外水圈同时灌水。其他措施同前。

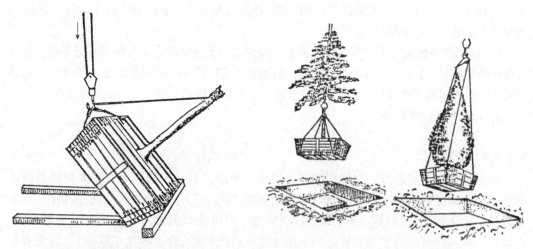

图5-28　板箱卸车到地面立直　　　　　图5-29　板箱吊入植穴

对于裸根大树或带土移栽中土体散裂脱落的树木，可用"坐浆栽植"的方法提高成活率。其具体做法是：在挖好的穴内填入1/2左右的栽培细土，加水搅拌至没有大疙瘩且可以挤压流动为止。然后将树木垂直放入穴的中央"坐"在"浆"上，再按常规回土踩实，完成栽植。这种栽植方法，由于树木的重量使根体的每一孔隙都充满"泥浆"，消除了气袋，使根系与土壤密接，有利于成活。坐浆栽植一要注意拌浆不能太稀，否则树体下沉会导致栽植过深；二要注意不要搅拌过度造成土壤板结，影响根系呼吸。

5.4.2.5　树体保湿保鲜

① 抗蒸腾剂应用措施　抗蒸腾剂（抗干燥剂、蒸腾抑制剂）的适时使用，有利于减少叶片失水，提高栽植成活率和促进树木生长。

目前，抗蒸腾剂主要有3种类型，即薄膜形成型、气孔开放抑制型和反辐射降温型。现今商业上常用的抗蒸腾剂是薄膜形成型药剂，其中有各种蜡制剂、蜡油乳剂、塑料硅胶乳剂和树脂等。

薄膜形成型抗蒸腾剂是在枝叶表面形成薄膜从而减少树体水分蒸腾。一般先将抗蒸腾剂用水稀释，再用喷雾器喷到枝叶上，约20min就可干燥，形成一层可以进行气体交换而阻滞水汽通过的胶膜，减少叶片失水。喷洒过薄膜形成型抗蒸腾剂的树木移栽后仍需灌水，但可减少浇水的次数，且树木扎根成活要比未处理的快。

② 枝干包裹措施　主要作用为防损、保湿、调温，应用材料有麻片、草绳、塑料

薄膜、无纺布等。

③ 喷雾保湿措施　可有效降低树冠表面及周围气温，提高树体周围的空气湿度，减少树体水分蒸发，增加叶片水分吸收。目前主要采用高压水枪喷雾或树冠上安装微喷装置的方式实施喷雾。

④ 输液促活措施　在大树移植初期，利用非根系吸收的方式向大树补充一定的水分、营养和激素类物质，对大树的恢复和成活有一定的促进作用。目前，市场上已有添加植物生长调节剂、微量元素螯合物等的高效生根药剂，可以有效促进树木栽植后根系的恢复和生长；也有许多高效的专用输液剂（吊针注射液），液体主要以水为主，并加入微量植物激素和磷、钾矿质元素等。

⑤ 遮阴降温措施　目的为庇荫、降温，减少水分蒸发蒸腾，维持树体水分平衡。宜在移植初期与高温季节进行。要求全冠遮阴，荫棚上方及四周与树冠保持50cm以上距离，达到通风和防日灼作用。遮阴度为70%左右，树体接受一定散射光，以保证一定的光合作用。

补充内容见数字资源。

5.4.2.6　防腐促根

大树栽植之前应进行一次修根处理，使伤口平滑，有利于伤口愈合。大树根系被切断后，伤口易受病菌感染，导致腐烂，影响生根，因此，应对土球（包括根部切口）及土坑进行杀菌防腐剂（溴甲烷、石硫合剂等）处理，促进伤口愈合。另外，为了促进生根，在根切口新鲜时及时对土球和接触的土壤喷施生根剂（萘乙酸、吲哚丁酸等），能促进不定根的发生和生长。消毒杀菌剂和生根剂可配合使用。

在进行防腐促根的同时，可以适量添加一些堆肥与生物有机肥，不仅可以增加土壤中的可利用养分含量，还可以通过影响土壤微环境（土壤微生物量、土壤球囊霉素碳含量、土壤酶活性、土壤微生物群落结构等）来改善土壤生物肥力，更好地改善大树生长环境，促进移栽大树生长。

5.4.2.7　土壤排水透气

要提高大树成活率，就必须在树体保湿保鲜、防腐促根等基础上解决好土壤排水透气问题，尤其是在南方多雨季节，这样才能促进早发根、多发根。因此，应在栽植前调查种植地的土壤及地下水位情况，并依此做好土壤改良及排水透气措施。适度干燥的土壤、适宜的地下水位高度（1.5m以下）、足量的土壤氧气是防腐与促根的关键。可通过控制土壤浇水量、夯实树穴填土、树穴周围挖排水沟、根系下面设置滤水层、根系外围挖渗水井、浅栽高培、树穴安放透气管、树盘覆盖透气物等措施来解决土壤水分过多和土壤氧气不足问题。

有关内容见数字资源。

5.4.3　机械移栽

由于大树移栽工程的需要，有许多设计精良、效率很高的树木移栽机械进入市场，供专业树木栽培工作者和园林部门使用（图5-30）。这类机械有两种显著不同的类型——

挖穴　　　　挖树　　　　抱合　　　　提起　　　　运输

图 5-30　大树移栽机的挖运过程

拖带式和自动式。

补充内容见数字资源。

5.5　非适宜季节和特殊立地条件栽植技术

5.5.1　非适宜季节园林树木栽植技术措施

园林绿化工程中一般植物的栽植时间都宜在春季和秋季。但由于绿化施工很少单独存在，往往和其他工程交错进行，有时需要待建筑物、道路、管线工程建成后才能植树。而上述工程一般无季节性，按工程顺序进行，完工时不一定是植物栽植的适宜季节。此外，对于一些重点工程，为了及时绿化、早见效果，往往也在非适宜季节(反季节)植树。

苗木反季节栽植一般有两种情况：第一种情况是有计划性栽植。有计划性栽植是已知由于其他工程影响而不能在适宜季节及时栽植，但仍可于合适季节进行掘苗、包装，并运到施工现场进行假植养护，待其他工程完工后立即种植。第二种情况是临时性栽植。无预先计划，因临时特殊需要，在非适宜季节栽植树木。第二种情况是反季节栽植的重点和难点。

反季节园林树木栽植，可参照大树移植技术措施，并重点做好以下工作：

① 把好苗木选择关　选择生长健壮、根系发达而完整、不徒长、色泽正常、无病虫害、挖运方便的苗木。

② 断根处理　苗木移植前必须经断根处理，促进须根萌发。或者选用 3~4 年前移植过的苗木。

③ 缩短栽植时间　苗木必须带土移植，土球规格相应增大。尽量缩短苗木离开原地裸露时间，做到随起苗随栽植。

④ 种植地(或穴)土壤处理　要清除种植地土壤中的建筑垃圾和废弃物，置换质地疏松土壤，改善根域环境，促进根系恢复生长。

⑤ 枝叶修剪　反季节栽植重要技术措施为适度修剪枝叶，减少叶面水分散失。一般耐旱树种轻度修剪，剪枝叶 20%~30%；喜湿树种修剪枝叶 70%~75%，为重度修剪；常规树种为适度修剪，剪枝叶量 45%~50%。当然最好选用容器苗，不需要修剪，带全冠栽植。

⑥ 树体保湿保温　通过对树干与大枝进行包裹、树体上方遮阴与喷雾等，防止水分扩散和灼伤，冬季起到保温作用。

⑦ 土壤排水透气　南方多雨天气，通过挖排水沟、设置滤水层、做渗水井、安放通气管等，控制土壤水分，增强土壤透气，防止烂根。

⑧ 土壤保湿保墒　使用保水剂、土面覆盖有机物等解决土壤保湿保墒问题。

5.5.2　特殊立地条件下栽植技术
内容见数字资源。

5.5.2.1　铺装地面的栽植
内容见数字资源。

5.5.2.2　盐碱地的栽植
内容见数字资源。

5.5.2.3　干旱地的栽植
内容见数字资源。

5.5.2.4　岩石地的栽植
内容见数字资源。

5.6　竹类与棕榈类植物移栽

竹类与棕榈类植物都是庭园及其他园林应用中常见的观赏植物。严格地说由于它们的茎只有不规则排列的散生维管束，没有周缘形成层，不能形成树皮，也无直径的增粗生长，不具备树木的基本特征。然而，由于它们的茎干木质化程度很高，且为多年生常绿观赏植物，人们仍将其作为园林树木对待，并给予较多的重视。

补充内容见数字资源。

5.6.1　竹类移栽

5.6.1.1　竹类的生物学特性
竹类为常绿乔木、灌木或藤木，茎多中空，有节。

(1) 竹类地下茎的特征

竹类的地下茎是其在土壤中横向或短缩生长的茎。茎部分节，节上生根长芽。芽可抽生新的地下茎或发笋长竹。竹类只有须根，无主根。竹子地下茎的形态因竹种而异，根据其地下茎的分生繁殖和形态特征可以分为以下三大类：

① 单轴型　地下茎细长，横走地下，称为竹鞭。鞭上有节，节上生根，每节一芽，交互排列。芽既能抽生新鞭，又能出笋长竹，竹株稀疏散生，因而又称为散生竹类，如毛竹、桂竹、罗汉竹等。

② 合轴型　地下茎短缩，节密根多，秆基形似烟斗，无横走的地下茎。秆基有4~8枚大型芽交互排列，竹株密集丛生，又称丛生竹型，如慈竹、佛肚竹、凤尾竹、麻竹等。

③ 复轴型　兼有单轴型和合轴型的繁殖特点，既有横走地下的细长竹鞭，又有短缩地下茎、发笋生长的竹株，兼具散生竹型和丛生竹型的双重特点，故又称为混生竹型，如方竹、菲白竹、箬竹、箭竹等。

(2) 竹子的生态学特性

竹类一般都喜温暖、湿润的气候和水肥充足、疏松的土壤条件。但不同竹种对温度、湿度和肥料的要求又有所不同。一般地，对水肥的要求丛生竹高于混生竹，混生竹又高于散生竹；对低温的抗性相反，散生竹强于混生竹，混生竹又强于丛生竹。因而在自然条件下丛生竹多分布于南亚热带和热带江河两岸和溪流两旁，而散生竹多分布于长江与黄河流域平原、丘陵、山坡和较高海拔的地方。

竹类喜光，也有一定耐阴性，一般生长密集，甚至可以在疏林下生长。

5.6.1.2　竹类的移栽

园林应用中的竹类移栽，一般采用移竹栽植法。其栽植是否成功，不是看母竹是否成活，而是看母竹是否发笋长竹。如果栽植后 2~3 年还不发笋，则可视为移栽失败。

(1) 散生竹的栽植

散生竹移栽成功的关键是：保证母竹与竹鞭的密切联系，所带竹鞭具有旺盛孕笋和发鞭能力。由于散生竹种的生长规律和繁殖特点大同小异，因而栽植技术也极为相似，下面以毛竹为例加以介绍。

① 毛竹栽培地的选择　毛竹生长快，生长量大，出笋后 50d 左右就可完全成型，长成其应有大小。毛竹在土层深厚、肥沃、湿润、排水和通气良好，并呈微酸性反应的壤土上生长最好，砂壤土或黏壤土次之，重黏土和石砾土最差。过于干旱、瘠薄的土壤，含盐量 0.1% 以上的盐渍土和 pH 5.0 以上的钙质土，以及低洼积水或地下水位过高的地方，都不宜栽植毛竹。

② 栽植季节　在毛竹分布区，除天气过于严寒外，晚秋至早春都可栽植。偏北地区以早春栽植为宜，偏南地区则以冬季栽植效果较好。

③ 选母竹　母竹一般应为 1~2 年生，其所连竹鞭处于壮龄阶段，鞭壮、芽肥、根密、抽鞭发笋能力强，只要枝叶繁茂，分枝较低，无病虫害，胸径 2~4cm 的疏林或林缘竹都可选作母竹。竹秆过粗，起挖、运输、栽植操作不便；分枝过高，栽后易摇晃，影响成活；带鞭过老，鞭芽已失去萌发力，都不宜选作母竹。

④ 母竹的挖掘与运输　选定母竹后，首先应判断其鞭的走向。一般毛竹竹秆基部弯曲，鞭多分布于弓背内侧，分枝方向与竹鞭走向大致平行。根据竹鞭的位置和走向，在离母竹 30cm 左右的地方破土找鞭，按来鞭(即着生母竹的鞭的来向) 20~30cm，去鞭(即着生母竹的鞭向前钻行将来发新鞭长新竹的方向) 40~50cm 的长度将鞭截断，再沿鞭两侧 20~35cm 的地方开沟深挖，将母竹连同竹鞭一并挖出，带土 25~30kg。毛竹无主根，干基及鞭节上的须根再生能力差，一经受伤或干燥萎缩，很难恢复，不易栽活。因此，挖母竹时要注意鞭不撕裂，保护鞭芽，少伤鞭根不摇竹秆，不伤母竹与竹鞭连接的"螺丝钉"。事实证明，凡是带土多，根幅大的母竹成活率高，发笋成竹也快。母竹挖起

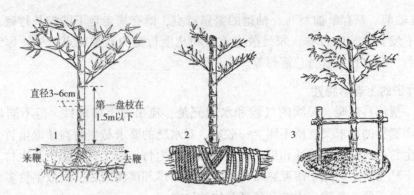

图 5-31 毛竹的移栽
1. 毛竹母竹的规格 2. 包扎 3. 栽植及支撑

后，留枝4~6盘，削去竹梢，但切口要光滑、整齐(图5-31)。

母竹挖出后，若就近栽植，不必包扎，但要保护宿土和"螺丝钉"；远距离运输时必须将竹兜鞭根和宿土一起包好扎紧(图5-31)。包扎方法是在鞭的近圆柱形的土柱上下各垫一根竹竿，用草绳一圈一圈地横向绕紧，边绕边捶，使绳土密接，并在鞭竹连接即"螺丝钉"着生处侧向交叉捆几道，完成"土球"包扎。在搬运和运输途中，要注意保护"土球"和"螺丝钉"，并保持"土球"湿润。

⑤ 栽植母竹 栽竹要做到：深挖穴，浅栽竹，下紧围，高培蔸，宽松盖，稳立柱(图5-31)，注意掌握鞭平秆可斜的原则。挖长100cm，宽60cm的栽植穴。栽植时根据竹兜大小和带土情况，适当修整，放入植穴后，解去母竹包装，顺应竹兜形状，使鞭根自然舒展，不强求竹秆垂直，竹兜下部要垫土密实，上部平于或稍低于地面，回入表土，自下而上分层塞紧踩实，使鞭与土壤密接，浇足定根水，覆土培成馒头形，再盖上一层松土。毛竹若成片栽植，密度可为每亩* 20~25株，3~5年可以满园成林。

⑥ 栽后管理 母竹栽植的管理与一般新栽树木相同，但要注意发现露根、露鞭或竹兜松动要及时培土填盖；松土除草不伤竹根、竹鞭和笋芽；最初2~3年，除病虫危害和过于瘦弱的笋外，一律养竹。孕笋期间，即9月以后应停止松土除草。

小型散生竹种，如紫竹、刚竹、罗汉竹等对土壤的要求不甚严格，可以单株或2~3株一丛移栽。挖母竹时来鞭留20cm，去鞭留30cm，带10~15kg的土球，留枝4~5盘去梢。植穴长宽各50~60cm，深30~40cm，将母竹植入穴内，完成栽植工作。小型竹种若成片栽植，其密度可为每亩30~50穴。

(2) 丛生竹的栽植

丛生竹主要分布于广东、广西、福建、云南、四川、重庆和福建等地，以珠江流域为其分布中心。我国丛生竹的种类很多，竹秆大小和高矮相差悬殊，但其繁殖特性和适生环境的差异一般不大，因而在栽培管理上也大致相同。现以青皮竹为例作简要介绍。

① 选地 丛生竹种绝大多数分布在平原丘陵地区，尤其是在溪流两岸的冲积土地带。栽植青皮竹一般应选土层深厚、肥沃疏松、水分条件好、pH 4.5~7.0 的土壤进行

---

* 1亩≈667m²。

栽植。干旱瘠薄，石砾太多或过于黏重的土壤不宜种植青皮竹。

② 栽植季节　青皮竹等丛生竹类无竹鞭，靠秆基芽眼出笋长竹，一般5～9月出笋，翌年3～5月伸枝发叶，移栽时间最好在发叶之前进行，一般在2月中旬至3月下旬较为适宜。此时挖掘母竹、搬运、栽植都比较方便，成活率高，当年即可出笋。

③ 选母竹　应选生长健壮，枝叶繁茂，无病虫害，秆基芽眼肥大充实，须根发达的1～2年生竹作母竹，其发笋能力强，栽后易成活。2年生以上的竹秆，秆基芽眼已发笋长竹，残留芽眼多已老化，失去发芽力，而且根系开始衰退，不宜选作母竹。母竹的粗度，应大小适中，青皮竹属中型竹种，一般胸径以2～3cm为宜。过于细小，竹株生活力差，影响成活；过于粗大，挖运栽很不方便，都不宜选作母竹。

④ 母竹挖掘与运输　1～2年生的健壮竹株，一般都着生于竹丛边缘，秆基入土较深，芽眼和根系发育较好。母竹应从这些竹株中挖取。挖掘时，先在离母竹25～30cm处扒开土壤，由远至近，逐渐深挖，防止损伤秆基芽眼，尽量少伤或不伤竹根，在靠近老竹一侧，找出母竹秆柄与老竹秆基的连接点，用利器将其切断，将母竹带土挖起。切断母竹与老竹的连接点时，切忌母竹蔸破裂，否则易导致腐烂，不易成活。有时为了保护母竹，可连老竹一并挖起，即挖"母子竹"。母竹挖起后，保留1.5～2.0m长的竹秆，用利器从节间中部呈马耳形截去竹梢，适当疏除过密枝和截短过长的枝，以便减少母竹蒸腾失水，便于搬运和栽植。母竹就近栽植时可不必包装，若远距离运输则应包装保护，并防止损伤芽眼。

⑤ 栽植母竹　青皮竹属丛生竹，根据造景需要可单株(或单丛)栽植，也可多丛配置。种植穴的大小视母竹竹蔸或土球大小而定，一般应大于土球或竹蔸50%～100%，直径为50～70cm，深约30cm。栽竹前，先在穴底填细碎表土，最好能施入15～25kg腐熟有机肥与表土拌后回填。在放入母竹时，若能判断秆基弯曲方向则最好将弓背朝下，正面朝上，斜放入穴内。这样不但根系舒展有利于成活和发笋长竹，而且有利于加大母竹出笋长竹的水平距离。放好母竹后，分层填土、踩实、灌水、覆土。覆土以高出母竹原土印3cm左右为宜，最后培土成馒头形，以防积水烂蔸。其他小型丛生竹种，如凤尾竹等，竹株矮小，竹株分布密集，竹根比较集中，可3～5株成丛挖取栽植，其方法大体相近。

(3) 混生竹的移栽

混生竹的种类很多，大都生长矮小，虽除茶秆竹外其经济价值多不大，但其中某些竹种，如方竹、菲白竹等则具有较高的观赏价值。混生竹既有横走地下茎(鞭)，又有秆基芽眼，都能出笋长竹，其生长繁殖特性位于散生竹与丛生竹之间，移栽方法可二者兼而有之。

5.6.2　棕榈类移栽

棕榈类植物为常绿乔木、灌木或藤木，实心，叶常聚生于茎顶，无分枝或极少分枝；地下无主根，根颈附近须根盘结密生，耐移栽，易成活。棕榈类植物喜温暖湿润的气候条件，其中的许多种类具有较强的耐阴性。棕榈类植物种类较多，其中许多种类，如棕榈、椰子、鱼尾葵、蒲葵、棕竹和假槟榔等都具有重要的观赏价值，它们的生态学特性虽有差异，但其移栽方法大体相同。现以棕榈为例加以介绍。

(1) 棕榈栽植地的选择

棕榈又称棕树，无分枝，无萌发能力。棕榈喜温暖不耐严寒，但又是棕榈类植物中最耐低温的，北可分布至河南；棕榈喜湿润肥沃的土壤；棕榈耐阴，尤以幼年更为突出，在树荫及林下更新良好；棕榈对烟尘、SO_2、HF 等有毒气体的抗性较强；病虫害少。

棕榈的栽植地，除低湿、黏土、死黄泥和风口等处外均可选择，但以土壤湿润、肥沃深厚、中性、石灰性或微酸性黏质壤土为好。

(2) 栽植季节

棕榈可在春季或梅雨季节栽植，以选雨后和阴雨天栽植为好。

(3) 植株的选择

以选生长旺盛的幼壮树为好，特别是在路旁和其他游客较多地方应栽高 2.5m 左右的健壮植株。目前园林造景中的棕榈，要么植株过高开始衰老，生长难恢复；要么过矮栽植后易遭破坏，保存率低。

(4) 棕榈的挖掘

棕榈无主根，分布范围为 30~50cm，也可扩展到 1.0~1.5m，爪状根分布紧密，多为 30~40cm，最深可达 1.2~1.5m。

棕榈须根密集，土壤盘接带土容易。土球大小多为 40~60cm，深度则视根系密集层而定。除远距离运输外，挖掘土球一般不包扎，但要注意保湿。

(5) 栽植

棕榈可孤植、对植、丛植或成片栽植。棕榈叶大柄长，成片栽植的间距不应小于 3.0m。植穴应大于土球的 1/3，并注意排水。穴挖好后先回填细土踩实，再放入植株，分批回土拍紧。栽植深度宜与原土印齐平，要特别注意不要栽得太深，以防积水，否则容易烂根，影响成活。四川西部及湖南宁乡等地群众有"栽棕垫瓦，三年可剐"的说法，也就是说栽棕榈时先在穴底放几片瓦，便于排水，促进根系的发育，有利于成活、生长。

为了在栽植后早见成效，栽后除剪除开始下垂变黄的叶片外，不要重剪。如发现某些新栽植株难以成活，应立即扩大其剪叶范围，即可再剪去下部已成熟的部分叶片或剪除掌状叶叶长的 1/3~1/2，加以挽救，但要防止剪叶过度，否则着叶部分的茎干易发生缢缩，长势难以恢复，影响生长和降低观赏效果。

(6) 管理

棕榈栽植除常规管理外，应及时剪除下垂开始发黄的叶和剥除棕片。群众有"一年两剥其皮，每剥 5~6 片"的经验。第一次剥棕为 3~4 月，第二次剥棕为 9~10 月，但要特别注意"三伏不剥"和"三九不剥"，以免日灼和冻害。剥棕时应以不伤树干、茎不露白为度。如果剥棕过度必将影响植株生长，如果不剥则会影响观赏，还易酿成火灾。

5.7 成活期养护管理

树木栽植后的第一年是其能否成活的关键时期。在此期间，若能及时进行养护管理，就能促进树木的水分平衡，恢复生长，增强树木对高温干旱或其他不利因素的抗性。此外，还能挽救一些濒危植株，保证新栽树木的较高成活率。栽后不管或养护管理不及时或不得当，都会造成树木成活的障碍，轻则生长不良，重则导致死亡。所谓"三分栽，七分管"，在成活期中尤显重要。

新栽树木的养护，重点是水分管理，保持适当的水分平衡，并要在下过第一次透雨以后进行一次全面检查，以后也应经常巡视，发现问题及时采取措施予以补救。

5.7.1 扶正培土

由于雨水下渗和其他种种原因，导致树体晃动，应踩实松土；树盘整体下沉或局部下陷，应及时覆土填平，防止雨后积水烂根；树盘土壤堆积过高，要铲土耙平，防止根系过深，影响根系的发育。

对于倾斜的树木应采取措施扶正。如果树木刚栽不久发生歪斜，应立即扶正。其他情况发生的倾斜，落叶树种应在休眠期间扶正，常绿树种在秋末扶正。在扶正时不能强拉硬顶，损伤根系。首先应检查根颈入土的深度，如果栽植较深，应在树木倒向一侧根盘以外挖沟至根系以下内掏至根颈下方，用锹或木板伸入根团以下向上撬起，向根底塞土压实，扶正即可；如果栽植较浅，可按上法在倒向的反侧掏土稍微超过树干轴线以下，将掏土一侧的根系下压，回土踩实。大树扶正培土以后还应设立支架。

5.7.2 水分管理

经过移栽干扰的树木，由于根系的损伤和环境的变化，对水分的多少十分敏感。因此，新栽树木的水分管理是成活期养护管理的重要内容。

土壤水分管理主要是灌水和排水。多雨季节要特别注意防止土壤积水，应适当培土，使树盘的土面适当高于周围地面；在干旱季节要注意灌水，最好能保证土壤含水量达最大持水量的60%。一般情况下，移栽后第一年应灌水5~6次，特别是高温干旱时更需注意抗旱。

对于枝叶修剪量较小的名贵大树，在高温干旱季节，即使保证土壤的水分供应，也易发生水分亏损。因此，当发现树叶有轻度萎蔫症状时，有必要通过树冠喷水增加冠内空气湿度，从而降低温度，减少蒸腾，促进树体水分平衡。喷水宜采用喷雾器或喷枪，直接向树冠或树冠上部喷射，让水滴落在枝叶上。喷水时间可在 10：00~16：00，每隔 1~2h 喷 1 次。对于移栽的大树，也可在树冠上方安装喷雾装置，必要时还应架设遮阳网，以防过强日晒。

5.7.3 抹芽去萌与补充修剪

在树木移栽中，经强度较大的修剪，树干或树枝上可能萌发出许多嫩芽和嫩枝，消耗营养，扰乱树形。在树木萌芽以后，除选留长势较好，位置合适的嫩芽或幼枝外，应尽早抹除。此外，新栽树木虽然已经过修剪，但经过挖掘、装卸和运输等操作，常常受到损伤或其他原因使部分芽不能正常萌发，导致枯梢，应及时疏除或剪至嫩芽、幼枝以上。对于截顶（冠）或重剪栽植的树木，因留芽位置不准或剪口芽太弱，造成枯桩或发弱枝，则应进行补充修剪（或称复剪）。在这种情况下，待最靠近剪口而位置合适的强壮新枝长至10~20cm（或半木质化）时，剪去母枝上的残桩，但不能过于靠近保留枝条而削弱其生长势，也不应形成新的枯桩。修剪的大伤口应该平滑、干净、消毒防腐。此外，对于那些发生萎蔫经浇水喷雾仍不能恢复正常的树木，应再加大修剪强度，甚至去顶或截干，以促进其成活。

5.7.4　松土除草

因浇水、降雨及人类活动等导致树盘土壤板结，影响树木生长，应及时松土，促进土壤与大气的气体交换，有利于树木新根的生长与发育。但在成活期间，松土不能太深，以免伤及新根。

有时树木基部附近会长出许多杂草、藤本植物等，应及时除掉，否则会耗水、耗肥，藤蔓缠身妨碍树木生长。可结合松土进行除草，每20~30d除1次，并把除下的草覆盖在树盘上。

5.7.5　施肥

通常，移栽树木的新根未形成和没有较强的吸收能力之前，不应干施化肥，最好等到第一个生长季结束以后进行。此外，还可进行根外（叶面）追肥，在叶片长至正常叶片大小的1/2时开始喷雾，可用尿素、磷酸二氢钾等（浓度0.2%~0.5%）每隔15d喷1次，重复3~4次，效果很好。近年来，各种树木营养液的出现为树体的养分输送提供了新的选择，可以采用输营养液的方法直接为树体补充养分，但这种输液方法一定要注意输液口用后要进行堵塞和消毒。

结合根外追肥或土壤施肥，可进行病虫害防治工作。病虫害防治通常可采用枝叶喷施法、涂干法、树体注射法以及农药埋施法等途径。

5.7.6　成活调查与补植

对新栽树木进行成活与生长调查的目的在于评定栽植效果，分析成活与死亡的原因，总结经验与教训，指导今后的实践。

深秋或早春新栽的树木，生长季初期，一般都能伸枝展叶，表现出长势喜人的景象。但是其中有一些植株，不是真正成活，而是一种"假活"，一旦气温升高，水分亏损，这种"假活"植株就会出现萎蔫，若不及时救护，就会在高温干旱期间死亡。因此，新栽树木是否成活至少要经过第一年高温干旱的考验以后才能确定。树木的成活与生长调查，最好在秋末以后进行。

新栽树木的调查方法是分地段对不同树种进行系统抽样或全部调查。已成活的植株应测定新梢生长量，确定其生长势的等级；仔细观察死亡的植株，分析地上与地下部分的状况，找出树木生长不良或死亡的主要原因。其中可能有栽植材料质量差，枝叶多，根系不发达，挖掘时严重伤根，假土坨，根量过少；栽植时根系不舒展，甚至窝根；栽植过深、过浅或过松；土壤干旱失水或渍水，根底"吊空"出现气袋，吸水困难，下雨后又严重积水以及人为活动的影响，严重的机械损伤等。调查之后，按树种统计成活率及死亡的主要原因，写出调查报告，确定补植任务，提出进一步提高移栽成活率的措施及建议。

关于死亡植株的补植问题有两种情况：一是在移栽初期，发现某些濒危植株无挽救希望或挽救无效而死亡的，应立即补植，以弥补时间上的损失；二是由于季节、树种习性与条件的限制，生长季补植无成功的把握，则可在适宜栽植的季节补植。对补植的树木，其规格、质量与养护管理都应高于一般水平。

补充内容见数字资源。

思考题

1. 试述园林树木栽植成活的原理、关键和主要技术环节。
2. 树木栽植的气象基础和生态、生物依据是什么？
3. 新栽树木成活期的主要养护措施有哪些？
4. 试述竹类与棕榈类植物移栽的主要技术。

推荐阅读书目

1. 园林绿地建植与养护管理．黎玉才，肖彬，陈明皋．中国林业出版社，2007．
2. 园林树木栽植养护学（第3版）．吴成林．中国农业出版社，2017．
3. 园林绿化苗木培育与施工实用技术．叶要妹．化学工业出版社，2011．
4. 园林树木栽培学（第2版）．祝遵凌．东南大学出版社，2015．
5. 树木生态与养护．Bernatzky A. 著．陈自新，许慈安译．中国建筑工业出版社，1987．
6. Tree Maintenance（7th Edition）．Hartman J R. & Pirone P P. Oxford University Press，2000．

第6章 园林树木的土、肥、水管理

[**本章提要**]介绍了园林树木土、肥、水管理的意义、原则与方法。重点阐述了园林树木土壤改良的措施，树木施肥的特点、施肥配方、施肥量，主要施肥方法和技术，园林树木的营养诊断。

园林树木土、肥、水管理的根本任务是创造优越的环境条件，满足树木生长发育对水、肥、气、热的需求，尽快发挥其栽植的功能效益，并能经久不衰。园林树木土、肥、水管理的关键是从土壤管理下手，通过松土、除草、施肥、灌水或排水等措施，改良土壤的理化性质，提高土壤的生产力。近年来，随着"计算机+"技术的进步、大数据产业的发展，城市建设管理智慧化水平随之不断提高。

有关内容见数字资源。

6.1 土壤管理

土壤是园林树木生长的基础，是树木生命活动所需水分和养分的供应库与贮藏库，也是许多微生物活动的场所。园林树木生长的好坏，如根系的深浅，根量的多少，吸收能力的强弱，合成作用的高低及树木的高矮、大小等都与土壤质量有着密切的关系。同时，结合园林工程的地形地貌改造利用，土壤管理也有利于增强园林景观的艺术效果。因此，园林树木土壤管理的主要任务，是通过综合措施改良土壤结构和理化性质，提高土壤肥力，不仅为园林树木的生长发育创造良好条件，还要保护水土，减少污染，增强其功能效益。

6.1.1 松土除草

园林树木立地复杂，有的地方寸草不生，土壤板结严重；有的地方土壤虽不板结，但杂草丛生。因此，松土除草的要求与方法各有不同。

松土的作用在于疏松表土，切断表层与底层土壤的毛细管联系，以减少土壤水分的蒸发，同时也可改善土壤的通气性，加速有机质的分解和转化，从而提高土壤的综合营养水平，有利于树木的生长。

除草的目的是排除杂草、灌木或藤蔓对水、肥、气、热、光的竞争，避免其对树木的危害。杂草生命力强，根系盘结，与树木争夺水肥，阻碍树木生长；藤本植物攀缘缠绕，不仅扰乱树形，而且可能绞杀树木。一般杂草的蒸腾量大，尤其在生长旺盛季节，由于它们大量耗水，致使树木，特别是幼树生长量明显下降。

松土除草，对于幼树尤为重要。二者一般应同时进行，但也可根据实际情况分别进行。松土除草的次数和季节要根据当地的具体条件和树木生育特点及配置方式等综合考虑确定。一般情况下，散生与列植幼树，每年松土、除草2~3次。第一次在盛夏到来之前，第二和第三次在立秋以后；松土除草的范围可在树盘以内，但要注意逐年扩盘，松土深度视树木根系的深浅而定，通常限制在6~10cm的深度内，过深伤根，过浅起不到松土的作用。松土时，尽量不要碰伤树皮，生长在土壤表层的树木须根可适当截断。而且应掌握靠近干基浅，远离干基深的原则。大树每年可在盛夏到来之前松土、除草一次，并要注意割除树身的藤蔓。

6.1.2 地面覆盖与地被植物

利用有机物或地被植物覆盖土面，一方面可以防止或减少水分蒸发，减少地表径流，减少水、土、肥流失与土温的日变幅，控制杂草生长，改善土壤结构，增加土壤有机质，为树木生长创造良好的环境条件；另一方面，有地被植物覆盖，可以增加绿化量值，避免地表裸露，防止尘土飞扬，丰富园林景观。因此，地被植物覆盖地面，是一项行之有效的生物改良土壤措施，该项措施已在农业果园土壤管理、行道树种植等方面得到了广泛运用，效果显著。

若在生长季进行覆盖，以后将覆盖的有机物随即翻入土中，还可增加土壤有机质，改善土壤结构，提高土壤肥力。覆盖材料以就地取材，经济适用为原则，如水草、谷草、豆秸、树叶、树皮、锯屑、谷壳、马粪、泥炭等均可应用。在大面积粗放管理的园林中，还可将草坪上或树旁刈割下来的草头随手堆于树盘附近，用于覆盖。一般对于幼树或草地疏林的树木，多在树盘下进行覆盖。覆盖的厚度通常以3~6cm为宜，鲜草5~6cm，过厚会产生不利的影响。覆盖时间一般在生长季节土温较高且较干旱时进行。杭州历年进行树盘覆盖的结果证明，这样做，抗旱时间可较对照推迟20d。树皮覆盖除上述作用外，还具有增加绿地色彩，丰富绿地质感，美化园林景观的效果。如果长期使用，还可以逐渐改良土壤，有利于植物健康生长。树皮覆盖物在国外已得到普遍应用，而在我国才刚刚起步。相信随着我国园林绿化水平的进一步提高，对树皮覆盖物的应用和研究将越来越广泛。

地被植物既可是木本植物，也可是草本植物。要求适应性强，有一定的耐阴、耐践踏能力，枯枝落叶易于腐熟分解，覆盖面大，繁殖容易，有一定的观赏价值。常用的木本植物有五加、地锦类、金银花、木通、扶芳藤、常春藤类、络石、菲白竹、倭竹、葛藤、裂叶金丝桃、金丝梅、野葡萄、凌霄类、胡枝子、荆条等。草本植物有地瓜藤、铃兰、石竹类、百里香、马蹄金、萱草、酢浆草类、百合、鸢尾类、麦冬类、留兰香、玉簪类、吉祥草、二月蓝、虞美人、羽扇豆、石碱花、沿阶草，以及绿肥类、牧草类植物，如绿豆、豌豆、苜蓿、红三叶、白三叶、苕子、紫云英、狗牙根、结缕草、高羊茅等。

6.1.3 土壤改良

土壤改良是指采用物理的、化学的及生物的措施，改善土壤理化性质，提高土壤肥力的方法。在园林树木栽植挖穴中曾述及土壤改良的一些措施与方法，但因园林树木是一种多年生的木本植物，要不断地消耗地力，不可能通过一次局部的改良措施满足其几十年甚至数百年生长发育的需要，加之人为活动的影响，环境条件的变化，致使园林树木的土壤改良成为一件经常性的工作。

6.1.3.1 深翻扩穴，熟化土壤

深翻就是对园林树木根区范围内的土壤进行深度翻垦。深翻的主要目的是加快土壤的熟化。这是因为，通过深耕结合施用适量的有机肥，可增加土壤孔隙度，改善土壤结构和理化性状，促进团粒结构的形成，促进微生物的活动，加速土壤熟化，使难溶性营养物质转化为可溶性养分，提高土壤肥力，从而为树木根系向纵深伸展创造了有利条件，增强了树木的抵抗力，使树体健壮，新梢长，叶色浓，花色艳。

补充内容见数字资源。

(1) 深翻的时间

从树木开始落叶至第二年萌动之前都可进行，但以秋末落叶前后为最好。

(2) 深翻的方式

根据破土的方式不同，可分为全面深翻和局部深翻，其中以局部深翻应用最广。局部深翻可分为环状深翻和辐射状深翻，环状深翻又可分为连续环状深翻和断续环状深翻（图6-1）。

(3) 深翻的深度

深翻的深度与所在地区、土壤、树种及其深翻的方式等有关。深翻深度要因地、因树而异，在一定范围内挖得越深，效果越好，一般为60~100cm，最好距根系主要分布层稍深、稍远一些，以促进根系向纵深生长，扩大吸收范围，提高根系的抗逆性。此外，环状深翻与辐射深翻可深一些，全面深翻应稍浅些，而且要掌握离干基越近越浅的原则。

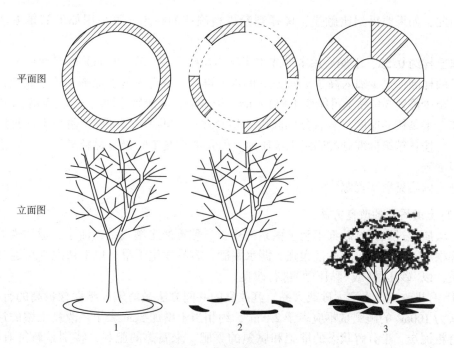

图 6-1 土壤深翻方式
1. 连续环状深翻 2. 断续环状深翻 3. 辐射状深翻

(4) 深翻的次数

深翻后的作用可保持多年,因此不需要每年都进行深翻。深翻效果持续时间的长短与土壤有关,一般黏土地、涝洼地,挖后易恢复紧实,保持时间较短;疏松的砂壤土保持时间则较长。地下水位低,排水好,深翻后第二年即可显示出深翻效果,多年后效果尚较明显;排水不良的土壤,保持深翻效果的时间较短。通常,有条件的地方可 4~5 年深翻一次。

土壤深翻应结合施肥(主要是有机肥)和灌溉进行。通常在晴天进行,忌雨水或高温天气。挖出的土壤经打碎,清除砖石杂物后最好与肥料拌匀以后回填。如果土壤不同层次的肥力状况相差悬殊,则应将表土层的土壤回填在根系密集层的范围内,将心土放在表层。这样,不但有利于根系对养分的吸收,而且有利于心土的熟化。

6.1.3.2 土壤质地的改良

(1) 土壤质地的判断方法

理想的土壤应是 50% 的气体空间和 50% 的固体颗粒,其中,固体颗粒由 5% 的有机质和 45% 的矿物质组成。

土壤质地可以通过简单的触摸、搓揉等进行判断。将适量的土壤放在拇指和食指间搓揉成球,如果球体紧实、外表光滑而且在湿时十分黏稠,则黏性强;如果不能搓揉成球,则砂性强。但是,较准确的方法是在实验室用土壤筛处理,把土粒分成黏粒、砂粒和粉粒,并测定其百分比。此方法需要一定的设备、时间和经费,在应用中受到许多限制。因此，如果要得到比触摸、搓揉判断更精确些的结果，可采用如下简单方法进行测定：

取土样约0.5L，干燥后用木槌或木质滚筒压碎土块；在1000mL的量瓶中放入一杯压碎了的样品，至少加入高于土面5cm的水，再加一茶匙无泡洗涤剂；盖上瓶盖，充分摇匀后至少静置3d(黏土可能要1周)才能完全澄清；澄清后分别测定底层砂粒、中层粉砂粒和上层黏粒的厚度，然后分别除以3层总厚度，再乘以100%，便是土样每层的百分率，再按各粒级标准分类确定土壤质地。但是如果测定时仍有黏粒悬浮，测定值可能不是很准确。

补充内容见数字资源。

(2) 土壤质地的改良方法

土壤质地过黏或过砂都不利于根系的生长。黏重的土壤板结、渍水、通透性差，容易引起根腐；反之，土壤砂性太强，漏水漏肥，容易发生干旱。以上情况都可通过增施有机质，以"砂压黏"或"黏压砂"进行改良。

① 有机改良　土壤太砂或太黏，其改良的共同方法是增施纤维素含量高的有机质。一般认为100m^2的施肥量不应多于2.5m^3，约相当于增加3cm表土。改良土壤的最好有机质有粗泥炭、半分解状态的堆肥和腐熟的厩肥。未腐熟的肥料，特别是新鲜有机肥，氨的含量较高，容易损伤根系，施后不宜立即栽植。

② 无机改良　近于中壤质的土壤有利于多数树木的生长。因此，过黏的土壤在挖穴或深翻过程中，应结合施用有机肥掺入适量的粗砂；反之，如果土壤砂性过强，可结合施用有机肥掺入适量的黏土或淤泥，使土壤向中壤质的方向发展。

在用粗砂改良黏土时，应避免用(建筑)细砂，且要注意加入量的控制。如果加入的粗砂太少，可能像制砖一样，增加土壤的紧实度。因此，在一般情况下，加沙量必须达到原有土壤体积的1/3，才能显示出改良黏土的良好效果。除了在黏土中加砂以外，也可加入陶粒、粉碎的火山岩、珍珠岩和硅藻土等。但这些材料比较贵，只能用于局部或盆栽土的改良。此外，石灰、石膏和硫黄等也是土壤的无机改良剂。

6.1.3.3　土壤pH值的调节

树木对土壤的酸碱度有一定的适应性，其最适范围也有一定的差异。一般自然生长的树木处于微酸性或中性土壤(pH 6.5~7.5)。山茶属的植物一般以pH 4.5~5.5最好。过酸或过碱都会对园林树木造成不良的影响。通常情况下，当土壤pH值过低时，土壤中活性铁、铝增多，磷酸根易与它们结合形成不溶性的沉淀，造成磷素养分的无效化；同时，由于土壤吸附性氢离子多，黏粒矿物易被分解，盐基离子大部分遭受淋失，不利于良好土壤结构的形成。相反，当土壤pH值过高时，则发生明显的钙对磷酸的固定，使土粒分散，结构被破坏。因此，除增施有机质外，必须对土壤的pH值进行必要的调节。

补充内容见数字资源。

(1) 土壤酸化

对于pH值过低的土壤，主要用石灰、草木灰等碱性物质改良；使用时，石灰石粉越细越好,这样可增加土壤内的离子交换强度,以达到调节土壤 pH 值的目的。市面上石灰石粉有几十到几千目的细粉,目数越大,见效越快,价格也越贵,生产上一般用 300~450 目的较适宜。

(2) 土壤碱化

pH 值过高的土壤主要用硫酸亚铁、硫黄和石膏等改良。至于 pH 值调节到什么程度,应根据树种对土壤酸碱度的要求而定,最好能调节到某树种需要的最适 pH 值范围。据试验,每亩施用 30kg 硫黄粉,可使土壤 pH 从 8.0 降到 6.5 左右。硫黄粉的酸化效果较持久,但见效缓慢。对容器栽培的园林树木也可用 1∶50 的硫酸铝钾,或 1∶180 的硫酸亚铁水溶液浇灌植株来降低 pH。施入量依土壤的缓冲作用、原 pH 值高低、调节幅度与土量多少而定。

确定调节剂施用量的方法多采用缓冲曲线法和一览表法。

石膏和硫黄可用于 pH 值偏高的土壤改良,特别是石膏,在吸附性钠含量较高的土壤中使用,可能具有较好的作用。同时,石膏也有利于某些紧实、黏重土壤团粒结构的形成,从而改善排水性能。但是,由于石膏团聚作用只有在低钙黏土(如高岭土)中才能发挥,而在含钙量高的干旱和半干旱地区的皂土(如斑脱土)中,不会发生任何团聚反应,因此并不适用于所有黏土。在这种情况下,应施较多的其他钙盐,如硫酸钙等。

增施硫黄或硫酸亚铁,也可提高土壤的酸度,但在实践中不能大规模使用,其施入量也受原来 pH 值高低的影响。

6.1.3.4 盐碱土的改良

在滨海及干旱、半干旱地区,有些土壤盐类含量过高,对树木生长有害。盐碱土的危害主要是土壤含盐量高和离子的毒害。当土壤含盐量高于临界值 0.2%,土壤溶液浓度过高,根系很难从中吸收水分和营养物质,引起"生理干旱"和营养缺乏症。不但生长势差,而且容易早衰。因此,在盐碱土上栽植树木,必须进行土壤改良。改良的主要措施有灌水洗盐;深翻、增施有机肥,改良土壤理化性质;用粗砂、锯末、泥炭等进行树盘覆盖,减少地表蒸发,防止盐碱上升等。

6.1.3.5 土壤改良剂的应用

广义的土壤改良剂是一些可以改善土壤理化性状,促进营养物质吸收的材料。长期以来,人们对于天然土壤改良剂早就有所了解,如黏土中掺粗砂土,砂土中加黏土,一般土壤加泥炭、石灰或石膏等。改良土壤的生物学方法,包括给植物接种共生微生物、施用微生物肥料等。

土壤改良剂的种类有:①矿物类,主要有泥炭、褐煤、风化煤、石灰、石膏、蛭石、膨润土、沸石、珍珠岩和海泡石等;②天然和半合成水溶性高分子类,主要有秸秆类、多糖类物料、纤维素物料、木质素物料和树脂胶物质;③人工合成高分子化合物,主要有聚丙烯酸类、乙酸乙烯马来酸类和聚乙烯醇类;④有益微生物制剂类等。上述物质可改良土壤理化性质及生物学活性,具有保护根系,防止水土流失,提高土壤通透性,减少地面径流,防止渗漏,调节土壤酸碱度等各种功能。

6.2 树木施肥

6.2.1 园林树木施肥意义与特点

为使园林树木生长健壮、根系发达、树形美观、生长快，必须有较好的营养条件。因为树木在生长过程中要吸收很多化学元素作为营养，并通过光合作用合成碳水化合物，供应其生长需要。树木如果缺乏营养元素，就不能正常生长。从树木的组成元素分析和栽培试验来看，树木生长需要十几种化学元素。树木对碳、氢、氧、氮、磷、钾、硫、钙、镁等需要量较多，故叫作大量元素；对铁、硼、锰、铜、钴、锌、钼等需要量很少，故叫作微量元素；在这些元素中，碳、氢、氧是构成一切有机物的主要元素，占植物体总成分的95%左右，其他元素共占植物体的4%左右。碳、氢、氧是从空气和水中获得的，其他元素则主要是从土壤中吸取的。植物对氮、磷、钾3种元素需要量较多，而这3种元素在土壤中含量少，常感不足，对植物生长发育的影响最大，人们用这3种元素做肥料，称为肥料三要素。

树木的许多异常状况，常与营养不足有着极其密切的关系。树木营养不足主要是由于有机营养、矿质营养或氮素营养的供给或利用不充分所致。树木的任何器官都必须从叶中获得有机营养，而不能依靠根系从土壤中直接吸收，树木的生长发育除了需要从土壤中吸收水分外，还要从土壤中吸收各种矿质营养和氮素营养。树木的有机营养最初都来自于叶片的光合作用将太阳能转变成植物化学能贮存的有机营养物质，而叶绿体是进行光合作用的基本细胞器，叶绿体的发育情况受土壤提供矿质营养和氮素营养状况的影响。叶绿体发育良好，可保证光合速率维持在较高水平，有利于树木生长；反之，则会对树木的生长发育造成不利影响。因此，为避免树木由于营养不足出现异常情况，需要加强树木栽培过程中的施肥管理，以保证土壤能给树木生长发育提供良好的矿质营养和氮素营养状况。

合理施肥是促进树木枝叶茂盛、花繁果密，加速生长和延年益寿的重要措施之一。如果在树木修剪或遭受其他机械损伤后施肥，还可促进伤口愈合。

长期以来，人们都非常重视粮食作物、蔬菜和果树的施肥，而忽视了园林树木的施肥。其实，在某种意义上讲，园林树木施肥比农作物，甚至比林木更重要。一方面是由于绿化地段的表土层大多受到破坏，比较贫瘠，肥力不高，定植地的土壤营养状况可能不能满足园林树木生长发育的需要；另一方面是因为树木在造景定植以后，一般没有什么直接产品的确定收获期，人们都希望这些树木能生长数十年、数百年、甚至上千年直至衰老死亡。在这漫长的岁月里，由于园林树木栽植地的特殊性，营养物质的循环经常失调，枯枝落叶不是被扫走，就是被烧毁，归还给土壤的数量很少；由于地面铺装及人踩车压，土壤十分紧实，地表营养不易下渗，根系难以利用；加之地下管线、建筑地基的构建，减少了土壤的有效容量，限制了根系吸收面积。此外，随着绿化水平的提高，包括草坪在内的多层次植物配置，更增加了土壤养分的消耗，出现了与树木竞争营养的现象。凡此种种，都说明了适时、适量补充树木营养元素是十分重要的。

园林树木大多处于人为活动较频繁的特殊生态条件下，形成了区别于林木、果树和其他作物的施肥特点。首先，园林树木种类繁多，习性各异，生态、观赏与经济效益不同，因而无论是在肥料的种类、用量，还是在施肥比例与方法上都有较大的差异；其次，园林树木附近建筑物多，地面多为硬质铺装，土壤板结，施肥操作十分困难，因而施肥的次数不宜太多，同时，肥料施用后的释放速度应该缓慢，不但应以有机肥和其他迟效性肥料为主，而且在施肥方法上应有所改进；最后，为了环境美观、卫生，不能采用有恶臭，污染环境，妨碍人类正常活动的肥料与方法。肥料应适当深施并及时覆盖。

6.2.2 施肥原则

对园林树木进行施肥管理可以达到提高土壤肥力、增加树木营养的效果，但为了使施肥这一重要措施经济合理，必须遵循以下几项基本原则：

6.2.2.1 明确施肥目的

施肥目的不同，所采用的施肥方法也不同。为了使树木获得丰富的矿质营养，促进树木生长，施肥要尽可能集中分层施用，使肥料集中靠近树木根系，有利于树木吸收，减少土壤固定或淋失；还应迟效与速效肥料配合，有机与矿质肥料配合，基肥与追肥配合，以保证稳定和及时供应树木吸收，减少淋失。有条件的应按照土壤中矿质营养的总量及其有效性、树木的需肥量、需肥时期，以及营养诊断与施肥试验得出的合适施肥量、施肥时期等资料，有针对性地使氮、磷、钾和其他营养元素适当配合使用。

如果施肥的目的是改良土壤，施肥时除了要使土肥充分相融外，还应该根据土壤存在的具体问题选用各种肥料，而不是单纯考虑树木对矿质营养的需要，甚至可以使用不含肥料三要素的物质，如用石灰改良酸性土，用硫黄改良碱性土等。

6.2.2.2 掌握环境条件与树木的特性

树木吸肥不仅决定于植物的生物学特性，还受外界环境条件(光、热、水、气、土壤酸碱度、土壤溶液的浓度)的影响。

(1) 气候条件

确定施肥措施时，要考虑栽植地的气候条件，生长期的长短，生长期中某一时期温度的高低，降水量的多少及分配情况(大雨前一般不宜施肥，以防止养分流失，造成肥料浪费；夏季大雨后土壤中硝态氮大量淋失，这时追施速效氮肥，肥效比雨前好。根外追肥最好在清晨或傍晚进行，而雨前或雨天根外追肥无效或效果不佳)，以及树木越冬条件等。

(2) 土壤条件

土壤是否需要施肥，施哪种肥料及施肥量的多少，都视土壤性质和肥力来确定。

① 土壤的物理性质与施肥　土壤的物理性质，如土壤比重、土壤紧实度、通气性及水热特性等，均受土壤质地和土壤结构的影响。

砂土含黏粒少，吸收容量小，即它吸附保存 NH_4^+、K^+ 一类营养物质的能力小；黏土含黏粒多，吸收容量大，吸附保存 NH_4^+、K^+ 一类矿质营养的能力强；壤土的性质介于二者之间，保肥能力中等。凡是保肥能力强的土壤，它的缓冲能力和保水能力也强，即在一定范围内即使施入较多的化肥，也不致使土壤溶液的浓度和 pH 值急剧变化，从而产生"烧根"的恶果。保肥能力弱的土壤则相反。所以在施用化肥时，砂土的施肥量每次宜小，黏土的施肥量每次可适当加大。同样的用量，砂土应分多次追肥，黏土可减少施肥次数和加大每次施肥量。

另外，对于结构不良，水、气失调的土壤，要考虑施用大量有机肥，种植绿肥或施用结构改良剂，以改良其物理性质。实践证明，大量施用厩肥、堆肥和绿肥，都可增加土壤的有机质，改良土壤的结构，而种植绿肥效果则更显著。

② 土壤酸碱度　对植物吸肥的影响在酸性反应的条件下，有利于阴离子的吸收；而在碱性反应条件下，则有利于阳离子的吸收。在酸性反应条件下，有利于硝态氮的吸收；而中性或微碱性反应，则有利于铵态氮的吸收，即在 pH = 7 时，有利于铵态氮的吸收，pH 5~6 时，有利于硝态氮的吸收。土壤 pH 值还影响土壤营养元素的有效性，从而影响其利用率。

土壤酸碱度还影响到菌根的发育。通常菌根在酸性土壤中易于形成和发育，而发达的菌根有利于树木对磷和铁等元素的吸收利用，阻止磷素从根系向外排泄，同时还可提高树木吸收水分的能力。

③ 土壤养分状况与施肥　根据树木对土壤养分的需要量，对照土壤养分状况（含量、变化等），有针对性地施肥，缺少什么肥料就补充什么肥料，需要补充多少就施用多少。但是，土壤养分的速效性随树木的吸收、气象条件的变化及土壤微生物的活动等而改变，如果应用测土配方施肥，应特别注意它们的影响。

氮素在各种土壤中的存在状态和对植物有效性的排序如下：硝态氮和铵态氮＞易水解性氮＞蛋白质态氮＞腐殖质态氮。这些氮素在各种土壤中基本上都有，但是氮的总含量及其各种存在状态之间的比例关系则各有不同。在土壤中加入不同形态的氮肥，相应增加了不同形态氮的含量。土壤中的有机态氮是会逐渐转化为铵态和硝态的，但转化的强度和速度受土壤水分、温度、空气、pH 值状况及其他元素含量等方面的影响。由于这个转化过程主要是靠微生物完成的，因此，凡是有利于微生物活动的因素，都可促进有机氮的分解。施肥时要考虑土壤原有的氮素状况。在一般土壤中，应以氮肥为主；但对一些有机质含量高、氮素极充足的土壤，就应加大磷肥、钾肥的施用比例。

土壤中的磷，分为有机态磷和无机态磷两种。有机态磷是土壤有机质的组成部分，在各种土壤中都可以发现，其中只有极小部分可被直接吸收，而大部分要在微生物作用下，才能逐渐分解转化为植物可利用的无机磷酸盐。在石灰性土壤中，施入水溶性的过磷酸钙作肥料，当年植物只能吸收利用其中磷的 10%，其余大部分转化为难溶性的磷酸三钙残留于土壤中。在微酸性至中性的土壤中，磷肥的利用率可达 20%~30%。在强酸性土壤中，磷大多成为难溶性磷酸铝和磷酸铁状态，植物较难利用，若遇土壤干旱，磷酸铁、铝盐脱水，植物就根本不能利用。因此，在石灰性土壤或强酸性土壤上，都易发生缺磷现象，施肥时磷所占比例要相应增大。

土壤中的钾，包括水溶性钾、土壤吸收性钾和含钾土壤矿物晶格中的钾，其中以后者所占比例最大。前两者是植物可以吸收利用的，后者不能被植物吸收，需要经过转化过程才能分解释放出 K^+。

(3) 树木特性

掌握树木在不同物候期内需肥的特性。树木在不同物候期所需的营养元素是不同的。

补充内容见数字资源。

6.2.2.3 考虑肥料的种类与成本

肥料的种类不同，其营养成分、性质、施用对象与条件及成本等都有很大的差异。要合理使用肥料，必须了解肥料本身的特性、成本及其在不同土壤条件下对树木的效应等。

(1) 肥料的种类

① 有机肥　这是以有机物质为主的肥料，由植物残体、人畜粪尿和土杂肥等经腐熟而成。农家肥都是有机肥，如厩肥、堆肥、绿肥、泥炭、人粪尿、家禽和鸟类粪、骨粉、饼肥、鱼肥、血肥、动物下脚料及秸秆、枯枝落叶等。有机肥含有多种元素，但要经过土壤微生物的分解逐渐为树木所利用，一般属迟效性肥料。

② 无机肥　一般为单质化肥，包括经过加工的化肥和天然开采的矿物肥料等。常用的有硫酸铵、尿素、硝酸铵、氯化铵、碳酸氢铵、过磷酸钙、磷矿粉、氯化钾、硝酸钾、硫酸钾、钾石盐等，还有铁、硼、锰、铜、锌、钼等微量元素的盐类，多属速效性肥料，多用于追肥。

③ 微生物肥料　用对植物生长有益的微生物制成的肥料，按照微生物的有效菌和物质构成，根据我国微生物肥料的产品标准，将微生物肥料分为农用微生物菌剂、复合微生物肥料和生物有机肥三大类。农用微生物菌剂是指有效菌经发酵工艺扩繁制成发酵液后，浓缩加工成的液体活体菌剂，或以草炭、蛭石等多孔载体物质作为吸附剂，吸附菌体而成的粉剂和颗粒菌剂制品。复合微生物肥料是由有效菌与营养物质复合而成。生物有机肥是由有效菌和有机物料复合而成。目前，微生物肥料产业中开发应用的功能菌有150多种，按微生物种类可分为细菌类、放线菌类和真菌类；按作用功能可分为共生固氮菌(根瘤菌)、自生固氮菌、解磷菌(硅酸盐细菌)、光合细菌、降解菌、发酵菌、促生菌、抗生菌、菌根真菌等；按菌种组成可分为单一功能菌和复合功能菌。

(2) 肥料的特性

有机肥大多有机质含量高，有显著的改土作用；含有多种养分，有完全肥料之称，既能促进树木生长，又能保水保肥；而且其养分大多为有机态，供肥时间较长。不过，大多数有机肥养分含量有限，尤其是氮含量低，肥效慢，施用量也相当大，因而需要较多的劳动力和运输力量。此外，有机肥施用时对环境卫生也有一定不利影响。针对以上特点，有机肥一般以基肥形式施用，而且在施用前必须采取堆积方式使之腐熟，其目的是释放养分，提高肥料质量及肥效，避免肥料在土壤中腐熟时产生某些对树木不利的影响。

化学肥料大多属于速效性肥料，供肥快，能及时满足树木生长需要，因此，化学肥料一般以追肥形式施用，同时，化学肥料还具有养分含量高、施用量少的优点。但化学肥料只能供给植物矿质养分，一般无改土作用，养分种类也比较单一，肥效不能持久，而且容易挥发、淋失或发生强烈的固定，降低肥料的利用率。所以生产上不宜长期单一施用化学肥料，必须贯彻化学肥料与有机肥料配合施用的方针，否则，对树木、土壤都是不利的。

确切地说，微生物肥料区别于其他肥料的关键在于它含有大量的微生物。农用微生物菌剂具有直接或间接改良土壤、恢复地力、维持根际微生物区系平衡、降解有毒有害物质等功能，通过其中所含微生物的生命活动，在应用中发挥增强植物养分供应、促进植物生长、改善土壤生态环境等作用。复合微生物肥料则兼具微生物菌剂和无机肥的肥料效应，生物有机肥则兼具微生物菌剂和有机肥的肥料效应。根据微生物肥料的特点，使用时需要注意的是，一是使用菌肥要具备一定的条件，才能确保菌种的生命活力和菌肥的功效，如强光照射、高温、接触农药等，都有可能会杀死微生物，又如固氮菌肥，要在土壤通气条件好、水分充足、有机质含量稍高的条件下，才能保证细菌的生长和繁殖；二是微生物肥料一般不宜单施，一般要与化学肥料、有机肥料配合施用，才能充分发挥其应有作用，而且微生物生长、繁殖也需要一定的营养物质。

针对肥料的不同特性、土壤情况和植物对肥料的需求特点，结合成本考虑，施肥管理实践中需要注意以下几点：

① 施足基肥，合理追肥　将有机肥为主的总肥分70%以上的肥料作为基肥，可以改良土壤性状，提高土壤肥力。根据植物生长情况和需求适当追肥，追肥以速效肥料为主。氮肥应适当集中使用，因少量氮肥在土壤中往往没有显著增产效果。磷、钾肥的施用，除特殊情况外，必须用在不缺氮素的土壤中才经济合理，否则施用磷、钾肥的效果不大。磷矿粉(碱性)的生产成本低，来源较广，后效长，在酸性土壤上作基肥施用很有价值，而在石灰性土壤上就不适宜。

② 科学配比，平衡施肥　肥料的用量并非越多越好，而是在一定的生产技术措施配合下，有一定的用量范围。过量的化学肥料既不符合增产节约的原则，又会造成土壤溶液浓度过高，渗透压过大而导致树木灼伤或死亡。有机肥及磷肥等，除当年的肥效外，往往还有后效，因此，在施肥时也要考虑前一两年施肥的种类和用量，以节约用肥。在有条件的情况下可以考虑采用测土配方施肥。

③ 慎用肥料，改良土壤　若为了改良土壤，有机肥料、绿肥或泥肥(塘泥、湖泥等)的用量可加大，但也要根据需要与可能做出合理安排，以造成土肥相融、肥沃疏松的土壤。若过量，同样会造成土壤溶液浓度过高之害。另外，施肥中应注意养分间的化学反应和颉颃作用，避免对土壤和树木造成负面效应。例如，磷肥中的磷酸根离子很容易与钙离子反应，生成难溶的磷酸钙，而造成植物无法吸收，出现缺磷，因此，磷肥不宜与石灰混用，也不宜与硝酸钙等肥料混用；钾离子和钙离子相互颉颃，钾离子过多会影响植物对钙的吸收，反之亦然。

6.2.3　施肥时期

理论上施肥的时间应掌握在树木最需要的时候，以便使有限的肥料能被树木充分利用，生产上的具体施用时间应视树木生长的情况和季节来确定。根据肥料性质和施用时期，施肥一般可分为基肥和追肥两种类型。基肥施用时期要早，追肥要巧。

(1) 基肥

基肥是在较长时期内供给树木养分的基本肥料，宜施迟效性有机肥料，如腐殖酸类肥料、堆肥、厩肥、圈肥、鱼肥、血肥及作物秸秆、树枝、落叶等，使其逐渐分解，供树木较长时间吸收利用的大量元素和微量元素。

基肥分秋施基肥和春施基肥。秋施基肥正值根系又一次生长高峰，伤根容易愈合，并可发出新根。结合施基肥，再施入部分速效性化肥，可以增加树体积累，提高细胞液浓度，从而增强树木的越冬性，并为来年生长和发育打好物质基础。增施有机肥可提高土壤孔隙度，使土壤疏松，有利于土壤积雪保墒，防止冬春土壤干旱，并可提高地温，减少根际冻害。秋施基肥，有机质腐烂分解的时间较充分，可提高矿质化程度，翌春可及时供给树木吸收和利用，促进根系生长；春施基肥，如果有机物没有充分分解，肥效发挥较慢，早春不能及时供给根系吸收，到生长后期肥效才发挥作用，往往会造成新梢的二次生长，对树木生长发育不利。特别是对某些观花、观果类树木的花芽分化及果实发育不利。

(2) 追肥

追肥又叫补肥。根据树木一年中各物候期需肥特点及时追肥，以调节树木生长和发育的矛盾。追肥的施用时期，在生产上分前期追肥和后期追肥。前期追肥又分为生长高峰前追肥、开花前追肥及花芽分化期追肥。具体追肥时期，则与地区、树种、品种及树龄等有关，要紧紧依据各物候期特点进行追肥。对观花、观果树木来说，花后追肥与花芽分化期追肥比较重要，尤以花谢后追肥更为关键，而对于牡丹等开花较晚的花木，这2次追肥可合为1次。某些果树如花谢后施肥不当(过早施肥或氮肥过多)有促使幼果脱落的可能。花前追肥和后期追肥常与基肥施用相隔较近，条件不允许时则可以省去，但牡丹花前必须保证施1次追肥。此外，某些果树及观果树木在果实速生期(也是生根高峰期)施1次N、P、K复混壮果肥，可取得较好效果。对于一般初栽2~3年内的花木、庭荫树、行道树及风景树等，每年在生长期进行1~2次追肥实为必要。至于具体时期则须视情况合理安排，灵活掌握。有营养缺乏征兆的树木可随时追肥。

6.2.4 肥料配方与用量

6.2.4.1 肥料的配方

园林树木一般都应施用含有N、P、K三要素的混合肥料。具体施用比例则应以树木不同年龄时期、不同物候期的需要和土壤营养状况而定。

充分腐熟的厩肥，含有多种营养元素，是树木特别是幼树施肥的最好材料之一，但是由于厩肥只适用于开阔地生长的树木，施用量太大，也不方便，因此应用并不广泛；化学肥料，有效成分含量高，便于配方，见效快，使用十分普遍，但改良土壤结构的作用小。

关于园林树木，特别是庭荫树是否需要施肥的问题，意见并不一致。过去许多人不主张施肥，但从1950年以来，国外对庭荫树的施肥进行了大量的研究，现在越来越多的人认为，不但要施肥，而且要按比例定量施肥。

根据国外对施肥的多年研究表明，庭荫树通常需要较高的氮素含量，如10-8-6或10-6-4的比例，效果较好。上述10-8-6及10-6-4等表达式的含义是代表肥料中三要素重量的百分比含量，即10-8-6表示肥料中有10%的N、8%的P_2O_5和6%的K_2O，也有表示为10/8/6等。如果肥料中还需要标定其他重要元素的比例，则可向后延伸，但必须将其含义予以说明。

多数园林树木自然生长在酸性土壤中，因此，一般不应使用碱性肥料。如果以腐殖质为主要原料加入适量的N、P、K等主要元素制成腐殖质酸肥料效果更好。这种肥料一般用森林腐殖土、草炭、褐煤、煤矸石、塘泥等作原料，加入不同成分的化肥制成复合腐殖酸肥料（表6-1）。

表6-1 按10-8-6的肥料配方，配制1000kg N、P、K混合肥的参考用量　　　　　　kg

材料名称	需要量	氮含量	磷酸含量	钾含量
硝酸钠（16% N）	300.0	48.0	—	—
硫酸铵（20.5% N）	140.0	28.7	—	—
尿素（48% N）	20.0	9.6	—	—
动物下脚料（2% P_2O_5）	295.0	14.1	4.7	—
过磷酸钙（42% P_2O_5）	180.0	—	75.6	—
氯化钾（48% K_2O）	125.0	—	—	60
总　量	1000.0	100.4	80.3	60
含量（%）	—	10	8	6

由于腐殖质除本身含有少量的氮和硫之外，还能吸附活化土壤中的许多元素，如磷、钾、钙、镁、硫、铁和其他营养元素，对土壤溶液有缓冲作用，改良土壤的效果很好；还可促进代谢，加速植物生长，兼具速效和迟效性能，一般用作基肥，也可用作追肥。

关于树木施肥的配方各地情况千差万别，并无固定的模式，但也有一些共同的规律可循。Ruge（1972）指出，德国的树木，特别是行道树，缺少K_2O、MgO、P_2O_5、N、B和Mn，而CaO和NaCl过多。树木根系的生长和抗旱性，都需要大量的K_2O和P_2O_5。成龄树木不需要太多的氮肥，因为氮肥虽能促进营养生长，但却会减弱树木的生理抗性。Ruge建议，N、P、K、Mg的施用比例为6-10-18-2或10-15-20-2，另加B和Mn（微量元素）。施用的氮肥，一般不宜用铵态氮，也不宜用尿素，因为在土壤中分解这些物质需要的氧太多。

6.2.4.2　施肥量

肥料的施用量应以园林树木在不同时期从土壤中吸收所需肥料的状况为基础，目前同行的意见不统一。通常确定施肥量的方法有以下两种。

补充内容见数字资源。

(1) 理论施肥量的计算

确定施肥量前,测定树木各器官每年对土壤中主要营养元素的吸收量,土壤中的可供量及肥料的利用率,再计算其施肥量,可用下列公式计算:

施肥量=(树木吸收肥料的元素量−土壤可供应的元素量)÷肥料元素的利用率

(2) 经验施肥量的确定

一般可按树木每厘米胸径 180~1400g 的混合肥施用。这一用量对任何树木都不会造成伤害。如果施用后效果不佳,可以 1~2 年内重新追肥。普遍使用的安全用量为每厘米胸径 350~700g 完全肥料。胸径不大于 15cm 的树木,施肥量应该减半。例如,胸径为 20cm 的树木应施 7.0~14.0kg 混合肥,而胸径 10cm 的树木则只应施 1.75~3.5kg。此外,有些树种对化肥比较敏感,施用量也应酌情减少。然而,在土壤厚度方面,因挖方或填方变动较大,或因地面铺装与建筑限制树木营养面积时,施用量应该稍微大一些。大树可按每厘米胸径施用 10-6-4 的 N、P、K 混合肥 700~900g。在确定施肥量时,还应考虑树龄、施肥目的。如果树龄小,希望促进生长,应适当加大施肥量;而对于较老树木,既要保持其正常的生命力,又要限制其生长,则应适当减少施肥量。此外,还应根据配方的标准、树冠大小和土壤类型,对施肥量加以调整。

6.2.5 施肥方法

补充内容见数字资源。

6.2.5.1 土壤施肥

土壤施肥是将肥料施入土壤中,通过根系吸收后,运往树体各个器官利用。

(1) 施肥的位置

施肥的位置应最有利于根系的吸收,因此,受树木主要吸收根群分布的控制。在这方面,不同树种或土壤类型间有很大的差别。在一般情况下,吸收根水平分布的密集范围在树冠垂直投影轮廓(滴水线)附近,大多数树木在其树冠投影中心约 1/3 半径范围内几乎无吸收根。国外有一种凭经验估测多数树木根系水平分布范围的方法,即根系伸展半径以地际以上 30cm 处树木直径的 12 倍为依据。例如,一棵树地面以上 30cm 处的直径为 20cm,它的根系大部分在 2.4m 的半径内,其吸收根则在离干 0.8m 的范围以外。当然,根系的伸展范围并不都能用枝条伸展来确定,也可能至少伸展至冠幅 1.5~3 倍的地方。因此,有些树木的大多数吸收根并不在滴水线范围内。

根据树木根系的分布状况与吸收功能,施肥的水平位置一般应在树冠投影半径的 1/3 倍至滴水线附近;垂直深度应在密集根层以上 40~60cm。在土壤施肥中必须注意 3 个问题:①不要靠近树干基部;②不要太浅,避免简单的地面喷撒;③不要太深,一般不超过 60cm。目前施肥中普遍存在的错误是把肥料直接施在树干周围,这样做不但没有好处,有时还会引起伤害,特别是容易对幼树根颈造成烧伤。

(2) 土壤施肥的方法

① 地表施肥 生长在裸露土壤上的小树,可以撒施,但必须同时松土或浇水,使

肥料进入土层，才能获得比较满意的效果。因为肥料中的许多元素，特别是 P 和 K 不容易在土壤中移动而保留在施用的地方，会诱使树木根系向地表伸展，从而降低了树木的抗性。

要特别注意的是不要在树干 30cm 以内干施化肥，否则会造成根颈和干基的损伤。

② 沟状施肥　沟施法是基于把营养元素尽可能施在根系附近而发展起来的。可分为环状沟施和辐射沟施(见图 6-1)等方法。

环状沟施又可分为全环沟施与局部环施。全环沟施沿树冠滴水线挖宽 60cm，深达密集根层附近的沟，将肥料与适量的土壤充分混合后填到沟内，表层盖表土。局部沟施与全环沟施基本相同，只是将树冠滴水线分成 4~8 等份，间隔开沟施肥，其优点是断根较少。

辐射沟施从离干基约为 1/3 树冠投影半径的地方开始至滴水线附近，等距离间隔挖 4~8 条宽 30~65cm，深达根系密集层、内浅外深、内窄外宽的辐射沟，与环状沟施一样施肥后覆土。

沟施的缺点是施肥面积占根系水平分布范围的比例小，开沟损伤许多根，对草坪上生长的树木施肥，会造成草皮的局部破坏。

③ 穴状施肥　是指在施肥区内挖穴施肥。这种方法简单易行，但在给草坪树木施肥中也会造成草皮的局部破坏。

④ 打孔施肥　是从穴状施肥衍变而来的一种方法。通常大树或草坪上生长的树木，都采用孔施法。这种方法可使肥料遍布整个根系分布区。方法是每隔 60~80cm 在施肥区打一个 30~60cm 深的孔，将额定施肥量均匀地施入各个孔中，约达孔深的 2/3，然后用泥炭藓、碎粪肥或表土堵塞孔洞、踩紧。

普通钢钎是手工打孔的常用工具(长约 1.8m，直径 3~4cm)，按树木每厘米胸径打孔 4~8 个。在打孔时，孔洞最好不要垂直向下，以便扩大施肥面积(图 6-2)。

一些树木栽培的专门公司，开始大量使用现代化的打孔设备，如电钻、气压钻等。有一种本身带有动力和肥料的钻孔与填孔的自动施肥机，由汽油发动机驱动，每分钟可钻孔 4 个左右，其装料箱可容纳 45kg 肥料，并通过送料斗施入孔中。

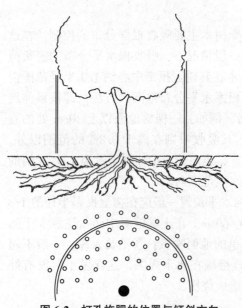

图 6-2　打孔施肥的位置与倾斜方向
(仿 A. Bernatzky，1978)

⑤ 水施　主要是与喷灌、滴灌结合进行施肥，即肥水一体化。水施供肥及时，肥效分布均匀，既不伤根系，又能保护耕作层土壤结构，节省劳力，肥料利用率高，是一种很有发展潜力的施肥方式。

⑥ 微孔释放袋施肥　微孔释放袋又称微孔释放包。它是把一定量的 16-8-16 水溶性肥

料或其他配方的水溶性肥料,热封在双层聚乙烯塑料薄膜袋内施用。封在肥料外面的两层塑料都有数量与直径经过精密测定的"针孔"。栽植树木时,这种袋子放在吸收根群附近,当土壤中的水汽经微孔进入袋内,使肥料吸潮,以液体的形式从孔中溢出供树木根系吸收。这样释放肥料的速度缓慢,数量也相当小,可以不断地向根系传递,不像土壤直接施肥那样对根系造成伤害。微孔释放袋的活性受季节变化的控制。随着天气变冷,袋中的水汽压也随之变小,最终停止营养释放,因此,在植物休眠的寒冷季节,袋内的肥料不会释放出来。然而春天到来,土壤解冻,气候转暖时,由于袋内水汽压再次升高,促进肥料的释放,满足植株生长的需要。微孔释放袋的这些极好特性是土壤水汽压的变化定时触发肥料释放或停止的结果。

对于已定植的树木,也可用110~115g的微孔释放袋,埋在滴水线以内约25cm深的土层中。每棵树用多少袋取决于树木的大小或年龄。这种微孔释放袋埋置1次,约可满足树木8年的营养需要。

⑦ 其他施肥方法　树木营养钉、营养棒、球肥等施肥方法。

(3) 土壤施肥的时间与次数

树木可以在晚秋和早春施肥。秋天施肥应避免抽秋梢,但由于气候带不同,各地的施肥时间也不尽一致。在暖温带地区,10月上中旬是开始施肥的安全时期。秋天施肥的优点是施肥以后,有些营养可立即进入根系,另一些营养在冬末春初进入根系,剩余营养则可以更晚的时候产生效用。由于树木根系远在芽膨大之前开始活动,只要施肥位置得当,就能很快见效。据报道,树木在休眠期间,根系尚有继续生长和吸收营养的能力,即使在2℃还能吸收一些营养;在7~13℃时,营养吸收已相当大,因此,秋天施肥可以增加翌春的生长量。春天,地面霜冻结束至5月1日前后都可施肥,但施肥越晚,根和梢的生长量越小。

一般不提倡夏季施肥,特别是仲夏以后施肥,因为这时施肥容易使树木生长过旺,新梢木质化程度低,容易遭受低温或冬日晒伤的危害。当然,如果发现树木缺肥而处于饥饿状态,则可不考虑季节,随时予以补充。

施肥的次数取决于树木的种类、生长的反应和其他因素。一般来说,如果树木颜色好,生活力强,决不要施肥。但在树木某些正常生理活动受到影响,矿质营养低于正常标准或遭病虫袭击时,应每年或每2~4年施肥1次,直至恢复正常。自此以后,施肥次数可逐渐减少。

6.2.5.2 根外施肥

根外施肥也称地上器官施肥。它是通过对树木叶片、枝条和树干等地上器官进行喷、涂或注射,使营养直接渗入树体的方法。根外追肥可以避免土壤对肥料的固定,用量少,效率高,是土壤施肥的补充,但不能代替土壤施肥。

(1) 叶面施肥

叶面施肥也叫叶面喷肥,一般都是追肥。叶面施肥在我国早已开始使用,并积累了不少经验。Relly 是美国叶部喷施完全可溶性浓缩营养的早期倡导者。他生产了一种称为

Rapid-gro 的完全可溶性肥料，其配方为 12-19-17，并加入了某些微量元素。它是喷洒在乔木、灌木、花卉和粮食作物上的第一种有效的完全肥料。这种肥料的三要素是由尿素、磷酸二氢铵、磷酸二氢钾及硝酸钾配制而成的。

叶片的上下表面除气孔外，并不完全由角质层覆盖，而是角质层间还断续分布着果胶质层。这些果胶质具有吸收和释放水分与营养物质的巨大能力。因此，叶片表面不再认为是相对不渗透溶解物质的界面了。

以前曾一度认为叶背有较多的气孔，更容易吸收营养液。然而研究证明，虽然某些植物上表面的气孔数量只有下表面的 1/7，但对磷酸盐的吸收能力却无明显差异。但由于叶背较叶表湿度大，表皮下具有较松散的海绵组织，细胞间隙大而多，有利于渗透和吸收，因此，叶背的吸水速度及对肥料的吸收率一般仍比叶表高，但是差异并不显著。

树木具有很大的吸收面积，群植树木的叶面积相当于树木所占面积的 4 倍以上（叶面积指数大于 4）。沿街或其他孤立生长的庭荫树，其叶面积指数甚至更高。例如，一棵生长在开阔地、高达 14.3m 的银槭，有 177 000 片叶片，叶片总面积达 650m^2。

据测定，氮、磷、钾一类营养元素被叶片吸收后，移动速度约为每分钟 0.5cm。当然在叶面施肥中，叶片并不是吸收营养的唯一器官，树皮、芽、叶柄和花等也有一定的吸收能力。施在苹果和桃树皮上的磷和钾，在 24h 内可以从施肥的地方进入枝条，移动 45~61cm。早春若在芽开始膨胀时给树木喷施营养液，大都可以被树木吸收。在不引起树木损害的情况下，树皮喷施的浓度约为叶片施肥浓度的 10 倍。这种方法可在生长季开始之前，对于已经遭受冬季损害或可能缺素的树木施用。

由于树木可以直接利用均匀分布的雾滴，因此，干旱季节的叶面喷雾，可以有效地维持树木的正常生长，但如果此时树木根区干施肥料，不但不能被树木利用，还可能加重干旱对树木的损害。

叶面喷洒的全溶性高营养复合肥的使用浓度，随树木和配方状况而变。通常如 13-13-13 配方的低肥料浓度不大于 0.37%；16-16-16 中肥料浓度不大于 0.3%；18-18-18 较高肥料浓度不大于 0.22%；单一化肥的喷洒浓度可为 0.3%~0.5%，尿素甚至可达 2%。

叶面施肥的喷洒量，以营养液开始从叶片大量滴下为准。喷洒时，特别是空气干燥、温度较高的情况下，最好是 10：00 以前和 16：00 以后喷施。应该注意的是，并不是所有的可溶性化肥都能用于叶面追肥，否则有可能造成药害。此外，适于叶面喷洒的营养液还可以与福美铁、马拉硫磷等有机农药结合使用，既可改善树木的营养状况，又可防治病虫害。

叶面喷肥简单易行，用量小，发挥作用快，可及时满足树木的急需，并可避免某些营养元素在土壤中的化学和生物固定，尤其在缺水季节或缺水地区及不便施肥的地方，均可采用此法。但叶面喷肥并不能代替土壤施肥。

（2）树木注射

树木注射是将营养溶液直接注入树干，虽然已取得了成功，但是这种方法还不能普遍推广，只有在树木出现缺铁性褪绿症时，才将铁盐注入树干。对于用其他肥料注入树干或枝条的试验，也取得了某些进展。用含有 0.25% 的钾和磷，加上 0.25% 尿素的完全营养液，以每棵苹果树 15~75g 的量注入树干，可在 24h 内被树木充分吸收，其所增加的生长量，可等于土壤大量施肥的效果。若以每厘米直径 0.4g 的比例给枝条注射尿素，可在一定程度上提高树体组织的含氮量，且不产生药害。这种方法已用于树木的特殊缺素或不容易进行土壤施肥的林荫道、人行道和根区有其他障碍的地方。

给树木注射的方法是将营养液盛在一种专用容器中，系在树上，将针管插入木质部，甚至于髓心，慢慢吊注数小时或数天，生产中称为吊营养液、挂营养液（图6-3）。这种方法也可用于注射内吸杀虫剂与杀菌剂，防治病虫害。

还有一种比较简单的树干施肥方法，即将所需完全可溶性肥料，装入用易溶性膜制成的胶囊中，用普通手摇曲柄钻在边材上，钻一个直径约 1.0cm，深 5.0~7.5cm 稍向下倾斜的孔洞，将装有肥料的胶囊（或条状颗粒状肥料）装入孔中，再用油灰、水泥或沥青封闭洞口。胶囊吸水溶解，逐渐释放营养，进入树体输送至各个部位。

图 6-3　树木注射的方法（叶要妹摄）

虽然许多肥料可以用这种方法施用，但是应用最多的还是用铁盐治疗缺绿病。通常可以每厘米直径 2g 的比例施用磷酸铁。大树需要在树干周围均匀分布地钻几个孔。此外，还有人将镀锌的尖锥或铁钉打入树干，也能治疗缺绿症；也可用这类方法施用完全肥料，如对尿素、钾、磷和其他物质进行试验，都取得了满意的效果。

树干注射的缺点是在钻孔消毒、堵塞不严的情况下，容易引起心腐和蛀干害虫的侵入。

6.2.6　园林树木营养诊断

园林树木生长需要 17 种必需元素，除了来自 CO_2 和水的 C、H、O 为非矿质元素外，其余 14 种均为矿质元素。这些矿质元素缺乏，园林树木都会出现缺素症。

营养诊断是指导园林树木科学施肥的基础。营养诊断的方法主要有土壤养分分析、植物外观诊断和元素分析等。其中，根据树木外观形态上的症状来诊断缺素种类与程度的外观诊断方法，具有快速、简便易行的特点，生产上较实用。

补充内容见数字资源。

为了便于诊断，下面列出必需矿质元素缺乏症的检索表(表6-2)。

表 6-2　树木缺乏必需矿质元素的症状检索表(李合生，2002)

A. 较老的器官或组织先出现病症。
　B. 症状常遍布全株，长期缺乏则茎短而细。
　　C. 基本叶片先缺绿，发黄，变干时呈浅褐色 ………………………………… 缺氮
　　C. 叶常呈红或紫色，基部叶发黄，变干时呈暗绿色 ……………………… 缺磷
　B. 病症常限于局部，基部叶不干焦，但杂色或缺绿。
　　D. 叶脉间或叶缘有坏死斑点，或叶呈卷皱状 ……………………………… 缺钾
　　D. 叶脉间坏死斑点大，并蔓延至叶脉，叶厚，茎短 ……………………… 缺锌
　　D. 叶脉间缺绿(叶脉仍绿)。
　　　E. 有坏死斑点 ……………………………………………………………… 缺镁
　　　E. 有坏死斑点并向幼叶发展，或叶扭曲 ………………………………… 缺钼
　　　E. 有坏死斑，最终呈青铜色 …………………………………………… 缺氯
A. 较幼嫩的器官或组织先出现病症。
　F. 顶芽死亡，嫩叶变形和坏死，不呈叶脉间缺绿。
　　G. 嫩叶初期呈典型钩状，后从叶尖和叶缘向内死亡 …………………… 缺钙
　　G. 嫩叶基部浅绿，从叶基起枯死，叶捻曲，根尖生长受抑 ………… 缺硼
　F. 顶芽仍活。
　　H. 嫩叶易萎蔫，叶暗绿色或有坏死斑点 …………………………………… 缺铜
　　H. 嫩叶不萎蔫，叶缺绿。
　　　I. 叶脉也缺绿 ……………………………………………………………… 缺硫
　　　I. 叶脉间缺绿但叶脉仍绿。
　　　　J. 叶淡黄色或白色，无坏死斑点 ……………………………………… 缺铁
　　　　J. 叶片有小的坏死斑点 ………………………………………………… 缺锰

6.3　园林树木灌水与排水管理

与其他生物一样，树木的一切生命活动都与水有着极其密切的关系。园林树木根系吸收的水分，95%以上都消耗于蒸腾作用。在一般情况下，蒸腾量越大，根系吸收的水分越多，随水流进入树体的矿质营养也越丰富，树木的生长也就越旺盛。然而由于园林树木的栽培目的不同，对其应该发挥的功能效益也有差异，因此，只有通过灌水与排水管理，维持树体水分代谢平衡的适当水平，才能保证树木的正常生长和发育，才能满足栽培目的的要求。否则土壤水分过多或过少，都会造成树体水分代谢的障碍，对树木的生长不利。"水少是命，水多是病"也就是这个道理。

6.3.1　合理灌水与排水依据与原则

园林树木的水分管理包括灌溉与排水两方面的内容。正确全面认识园林树木的需水特性，是制订科学水分管理方案、合理安排灌排工作、确保园林树木健康生长、充分有效利用水资源的重要依据。园林树木合理灌水与排水的依据和原则包括以下几个方面：

(1) 树种的生物学特性及其年生长节律

① 树种　园林树木是园林绿化的主体，数量大、种类多，具有不同的生态习性，

对水分的要求不同，有的要求高，有的要求低，应该区别对待。例如，观花、观果树种，特别是花灌木，灌水次数均比一般树种多；樟子松、油松、马尾松、木麻黄、圆柏、侧柏、刺槐、锦鸡儿等为耐干旱树种，其灌水量和灌水次数较少，甚至很少灌水，且应注意及时排水；而对于水曲柳、枫杨、垂柳、落羽松、水松、水杉等喜湿润土壤的树种应注意灌水，对排水则要求不严；还有一些对水分条件适应性强的树种，如紫穗槐、旱柳、乌桕等，既耐干旱，又耐水湿，对排灌的要求都不严。

② 物候期　园林树木在不同的物候期对水分的要求不同。一般认为，在树木生长期中，应保证前半期的水分供应，以利生长与开花结果；后半期则应控制水分，以利树木及时停止生长，适时进行休眠，做好越冬准备。根据各地的条件，观花观果树木，在发芽前后到开花期，新梢生长和幼果膨大期，果实迅速膨大期及果熟期和休眠期，如果土壤含水量过低，都应进行灌溉。

(2) 气候条件

气候条件对于灌水和排水的影响，主要是年降水量、降水强度、降水频度与分布。在干旱的气候条件下或干旱时期，灌水量应多；反之应少，甚至要注意排水。例如，北京地区 4~6 月是干旱季节，但正是树木发育的旺盛时期，因此需水量较大。在这个时期，一般都需要灌水。如月季、牡丹等名贵花灌木，在此期只要见土干就应灌水，而对于其他花灌木则可以粗放些。对于大的乔木，在此时就应根据条件决定，但总的来说这是春季干旱转入少雨的时期，树木正处于开始萌动、生长加速并进入旺盛生长的阶段，所以应保持土壤的湿润。在江南地区这时正处于梅雨季节，不宜多灌水。某些花木如梅花、碧桃等于 6 月以后形成花芽，所以在 6 月应进行短时间扣水(干一下)，借以促进花芽的形成。

由于各地气候条件的差异，灌水的时期与数量也不相同。如华北地区，灌冻水的时间以土壤封冻前为宜，但不可太早。因为 9~10 月大水灌溉会影响枝条的木质化程度，不利于安全越冬。在江南地区，9~10 月常有秋旱，为了保证树木安全越冬，则应适当灌水。

(3) 土壤条件

不同土壤具有不同的质地与结构，保水能力也不同。保水能力较好的，灌水量应大一些，间隔期可长一些；保水能力差的，每次灌水量应酌减，间隔期应短一些。对于盐碱地要"明水大浇""灌耪结合"(灌水与中耕松土相结合)；沙地，容易漏水，保水力差，灌水次数应适当增加，要"小水勤浇"，同时施用有机肥增加其保水保肥性能。低洼地要"小水勤浇"，避免积水，并注意排水防碱。较黏重的土壤保水力强，灌水次数和灌水量应适当减少，并施入有机肥和河沙，增加其通透性。

此外，地下水位的高低也是灌水和排水的重要参考。地下水位在园林树木可利用的范围内，可以不灌溉；地下水位太高，应注意排水。

(4) 经济与技术条件

园林树木的栽培种类多、数量大，所处立地的可操作性不同，加之目前园林机械化水平不高、人力不足、经济有限，全面普遍灌水与排水，使所有树木的水分平衡处于最适范围是不可能的。因此，应该保证重点，对有明显水分过剩或亏缺的树木进行排水或灌水。

(5) 其他栽培管理措施

在全年的栽培管理工作中，灌水应与其他技术措施密切结合，以便在相互影响下更好地发挥每种措施的作用。例如，灌溉与施肥，做到"水肥结合"是十分重要的，特别是施化肥的前后应该浇透水，既可避免肥力过大、过猛，影响根系的吸收或遭到损害，又可满足树木对水分的正常要求。河南鄢陵花农用的"矾肥水"就是水肥结合防治缺绿病和地下害虫的有效方法。

此外，灌水应与中耕除草、培土、覆盖等土壤管理相结合，因为灌水和保墒是一个问题的两个方面，保墒做得好可以减少土壤水分的损失，满足树木对水分的要求，并可减少灌水次数。如山东菏泽花农栽培牡丹时就非常注意中耕，并有"湿地锄干，干地锄湿"和"春锄深一犁，夏锄刮破皮"等经验。当地常遇春旱和夏涝，但因花农加强土壤管理，勤于锄地保墒，从而保证了牡丹的正常生长发育。

6.3.2 园林树木灌溉

多数园林树木需要灌溉，以补充其土壤水分的不足，甚至在比较湿润或多雨地区也可能偶尔发生干旱，需要灌溉供水，以维持其生命。在半干旱和干旱地区，灌溉是园林绿地管理中需要经常注意的重要问题。

6.3.2.1 园林树木灌溉的时期

正确的灌水时期对灌溉效果以及水资源的合理利用都有很大影响。理论上讲，科学的灌水是适时灌溉，也就是说在园林树木最需要水的时候及时灌溉。确定正确的灌水时期，不是等树木在形态上已显露出缺水症状(如叶片卷曲、果实皱缩等)时才进行灌溉，而是要在树木未受到缺水影响以前开始，否则树木的生长发育可能已经受到不可弥补的损失。当然，这并不是说树木外部形态不是判断树木是否需要灌水的重要方法，相反，在当前情况下它仍是许多园林工作者直观确定是否急需灌水的常用方法。例如，早晨看树叶是上翘还是下垂，中午看叶片是否萎蔫及其程度轻重，傍晚看萎蔫后恢复的快慢等，都可作为露地树木是否需要灌溉的参考。名贵树木或抗性比较差的树木，如紫红鸡爪槭(红枫)、红叶鸡爪槭(羽毛枫)、杜鹃花等，略现萎蔫或叶尖焦干时就应立即灌水或对树冠喷水，否则就会产生旱害。有的树种虽遇干旱出现萎蔫，但较长时间内不灌溉也不至于死亡。

用测定土壤含水量的方法确定具体灌水日期，是较可靠的方法。土壤能保持的最大水量称为土壤持水量。一般认为当土壤含水量达到最大田间持水量的60%~80%时，土壤中的水分与空气状况最符合树木生长结实的需要。在一般情况下，当根系分布的土壤含水量低至最大田间持水量的50%时，就需要补充水分。

土壤含水量包括吸湿水与毛管水。可供植物根系吸收利用的都是可移动的毛管水。当土壤水分减少到不能移动时的含水量，称为"水分当量"。土壤水分低至水分当量时，树木吸收水分困难，必将导致树体缺水所以必须在土壤含水量达到水分当量以前及时进行灌溉。如果低至水分当量的土壤含水量继续减少，植物终将枯萎死亡，这时的土壤含水量称为"萎蔫系数"。据研究，萎蔫系数大体相当于各种土壤水分当量的54%。因此，以土壤含水量达到萎蔫系数时进行灌溉，显然是不正确的。

不同土壤的最大持水量、持水当量、萎蔫系数等各不相同，表6-3的数据是测定不同土壤含水量后确定是否需要灌溉的参考依据。

表6-3 不同土壤的最大持水量、持水当量、萎蔫系数及容积比重

土壤种类	最大持水量(%)	最大持水量的60%~80%	持水当量(%)	萎蔫系数(%)	容积比重(%)
细砂土	28.8	17.3~23.0	5.0	2.7	1.74
砂壤土	36.7	22.0~29.4	10.0	5.4	1.62
壤土	52.3	31.4~41.8	20.0	10.8	1.48
黏壤土	60.2	36.1~48.2	25.0	13.5	1.40
黏土	71.2	42.7~57.0	32.0	17.3	1.38

在某一地段，如果已经熟悉其土质并经多次含水量的测定，也可凭经验进行触摸和目测，判断其大体含水量，以确定其是否需要灌溉。如壤土和砂壤土，手握成团，挤压时土团不易碎裂，说明土壤湿度为最大持水量的50%以上，一般可不必进行灌溉。如手指松开，轻轻挤压容易裂缝，则证明水分含量少，需要进行灌溉。

用仪器指示灌水时间和灌水量，早已在生产上应用。目前用于指导灌水，最普遍采用的仪器是张力计（Tensiometer，又称土壤水分张力计）。安装张力计可省去进行土壤含水量测定的许多劳力，并可随时迅速了解树木根部不同土层的水分状况，进行合理的灌溉，以防止过量灌溉所引起的灌溉水源和土壤养分的损失。

确定树木是否需要灌溉，还有其他一些方法，如直接测定树木地上部分生长状况的方法，包括测定果实的生长率、气孔的开张度、树干和枝条的生长、叶片的色泽和萎蔫度等。这类测定可以称为灌水时期的生物学指标测定。此外，也可用叶片的细胞液浓度、水势等作为灌水时间的生理指标。还有许多其他测定方法，但目前尚未大量用于生产实践。

6.3.2.2 主要物候期的灌水

（1）休眠期灌水

休眠期灌水是在秋冬和早春进行的。在中国的东北、西北、华北等地，降水量较少，冬春严寒干旱，休眠期灌水十分必要。秋末冬初灌水（北京为11月上中旬），一般称为灌"冻水"或"封冻水"。冬季结冻可放出潜热，可提高树木的越冬安全性，并可防止早春干旱，因此北方地区的这次灌水不可缺少，特别是边缘或越冬困难的树种，以及幼年树木等，灌冻水更为必要。

冬春干旱少雨的地区，春季新梢萌动的前20~30d，早春灌水不但有利于新梢和叶片的生长，而且有利于开花与坐果，同时还可促进树木健壮生长，是花繁果茂的关键措施之一。

(2) 生长期灌水

生长期灌水分为花前灌水、花后灌水和花芽分化期灌水。

① 花前灌水　在北方一些地区容易出现早春干旱和风多雨少的现象，及时灌水补充土壤水分的不足，是促进树木萌芽、开花、新梢生长和提高坐果率的有效措施；同时还可防止春寒、晚霜的危害。盐碱地区早春灌水后进行中耕，还可以起到压碱的作用。花前水可在萌芽后结合花前追肥进行。花前水的具体时间，则因地、因树而异。

② 花后灌水　多数树木在花谢后半个月左右是新梢速生期，如果水分不足，会抑制新梢生长。如果树木此时缺少水分也会引起大量落果，尤其北方各地，春天多风，地面蒸发量大，适当灌水可保持土壤的适宜湿度。前期灌水可促进新梢和叶片生长，扩大同化面积，增强光合作用的能力，提高坐果率和增大果实，同时对后期的花芽分化有良好作用。没有灌水条件的地区，也应积极采取盖草、盖沙等保墒措施。

③ 花芽分化期灌水　这次灌水对观花、观果树木非常重要。因为树木一般是在新梢生长缓慢或停止生长时开始花芽的形态分化，此时正是果实速生期，需要较多的水分和养分，如果水分不足会影响果实生长和花芽分化。因此，在新梢停止生长前及时而适量地灌水，可以促进春梢生长，抑制秋梢生长，有利于花芽分化及果实发育。

在北京地区，一般年份全年灌水 6 次，3、4、5、6、9 月和 11 月各 1 次。干旱年份或土质不好或因缺水生长不良应增加灌水次数。在西北干旱地区，灌水次数应更多一些。

6.3.2.3　灌水量和灌水区域

最适宜的灌水量，应在一次灌溉中，使树木根系分布范围内的土壤湿度，达到最有利于树木生长发育的程度。只浸润表层或上层根系分布的土壤，不能达到灌水要求，且由于多次补充灌溉，容易引起土壤板结和土温下降，因此必须一次灌透。一般对于深厚的土壤，需要一次浸湿 1m 以上的土层；浅薄土壤，经过改良也应浸湿 0.8~1.0m。如果安装张力计，不必计算灌水量，其灌水量和灌水时间均可由张力计读数确定。

① 根据不同土壤的持水量、灌水前的土壤湿度、土壤容重、要求土壤浸湿的深度，计算灌水量，即：

灌水量=灌溉面积×土壤浸湿深度×土壤容重×（田间持水量−灌溉前土壤湿度）

灌溉前的土壤湿度，需要在每次灌水前测定田间持水量、土壤容重、土壤浸湿深度等指标，可数年测定 1 次。

在应用上述公式计算出灌水量后，还可根据树种、品种、不同生命周期、物候期、间作物，以及日照、温度、风、干旱期持续的长短等因素，进行调整，酌情增减，以符合实际需要。

② 根据树木的耗水系数计算灌水量。这种方法是通过测定植物蒸腾量和蒸发量计算一定面积和时期内的水分消耗量确定灌水量。水分的消耗量受温度、风速、空气湿度及太阳辐射、植物覆盖、物候期、根系深度及土壤有效水含量的影响。用水量的近似值可以从平均气象资料、园林树木的经验常数、植物总盖度及蒸发测定值等估算。耗水量与有效水之间的差值，就是灌水量。

③ 成熟植物根层深度因植物类型不同而有所不同，如草坪和地被根层深度通常在

15~30cm，而灌木和乔木分别在 30~60cm 和 45~90cm（图 6-4）。

原则上，当土壤含水量<15%时，需要对植物进行灌溉。土壤含水量可以用便携式湿度计进行测定。一般情况下，灌溉量应使土壤含水量达到 18%~24%（即土壤最大田间持水量的 60%~80%），土壤渗透深度应达到 60~90cm（图 6-4）。

植物根系吸收水分最活跃的区域是滴水线及其外部的区域，灌溉的主要部位应为该区域。园林树木大多数根系分布在树冠投影的 1.5~4 倍的区域范围内。

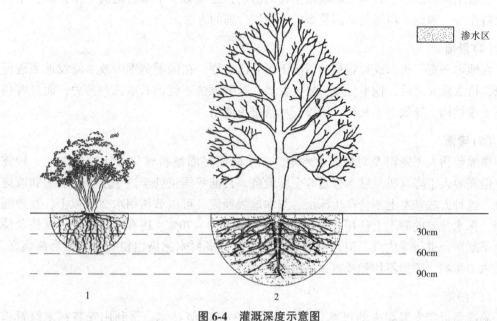

图 6-4　灌溉深度示意图
1. 灌木　2. 乔木

6.3.2.4　灌水方法

欲达到灌水的目的，灌水时间、用量和方法是 3 个不可分割的因素。如果仅注意灌水时间和灌水量，而方法不当，常不能获得良好的灌水效果，甚至带来严重危害。正确的灌水方法，要有利于水分在土壤中均匀分布，充分发挥水效，节约用水量，降低灌水成本，减少土壤冲刷，保持土壤的良好结构。因此，灌水方法是树木灌水的一个重要环节。灌水方法的机械化是园林树木管理现代化的重要标志之一。园林树木的灌水方法因其配置方式或规模而有所不同，主要有以下几种：

(1) 盘灌（围堰灌水）

盘灌是指以干基为圆心，在树冠投影以内的地面筑埂围堰，形似圆盘，在盘内灌水。盘灌用水较经济，但浸湿土壤的范围较小。因此，离干基较远的根系难以得到水分供应，同时还有破坏土壤结构，使表土板结的缺点。

(2) 穴灌

穴灌指在树冠投影外侧挖穴，将水灌入穴中，以灌满为度。这种方法用于地面铺装的街道、广场等,十分方便。此法用水经济,浸湿根系范围的土壤较宽而均匀,不会引起土壤板结,所以特别适用于水源缺乏的地区。

(3)沟灌(侧方灌溉)

成片栽植的树木,可每隔100~150cm开一条深20~25cm的长沟,在沟内灌水,慢慢向沟底和沟壁渗透,达到灌溉的目的。灌溉完毕将沟填平。沟灌可以做到经济用水,防止土壤结构的破坏,有利于土壤微生物的活动;还可减少平整土地的工作量及便于机械化耕作等。因此,沟灌是地面灌溉的一种较合理的方法。

(4)漫灌

在地面平整、树木成片栽植的情况下可分区筑埂,在围埂范围内放水淹没地表进行灌溉,待水渗完之后,挖平土埂,松土保墒。这种方法不但浪费水源和劳力,而且容易破坏土壤结构,导致表土板结,所以应尽量避免使用。

(5)喷灌

喷灌包括人工降雨及对树冠喷水等。人工降雨是灌溉机械化中比较先进的一种技术,但需要人工降雨机及输水管道等全套设备。目前我国正处于进一步推广应用和改进阶段。这种方法基本上不会产生深层渗漏和地表径流,可以节约用水20%以上,在渗漏性强、保水性差的砂土上使用,甚至可节约用水60%~70%,还有可与施肥、喷药及使用除草剂结合进行等优点。但是喷灌也存在可能造成树木感染白粉病和其他真菌病害,易受风力影响,喷洒不均和成本过高等缺点。

(6)滴灌

滴灌是近年发展起来的机械化与自动化的先进灌溉技术,是利用安装在末级管道(称为毛管)上的滴头,将压力水以水滴或小水流形式缓慢施于植物根区的灌水方法。常用于无土岩石地、铺装地、容器种植、屋顶花园等特殊立地条件下及苗圃地树木的灌溉,多使用PVC管材。从劳动生产率和经济用水的观点来看,滴灌是很有前途的灌溉方法。其主要缺点是:投资较大;管道及滴头容易被水中矿物质或有机物质堵塞,要求严格的过滤设备;不能调节小气候,不适于冻结期间应用,在自然含盐量较高的土壤中使用滴灌,容易引起滴头附近土壤的盐渍化,造成根系的伤害。目前国内外已发展的自动化滴灌装置,其自动控制方法可分为时间控制法、电力抵抗控制法和土壤水分张力计自动灌水法等。

(7)地下灌溉(或鼠道灌溉)

地下灌溉是利用埋在地下的多孔管道输水,水从管道的孔眼中渗出,浸润管道周围的土壤。用此法灌水不致流失或引起土壤板结,便于耕作,节约用水,较地面灌水优越,但对设备条件要求较高,在碱性土壤中须注意避免"泛碱"。

6.3.2.5 灌溉中应注意的事项

① 要适时适量灌溉 灌溉一旦开始,要经常注意土壤水分的适宜状态,争取灌饱灌透。如果该灌不灌,会使树木处于干旱环境中,不利于吸收根的发育,也影响地上

部分的生长，甚至造成旱害；如果小水浅灌，次数频繁，则易诱导根系向浅层发展，降低树木的抗旱性和抗风性。当然，也不能长时间超量灌溉，否则会造成根系的窒息。

② 干旱时追肥应结合灌水　在土壤水分不足的情况下，追肥以后应立即灌溉，否则会加重旱情。

③ 生长后期适时停止灌水　除特殊情况外，9月中旬以后应停止灌水，以防树木徒长，降低树木的抗寒性，但在干旱寒冷的地区，冬灌有利于越冬。

④ 灌溉宜在早晨或傍晚进行　早晨或傍晚蒸发量较小，而且水温与地温差异不大，有利于根系的吸收。不要在气温最高的中午前后进行土壤灌溉，更不能用温度低的水源（如井水、自来水等）灌溉，否则树木地上部分蒸腾强烈，土壤温度降低，影响根系的吸收能力，导致树体因水分代谢失常而受害。

⑤ 重视水质分析　利用污水灌溉需要分析水质，如果含有有害盐类和有毒元素及其他化合物，应处理后使用；否则不能用于灌溉。

此外，用于喷灌、滴灌的水源不应含有泥沙和藻类植物等，以免堵塞喷头或滴头。

6.3.3　园林树木排水

排水主要是解决土壤中水、气之间的矛盾，防止水分过多，给树木带来缺氧危害。在地势平坦、低洼积水或地下排水管线设置较浅及土壤通透性较差的地方，树木容易发生根腐，甚至死亡，应该注意及时排水。其排水方法主要有以下几种：

(1) 明沟排水

在树旁纵横开浅沟，排除积水。这是园林中一般采用的排水方法。如果是成片栽植，则应全面安排排水系统。

(2) 暗道排水

在地下敷设暗管或用砖石砌沟，排除积水。其优点是不占地面，但设备费用较高，一般应用较少。

(3) 地面排水

这是目前使用较广泛、最经济的一种排水方法。它是通过道路、广场等地面，汇聚雨水，然后集中到排水沟，从而避免绿地树木遭受水淹。不过，地面排水方法需要经过设计者精心设计安排，才能达到预期效果。

(4) 滤水层排水

一种小范围使用的局部地下排水方法，多在低洼积水地及透水性极差的地方栽种树木，或用于一些极不耐水湿的树种。在栽植穴的土壤下面埋填一定深度的煤渣、碎石等材料形成滤水层，并在周围设置排水孔以便及时排除积水。

总之，不论采用哪一种排水方法，都应尽可能与城市排水系统连接起来，并要防止造成排水系统任何堵塞的可能性。

6.3.4 土壤保水剂

6.3.4.1 土壤保水剂的作用
内容见数字资源。

6.3.4.2 土壤保水剂的使用方法
土壤保水剂的使用方法有针对苗木运输保水；树木移植；扦插蘸枝；已定植的树木的保水方法等。

思考题

1. 简述土壤质地与土壤改良的依据与主要方法。
2. 园林树木施肥的特点、依据，施肥的主要方法与优缺点是什么？
3. 园林树木的施肥量、施肥配方与施肥时期确定的主要依据是什么？
4. 试述园林树木水分管理的依据与原则，灌水中应注意的问题。在你家乡所在地，园林树木排水与灌水哪个更重要？说明其原因与特点。
5. 土壤保水剂的作用与使用方法是什么？

推荐阅读书目

1. 造林学(第2版). 孙时轩. 中国林业出版社，1992.
2. 现代植物生理学(第4版). 李合生，王学奎. 高等教育出版社，2019.
3. 园林树木栽培学(第2版). 祝遵凌. 东南大学出版社，2015.
4. 微生物肥料研发与应用. 李博文. 中国农业出版社，2016.
5. 植物营养学. 黄建国. 中国林业出版社，2004.
6. 农用保水剂应用原理与技术. 黄占斌. 中国农业科学技术出版社，2005.
7. 树木生态与养护. Bernatzky A. 著. 陈自新，许慈安译. 中国建筑工业出版社，1987.

第7章 园林树木的整形修剪

[**本章提要**]介绍了整形修剪的概念、意义和原则，修剪与整形的方式与方法。重点阐述了整形修剪的基本技术，主要修剪方法的技术与作用，不同类型树木的整形修剪特点。

所谓整形修剪就是为树木生长前期(幼树时期)构建一定树形，成型后维持和发展这一既定树形的树体生长调整。修剪是一种模仿自然脱落过程的人工措施。乔灌木根与枝的自然脱落是植物自然生存系统的特有现象，但很少有人观察和研究这种脱落的过程与机理，因而忽略了修剪中树木的自然保护机制，导致了错误的修剪方法。

整形修剪是园林树木栽培实践中应用最广泛和最重要的内容之一。在许多情况下，传统的修剪仍然是剪除植株的部分器官或组织，表现美学效果，提高花果数量与品质，修补机械损伤或纠正景观中植株的不合适安排，而很少注意修剪的科学性和修剪后植株对修剪的反应。合理而系统的修剪有助于提高树木对不良环境的抗性，也可在施肥、支撑和喷涂材料投入较少的情况下，保持树体的健康。正确的剪口处理可以加速愈合组织的形成及减少腐朽所造成的损害。

7.1 整形修剪的意义与原则

通常将整形修剪当作一个名词来解释，实际上两者既有不同的涵义，又有密切的关系。整形一般是对幼树而言，是指对幼树实行一定的措施，使其形成一定的树体结构和形态。修剪一般是对成型后的树木而言，是指对树木的枝、芽、叶、花、果和根等器官进行剪截、疏删的具体操作。它是调节树体结构，促进生长平衡，消除树体隐患，恢复树木生机的重要手段。整形是完成树体的骨架，而修剪是在骨架的基础上增加开花结果的数量，并使开花结果与树木生长达到平衡。整形是通过修剪实现的，而修剪则是以整形为基础进行的。

7.1.1 整形修剪的意义

补充内容见数字资源。

(1) 保证树木的健康

剪除树木的折断、死亡或病虫枝，防止木腐菌侵入与之相连的枝干造成新的腐朽。剪去活枝可以使树冠通风透光或弥补根系的损失，促进水分与养分的平衡。去掉交叉、重叠枝和妨碍架空管线的枝干，以防止因摩擦损伤而发生的腐烂。去掉残桩则有利于伤口迅速而彻底地愈合。有时还可通过截顶去冠促进树木的更新复壮。如果这类修剪适当，可增加保留部分的营养，提高树木的总生活力。

(2) 培养良好的树形或控制树体的大小

在形态栽培或恢复严重畸形树木的特有树形时，只有通过整形修剪才能完成。树木的景观价值及其自然形状是形态栽培中树木整形成功的基础。许多行道树，特别是龙柏、槭树等树种，同级枝条的生长速度有明显差异，需要采用短截的方法维持其良好树形。

园林种植的树木多生长在城市或城市近郊，必须将其限制在有限的土地上，与房屋、亭廊、露台、假山、漏窗、雕塑及小块水面、草坪等相互搭配，布置出供人们休息和欣赏的景观。因此，必须通过修剪控制树体的大小，以免过于拥挤，如白兰花作行道树，高度可达15m以上，但如果在室内、花园种植，则必须将其高度控制在4m以下。

(3) 保障人身与财产的安全

树上的死枝、劈裂和折断枝，如不及时处理，将给人们的生命财产造成威胁，其中，城市街道两旁和公园内树木枝条坠落带来的危险更大。下垂的活枝，如果妨碍行人和车辆通行，必须修至2.5~3.5m的高度。去掉已经接触或即将接触通信或电力线缆的枝条，是保证线路安全的重要措施。同样，为了防止树木对房屋等建筑的损害，也要进行合理的修剪，甚至挖除。

(4) 调节树木与环境的关系

修剪可以调节树木个体与群体结构，提高有效叶面积指数和改善光照条件，提高光能利用率；还有利于通风，调节温度与湿度，创造良好的微域气候，使树冠扩展快，枝量多，分布合理，能更有效地利用空间。

(5) 调节树体各部分的均衡关系

① 促进树体水分平衡，保证移栽成活　挖掘苗（树）木如需切断主根、侧根和许多

须根时，应在苗(树)木起挖之前或之后立即进行修剪，使地上和地下两部分保持相对平衡，否则必将降低移栽成活率。新定植的苗(树)木如遇到当年早春气温回升很快，出现土温大大低于气温的反常现象，萌芽、展叶和抽生新梢的速度会快于新根的生长速度。这时新根所吸收的水分满足不了叶面蒸腾的需要，一旦茎部贮存的水分消耗干净，树苗就会凋萎死亡。为了防止上述情况的发生，应将树上萌发过早的嫩梢抹掉，这种修剪称为"补偿修剪"。对生长旺盛、花芽较少的树木，修剪虽然可促进局部生长，但由于剪去了一部分枝叶，减少了同化作用，一般会抑制整株树木的生长，使全树总生长量减少，这就是通常所称修剪的双重作用。但是，对花芽多的成年树，由于在修剪中剪去了部分花芽，有更新复壮的效果，反而会比不修剪的树木增加总生长量，促进全树生长。

② 调节营养器官与生殖器官的平衡　内容略。

③ 调节同类器官间的平衡等　内容略。

(6) 促进老树的复壮更新

对一棵衰老的树木进行强修剪，剪掉树冠上的全部侧枝，甚至把主枝也分次锯掉，可刺激隐芽长出新枝，选留其中一些有培养前途的代替原有老枝，进而形成新的树冠，这种修剪称为更新修剪。通过修剪使老树更新复壮，在一般情况下，要比定植新苗的生长速度快得多。实践证明，通过经常性的局部重剪更新老树，比一次性更新的效果好得多，因为大量锯截后所造成的伤口远比局部锯截的伤口难以愈合。

7.1.2　整形修剪基本原则

补充内容见数字资源。

(1) 因地制宜，按需修剪

不同的整形修剪措施会造成不同的后果，不同的绿化目的各有其特殊的整形要求，因此，修剪必须先明确该树的栽培目的与要求。例如，同是圆柏，在草坪上独植观赏，与为了生产通直的优良木材，有完全不同的整形修剪要求，因而具体的整形修剪方法也不同；至于作绿篱则更是大不一样。

不同的环境条件对树木生长的影响不同，人们所要求发挥的功能效益也有差异，因此，对树木整形修剪的要求也不尽一致。在良好的土壤条件下，树木生长高大；反之矮小。因而在肥沃土壤条件下整形时，以整成自然式为主，而在瘠薄的条件下应使树干低矮、冠小。在无大风袭击的地方可采用自然式树高和树冠，而在风害较严重的地方则宜截顶疏枝，进行矮化和窄冠栽培。在春夏雨水较多，易发病虫害的南方，应采用通风透光良好的树形和修剪方法，而在气候干燥、降水量少的内陆地区，修剪不宜过重。

此外，还要根据树木生长空间的大小及其空中管线、房屋、建筑等的相互关系，以及人们对采光程度的要求等进行合理修剪。

(2) 随树作形，因枝修剪

整形修剪必须根据树木生长发育的习性和植株的实际状况实施，否则会事与愿违，达不到既定的目的与要求。

不同树种有不同的生长习性，其分枝方式、顶端优势、芽的异质性和萌芽成枝的能力等都有很大的差异，可以形成不同的自然树形，因而应该采用不同的整形方式与修剪方法。

各种树木所具有的萌芽力、成枝力大小和愈伤能力的强弱，与整形修剪的耐力有很大的关系。具有很强萌芽发枝能力的树种，大多能耐多次修剪，如悬铃木、大叶黄杨、圆柏、对节白蜡等；萌芽发枝力或愈伤能力弱的树种，如梧桐、桂花、玉兰、枸骨等，则应少修剪或只进行轻度修剪。

树种间的花芽着生和开花习性有很大差异。有的是先开花后放叶，有的是先放叶后开花；有的是单纯的花芽，有的是混合芽；有的花芽着生于枝条的中部和下部，有的着生于枝端，这些因素在修剪时都应予以考虑，否则会造成很大损失。

同一棵树的枝条也会因其生长势、长短、枝位与作用的不同及开花结果与营养生长的差异而采用不同的修剪方法。如长枝可采用圈枝、轻短截或疏删的方法修剪；而短枝则一般不修剪；竞争枝也应根据主梢延长枝及其相邻枝的状况而采用不同的处理方法。

(3) 主从分明，均衡树势（见数字资源）

均衡树势就是要求同一层次(级次)骨干枝生长势应该差不多，各个骨干枝应该相对平衡。主从分明是各级骨干枝的领导与被领导的关系，下层枝要大于或强于上层主枝，主枝要强于侧枝和辅养枝，从属枝一定要服从主枝。在园林树木栽培中，要经常运用整形修剪技术调节各部位枝条的生长状况，以保持匀整的树冠。按照树木枝条间的生长规律，同一植株主枝越粗壮，其上的新梢就越多，叶面积也就越大，制造有机养分及吸收无机养分的能力也越强；反之，同一植株的主枝越弱，其上的新梢越少，营养条件差而生长衰弱。因此，欲借助修剪使各主枝间的生长趋于平衡，就应对强主枝加以抑制，使养分转入弱主枝。因此，对主枝回缩和疏剪时应掌握"强枝强剪，弱枝弱剪"的原则，逐渐均衡；对弱主枝上的侧枝或各级延长枝修剪(短截)时应掌握"强枝弱剪，弱枝强剪"的原则。这样就可调节生长，使之逐渐平衡。侧枝是开花结实的基础，侧枝生长过强或过弱，均不易转变为花枝，因而可对强枝弱剪产生一定的抑制作用，使养分集中，有利于花芽分化；反之，花果的生长发育又会对强侧枝的生长产生抑制作用，使之变弱。对弱侧枝进行强剪，可使养分高度集中，并借顶端优势的刺激而发出强壮的枝条，从而获得调节侧枝生长的效果。这样就可使树势均衡，主从分明。

(4) 树龄不同，方法有别

不同年龄时期的树木，由于生长势和发育阶段上的差异，应采用不同的整形修剪的方法和强度。

① 幼年阶段的树木　应以整形为主，配备好主侧枝，扩大树冠，形成良好的形体结构。花果类树木还应通过适当修剪促进早熟。由于幼年植株具有旺盛的生长势，不宜进行强度修剪，因而对幼树除特殊需要外，只需弱剪。

② 中年阶段的树木及处于旺盛开花结实阶段的成年树　具有完整优美的树冠，其修剪整形的目的在于保持植株的完美健壮，配合其他的管理措施，综合运用各种修剪方法，根据不同的栽培目的进行修剪。花果类树木主要是调节生长与发育的关系，配好花枝与生长枝、叶芽和花芽的比例，延长开花结实的旺盛期。形态栽培类树木，主要是通

过修剪，保持丰满圆润的树冠，防止变形和内膛空虚。

③ 衰老树木　因生长势弱，年生长量小于死亡量，处于向心更新阶段，修剪时应以强剪为主，以刺激隐芽萌发，充实内膛，恢复其生长势，并应利用徒长枝达到更新复壮的目的。

7.2　树体结构与修剪调节机理

7.2.1　树体结构

7.2.1.1　树体的结构组成

树木由地上与地下两大部分组成。乔木树种的地上部分包括主干与树冠。主干上承树冠下接根系，是支撑树冠与运输物质的总枢纽。树冠由中心干(主干和中央领导干)、主枝、侧枝和其他各级分枝构成，其中的中心干、主枝和其他各级永久性枝条构成树体的骨架，统称为骨干枝(图7-1)。树体大小、形状与结构不仅影响光能的利用率，而且影响观赏功能的发挥。

① 主干　从地面起至第一主枝间的树干称为主干，其高度称为干高。

② 树高　从地面起沿主干延长线至树木最高点的距离。

③ 树冠　树体各级枝的集合体。第一主枝的最低点至树冠最高点的距离为冠高(长)；树冠垂直投影的平均直径为冠幅，一般用树冠东西、南北两个方向的平均值表示。

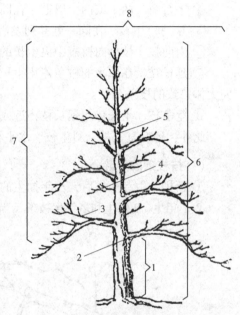

图7-1　树体结构(邹长松，1988)
1. 主干　2. 主枝　3. 侧枝　4. 辅养枝
5. 中央领导干　6. 树高　7. 冠高　8. 冠幅

④ 层内距　同一层中，相邻主枝着生点之间的垂直距离。距离小者称"邻接"，距离15~20cm者称"邻近"。

⑤ 分枝角度　分枝与着生母枝的夹角，又分基角、腰角和梢角。

⑥ 主枝夹角　同层内相邻主枝在水平面上的夹角。

7.2.1.2　枝条分类

(1)按枝条在树冠上的位置与顺序分

① 中央领导干(中央领导枝)　主干的延伸部分。干性强的树种，有明显的中央领导干，如雪松、银杏等；干性弱的树种，中央领导干不明显或无中央领导干，如槐、榉树、梅等。

② 主枝　着生在主干或中心干上的永久性大枝。位置最低的主枝称第一主枝，向上依次为第二主枝、第三主枝等。有人把着生在主枝上的大枝称为副主枝，离主枝基部最

近的侧枝称第一副主枝，顺序类推为第二副主枝、第三副主枝等。

③ 侧枝　从主枝上发出的次级枝条。

④ 枝组　自侧枝分生出许多小枝而形成的枝群。

(2) 按姿势或各枝间相互关系分

① 徒长枝　生长直立旺盛，节间长，芽弱，叶片大而薄，组织不够充实的枝条。

② 重叠枝　两个或两个以上的枝条在同一垂直面内相邻近、上下重叠生长的枝条。

③ 轮生枝　在干或枝的同一部位着生数个呈星状向各个方向延伸的枝条。

④ 平行枝　两个或两个以上，在同一水平面上向同一方向平行伸展的枝条。

⑤ 并(骈)生枝　在同一处并列发出的两个或两个以上的枝条。

⑥ 内向枝　枝梢向树冠中央生长的枝条。

⑦ 延长枝　在原来的枝条停止生长后，从该枝顶芽或梢端附近的芽发出并与原枝方向大体一致的枝条。

⑧ 竞争枝　生长势与延长枝相近或超过延长枝的枝条。

此外，还有直立枝、斜生枝、水平枝、交叉枝和下垂枝等(图7-2)。

(3) 按枝条的年龄分

① 新梢　由芽萌发后，当年抽生的新枝条。

② 1年生、2年生和多年生枝条　当年形成的新梢停止生长至下1年萌芽前的枝条为

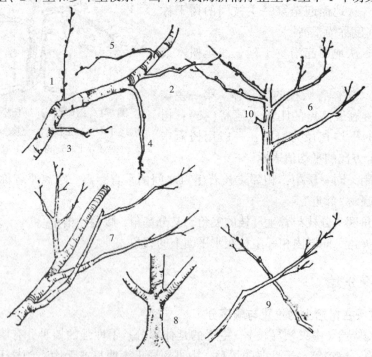

图7-2　树木的枝(邹长松，1988)

1. 直立枝　2. 斜生枝　3. 水平枝　4. 下垂枝　5. 内向枝
6. 重叠枝　7. 平行枝　8. 轮生枝　9. 交叉枝　10. 并生枝

1 年生枝条。1 年生枝条萌芽以后再生长 1 年的枝条称 2 年生枝条。已经生长 2 年以上的枝条称多年生枝条。枝条上的叶片或芽鳞脱离后留下的密集痕迹，称为轮痕。

(4) 按枝条萌发的时期与先后分

① 春梢、夏梢和秋梢　春初萌发的枝梢称春梢；梅雨前后或 7 月底以前抽出的枝梢称夏梢；秋季萌芽长成的枝梢称秋梢。

② 一次枝和二次枝　当年内形成的叶芽或混合芽常到翌春萌发而成的枝称一次枝；一次枝生长旺盛，芽早熟或失去顶端生长后，当年的再生枝条称为二次枝；当年新梢的腋芽发出的二次枝称为副梢。

(5) 按枝条的性质分

① 生长枝　当年生长后不开花结果，直至秋冬也无花芽或混合芽的枝，称为生长枝（或叫发育枝）。

② 结果或成花母枝　一般生长缓慢，组织充实，同化物质积累多，在二次生长或翌年生长中，能从混合芽或花芽抽生结果枝或花枝的枝条，称结果母枝或成花母枝。

③ 结果或成花枝　指能直接开花结果的枝条。如果结果枝从结果母枝发生，并在新梢时期就开花结果的，称为 1 年生结果枝，如葡萄、柿、柑橘等；相反，如果在上年生枝上直接开花结果的，称为 2 年生结果枝，如梅、桃、杏等。这类结果枝还可按其长短分为长果枝、中果枝、短果枝和花束状短果枝。

(6) 按枝条用途分

① 更新枝　生长极度衰弱的花果枝或老枝，拟修除使发生新枝的枝条，称更新枝。

② 更新母枝　更新枝可从原有枝中选用，也有从选定的母枝上留 2~3 个芽短截的枝，称更新母枝。

③ 辅养枝　指辅助树体营养的枝条，如幼树修剪留下的弱小枝，或虽强壮，但经短截或摘心而保留下来的枝条。它能促使树干肥大充实，并能促进其他器官的旺盛生长和发育。

7.2.2　修剪的调节机理

整形修剪对树体营养的吸收、合成、积累、消耗、运转、分配及各类营养间的相互关系都会产生相应的影响。

① 调整树体叶面积，改变光照条件，影响光合产量，从而改变树体营养合成状况和营养水平。

② 调节地上部分与地下部分的平衡，影响根系的生长，从而影响无机营养的吸收与有机营养的分配状况。

③ 调节营养器官和生殖器官的数量、比例和类型，从而影响树体的营养积累和代谢状况。

④ 控制无效枝叶和调整花果数量，可减少营养的无效消耗。

⑤ 调节枝条角度、器官数量、输导通路、生长中心等，可定向地运转和分配营养物质。

7.3 修剪工具

园林树木整形与修剪常用的工具有各种剪(枝剪、粗枝剪、高枝剪、气动树枝剪)、锯(树木修剪锯),目前还使用辅助机械提高修剪效率(电动修枝机)等。

7.3.1 枝剪

① 普通枝剪 一般长度 15~25cm(图 7-3),由剪刀和弹簧组成。主要用于剪除较小的枝条,单手操作即可。

② 粗枝剪 其长度在 50cm 以上(图 7-3),剪刀材质厚实,用于剪除较粗枝条,这类较粗的枝条不足以使用修剪锯操作。粗枝剪是普通枝剪的补充,需要双手操作。

③ 高枝剪 一般由剪刀、伸缩杆、拉绳等部分组成(图 7-3),是普通枝剪和粗枝剪功能的延伸,用于剪除高处的枝条。

④ 气动/电动枝剪 使用空气压缩力或电动力的枝剪(图 7-3),功能类似粗枝剪,但更加省时省力。气动/电动树枝剪比普通原始剪作业效率提高 5 倍以上,比普通原始剪劳动强度降低 95%,比普通原始剪树枝、剪截面更加平滑,比普通原始剪树枝截直径更大,采用一转多快速接头,可同时带动 4~6 把剪枝机工作,特别适用于专业剪枝作业队。

7.3.2 树木修剪锯

由锯柄、锯片等部分组成。主要用于剪除较粗的树干。目前市面上的修剪锯动力有多种多样,包括徒手动力(手锯)、电力发动机驱动(电动手锯)、汽油发动机驱动(油锯)等(图 7-3)。

图 7-3 修剪工具

7.3.3 辅助机械

传统的工具修剪高大树木，费工费时还常无法完成作业任务，国内外在城市树木养护中已采用一些专门用于园林树木修剪的大型器械如修剪车、修剪直升机等移动式升降机辅助作业，能极有效地提高工作效率。但这些大型器械在普通树木修剪作业中很少使用。

7.4 整形修剪技术与方法

园林树木的整形是指通过对植株施行一定的修剪造型和保持符合观赏需要的树体形态结构的过程。整形修剪可以使树木构成牢固的骨架，形成具有一定结构、形状与大小，平衡生长的优良树形。乔灌木经过适当整形，可生长健壮，枝位合理，便于管理和具有更高的观赏价值。

7.4.1 整形修剪时期

树木的修剪时期，一般分为休眠期（冬季）修剪和生长期（夏季）修剪。在休眠期，树体贮藏的养分充足，地上部分修剪后，枝芽减少，可集中利用贮藏的营养。因此，新梢生长加强，剪口附近的芽长期处于优势。对于生长正常的落叶果树来说，一般要求在落叶后1个月左右修剪，不宜过迟。春季萌芽后修剪，贮藏养分已被萌动的枝芽消耗一部分，一旦剪去已萌动的芽，下部芽重新萌动，生长推迟，长势明显减弱。整个冬季修剪，应先剪幼树、效益好的树、越冬能力差的树，以及干旱地块的树。从时间安排上讲，还应首先保证技术难度较大树木的修剪。夏季修剪，是由春至秋末的修剪，由于树体贮藏的营养较少，同时因修剪减少了叶面积，同样的修剪量却对树体的生长有较大的抑制作用。在一般情况下，夏季修剪应该从轻。

早春修剪的伤口最容易形成愈合组织，因此，早春是修剪的最好季节，但不宜过迟，以免临近树液上升萌芽时修剪损失养分。有些树种，如槭树、桦木、核桃、枫杨、香槐、四照花等，在早春或休眠时期修剪容易产生大量伤流，削弱树势，最好在夏季着叶丰富、伤流少且容易停止时进行修剪；另一些伤流严重的树种则可在休眠季节无伤流时进行修剪。

树木在夏季着叶丰富时修剪，容易调节光照和枝梢密度，容易判断病虫、枯死与衰弱的枝条，也最便于把树冠修整成理想的形状。幼树整形和控制旺长，更应重视夏季修剪。

常绿树种，尤其是常绿花果树，如桂花、山茶、柑橘等，无真正的休眠期，根系与枝叶终年活动，若过早剪去枝叶，容易导致养分的损失。因此，除过于寒冷或炎热的天气外，大多数常绿树种的修剪终年都可进行，但以早春萌芽前后至初秋以前为最好。因为新修剪的伤口大都可以在生长季结束之前愈合，同时可以促进芽的萌动和新梢的生长。

7.4.2　园林树木主要整形方式

园林树木的整形方式因栽培目的、配置方式和环境状况不同而有很大的差别，概括起来主要有以下几种方式。

补充内容见数字资源。

7.4.2.1　自然式整形

这种整形方式几乎完全保持了树木的自然形态，按照树木本身的生长发育习性，对树冠的形状略加修整和促进而形成自然树形。在修剪中，只疏除、回缩或短截破坏树形和有损树体健康与行人安全的过密枝、徒长枝、萌发枝、内膛枝、交叉枝、重叠枝及病虫枝、枯死枝等。行道树、庭荫树及一般风景树等基本上都采用自然式整形，如多数松、杉、柏、朴、榉、楠、杨、槐等。采用自然式整形，技术简单，姿态自然，成本低，是国内外树木整形发展的主要趋势。

7.4.2.2　人工式整形

这是一种特殊的装饰性的修剪整形，几乎完全不顾树木的生长发育特性，彻底破坏了树种的自然树形，按照人们的艺术要求修整成各种几何体或非几何体的树形，一般用于枝叶繁茂、枝条细软、不易折损、不易秃裸、萌芽力强、耐修剪的树种，如圆柏、黄杨、榆、金雀花、罗汉松、六月雪、水蜡树、紫杉、珊瑚、光叶石楠、对节白蜡等。这种整形方式曾是西方形态栽培的顶峰，然而由于人们向往自然，"回复"自然的心理越来越强烈，现在较少采用，但它仍为一种吸引人的植物艺术造型方式。

(1) 几何形体的整形方式

按照几何形体的构成标准进行修剪整形，如球形、半球形、蘑菇形、圆锥形、圆柱形、正方体、长方体、葫芦形、城堡式等。

(2) 非几何形体的整形方式

① 垣壁式　在庭园及建筑物附近为达到垂直绿化墙壁的目的而进行的整形。在欧洲的古典式庭园中常可见到此式。常见的形式有"U"字形、"叉"字形、肋骨形等。这种方式的整形方法是使主干低矮，在干上向左右两侧呈对称或放射状配列主枝，并使之保持在同一垂直面上。

② 雕塑式　根据整形者的意图，创造出各种各样的形体，但应注意树木的形体要与四周园景协调，线条不宜过于烦琐，以轮廓鲜明简练为佳。整形的具体做法视修剪者的技术而定，也常借助于棕绳或铅丝，事先做成轮廓样式再进行整形修剪。常见的形式有龙、凤、狮、马、鹤、鹿、鸡等。

人工形体或整形是与树种的生长发育特性相违背的，不利于树木的生长发育，而且一旦长期不剪，其形体效果就易破坏，因而在具体应用时要全面考虑。

7.4.2.3　混合式整形

混合式整形是一种以树木原有的自然形态为基础，略加人工改造的整形方式。多为观花、观果、果品生产及藤木类树木的整形方式。

(1) 中央领导干形

有强大的中央领导干，在其上配列疏散的主枝，多呈半圆形树冠。如果主枝分层着生，则称为疏散分层形。第一层由比较邻近的3~4个主枝组成；第二层由2~3个主枝组成，距离第一层80~100cm；第三层也有2~3个主枝，距离第二层50~60cm；以后每层留1~2个主枝，直至留到6~10个主枝为止。各层主枝之间的距离，依次向上间距缩小。这种树形，中央领导枝的生长势较强，能向外和向上扩大树冠，主、侧枝分布均匀，通风透光良好，进入开花结果期较早且丰产(图7-4)。

(2) 疏层延迟开心形

这种树形是由疏散分层形演变出来的(图7-5)。当树木长至6~7个主枝后，为了不使树冠内部发生郁闭，把中心领导枝的顶梢截除(落头)，使之不再向上生长，以利通风透光。

图7-4 中央领导干形(疏散分层形)

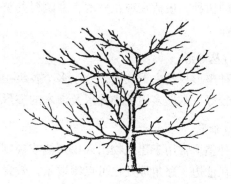
图7-5 疏层延迟开心形

(3) 杯形

没有中心干，但在主干一定高度处留3个主枝向三方伸展。各主枝与主干的夹角约为45°，3个主枝间的夹角约为120°。在各主枝上又留2个一级侧枝，在各一级侧枝上又再保留2个二级侧枝，依次类推，即形成类似假二叉分枝的杯状树冠(图7-6)。这种整形方式，多用于干性较弱的树种，也是违反大多数树木生长习性的。过去，杯形多见于桃树的整形，在街道绿化上也常用于悬铃木。后者大都是由于当地大风多，地下水位高，土层较浅及空中缆线多等原因，不得已而用的抑制树冠扩展的方法。

(4) 自然开心形

由杯形改进而来，它没有中心主干，中心没有杯形空，但分枝比较低，3个主枝错落分布，有一定间隔，自主干向四周放射伸出，直线延长，中心开展，但主枝分生的侧枝不似假二叉分枝，而是左右错落分布，因此树冠不完全平面化(图7-7)。这种树形的开花结果面积较大，生长枝结构较牢，能较好地利用空间，树冠内阳光通透，有利于开花结果，因此常为园林中的桃、梅、石榴等观花树木整形修剪时采用。原杯状整形渐为自然开心形所代替。

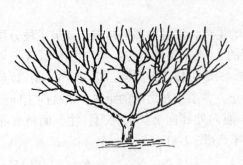
图 7-6 杯 形

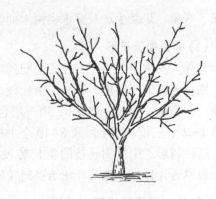
图 7-7 自然开心形

(5) 多领导干形

留 2~4 个领导干，在其上分层配列侧生主枝，形成匀整的树冠。此树形适用于生长较旺盛的树种，最适宜观花乔木、庭荫树的整形。其树冠优美，并可提早开花，延长小枝条寿命。

(6) 丛球形

此种整形只是主干较短，分生多个各级主侧枝错落排列呈丛状，叶层厚，绿化、美化效果较好。本形多用于小乔木及灌木的整形，如黄杨类、杨梅、海桐等。

(7) 伞形

这种整形常用于建筑物出入口两侧或规则式绿地的出入口，两两对植，起导游提示作用。在池边、路角等处也可点缀取景，效果很好。它的特点是有一明显主干，所有侧枝均下弯倒垂，逐年由上方芽继续向外延伸扩大树冠，形成伞形，如龙爪槐、垂枝樱、垂枝三角枫、垂枝榆、垂枝梅和垂枝桃等。

(8) 扇形

这种整形多应用于墙体近旁的较窄空间。它的特点是主干低矮或无独立主干，多个主枝从地面或主干上端成扇形(图 7-8)，分开排列于平行墙面的同一垂直面内，如无花果、蜡梅等可采用这种整形方式。

图 7-8 扇 形

(9) 篱架形

这种整形主要应用于园林绿地中的蔓生植物。凡有卷须(葡萄)、吸盘(薜荔)或具缠绕习性的植物(紫藤),均可依靠各种形式的棚架、廊、亭等支架攀缘生长;不具备这些特性的藤蔓植物(如木香、藤木月季等)则要靠人工搭架引缚,既便于它们延长、扩展,又可形成一定的遮阴面积,供游人休息观赏,其形状往往随人们搭架形式而定。

总括以上所述的3类整形方式,在园林绿地中以自然式应用最多,既省人力、物力,又易成功;其次为自然与人工相结合的混合式整形,是以花朵硕大、繁密或果实丰产肥美等为目的而进行的整形方式,它比较费工,还需配合其他栽培技术措施。人工式整形很费工,需要熟练的技术人员,因而只应用于园林局部或要求特殊美化的环境中。

7.4.3 整形修剪的基本技术

整形修剪的方法并没有什么固定的标准,但是有经验的树木栽培工作者都能按照一定的程序和采取某些预防措施,使修剪取得最好的效果。

7.4.3.1 修剪的程序与要求

(1) 修剪的程序

修剪的程序,概括起来为"一知、二看、三截、四拿、五处理"。"一知"就是修剪者必须知道操作规程、技术规范及一些特殊的要求;"二看"就是修剪应绕树进行仔细地观察,对于具体操作做到心中有数;"三截"是在一知二看以后,根据因地制宜、因树因枝修剪等原则进行剪截;"四拿"是修剪后挂在树上的断落枝应随时拿下;"五处理"包括剪截后大伤口的修整、涂漆及剪落物的清理与集运等。

(2) 修剪的顺序

大树的修剪应按照一定的顺序进行。在一般情况下,最好是从树木的上部开始,由大到小、由内到外、逐渐向下。这样做不但便于照顾全局、按照要求整形,而且便于清理上部修剪后搭在下面的枝条。

(3) 修剪的一般技术要求

所有的枯死枝、折断枝、病虫枝和交叉枝都要去掉;估计几年内发展趋势不理想的小枝,也应视为交叉枝处理。修剪的切口应平滑、干净。病虫枝及枯死枝应截至健康组织以下的分杈处。

在修剪作业中,对于树干和枝条上的死皮都要刮至健康组织。愈合不好的老伤口要重新切削修整,然后用紫胶漆和树涂剂处理。

在理论上,所有的伤口不论大小都应消毒、涂料,但在实际工作中,通常只对直径在5cm以上的伤口进行涂抹。值得注意的是,小伤口,特别是生活力弱的树木上的小伤口,愈合速度慢,更易造成腐朽。

7.4.3.2 树木的分枝结构与锯大枝的技术

剪口是疏枝时不可避免的伤口,其愈伤组织的形成和封闭速度与剪口位置、伤口的大小、形状及受病原微生物侵染程度有极其密切的关系。合理的剪口又与树木分枝接合部的特点关系密切。

(1) 树木分枝接合部的特点与剪口位置

树木的生长是全方位的，可以把它们看作许多类似圆锥形筒状物套合而成的整体，每一圆锥筒都是在一个生长季形成的。但是，树体中的这些圆锥筒并不是完全连续的，它可被芽、叶痕和枝条隔断。枝与茎结合体的木质部除下侧外，其余部分并不是连续的。分枝的髓与母枝的髓也不是连续的(图7-9)。传统的观点认为，树木分枝与茎干的形成层活动差不多是同时进行的，但实际上，形成层的活动是春天先从芽的生长开始，再沿枝而下向茎干方向推进，这种现象称为向基发育或向基生长。当形成层活动接近茎干时，圆锥体分枝与茎干的结合点以上尚未发育，更确切地说，是形成层的活动以狭长带的方式迅速从枝的下方转向茎干。数周以后，茎干形成层活跃起来，以干领的形式产生封闭枝基的木质部(图7-10，图7-11)。因此，树木的圆锥木鞘只是枝的下侧与茎干相连，疏剪时必须不伤枝干接合部的领圈突起，伤口才容易愈合；否则会破坏树木的自然抵抗机制，打开病原微生物侵染的缺口。因此，传统的贴干平切口是破坏树木分枝处自然保护带的错误方法。

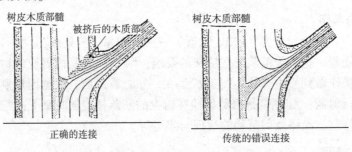

图7-9 枝、干连接(Fellcht J. R & Butler J. D, 1988)

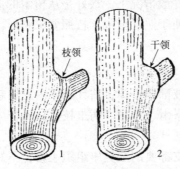

图7-10 撕皮后的分枝处木质部形态
(Shigo, 1983)
1. 春天形成的枝领 2. 初夏形成的干领

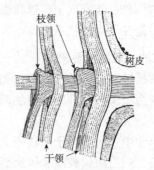

图7-11 分枝处木质部解剖结构
(Shigo, 1983)

由于树木分枝处的实际保护带不一定很明显，修剪时必须掌握确定剪口附近外部轮廓线的正确方法。Shigo(1983)介绍了一种"自然目标修剪"的方法，其应用程序：①确定分枝接合部或分杈处附近的皮脊位置；②确定枝条周围的领圈位置，它是分枝生长发育过程中枝基周围形成的隆起组织；③从枝干皮脊线和领圈外侧锯掉枝条；④如果没有明显的隆起

图 7-12　疏枝切口位置（Fellcht J R & Butler J D，1988）

或领圈，则从分枝处上部皮脊线外侧按皮脊线与分枝轴线的相互夹角锯切（图7-12）。

(2) 锯大枝的方法

锯大枝需要锯路比较宽的横切锯。操作中应采取必要的防范措施，以避免树皮撕裂和造成其他损伤。锯大枝一般采用三锯法，即先在待锯枝条上离最后切口约30cm的地方，从下往上拉第一锯(即所谓倒锯)作为预备切口，深至枝条直径的1/3或开始夹锯为止；再在离预备切口前方2～3cm的地方，从上往下拉第二锯，截下枝条；最后用手握住短桩，根据分枝接合部的特点，从分枝上侧皮脊线及枝干领圈外侧去掉残桩（图7-13）。当整个枝条重量足以用手或绳子固定时，可以省掉前两锯，或者只用两锯，即第一锯从下往上锯至枝基直径约1/3深，再从上往下锯掉枝条，也不会造成撕裂。

如果最后的锯口位置不合要求，应在伤口修整时进行补充处理。伤口修整之后，应立即用紫胶漆涂抹形成层区。当紫胶漆干了以后，再在整个伤口上涂上树涂剂，以保护暴露的创面，促进伤口愈合。

在沿街、公园、公墓、广场及某些建筑群间修除大枝时，必须采取另外的防护措施，让其分段或整体慢慢地落到地面，以避免损坏电线、建筑物或灌木、草坪等。这通常要借助于2根以上的绳子控制坠落枝条的方向与速度，完成锯大枝的操作。

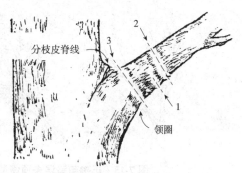

图 7-13　锯大枝的三锯法
（Fellcht J R & Butler J D，1988）
1. 下锯　2. 上锯　3. 终锯

7.4.3.3　几种常见的修剪方式

(1) 去顶修剪

去掉乔木和灌木的顶枝，降低树木的高度是在某些情况下不得不采用的修剪方式。去顶实际上是中央领导干或主枝的回缩。去顶修剪既可以作为一种复壮的措施，也可以作为在树木上方有电线或其他物体时，消除障碍的方法，同时也是沿街绿化中一种十分必要的安全措施。

去顶修剪产生大量干萌条是破坏树形的常见现象，应及时抹除。干萌条的生长势一般比普通芽萌发的枝条弱。因为由多年潜伏或射线末端细胞萌发的枝条与母枝或干的连接仅是细小的维管束。由于潜伏芽的基部随树干或枝条的直径生长而伸长，而芽的直径

同一年不同位置产生的干萌条

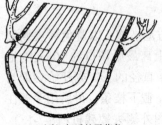

生长1年后的干萌条

图 7-14 干萌条的发生与生长
（Fellcht J R & Butler J D, 1988）

不会增粗，因此，萌发的枝条与母枝或干的连接深度不会超过树皮的厚度，分枝连接处的直径要比枝条小得多（图 7-14）。潜伏芽萌发以后，着芽处的干或茎生长很快，形成枝与干或茎的球窝状关节或接合部，其强度小，在风暴与雪压下容易脱落，因此，除特殊情况外，都应及时抹除。

在去顶修剪时，切口应在分枝皮脊线以上或与保留枝干平行（图 7-15）。剪口附近应尽可能保留大枝，而且对保留大枝不再进行修剪，以保留较多的叶片，抑制干芽的萌发与生长，促进愈伤组织的形成。在生长势旺盛的速生树种中，如杨、柳、榆和悬铃木等，剪口附近保留枝的直径至少为剪口处母枝（干）直径的 1/2；生长势不旺的树木，保留枝条的直径至少是剪口处母枝（干）直径的 1/3。值得注意的是，锯口若与枝或干的长轴线成直角很不容易愈合。锯口角度太小，则将削弱愈合肘状物的强度，当新枝达到一定大小时，导致折断或劈裂。同样，去顶的伤口也应修整光滑并成球面凸形，并进行消毒和涂抹。

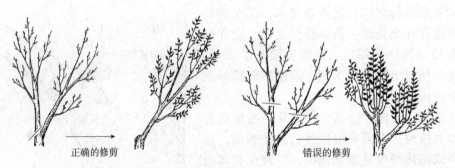

正确的修剪　　　　　　　　　　　　　　错误的修剪

图 7-15 正确与错误去顶修剪的效应（Fellcht J R & Butler J D, 1988）

通常，一些萌芽力强的树种，如悬铃木、樟树、榆树、椴树、刺槐和枫香等，可以剧烈回缩而不会对树木生活力造成严重的影响，但是像松类、山核桃、广玉兰等则不能忍受这类强烈的处理。还有些树种，如沿街、沿河等生长的杨、柳等，可以每隔几年回缩一次（这种修剪作业又称头木作业），以防止树冠过大造成危险。在去顶修剪后必须及时抹除锯口附近过多的萌条或嫩枝。

虽然在某些情况下，树木去顶是完全必要的，但它毕竟是一种有害于树木的补救措施。因此，如果注意树木早期的合理修剪，则在许多情况下可以避免剧烈的去顶修剪。

(2)"V"形杈的修剪

在修剪中常常需要将几个邻近生长并以"V"形相接的大枝去掉一两个。以"V"形相接的大杈，其木质部的实际连接点可能在树皮表面可见结合点以下数十厘米。这样的杈很容易因风暴、冰雪等外力作用发生劈裂，既损坏了树木，又可能造成人们生命财产的损失，应及时处理，并要在准确的连接点上小心下锯，才能保证伤口的顺利愈合。正如锯大枝所描述的技术那样，在分杈点以上约30cm处锯一预备切口后，先去掉大枝的上部，但是最后一锯不是从上往下而是从主干开始并向上倾斜，锯向两个大枝木质部的实际结合点，将短桩拉掉（图7-16）。在短桩拉掉以后仍需要用凿子修整锯口，消毒和涂漆为迅速愈合创造条件。

（3）去萌修剪

树木的不定芽常常萌发出许多细嫩的枝条，这些枝条差不多都是平行生长并紧附在树干或母枝上。它们的大量存在往往是树体结构破坏、病虫侵袭和环境条件变化及过度修剪或不合理修剪的象征。

萌条的处理方法取决于它的数量、大小和树木的种类，在树上的位置及其形成的原因等。任何观赏乔木或行道树等主干上的萌条，一旦发生就应及时去掉。树木中央干或大枝剧烈回缩（或去顶）时形成许多萌条，除选留主要培养枝外，还应保留适当数量的其他枝条以后处理，以便遮阴保护树皮，避免日灼。树冠内部萌发的徒长枝，除因弥补树形的缺陷或填充空间外，一律从基部去掉。

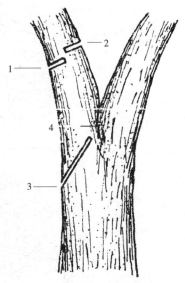

图7-16 "V"形杈的锯切方法
(Hartman J. R. & Pirone P. P., 2000)
1. 下锯　2. 上锯　3. 终锯
4. 实际接合处

（4）病害控制修剪

为了防止树体局部感染的病害蔓延至健康组织与器官，应对其进行审慎的修剪。一般要从明显感病位置以下7~8cm处回缩或短截剪除感病枝条，且必须对修剪过感病植株的剪、锯、斧、凿等工具的切削面用70%的乙醇彻底消毒，注意不要让修剪工具把病原体从感病植株传播到健康植株上。

（5）线路修剪

这是为了给空中管道让路避免其相互摩擦或接近的修剪方式。公路、街道两旁生长的树体与照明线、动力线及通信线之间的这种矛盾极为常见，唯一的补救方法是对树木及时进行合理的修剪，以清理线路。常用的有以下几种类型：

① 截顶修剪　是树木正上方有管线经过时截除上部树冠的修剪（图7-17A）。有时采用落头修剪，即树木直接生长在线路下离线路1~2m时，剪掉树木新梢或只对顶梢进行短截的方法。这种方法处理不好容易破坏树木的自然形状。

② 侧方修剪　这是大树与线路发生干扰时去掉其侧枝的方法。有时在去掉线路一侧枝条的同时，也剪除与之相对一侧的枝条，以维持树木的对称生长（图7-17B）。

③ 下方修剪　是在线路直接通过树冠中下侧，与主枝或大侧枝发生矛盾时，截除主枝或大侧枝所采用的一种修剪方法（图7-17C）。

④ 穿过式修剪　是在树冠中造成一个让管线穿过通道的修剪（图7-17D）。

定向修剪　这是给空中线路让路，对较小枝进行修剪的方法；也可以在管线与树枝相接之前，通过系统修剪使枝条远离线路生长，最终在树冠上形成一个可以让线路通过的"隧道"。这种修剪需要比较熟练的技术，要能预测树枝的生长方向，并通过早期修

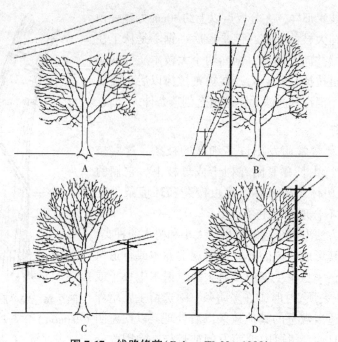

图 7-17 线路修剪(Robert W. M, 1988)
A. 截顶修剪 B. 侧方修剪 C. 下方修剪 D. 穿过式修剪

剪，校正新枝的走向，减少以后修剪的工作量。虽然这种方法的成本比其他方法高，但对树形的破坏较轻，而且能长期受益，是避免将来降权修剪引起腐朽的一种预防方法。

降权修剪 这是为了促进枝条向侧方并远离线路生长，将中央领导枝或大枝剧烈回缩到某大侧枝的方法。这种方法虽然可以在较长时期内保证枝条不与线路接触，但是如果切口处理不善可能导致木质部腐朽而造成严重后果。

(6) 老桩修剪

老桩是以前不正确的修剪、风雪损伤或自然枯死留下来的残桩。在修剪之前应仔细检查桩基附近的愈合情况。修剪时应在愈合体外侧切掉老桩(图 7-18，图 7-19)。如果损伤或切掉愈合体就会破坏抵抗微生物侵染的保护带，导致健康组织的腐朽。

箭头所指为保护带
图 7-18 枝条自然枯死后形成的保护带
(Fellcht J R & Butler J D, 1988)

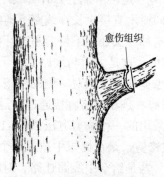

图 7-19 去掉老桩的正确位置

7.4.4 树木整形中的修剪方法

园林树木的不同整形方式，都是以各种修剪方法为手段，改变树冠枝条的数量、位置、姿势、营养物质和生长素的合成与分配，促控结合，均衡发展，逐渐形成的。

7.4.4.1 修剪方法

（1）短截

短截又称短剪，指剪去1年生枝条的一部分。短截对枝条的生长有局部刺激作用。短截是调节枝条生长势的一种重要方法。在一定范围内，短截越重，局部发芽越旺。根据短截程度可为轻短截、中短截、重短截、极重短截。

① 轻短截 剪去枝梢的1/4~1/3，即轻打梢。由于剪截轻，留芽多，剪后反应是在剪口下发生几个不太强的中长枝，再向下发出许多短枝。一般生长势缓和，有利于形成果枝，促进花芽分化。

② 中短截 在枝条饱满芽处剪截，一般剪去枝条全长的1/2左右。剪后反应是剪口下萌发几个较旺的枝，再向下发出几个中短枝，短枝量比轻短截少。因此，剪截后能促进分枝，增强枝势，连续中短截能延缓花芽的形成。

③ 重短截 在枝条饱满芽以下剪截，剪去枝条的2/3以上。剪截后由于留芽少，成枝力低而生长较强，有缓和生长势的作用。

④ 极重短截 剪至轮痕处或在枝条基部留2~3个秕芽剪截。剪后只能抽出1~3个较弱枝条，可降低枝的位置，削弱旺枝、徒长枝、直立枝的生长，以缓和枝势，促进花芽的形成。

短截对母枝的增粗有削弱作用。不论幼树还是成年树，短截的修剪量一定不能过大。

（2）疏删

疏删又称疏剪或疏枝，指从分生处剪去枝条。一般用于疏除枯枝、病虫枝、过密枝、徒长枝、竞争枝、衰弱枝、下垂枝、交叉枝、重叠枝及并生枝等，是减少树冠内部枝条数量的修剪方法。不只有1年生枝从基部剪去称疏剪，2年生以上的枝条，只要是从其分生处剪除，都称为疏剪。

疏剪可以使枝条均匀分布，加大空间，改善通风透光条件，有利于树冠内部枝条的生长发育，避免或减少内膛枝产生光腿现象，利于花芽分化。园林中绿篱或球形树的修剪，常因短截修剪造成枝条密生，致使树冠内枯死枝、光腿枝过多，因此必须与疏剪交替应用。

疏枝，特别是疏除大枝、强枝和多年生枝，常会削弱伤口以上枝条的生长势，而伤口以下的枝条有增强生长势的作用。但疏除轮生枝中的弱枝或密生枝中的细小枝，对树体有利而无害。因此，可以采用多疏枝的方法取得削弱树势的作用。生长过旺的骨干枝，欲减弱其长势，可以多疏枝，以相对减弱其生长势，达到平衡树势的目的。

疏剪枝条，减少了总叶面积，对母枝的总生长有削弱作用。故疏枝越多，削弱伤口以上枝条生长势的作用越大，对总的生长势削弱越明显。目前，在园林树木修剪中存在连续疏枝的情况，造成许多连续伤口，抑制了上部枝条的生长。

应当指出，疏删修剪时，对将来有妨碍或遮蔽作用的非目的枝条，虽然最终也会除去，但在幼树时期，宜暂时保留，以便使树体营养良好。为了使这类枝条不至于生长过旺，可放任不剪。尤其是同一树上的下部枝比上部枝停止生长早，消耗的养分少，供给根及其他必要部分生长的营养较多，因此，宜留则留，切勿过早疏除。

疏剪的应用要适量，尤其是幼树一定不能疏剪过量，否则会打乱树形，给以后的修剪带来麻烦。枝条过密的植株应逐年进行，不能急于求成。

(3) 回缩

回缩又称缩剪，是指对2年或2年以上的枝条进行剪截。一般修剪量大，刺激较重，有更新复壮的作用。多用于枝组或骨干枝更新，以及控制树冠辅养枝等。其反应与缩剪程度、留枝强弱、伤口大小等有关。如缩剪时留强枝、直立枝，伤口较小，缩剪适度可促进生长；反之则抑制生长。前者多用于更新复壮，后者多用于控制树冠或辅养枝。树木经过多年生长，枝梢越伸越远，基部枝条脱落也越来越多，形成光腿枝。为了降低顶端优势位置，促进多年生枝基部更新复壮，如二球悬铃木等常采用回缩修剪进行树形改造。但要注意，为使多年生枝后部容易萌生新枝，填空补缺，剪口下应留平伸或下垂的弱小枝条。如果剪口下留较长或直立枝条则抑前促后的作用小，后部发枝也少。

(4) 缓放

缓放又称长放或甩放，指对1年生枝条不做任何修剪。缓放由于没有剪口和修剪的局部刺激，缓和了枝条的生长势。枝条长放留芽多，能抽生较多梢叶，但因生长前期养分分散，有利于形成中短枝，而生长后期可以积累较多养分，促进花芽分化和结果，因而可使幼旺树的旺枝提早结果。营养枝长放后，增粗较快，可以调节骨干枝间的平衡。但若运用不当，会出现树上长树的现象，并削弱原枝头的生长，必须注意防止。长放一般多应用于长势中等的枝条。长放强旺枝，一般要配合弯枝、扭伤等，以削弱枝势。

(5) 扭梢(枝)、拿枝(梢)和折裂

扭梢就是对直立较旺的新梢，长至20～30cm已半木质化时，用手握住距枝条基部5cm左右处，轻轻扭转180°，使其皮层与木质部稍有裂痕，并呈倾斜或下垂状态。拿枝就是对直立较旺的新梢，用双手握住枝条，两拇指同时向上顶，使皮层与木质部稍有裂痕，按此法顺枝向梢端逐渐进行，直至枝条水平或稍下垂为止。拿枝的时期以春夏之交，枝梢半木质化时最好。折裂是对生长过旺的枝条，在早春芽略萌动时施行折裂处理而不断脱的方法。较粗放的方法是用手折，但对珍贵树木进行艺术造型时，应先用刀呈45°左右角度向下斜切至枝条直径的1/2～2/3深，再小心将枝条折裂，并利用裂口上方的楔状突起顶在下方斜面上端的内侧。由于造型的需要，同一枝条可行多次切割折裂，并可分滚刀法和龙刀法，这样造型的枝条应予以支撑。扭梢、拿枝和折裂改变了枝向和损伤了皮层和木质部，从而缓和了生长势，也有利于提高坐果率及花芽的形成。

补充内容见数字资源。

(6) 摘心与剪梢

摘心是在生长季摘除新梢幼嫩顶尖的技术措施。摘心通常在新梢长到 30~40cm 时摘除先端 4~8cm 的嫩梢;剪梢是在生长季剪截未及时摘心而生长过旺、伸展过长且又部分木质化新梢的技术措施。摘心与剪梢可削弱顶端优势,使营养集中于下部已形成的组织内,可起到调节枝条生长势、增加分枝、促进花芽分化和果实发育的作用。但是摘心与剪梢一般要有足够的叶面积作保证,要在急需养分的关键时期进行,不宜过迟或过早,同时要结合去萌,延长其作用的时间。

(7) 拉枝、别枝、圈枝和屈枝

这些方法都是改变枝向、调节枝条生长势和造型的辅助措施,是夏季修剪不可缺少的方法。拉枝是把直立枝条拉成斜生、水平或下垂状态。别枝是把直立徒长枝按倒,别在其他枝条上。圈枝是把直立徒长枝圈成近水平状态的圆圈。屈枝是指在生长季将新梢、新枝或其他枝条弯曲成近水平或下垂姿势,或按造型上的需要,弯曲成一定的形状,然后用棕丝、麻绳或金属丝绑扎,固定其形。这一措施虽未损伤任何组织,但在新梢生长期进行,能抑制生长,使组织充实,形成花芽或使枝条中下部形成强健新梢,对于调节开花数量或枝条强弱均有很好的效果。在园林修剪中,为使枝梢屈曲后固定,不恢复原状,常将枝条的适当部位绑在支柱或大枝上,也可悬挂石块或用弯曲的铁丝定形,使枝条按需要弯曲。大枝弯曲时,可在关键部位横切数锯,注意锯口相互平行,深达枝粗的 1/2 左右。然后将枝条向锯口一侧弯曲、固定,并在伤口部位进行适当的绑缚,待愈合牢固以后撤除绑缚。

(8) 刻伤与环剥

① 刻伤 可以分为横向刻伤和纵向刻伤两种,一般在春季萌芽之前进行。

横向刻伤 是用刀横切枝条的皮层,深达木质部。在芽的上部刻伤,可以阻碍根部贮藏的养分再向上运输,而使刻伤处以下的芽得到充足的养分,有利于芽的萌发和生长,形成良好的枝条。如果夏季在芽的下部刻伤,就可阻碍碳水化合物向下运输,积累在伤口上部的枝条上,起到抑制树势,促进花芽形成和枝条成熟的作用。因此,当想在树冠的某一部位补充枝条时,可行芽上刻伤;而当想缓和某一枝条的生长势,使它形成果枝时,可行芽下刻伤。这一技术在园林树木修剪中广为应用。如假二叉分支树木的高干培养,可在芽的上方刻伤;雪松树冠发生偏缺现象,可应用这种技术补充新枝进行纠正。此外,横向刻伤还可促使花果树的光腿枝下部萌生新枝。

纵向刻伤 是在树干或干、枝分杈处,纵向切伤树皮,深达木质部的方法。它可缓和养分的运转,抑制树势的过旺生长,促进花芽分化和多结果;同时,还可刺激细胞增生,促进直径生长的枝干造型。通常小枝只要纵伤一刀,树干要纵伤数刀。有些园林树木,如榉树树皮光滑,没有纵裂,紧包着树干,采用纵伤可刺激创伤部位薄壁细胞分裂和生长,促进树干的加粗生长。在枣树栽培中,刻伤是一种强有力的丰产措施,果树栽培上称之为开甲。

② 环剥 是剥去枝或干上的一圈或部分树皮。倒贴皮、大扒皮等都属于环剥的变型。至于枝、干缚缢,可阻碍韧皮部的养分流动,也有类似的作用。一般在树木生长初

期或停止生长期进行。环剥主要用于处理幼旺树的直立旺枝,阻止有机养分向下输送,有利于坐果率的提高和花芽分化。环剥时间应在春季新梢叶片形成以后最需要同化养分时,如在落花期、落果期、果实膨大期或花芽分化期之前进行较好。有时为了调节某些枝的生长势或促进萌芽,也可在春季萌动前选择适当部位进行环剥。环剥宽度要合适,以急需养分期过后能及时愈合为宜。过宽,长期不能愈合;过窄,愈合过早,不能达到环剥的目的。环剥的具体宽度因枝、干的生长势、直径不同而异,一般可为 0.3～0.5cm。若不能达到目的可再割几道。对计划疏除的大枝或高压繁殖的枝条,环剥应宽,以防止愈合。环剥的长度一般为整圈,但有时也从控制程度和安全方面考虑,只剥1/3～2/3 圈,并相互平行错落分布地剥几道。

(9) 留桩修剪

留桩修剪是在进行疏删回缩时,在正常修剪位置以上留一段残桩的修剪方法。这一技术,无论是在冬剪还是夏剪时都经常应用。尤其在回缩、短截或疏删时,往往因伤口减弱下枝生长势可在剪口下留一段保护桩以削弱这种影响,其保留长度应以其能继续生存但又不会加粗为标准。待母枝长粗后,再把桩疏掉。这时的伤口面积相对缩小,对下部生长枝也不会有什么大的影响。

在回缩修剪生长势旺盛的幼壮树时,枝条对伤口影响有一定的缓冲能力,即回缩或疏枝造成的伤口,对母枝的削弱作用不明显,因此可以不留保护桩而一次疏除。

另外,延长枝回缩,伤口直径比剪口下第一枝粗时,必须留一段保护桩;疏除多年生非骨干枝时,如果母枝生长势不旺,且伤口直径比剪口枝大时,应留保护桩。为了控制保护桩增粗生长,在生长季内要经常抹芽、除萌,待剪口枝加粗到保护桩 1 倍时再去掉。

(10) 里芽外蹬

欲开张主、侧枝角度,缓和枝条生长势,通常采用里芽外蹬的技术措施。方法是:在冬剪时,剪口芽留里芽(枝条上方的芽),而实际培养的是剪口下第二芽,即枝条外方(下方)的芽。经过 1 年生长,剪口下第一芽因位置高,优势强,长成直立健壮的新枝,第二芽长成的枝条角度开张,生长势缓和并处在延长枝的方向,第二年冬剪时剪去第一枝,留第二枝作延长枝。

(11) 平茬

平茬又称截干,是指从地面附近全部去掉地上枝干,利用原有的发达根系刺激根颈附近萌芽更新的方法。多用于培养优良主干和灌木的复壮更新。在实际生产中,也将苗木主干在地面上一定高度处截断,利用原有的发达根系刺激截断附近萌芽更新树冠的方法称为截干。多用于培养优良树形的复壮更新。

总之,修剪方法很多,其中,短截、疏删、回缩和缓放是运用最多的基本方法,但修剪时必须从实际出发,综合运用,既要注意促,又要注意控,以达到整形修剪的目的要求。

7.4.4.2 修剪趋势

(1) 化学修剪

内容见数字资源。

(2) 机械修剪

内容见数字资源。

7.4.4.3 修剪中常见的技术问题

(1) 剪口状态

在修剪各级骨干枝的延长枝时应特别注意剪口状态与剪口芽的关系。

① 平剪口　剪口位于侧芽顶尖上方，呈水平状态或稍稍倾斜，剪口小，易愈合。如果剪成斜切口，斜切面与芽的方向相反，其上端与芽端相齐，下端与芽的腰部相齐，这样剪口面不大，又利于养分、水分对芽的供应，使剪口面不易干枯而可很快愈合，芽也会很好地抽梢。

② 大斜剪口　切口上端虽在芽尖上方，但下端却达到芽的基部下方，剪口倾斜过急，水分蒸发过多，剪口芽的水分和营养供应受阻，会严重削弱芽的生长势，甚至导致死亡，而下面一个芽的生长势却得到加强。这种切口一般只在削弱枝势时应用。

③ 留桩剪口　剪口水平或倾斜，在芽的上方留一段小桩。一方面，这种剪口因养分不易流入小桩而干枯，剪口也很难愈合，同时也会导致芽萌发的弧形生长，一般不宜采用；另一方面，因这种剪口可避免失水导致剪口芽的削弱或干枯，消除其芽萌发生长的障碍，又可适用于某些树种的修剪。

④ 剪口芽的强弱与方向　剪口芽的强弱和选留位置不同，生长出来的枝条强弱和姿势也不一样。剪口芽留壮芽则发壮枝，留弱芽则发弱枝。如作为主干延长枝，剪口芽应选留能使新梢顺主干延长方向直立生长的芽，同时要和上年的剪口芽相对，也就是新枝一年偏左，一年偏右，使主干延长后呈垂直向上的姿势；如作为斜生主枝延长枝，欲扩大树冠，宜选留外芽作剪口芽，可得斜生姿态的延长枝。如果主枝角度开张过大，生长势弱，剪口芽要选留上芽(内芽)，缩小分枝角度，新枝可向上伸展，从而增强枝势，维护枝间长势的平衡。

(2) 竞争枝的处理

① 一年生竞争枝　无论是观花观果树、观形树或用材树，其中心主枝或其他各级主枝，由于冬剪时顶端芽位处理不妥，往往在生长期形成竞争枝，如不及时处理，就会扰乱树形，甚至影响观赏价值或经济效益。凡遇这类情况，可按下列方法进行处理(图7-20)。

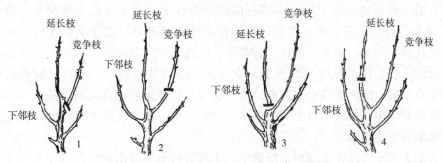

图7-20　一年生竞争枝的处理(邹长松，1988)
1. 疏除竞争枝　2. 短截　3. 换头　4. 转头

——竞争枝未超过延长枝，下邻枝较弱小，可齐竞争枝基部一次疏除。疏剪时留下的伤口，虽可削弱延长枝和增强下邻弱枝的长势，但不会形成新的竞争枝。

——竞争枝未超过延长枝，下邻枝较强壮，可分两年剪除竞争枝。当年先对竞争枝重短截，抑制其生长势，待翌年延长枝长粗后再齐基部疏除竞争枝；否则下邻枝长势会加强，成为新的竞争枝。

——竞争枝长势超过原延长枝，竞争枝下邻枝较弱小，可一次剪去较弱的原延长枝（称换头）。

——竞争枝长势旺，原延长枝弱小，竞争枝下邻枝又很强，应分两年剪除原延长枝，使竞争枝逐步代替原延长枝（称转头），即第一年对原延长枝重短截，第二年再予以疏除。

② 多年生竞争枝　这类情况常见于放任生长的树木修剪。如果处理竞争枝不会造成树冠过于空膛和破坏树形，可将竞争枝一次回缩到下部侧枝处，或一次疏除；如果会破坏树形或会留下大空位，则可逐年回缩疏除（图 7-21）。

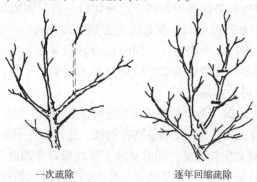

一次疏除　　　　　逐年回缩疏除

图 7-21　多年生竞争枝的处理(邹长松, 1988)

（3）主枝的配置

在园林树木整形修剪中，正确地配置主枝，对树木生长，调整树形及提高观赏和综合效益都有好处。主枝配置的基本原则是树体结构牢固，枝叶分布均匀，通风透光良好，树液流动顺畅。树木主枝的配置与调整随树种分枝特性，整形要求及年龄阶段而异。

多歧式分枝的树木，如梧桐、苦楝、臭椿等和单轴分枝的树木，如雪松、龙柏等，随着树木的生长容易出现主枝过多和近似轮生的状况，如不注意主枝配备，就会造成"掐脖"现象。因此，在幼树整形时，就要按具体树形要求，逐步剪除主轴上过多的主枝，并使其分布均匀。如果已放任生长多年，出现"轮生"现象时，应每轮保留 2~3 个向各方生长的主枝，使树冠合成的养分，在运输时遇到枝条剪口，被迫分股绕过切口区后，恢复原来的方向。切口上部的养分由于在切口处受阻而速度减慢，造成切口上部的营养积累相对增多，致使切口上部主干明显加粗，从而解决了原来因"掐脖"而造成轮生枝上下粗细悬殊的问题。

在合轴主干形、圆锥形等树木修剪中，主枝数目虽不受限制，但为了避免主干尖削度过大，保证树冠内通风透光，主枝间要有相当的间隔，且要随年龄增大而加大。合轴分枝的树木，常采用杯状形、自然开心形等整形方式，应注意三大主枝的配置问题。目

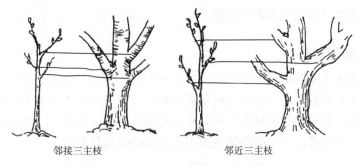

邻接三主枝　　　　　　邻近三主枝

图 7-22　三主枝的配置(邹长松，1988)

前常见的配置方式有邻接三主枝和邻近三主枝两种(图 7-22)。

邻接三主枝通常在一年内选定，3 个主枝的间隔距离较小，随着主枝的加粗生长，三者几乎轮生在一起。这种主枝配置方式如是杯状形、自然开心形树冠，则因主枝与主干结合不牢，极易造成劈裂；如是疏散分层形、合轴主干形等树冠，则有易造成"掐脖"现象的缺点，故在配置三大主枝时，不要采用邻接三主枝形式。邻近三主枝一般分两年配齐，通常在第一年修剪时，选留有一定间隔的主枝 2 个，第二年再隔一定间距选留第三主枝。三大主枝的相邻间距可保持 20cm 左右。这种配置方法，结构牢固，且不易发生"掐脖"现象，因而成为园林树木修剪中经常采用的配置形式。

(4) 主枝的分枝角度

对高大的乔木而言，分枝角度太小，容易受强风、雪压、冰挂或结果过多等压力的影响而发生劈裂。因为在两枝间由于加粗生长而互相挤压，不但没有充分的空间发展新组织，而且使已死亡的组织残留于两枝之间，从而降低了抗压能力；反之，如分枝角较大，由于有充分的生长空间，两枝间的组织联系很牢固，不易劈裂。

由于上述道理，所以在修剪时应剪除分枝角过小的枝条，而选留分枝角较大的枝条作为下一级的骨干枝。对初形成树冠而分枝角较小的大枝，可采用拉、撑、坠的方法加大枝角，予以矫正。

7.4.4.4　剪除物的处理

如何处理树木修剪所切下的大量枝条始终是一个难题。如果集中销毁，不但需要很多的运输工具和销毁场地，而且增加空气污染、浪费资源。有一种移动式的木材削片机，可有效地处理锯下的大小枝条。将修剪下的大小枝条送入削片机的旋转刀片，打成碎屑。经处理的剪除物(包括枝条与叶片)，不但可以将运输车辆减少 1/4，而且可以进行木屑的综合利用，也可在碎屑经 1~2 年的分解后作为优良的土壤改良剂或作土壤的覆盖材料或禽舍、牲畜圈的垫料。

补充内容见数字资源。

7.5　不同类型树木整形修剪

对于树木的整形修剪，从生产上看，实际上包括苗圃培育与定植生长两个阶段；从年龄上看则包括幼树与成年树两个时期。

7.5.1 苗木整形修剪

苗木在圃期间主要根据将来的不同用途和树种的生物学特性进行整形修剪。此期间的整形修剪工作非常重要，且在苗期的重点是整形。苗木如果经过整形，后期的修剪就有了基础，容易培养成理想的树形。如果从未修剪任其生长的树木，后期想要调整、培养成优美的树形就很难。所以必须注意苗木在苗圃期间的整形修剪。

7.5.1.1 乔木大苗的整形培育

在生产实际中，乔木类大苗一般用于行道树、庭荫树等。

(1)落叶乔木大苗的整形培育

落叶乔木行道树大苗培育的规格一般为：①具有高大通直的树干，树干高2.5~3.5m，胸径5~10cm；②完整、紧凑、匀称的树冠；③强大的根系。庭荫树则依周围环境条件而定，一般干高1m左右，主干要求通直向上并延伸成中干，主侧枝从属关系鲜明且分布均匀。

对于乔木树种，满足上述要求并不难，特别是顶端优势强的树种，如杨树类、水杉、落叶松苗木，只要注意及时疏去根蘖条和主干1.8m以下的侧枝，以后随着树干的不断增加，逐年疏去中干下部的分枝，同时疏去树冠内的过密枝及扰乱树形的枝条。

对于顶端优势较弱、萌芽力较强的树种，如槐作行道树，播种苗当年达不到2.5m以上的主干高度，而第二年侧枝又大量萌生且分枝角度较大，很难找到主干延长枝，为此常采用截干法培养主干。具体方法是：在秋季落叶后，将1年生的播种苗按60cm×60cm株行距进行移栽。第二年春加强肥水管理，促进苗木快长，并要注意中耕除草和病虫害防治，养成较强的根系。当苗高到1.5m，地际直径1.5cm时，于秋季在距地面5~10cm处将地上部分全部剪除(平茬)，然后施有机肥准备越冬。第三年春季萌芽生长后，随时注意去除多余萌蘖条，选留其中一个最健壮又直立的枝条作为目的萌条进行培养。在风害较严重地方可选留2个，到5月底枝条半木质化后可去一留一。在培育期间注意土、肥、水管理及病虫害防治，并注意保护主干延长枝，对侧枝摘心以促进主干延长枝生长。这样到秋季苗木高度可达2.5~3.0m，达到行道树的定干高度。第四年不动。第五年结合第二次移栽，变成120cm×120cm株行距，选留3~5个向四周分布均匀的枝条作主枝。第六年在主枝30~40cm处短截，促侧枝生长，形成基本树形，至第七年或第八年即可长成大苗。但应注意对于顶端优势不强的树种，不能采用此法，而采用选留适当高度的主干，在其上留3~4个分布均匀的主枝，适当短截培养成疏散形；若为强喜光树种，一般培养成自然开心形。

(2)常绿乔木大苗的整形培育

常绿乔木大苗培育的规格，要求具有该树种本来的冠形特征，如尖塔形、圆锥形、圆头形等；树高3~6m，枝下高应为2m，冠形匀称。

对于轮生枝明显的常绿乔木树种，如黑松、油松、华山松、云杉、辽东冷杉等，这类树种干性强有明显的中央领导枝，每年向上长一节，分生一轮分枝，幼苗期生长速度很慢，每节只有几厘米、十几厘米，随苗龄增大，生长速度逐渐加快，每年每节可达 40~50cm。培育一株大苗（高 3~6m）需 15~20 年时间，甚至更长。这类树种有明显主梢，而一旦遭到损坏，整株苗木将失去培养价值，因此要特别注意主梢。一年播种苗一般留床保养 1 年；第三年开始移植，苗高 15~20cm，株行距定为 50cm×50cm；第六年苗高 50~80cm；第七年以 120cm×120cm 株行距移植，至第十年苗木高度在 1.5~2.0m；第十一年以 4m×5m 株行距进行第三次移植；至第十五年苗木高可达 3.5~4m。注意从第十一年开始，每年从基部剪除一轮分枝，以促进高生长。

对于轮生枝不明显的常绿树种，如侧柏、圆柏、雪松、铅笔柏等，这些树种幼苗期的生长速度较轮生枝常绿树稍快，因此在培育大苗时有所不同。1 年生播种苗或扦插苗可留床保养 1 年（侧柏等也可不留床）；第三年移植时苗高 20cm 左右，株行距可定为 60cm×60cm，至第五年时苗高为 1.5~2.0m；第六年进行第二次移植，株行距定为 130cm×150cm；至第八年苗高可达 3.5~4m。在培育过程中要注意及时处理主梢竞争枝（剪梢或摘心），培育单干苗，同时要加强肥水管理，防治病虫草害。

在乔木树种培育大苗期间，应注意疏除过密的主枝，疏除或回缩扰乱树形的主、侧枝。

7.5.1.2　花灌木大苗的整形培育

对于顶端优势很弱的丛生灌木要培养成小乔木状，一般需要 3 年以上的时间。第一年选留中央一根最粗而直的枝条进行培养，剪除其余丛生枝；第二年保留该枝条上部 3~5 个枝条作主枝，以中央一个直立向上的枝条作中干，将该枝条下部的新生分枝和所有根蘖条剪除；第三年修剪方法类似第二年。这样基本上就修剪成一棵株形规整、层次分明的小乔木。

对于丛生花灌木，通常不将其整剪成小乔木状，而是培养成丰满、匀称的灌木丛。苗期可通过平茬或重截留 3~5 个芽促进多萌条的方法培育多主枝的灌丛。

7.5.1.3　藤木大苗的整形培育

藤木类如紫藤、凌霄、蔓生蔷薇和木香等，苗圃整形修剪的主要任务是养好根系，通过平茬或重截培养一至数条健壮的主蔓。

7.5.1.4　绿篱及特殊造型苗木的整形培育

绿篱的苗木要求分枝多，特别要注意从基部培养出大量分枝，以便定植后能进行任何形式的修剪。因此，至少要重剪两次，通过调节树体上下的平衡关系控制根系的生长，便于以后密植操作。此外，为使园林绿化丰富多彩，除采用自然树形外，还可以利用树木的发枝特点，通过整形及以后的修剪，养成各种不同的形状，如梯形、球形、仿生形等。

7.5.2 苗木出圃或栽植前后修剪

苗木出圃或栽植前后修剪的目的，主要是减少运输与栽植成本、提高栽植成活率和进一步培养树形，同时减少自然伤害。因此，在不影响树形美观的前提下，特别是园林树木大树移栽时，应对树冠和根系进行适当的修剪，但这种修剪应留有余地。

补充内容见数字资源。

7.5.3 定植后不同类型树木修剪

7.5.3.1 乔木的整形修剪

(1) 落叶树

苗圃一般出售单干或有20~30cm少数主枝桩的健壮幼树，修剪虽较重，但真正的整形修剪却很少，具有很大的整形潜力。因此，落叶乔木的整形工作主要是定植以后的幼年时期。中等大小的乔木树种，主干高度约1.8m，顶梢继续生长至2.2~2.3m时，去梢促其分枝(图7-23)。

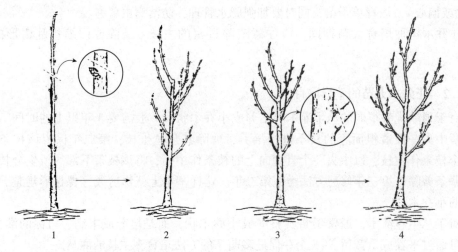

图7-23 幼树的整形修剪(Fellcht J R & Butler J D, 1988)
1. 中央去梢　2. 去梢后萌发的枝条　3. 树冠疏枝　4. 修剪后形成的幼年树形

较小的乔木树种，主干高度为1.0~1.2m；较大的乔木树种，通常采用中央领导干树形，主干高1.8~2.4m，中央领导干不去梢，其他枝条可以通过打头，形成平衡的主枝。中等和大落叶树种的枝下高应能满足步行或机械操作的需要。庭荫树与行道树一般不进行专门的整形，多采用自然式树形，只进行健康与安全修剪。庭荫树的主干高度与形状，最好能与周围环境的要求相适应，一般无特殊规定，主要根据树种的生长习性而定；行道树的主干高度以不妨碍车辆和行人通行为准，多为2.5~4.0m。

(2) 常绿树

有关内容见数字资源。

常绿树修剪的目的，主要是形成灌木状或紧密的树形。常绿树种，特别是针叶树，一般不耐重剪，其修剪方法与落叶树种差异大。常绿树在苗圃中整形极轻，主要发展其自然树形。当然也有例外，如用作绿篱的紫杉属、铁杉属的一些树种；有些长叶针叶树种，如松属、云杉属，通常只能轻轻剪掉梢顶。如果修剪超过新梢(烛状嫩梢)就会发生小枝枯梢。一旦枝条发生枯梢就要疏除，不能像落叶树那样回缩；否则就会破坏针叶树种匀称的树形。除了某些灌木状的针叶树种(粗榧属)外，过多的领导枝(干)或主枝，特别是当其伸展很远时应该去掉或回缩。如果修剪以后，树冠出现豁口，则应通过拉撑调节整形。在云杉整形中，如果在新梢柔韧时，从着生处去掉长梢，可在1~2年内阻止末梢的生长，而使枝条粗壮丰满。松类中的多数树种，最好在新针叶开放之前，即新梢仍呈蜡烛状时修剪，不会对树体产生伤害，可保持树木原来的健康外貌。具鳞片状或刺状叶的针叶树种，如柏、'龙柏'、金钟柏及圆柏等属的树种，要修剪成比较理想的树形，只需部分地剪除过长的枝条。

培养作为圣诞树用的针叶树，常常采用专门的整形修剪技术，纠正生长过快或不对称的影响，并造就一定形态的浓密树冠。最常用的方法就是剪截，即把顶梢和侧梢剪掉。剪截的目的是造就下部呈球形，中部以上呈圆锥形的树冠。剪截常限于去掉新梢的一部分或近期发出的枝条，但必须保留剪口以下的芽，才有利于树冠的再生长。对于每个节间都有休眠芽的树种，如冷杉、云杉等，差不多各个季节都要进行修剪，才能促使剪口下潜伏芽萌发新梢。对于露地栽培的速生大树，只要把主干高提高到树高的3/4或更高，对树冠稍加整形，就可变成很好的圣诞树。

常绿阔叶树，如广玉兰、杜英、杨梅、楠木等，可采用中央领导干形，不去侧梢，侧枝过密可以疏除，主干高度保持1.8~2.4m或更高。一旦树木经过修剪形成了理想的树形，就应注意由于空间限制引起的树形变化及生长要求进行养护修剪，以保持原有的树形，获得营养生长与开花结实的平衡及保持树体健康，提高栽培效益。

在一般情况下，树木经过初期整形修剪后，不要再进行大修剪就可保持原有树形。但是，如果要抑制成熟植株的大小符合某一规格要求，则需要进行大量的修剪。剪截(回缩和短截)和疏枝是控制树木大小与形状的关键，是保持营养生长与开花或结实平衡的重要方法。

在观赏树木中，一般应该去掉向下或向侧方生长过多的枝条，疏除干扰树形的枝条。为了控制树木的大小而必须去掉的枝条，应该回缩至生活力强的侧枝上方，还应培养年幼的枝条代替切去的最老枝条。放任常绿树修剪量更大，宜在冬末春初或萌芽前进行。因为经过长枝的回缩或疏剪以后，休眠芽可在第二年早春萌芽抽梢，容易恢复树形；若在夏季修剪，休眠芽也要到第二年生长季初期萌动，在这样长的过渡期经过重剪的树形很不美观。

用作绿篱的乔木树种，如女贞、圆柏等，应按绿篱的整形要求进行修剪。

7.5.3.2 灌木类的整形修剪

在一般情况下，灌木类树种的整形工作少于花果类乔木树种，主要是形成平衡而匀称的空间骨架和丰满匀称的灌丛树形(图7-24~图7-27)。

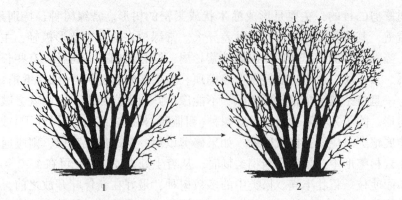

图 7-24 灌木整形修剪的传统方法(Fellcht J R & Butler J D, 1988)
1. 修剪成整齐的轮廓线 2. 1年后发枝过多,导致内部荫蔽过度

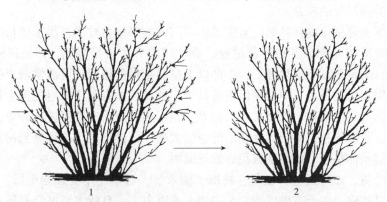

图 7-25 灌木整形修剪的较好方法(Fellcht J R & Butler J D, 1988)
1. 剪去轮廓外的枝梢 2. 修剪后的形状

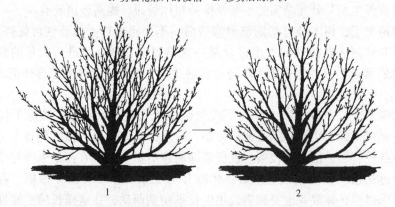

图 7-26 单干灌木的疏剪(Fellcht J R & Butler J D, 1988)
1. 疏剪前 2. 疏剪后

它们的整形修剪在出圃定植时就已开始。灌木修剪的常用方法是疏枝、回缩和短截。落叶灌木应保留3~5个健壮的垂直主枝,侧枝剪去1/2,保留2~3个壮芽;翌年再短截新梢长度的1/3,疏除过密枝。常绿灌木修剪较少,一般选留3个强枝,其他只进行轻截(稍稍去顶),翌年疏除过密的枝条。

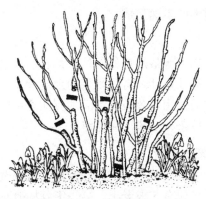

图 7-27 灌木回缩

成年灌木的修剪取决于其园林栽培的功能，花芽分化的时间及其与枝龄的关系等。

(1) 花、果观赏类灌木

① 春季开花的落叶灌木　这类灌木是在前一年的枝条上形成花芽，即花芽在休眠之前已经形成，翌年春天开花，休眠期修剪会减少开花数量，但若保留不剪，开花数量又会逐年减少，因此应在春季开花之后立即修剪，疏除树冠内过多、过密的枝条，老枝、萌蘖条和徒长枝等太长或破坏树形的枝条应该剪截，疏开中心，以利通风透光。这样就可保持灌木的理想树形和大小，促进开花。对于具有拱形枝条的种类，如连翘、迎春花等，老枝应该重剪，以利于抽生健壮的新枝，充分发挥其树姿的特点。

② 夏季和秋季开花的落叶灌木　这类灌木是当年新梢上开花，除修剪时间应在休眠季节外，其修剪方法与春季开花者相同。

③ 一年多次开花的灌木　这类灌木如月季、珍珠梅等，除休眠季剪除老枝外，应在花后短截新梢，以改善再次开花的数量与质量。

剪除凋落后的花序或死梢很费时间，因此，主要对那些降低艺术价值的花丛或因种子与果实的形成而导致生长速度减缓的植株进行修剪，如丁香属和杜鹃花属的树种。

在温暖的气候条件下，落叶灌木常因冬季低温不够而使芽在春天到来之后不能正常萌动、放叶和开花，对于这类灌木应在夏季摘心（剪除 2~6cm 梢端），以改善下一年的放叶与开花状况。

④ 常绿阔叶灌木　这类灌木的修剪比落叶灌木少，因为它们生长较慢、枝叶匀称而紧密，新梢的生长多源于顶芽，形成圆顶式的树形，冠内梢较少。过长的新梢应轻轻摘心或剪梢，疏除弱枝、病枝、枯枝和交叉枝。轻修剪可在早春生长之前进行，较重修剪应推迟至开花之后。受冻的枝条应剪至健康部位以下，如果树形理想，只去掉萎蔫的花丛。

速生的常绿阔叶灌木，如小檗属诸种，可像落叶灌木那样重剪，也可根据每一年的不同基础，轻剪或不剪。能够满足观花、观果要求的开花或浆果灌木的修剪，可推迟至主要观赏期之后，在早春萌芽之前进行。

观形类灌木，如小叶黄杨、千头柏、海桐等，以短截为主，促进侧芽的萌动，形成丰满的树形，适当疏枝，以保持内膛枝叶充实。在修剪时间与次数上，可在每次抽梢之后轻剪一次，以利于目的树形的迅速形成。

(2) 枝叶类观赏灌木

这类灌木，如棣棠、红瑞木等最鲜艳的部位大都在幼嫩枝条上，每年冬季或早春重剪，之后轻剪，促发更多的健壮枝叶。有些耐寒的观赏灌木，如红瑞木更趋向于早春修剪，以便发挥枝条冬季观赏的作用。茎枝观色灌木应注意剪除失去观赏价值的多年生枝条，如红瑞木的4年生以上枝条，一般不宜保留。

(3) 放任灌木的修剪与灌木更新

放任生长的灌木多干丛生，参差不齐，内膛空虚，容易光腿，树形杂乱无章，应予以修剪改造，逐步去掉老干。如有5根老干，第一年可从地面以上去掉1~2个，促生新干；第二年再去掉1~2根，这样一直到不再需要新干为止。老干一次不能去掉过多，否则会发出许多徒长枝，不但对开花结果不利，而且会过多地消耗营养。如果分枝疏密不匀，应将过密枝疏去。像小檗、太平花、珍珠梅、八仙花等一类灌木，如果树形变坏，可在秋季或早春将老干全部切去，让其从地面重新萌生，经过一定时期，又可形成优良的树形。这种做法适用于丛生的和萌蘖性强的灌木，但对于乔木型或亚乔木型灌木，只能剪除树冠的内向枝、病虫枝、徒长枝及受机械损伤的枝条，其他部分不需要进行重剪，更不能从地面剪除，如金缕梅、木槿、紫薇、杜鹃花、碧桃等。

灌木更新的方式可分为逐年疏干和一次平茬或台刈。生长多年的灌木常因过度荫蔽，容易光腿和出现弱干自疏现象，降低了观赏价值，应该定期疏干、平茬或台刈更新。疏干更新可保持其密集的枝叶、繁茂的花果、健康树体和良好的外形(图7-28)。平茬更新是一次去掉灌丛的所有主枝(或干)，促进下部休眠芽的萌发，再选留3~5个主干。更新修剪多在休眠期进行，但以早春开始生长前几周进行最好。疏干时要注意灌丛主干的密度和病虫危害的情况。先剪枯死干和病虫干，去密留稀；先疏大干，再去细长弱干。疏掉的干和枝应从上部轻轻抽出，不要从下向外猛拖，以免损伤保留的枝芽。平茬更新是一次从下部去掉所有的枝干，促其重新萌发。更新修剪的剪口位置应尽量靠近地面，以增强新干的生长势。

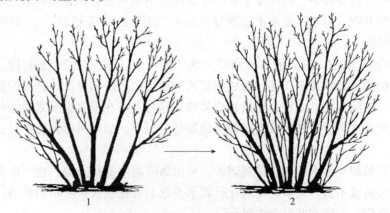

图7-28　灌木疏干更新(Fellcht J R & Butler J D, 1988)
1. 疏除老干和过密干　2. 生长季末长成的新干

7.5.3.3 藤本类的整形修剪

藤本多用于垂直绿化或绿色棚架的制作。在自然风景区中，对藤本植物很少加以修剪整形，但在一般的园林绿地中则有以下几种整形修剪方式，补充内容见数字资源。

(1) 棚架式

卷须类及缠绕类藤本植物多采用这种方式。整形时，应在近地面处重剪，使其发生数条强壮主蔓，然后将主蔓垂直引至棚架顶部，使侧蔓在架上均匀分布，可很快形成荫棚。在华北、东北各地，对不耐寒的树种，如葡萄，需每年下架，将病弱衰老枝剪除，均匀地选留结果母枝，经盘卷扎缚后埋于土中，翌年再去土上架。至于耐寒的树种，如紫藤等，则不必下架埋土防寒，除隔数年将病老或过密枝疏剪外，一般不必年年修剪。

(2) 凉廊式

常用于卷须类及缠绕类植物，也偶尔用于吸附类植物。凉廊有侧方格架，所以主蔓勿过早引至廊顶，否则侧面容易空虚。

(3) 篱垣式

多用于卷须类及缠绕类植物。将侧蔓水平引缚，每年对侧枝短截，形成整齐的篱垣形式(图 7-29)。篱垣式又可分为垂直(或倾斜)篱垣式和水平篱垣式。前者适用于形成距离短而较高的篱垣；后者适合于形成长而较低矮的篱垣。按其水平分段层次的多少又可分为二段式、三段式等。

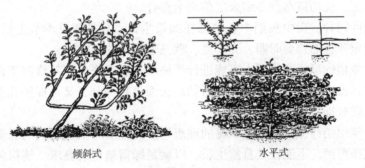

图 7-29　篱垣式

(4) 附壁式

附壁式多以吸附类植物为材料，方法很简单，只需将藤蔓引上墙即可自行依靠吸盘或吸附根逐渐布满墙面，如地锦、凌霄、扶芳藤、常春藤等。此外，在庭园中，还可在壁前 20~50cm 处设立格架，在架前栽植蔓生蔷薇等开花繁茂的种类，这种方式多用于建筑物的墙前。附壁式整形，在修剪时应注意使壁面基部全部覆盖，蔓枝在壁面分布均匀，不互相重叠和交错。

在附壁式整形中，最不容易维持基部枝条的繁茂生长而导致下部空虚。对此应采取轻、重修剪结合及曲枝诱引等综合措施，并加强栽培管理工作。

(5) 直立式

对于一些茎蔓粗壮的种类,如紫藤等,可以修整成直立灌木式或小乔木式树形。此式用于公园道路旁或草坪上,可以收到良好的效果。

开花藤本类植物的修剪时间,通常取决于成花枝条的年龄,基本原则是当年枝条开花,休眠季修剪;让1年生枝条开花,花后修剪。

7.5.3.4 绿篱的整形修剪

绿篱又称植篱或生篱。根据篱体的形状和整形修剪的程度,可分为自然式绿篱、半自然式绿篱和整形式绿篱。

(1) 修剪时期

绿篱定植以后,最好任其自然生长1年,以免因修剪过早而妨碍地下根系的自然生长。从第二年开始,再按照所确定的绿篱高度开始截顶。园林中的绿篱高度都有一定的标准(多数为1m),凡是超过这一标准的枝条,无论是充分木质化的老枝,还是幼嫩的新梢,都应整齐剪掉。如果处理过晚,不但浪费大量营养,还会因先端枝条的生长过快造成篱体下部空虚,无法形成稠密而丰厚的树丛。

在一年中的什么时候修剪最合适,主要根据树种确定。如果是常绿针叶树,因为新梢萌发较早,应在春末夏初完成第一次修剪。盛夏到来时,多数常绿针叶树的生长已基本停止,转入组织充实阶段,这时的绿篱树形可以保持很长一段时间。立秋以后,如果肥水充足,会抽秋梢并开始旺盛生长,此时应进行第二次全面修剪,使株丛在秋冬两季保持规整的形态,使伤口在严冬到来之前完全愈合。

大多数阔叶树种,在生长期中新梢都在加长生长,只是盛夏季节生长得比较缓慢,因此,不能规定死板的修剪时间,春、夏、秋三季都可进行修剪。

用花灌木栽植的绿篱通常不大可能进行严格的规整式修剪,其修剪工作最好在花谢以后进行。这样做既可防止大量结实和新梢徒长而消耗养分,又可促进花芽分化,为翌年或下期开花做好准备。

为了在一年中始终保持规则式绿篱的理想树形,应随时根据它们的长势,把突出于树丛之外的枝条剪掉,不能任其自然生长,以满足绿篱造型的要求,使树膛内部的小枝越长越密,从而形成紧实的绿色篱体。

(2) 绿篱的整形方式

① 自然式绿篱 这种类型的绿篱一般不进行专门的整形,在栽培的过程中仅作一般修剪,剔除老枝、枯枝、病枝。自然式绿篱多用于高篱或绿墙。一些小乔木在密植的情况下,如果不进行规则式修剪,常长成自然式绿篱,因为栽植密度较大,侧枝相互拥挤、相互控制其生长,不会过分杂乱无章,但应选择生长较慢、萌芽力弱的树种。

② 半自然式绿篱 这种类型的绿篱虽不进行特殊整形,但在一般修剪中,除剔除老枝、枯枝与病枝外,还要使植篱保持一定的高度,下部枝叶茂密,使绿篱呈半自然生长状态。

③ 整形式绿篱 这种类型的绿篱是通过修剪,将篱体整成各种几何形体或装饰形

体。为了保持绿篱应有的高度和平整而匀称的外形,应经常将突出轮廓线的新梢整平剪齐,并对两面的侧枝进行适当修剪,以防止分枝侧向伸展太远,影响行人来往或妨碍其他花木的生长。修剪时最好不要使篱体上大下小,否则不但会给人以头重脚轻的感觉,而且会造成下部枝叶的枯死和脱落。在进行整体成型修剪时,为了使整个植篱的高度和宽度均匀一致,最好像建筑工人砌墙一样,打桩拉线后再进行操作,以准确控制篱体的高度和宽度。

(3) 整形式绿篱的配置形式与断面形状

绿篱的配置形式和断面形状可根据不同的条件而定。但凡是外形奇特的圆形篱体,修剪起来都比较困难,需要有熟练的技术和比较丰富的经验。因此,在确定篱体外形时,一方面应符合设计要求;另一方面还应与树种习性和立地条件相适应。

① 条带式绿篱　这种植篱在栽植方式上,通常多用直线形,但在园林中,为了特殊的需要,如便于安放坐椅和雕塑等,也可栽植成各种曲线或几何图形。在整形修剪时,立面形体必须与平面配置形式相协调。此外,在不同的小地形中,运用不同的整形方式,也可收到改造小地形的效果,而且有防止水土流失的作用。

根据绿篱横断面的形状,可以将其分为以下几种形式(图7-30)。

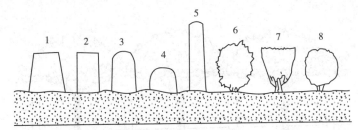

图 7-30　绿篱篱体断面形状(莱威斯黑尔,1987)
1. 梯形　2. 方形　3、4. 圆顶形　5. 柱形　6. 自然式　7. 杯形　8. 球形

梯形　这种篱体上窄下宽,有利于基部侧枝的生长和发育,不会因得不到阳光枯死而稀疏。篱体下部一般应比上部宽15~25cm,而且东西向的绿篱北侧基部应更宽些,以弥补光照的不足。

方形　这种造型比较呆板,顶端容易积雪受压、变形,下部枝条也不易接受充足的阳光,以致部分枯死而稀疏。

圆顶形　这种绿篱适合在降雪量大的地区使用,便于积雪向地面滑落,防止篱体压弯变形。

柱形　这种绿篱需选用基部侧枝萌发力强的树种,要求中央主枝能通直向上生长,不扭曲,多用作背景屏障或防护围墙。

杯形　这种造型虽然显得美观别致,但是由于上大下小,下部侧枝常因得不到充足的阳光而枯死,造成基部裸露,更不能抵抗雪压。

球形　这种造型适用于枝叶稠密、生长速度比较缓慢的常绿阔叶灌木,多成单行栽植,株间应拉开一定距离,以一株为单位构成球形,用来布置花境时,美化效果最为理想。

② 拱门式绿篱　为了便于人们进入由稠密的绿篱所围绕的花坛和草坪，最好在适当的位置把绿篱断开，同时制作一个绿色拱洞，作为进入绿篱圈内的通道。这样既可使整个绿篱连成一体而不中断，又有较强的装饰作用。最简单的办法是在绿篱开口两侧各种植一棵枝条柔软的乔木，两树之间保持1.5~2.0m的间距，让人们能从中通过，然后将树梢相对弯曲并绑扎在一起，从而形成一个拱形门洞。这一工作应在早春新梢抽生前进行。为了防止拱洞上的枝条向两侧偏斜，最好事先用木料预制一个框架，把枝条均匀地绑扎在上面，用支架承托树冠，使它们始终保持在一定的范围内。

有支架的绿色拱门还可以用藤本植物制作，由于它们的主枝柔软且具有攀缘习性，因而造型相当自然，并能把整个支架遮挡起来。

不论用什么树种制作绿色拱门，都应当经常进行修剪，从而防止新枝横生下垂而影响游人通行。同时，还应始终保持较薄的厚度，否则既不美观，内膛枝也会因得不到充足的阳光而逐渐稀疏，以致支架裸露，降低观赏效果。

③ 伞形树冠式绿篱　这种绿篱多栽植在庭园四周栅栏式围墙的内侧，其树形和常见的绿篱有很大不同。首先，它要保留一段高于栅栏的光秃主干，让主枝从主干顶端横生而出，从而构成伞形或杯形树冠（图7-31）。株距和栅栏立柱的间距相等，且需准确地栽在栅栏的两根立柱之间。

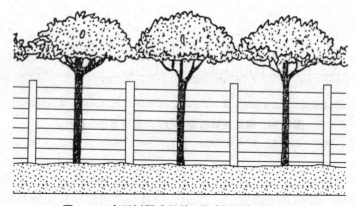

图7-31　伞形树冠式绿篱（莱威斯黑尔，1987）

在养护时应经常修剪树冠顶端的突出小枝，使半圆形树顶始终保持高矮一致和浑圆圆整齐。同时，要对树干萌条进行经常性的修整，以防止滋生根蘖条和旁枝，扰乱树形。这种高大的伞形绿篱外形相当美观，并有较好的防风作用，还能减少闹市中的噪声，但是修剪起来比较困难。

④ 雕塑式绿篱　选择侧枝茂密、枝条柔软、叶片细小而且极耐修剪的树种，通过扭曲和铅丝蟠扎等手段，按照一定的物体造型，由它们的主枝和侧枝构成骨架，然后对细小的侧枝通过线绳牵引等方法，使它们紧密抱合，或者直接按照仿造的物体进行细致修剪，从而剪成各种雕塑式形状（图7-32），还有龙凤呈祥、双龙戏珠等造型。

适合制作雕塑式绿篱的树种主要有榕树、枸骨、罗汉松、小叶黄杨、迎春花、金银花、圆柏、侧柏、榆树、冬青、珊瑚树、女贞等。制作时可以用几棵同树种、不同年龄的苗木拼凑。养护时要随时剪掉突出的新枝，才能始终保持整体的完美而不变形。

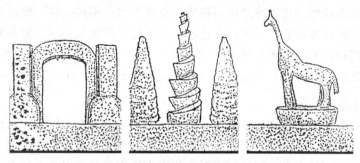

图 7-32 雕塑式绿篱(莱威斯黑尔,1987)

⑤ 图案式绿篱 利用一些枝条较长的花灌木,人为地保留一根粗壮的主枝,将多余的丛生主枝剪掉,或者培养1根主干,将其整成小灌木状,让主干上面均匀地生出等距离的侧枝,利用它们制作出各种图案(图7-33)。

在苗木定植前,首先设立支架或埋设混凝土立桩,上面拉上铅丝;或用木材专门制作出各种形式的透孔立架,将花木按一定株距栽在立架的下面,通过修剪将保留主枝按照预先设计好的图案格式牵引绑扎在立架上。

在制作图案式绿篱时,还可以不设立架,把苗木定植在砖墙的前面,将枝条向墙上牵引。然后按照设计好的图案格式,用"U"形钢钉打入砖缝,将枝条固定在墙面上。还可将细长柔软的植物茎编织成网状或格状,使之逐渐愈合为一体。适于制作图案式篱垣的树种主要有紫薇、木槿、雪柳、杞柳等。它们的枝条长而柔软,留枝的长短可任意取舍,还可以随心所欲地改变它们的生长方向,而且极耐修剪,生长速度也很快,定植2

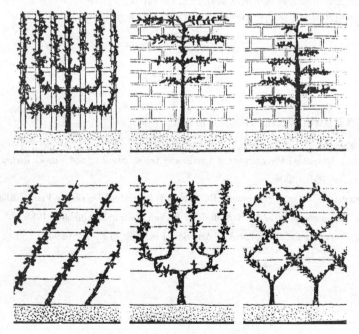

图 7-33 图案式绿篱的几种形式(莱威斯黑尔,1987)

年以后就可以基本成型。这种造型相当别致,花样繁多,不拘一格,既可以美化栅栏或围墙,以及陈旧的砖体墙面,又可以作花坛、草坪的背景美化材料,但是修剪起来相当费工。为了始终保持完美的图案形式,就必须经常修剪和校正,只允许枝条加粗生长,不允许其任意延长,同时,必须随时剪掉多余的新生小枝。

(4) 老绿篱的更新复壮

大部分阔叶树种的萌发和再生能力都很强,当它们年老变形以后,可以采用台刈或平茬的办法进行更新,不留主干或仅保留一段很矮的主干,将地上部分全部锯掉。台刈或平茬后的植株,因具有强大的地下根系,萌发力特别强,可以在1年之中长成绿篱的雏形,2年以后就能恢复成原有的规整式篱体。此外,也可通过老干疏伐进行逐年更新。大部分常绿针叶树种的再生能力较弱,如果这些绿篱位于庭园四周的边缘地带,则可采用间伐的手段加大它们的株行距,使它们自然长成非规整式绿篱,仍能起到防护作用,否则就必须将其全部挖掉,另外栽植年幼的新株,重新培养。

思考题

1. 试述整形与修剪的概念及相互关系,整形修剪的意义与原则。
2. 简述树体结构与整形修剪的调节机理。
3. 试述园林树木主要整形方式及其应用特点。
4. 简述树木分枝的原理,大枝疏除时确定切口位置的依据与疏除方法。
5. 试述修剪的主要方法、修剪反应及修剪中应注意的问题。
6. 试述当前在园林树木整形修剪中存在的主要问题及其解决方法。

推荐阅读书目

1. 观赏树木修剪技术. 邹长松. 中国林业出版社,1988.
2. 果树栽培学总论(第4版). 张玉星. 中国农业出版社,2011.
3. Arboriculture: Integrated Management of Landscape Trees, Shrubs, and Vines. Richard W H, James R C, Nelda P M. Prentice Hall, 2004.
4. Tree Maintenance(7th ed). Hartman J R, Pirone P P. Oxford University Press, 2000.
5. Landscape Management. Fellcht J R & Butler J D. Van Nostrand Reinhold, 1988.
6. Targets for Proper Tree Care. Shigo A L. Arboric, 1983, 9(11): 285-294.

第 8 章 树洞处理与树体支撑

[**本章提要**] 主要介绍了两方面的内容，一是园林树木树洞形成的原因，树洞处理的目的与原则，以及树洞处理的程序与方法；二是树体支撑加固的类型、应用条件与技术。

树洞处理与树体支撑是非常重要的养护措施。树木的树干和骨干枝上，往往因人为的机械损伤或病虫害、冻害、日灼等自然灾害造成树皮或深及木质部的创伤，如这些伤口未及时得到保护、治疗和修补，外露的木质部和髓部受病虫害或雨水浸渍腐烂，伤口会逐渐扩大，最后形成空洞。严重时树干中空，树皮破裂，俗称"破肚子"。由于树干的木质部、髓部腐烂，疏导组织破坏，水分、养分的运输及贮存功能受到影响，同时，树干和骨干枝的坚固性和负载能力降低，树势逐渐减弱。故应及时处理，以防止树洞继续扩大、发展。同时，当树木发生倾斜、侧枝过长或下垂，或粗枝因雪压负重而下垂重叠，或轻度折伤时，也常要进行树体支撑加固。

树体保护首先应贯彻"防重于治"的原则，做好各方面预防工作，尽量防止各种灾害对树体造成的伤害。同时，要做好宣传教育工作，使人们认识到"保护树木，人人有责"。

8.1 树洞处理意义

在所有树木栽培措施中，树洞的处理是最引人注目的。虽然它不像移栽、施肥、修剪和伤口处理那样为人们所重视，但是由于树洞不仅严重影响树木的生长发育，降低树体的机械强度，缩短树木的寿命，而且有碍观瞻，同时还可能造成一些其他伤害和损失（如倒伏后砸伤建筑物、车辆或行人等）。在生产实践中，树洞处理工程比树体表面的任何处理都难，不但需要比较熟练的技术，而且需要较高的成本。

补充内容见数字资源。

8.1.1 树洞处理简史

内容见数字资源。

8.1.2 树洞形成原因与进程

8.1.2.1 树洞形成的原因

树洞是树木边材或心材，或从边材到心材出现的任何孔穴。树洞形成的根源在于忽视了树皮的损伤和对伤口及时、恰当的处理。皮伤本身并不是洞，但是为树洞的形成打开了门户。健全的树皮是有效保护皮下其他组织免受病原菌感染的屏障。树体的任何损伤都会为病菌侵入树体、造成皮下组织腐朽创造条件。事实上，树皮不破是不会形成树洞的。

由于树体遭受机械损伤和某些自然因素的危害，如病虫危害、动植物的伤害、雷击、冰冻、雪压、日灼、风折等，造成皮伤或孔隙以后，邻近的边材在短期内就会失水。如果树木生长健壮，伤口不再扩展，则2~3年内就可被一层愈伤组织所覆盖，对树木几乎不会造成新的损害。但是在树体遭受的损伤较大及不合理修剪留下的枝桩或风折等情况下，伤口愈合过程缓慢，甚至完全不能愈合时，木腐菌和蛀干害虫就有充足的时间侵入皮下组织而造成腐朽。这些有机体的活动，反过来又会妨碍新的愈合，终究导致大树洞的形成。此外，树木经常受到人为有意或无意的损坏，也会对树木的生长产生很大影响。如市政工程和建筑施工时的创击，树盘内的土壤被长期践踏得很坚实，有个别游客在树干上刻字留念或拉枝折枝，以及有关部门不正确的养护管理等，所有这些因素，不但会严重地削弱树木的生长势，而且会使树木早衰，甚至死亡。

8.1.2.2 树洞形成的速度、常见部位及类型

一般认为，心材的空洞不会严重削弱树木的生活力。然而，它的存在削弱了树体的结构，在强风、淞、雪或冰雹中易发生风折，同时还会成为蚂蚁、蛀虫或其他有害生物繁殖的场所。树干上的大孔洞造成树皮、形成层和边材的损坏，大大减少了营养物质的运输和新组织的形成。

大多数木腐菌引起的腐朽进展相当缓慢，其速度约与树木的年生长量相等。尽管树上有大洞存在，但对一棵旺盛生长的大树来说，仍能长至其应有的大小。美国纽约林学院荣誉病理学家 Ray Hirt 博士发现白杨上的白心病10年蔓延约59cm，平均每年约扩展5.9cm；同一真菌在槭树上10年约扩展46cm。然而，某些恶性真菌在短时间内可能会引起树木广泛的腐朽。有些树种，如樱、柳等植物腐朽的速度相当快。此外，在树体心材

外露或木材开裂的地方，腐朽的速度更快；树木越老对腐朽也越敏感。

树洞主要发生在大枝分杈处、干基和根部。树干基部空洞都是由机械损伤、动物啃食和根颈病害引起的；干部空洞一般源于机械损伤、断裂、不合理截除大枝及冻裂或日灼等；枝条空洞源于主枝劈裂、病枝或枝条间的摩擦；分杈处空洞多源于劈裂和回缩修剪；根部空洞源于机械损伤，动物、真菌和昆虫的侵袭等。

根据树洞所处位置及程度，可将树洞分为5类：

① 朝天洞　洞口朝上或洞口与主干的夹角大于120°。

② 通干洞　有2个以上洞口，洞内木质部腐烂相通，只剩下韧皮部及少量木质部，又称对穿洞。

③ 侧洞　多见于主干上，洞口面与地面基本垂直。

④ 夹缝洞　树洞的位置处于主干或分枝的分杈点。

⑤ 落地洞　树洞靠近地面近根部。

8.1.3　树洞处理目的与原则

8.1.3.1　树洞处理的目的

如前面所述，起源于木质部损伤形成并进一步扩大的树洞，是由于各种真菌的危害。如果洞内的空气和水分供应充足，真菌生长迅速，树洞的扩展也会加速。排除树洞内的空气与水分就意味着木材腐朽速度大大降低。因此，树洞处理的主要目的有：

① 通过去除严重腐朽和被害虫蛀得满是窟窿的木质部，消除病菌、蛀虫、蚂蚁、白蚁、蜗牛或啮齿类动物的繁殖场所，重建一个保护性的表面，防止腐朽是最主要的目的。

② 为新愈合组织的形成提供一个牢固而平整的表面，刺激伤口的愈合和洞口的迅速封闭。

③ 通过树洞内部的支撑，增强树体的机械强度，提高抗风倒、雪压的能力。

④ 改善树木的外貌，提高观赏价值。

⑤ 防患于未然，减少其他方面的损失。

8.1.3.2　树洞处理的原则

许多人认为，树洞处理是要根除和治愈心材腐朽，而实际上除了树洞危害的范围很小外，处理工作很难阻止腐朽的扩展。因此，树洞处理的原则有以下几点：

① 先对树木进行健康评估，了解树木内部是否存在空洞及空洞腐烂程度，判断树木是否存在倒伏或折断的可能。如果易倒伏或易折断，为了安全起见，建议短截或直接移走。

② 尽可能保护创面附近障壁保护系统，抑制病原微生物的蔓延，避免造成新的腐朽。

③ 尽量不破坏树木的输导系统和不降低树木的机械强度，必要时还应通过合理的树洞加固，提高树木的支撑力。

④ 通过洞口的科学整形与处理，加速愈伤组织的形成与洞口覆盖，以起到美化作用。

8.2 树洞处理步骤与方法

树洞处理比表面伤口的处理复杂得多。这是因为洞口内的腐朽部分可能纵向或横向扩展很远，而多数空洞的内壁不容易从外面观察到。因此，树洞的清理和修整必须从洞口开始，一不小心就会失手损害活组织。每个树洞都有其本身的特点，都应从实际出发，灵活处理，并且需要比较熟练的技术。

过去处理树洞的方法，就是简单地用某些固体材料填到洞内，而近年来的发展趋势是保持树洞的开口状态，对内部进行彻底清理、消毒和涂保护剂。根据我国部分地区的实践和国外的标准方法，树洞处理的主要步骤是清理、整形、加固、消毒和涂保护剂、填充(封闭或开放)(图 8-1)。

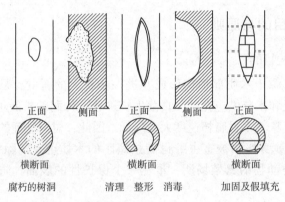

图 8-1 树洞的处理(A Bernatzky, 1978)

8.2.1 树洞清理

应在保护树体受伤后形成障壁保护系统的前提下，小心地去掉腐朽和虫蛀的木质部。凿铣的主要工具有木槌或橡皮锤，以及各种规格的凿、圆凿或刀具等。在对规模较大的树洞进行清理时，可以利用气动或电动凿或圆凿等机械铲除腐朽的木质部，以提高作业的工效和质量。

根据树洞的大小及其洞口状况的差异，对不同的树洞有不同的清理要求。小树洞中的变色和水渍状木质部，因其所带的木腐菌已处于发育的最活跃时期，即使看起来还相当好，也应全部清除(图 8-2)。对于大树洞的处理要十分谨慎，变色

图 8-2 银杏树洞清理前(左)和清理后(右)

的木质部不一定都已腐朽，甚至于还可能是防止腐朽的障壁保护系统。因此，如果盲目地大规模铲除变色的木质部，不但会大大削弱树体结构，致使树体从作业部分断裂，而且会因破坏障壁而导致新的腐朽。对于基本愈合封口的树洞，要清除内部已经腐朽的木质部十分困难，如果强行凿铣，需铲除已经形成的愈合组织，破坏树木的输导组织，导致树木生长衰弱，因此最好保持不动。但是为了抑制内部的进一步腐朽，可在不清理的情况下，注入消毒剂；如果经过周密的考虑，必须切除洞口的愈合组织，清理洞内的木质部，也应通过补偿修剪，减少枝叶对水分和营养的消耗，以维持树体生理代谢的平衡。一般而言，清理树洞时的轴向扩展，很少造成树木生理机能的失调。

8.2.2 树洞整形

树洞整形分为树洞内部整形和洞口整形。

8.2.2.1 内部整形

树洞内部整形主要是为了消灭水袋，防止积水。

(1) 浅树洞的整形

在树干和大枝上形成的浅树洞有积水的可能时，应切除洞口下方的外壳，使洞底向外向下倾斜，消灭水袋。

(2) 深树洞的整形

有些较深的树洞，如果按上述方法切除外壳消灭水袋，就会严重破坏边材和大面积损伤树皮，从而降低树木的机械强度和生长势。在这种情况下，就应该从树洞底部较薄洞壁的外侧树皮上，由下向内、向上倾斜钻孔直达洞底的最低点，在孔中安装稍突出于树皮的排水管；当树洞底部低于土面时，安装排水管十分不便，而且很难消除水袋，应适当进行树洞清理后，在洞底填入理想的固体材料，并使填料上表面高于地表10~20cm，并且填料略向洞外倾斜，以利于排水出洞。

8.2.2.2 洞口的整形与处理

洞口外缘的处理应比树洞其他部位的处理更谨慎，以保证愈合组织的顺利形成与覆盖。

(1) 洞口整形

最好保持其健康的自然轮廓线，保持光滑而清洁的边缘。在不伤或少伤健康形成层的情况下，应将树洞周围树皮边沿的轮廓线修整成基本平行于树液流动方向，上下两端逐渐收缩靠拢，最后合于一点，形成近椭圆形或梭形开口。这样，来自树冠叶片制造的营养物质就能输送到洞口边缘各部。洞口的边缘应用利刃削平，尤其在用电锯作业把树木细胞研碎后，更应注意树洞边缘的平整。同时，应尽可能保留边材，防止伤口形成层的干枯。如果在树皮和边材上突然横向切削形成横截形，则树液难以侧向流动，不利于愈合组织的形成与发展，甚至造成伤口上下两端活组织因饥饿而死亡。

(2) 防止伤口干燥

洞口周围已经切削整形的皮层幼嫩组织，应立即用虫胶或紫胶清漆涂刷、保湿，防止形成层干燥萎缩。

8.2.3 树洞加固

树洞的清理和整形，可能使某些树木的结构严重削弱，为了保持树洞边缘的刚性和使以后的填充材料更加牢固，应对某些树洞进行适当的支撑与加固。

8.2.3.1 螺栓加固

利用锋利的钻头在树洞相对两壁的适当位置钻孔，在孔中插入相应长度和粗度的螺栓，在出口端套上垫圈后，拧紧螺帽，将两边洞壁连接牢固。在操作中应注意两个问题：一是钻孔的位置至少应离伤口健康皮层和形成层带5cm；二是垫圈和螺帽必须完全进入埋头孔内，其深度应足以使形成的愈合组织覆盖其表面（图8-3）。此外，所有的钻孔都应消毒并用树木涂料覆盖。

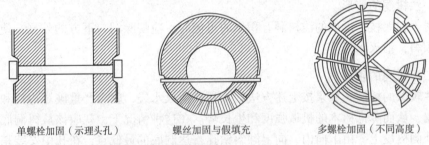

单螺栓加固（示理头孔）　　螺丝加固与假填充　　多螺栓加固（不同高度）

图8-3　树洞加固与假填充（A Bernatzky, 1978）

8.2.3.2 螺丝加固

按上述方法用螺丝代替螺栓，不但可以提供较强的支撑力，而且可以省去垫圈和螺帽，其安装方法如下：

选用比螺丝直径小于0.16cm的钻头，在适当位置钻一穿过相对两侧洞壁的孔，在开钻处向木质部绞大孔洞，深度应刚好使螺丝头低于形成层。在树皮切面上涂刷紫胶漆。在钻孔时，仔细测定钻头钻入的深度，并在螺丝上标出相应的长度，用钢锯在标记处锯口，深度约至螺丝直径的2/3。然后用管钳等将螺丝拧入钻孔。当螺丝完全达到固定位置时，将螺丝凸出端从预先标记的锯口处折断。

对于长树洞，除在两壁中部加固外，还应在树洞上、下两端健全的木质部上安装螺栓或螺丝（图8-3）。这样可最大限度地减少因霜冻产生心材断裂的可能性。

在处理劈裂的树洞或交叉口时，需要在钻孔或上螺栓（丝）之前，借助于临时固定在分杈主枝上的滑轮组，将分杈枝拉到一起。分杈上至少要用两根固定螺栓（丝）加固，并在该处以上的位置安装缆绳，将几个大枝连成一体，防止已劈裂的部分再次分开。

8.2.4 消毒与涂保护剂

树洞处理的最后一道重要工序是消毒和涂保护剂。如果在消毒前，发现有虫害，应先施用杀虫剂。杀虫剂用灭蛀磷原液，用针筒或毛笔涂擦。用杀虫剂后 1d 方可用消毒剂，消毒剂主要用硫酸铜，比例为 1:30~1:50 倍，用小型瓶式喷雾器即可。也可使用高锰酸钾消毒。目前消毒材料逐步由季氨铜(ACQ)替代了常用的硫酸铜溶液。ACQ 是烷基铜铵化合物，能被微生物分解，不会导致土壤酸化及污染环境。

消毒之后，所有外露木质部都要涂保护剂。优良的伤口愈合保护剂应具有不透水，不腐蚀树体组织，利于愈合生长，能防止木质爆裂和细菌感染的特性。常用的保护剂有桐油、接蜡、沥青、聚氨酯、虫胶清保护剂、树脂乳剂等。预先涂抹过紫胶漆的皮层和边材部分同样要涂保护剂。

8.2.5 树洞填充

补充内容见数字资源。

8.2.5.1 树洞填充的目的

关于树洞是否填充或开口的问题，历来就有争议。有专家认为，无论填补树洞如何改进，树洞内浸水问题始终无法解决，而封闭的空间更会加剧腐烂的进程，如果定期清理树洞，刮掉腐烂部位，涂刷防腐的保护剂，这样树洞敞开着通风透气，不积水，就不会进一步腐烂。也有专家认为，根据树洞腐朽情况要区别对待，应确定树洞修补条件，才能做到科学保护。树体腐烂导致材质变松软，致使树体坚固性和抗折性降低，外力作用下很容易劈裂和折断，导致树体和人身安全都得不到保证，这方面事故每年都有发生。随着科学技术的发展，新的填充材料不断得以研制和应用。在某些情况下树洞填充也是树洞处理的重要措施之一。因此，经过清理、整形、消毒和涂保护剂的树洞，是否应该填充、覆盖或让其开口应视处理目的、树体结构、经济状况和技术条件而定。

概括起来，树洞填充的主要目的有：①防止木材的进一步腐朽；②加强树洞的机械支撑；③防止洞口愈合组织生长中的羊角形内卷(图 8-4)，为愈合组织的形成和覆盖创造条件；④改善树木的外观，提高观赏效果。

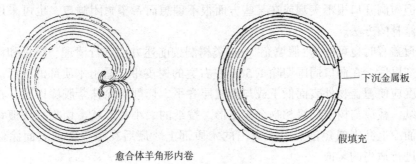

图 8-4 防止愈合体内卷的方法
(Fellcht J R & Butler J D, 1988)

树洞的正确填充与装饰可以大大改善树木的外观，提高树木的观赏价值。

8.2.5.2 确定树洞是否需要填充的因素

树洞的填充需要大量的人力和物力，在决定填充树洞之前，必须仔细考虑以下几点因素：

① 树洞的大小　树洞越大，清除木腐菌的工作越困难；开裂的伤口越大，越难保持填料的持久性和稳定性。

② 树木的年龄　通常老龄树木愈伤组织形成的速度慢，因此，大面积暴露的木质部遭受再次感染的危险性更大。同时，老龄树木也很容易遭受其他不利因素的严重影响，填充的必要性较大。

③ 树木的生命力　其生命力越强，对填充的反应越敏感。那些因雷击、污染、土壤条件恶化或因其他情况生长衰弱的树木，应先通过修剪、施肥或其他措施改善树体代谢状况，恢复其生活力，才能进行填充。

④ 树木的价值与抗性　树种不同，其寿命及其对烈性病虫害的抵抗能力不同。因此，树洞填充的必要性也不一样。像臭椿等一类寿命短的树种，完全没有必要进行树洞填充；在一般情况下，刺槐、花楸及大多数落叶木兰类树种的树洞，都不应该填充。

此外，在树洞很浅、暴露的木质部仍然完好，愈伤组织几乎封闭洞口，进行填充需要重新将洞口打开和扩大；树洞所处位置容易遭受树体或枝条频繁摇动的影响而导致填料断裂或挤出；树洞狭长、不易积水，以及树体歪斜，填充后不能形成良好愈合组织等情况下，都应使树洞保持开放状态。

对于开放的树洞，虽然不进行填充，但仍应进行定期的检查。如果愈合状况不理想，应该进行适当的回切、整形、消毒和涂保护剂，促进愈合组织的形成与发展。

8.2.5.3 树洞覆盖与填充的方法

(1) 洞口覆盖的方法

用金属或新型材料板覆盖洞口是一种值得推广的方法。特别是有些树龄很大的树木，由于木质部严重腐朽，结构十分脆弱，树洞不能进行广泛的凿铣和螺栓加固，也不能承受过多的固体填充物的重量等，更应提倡洞口的人工覆盖；还有些树洞，虽然不需要填充，但树洞开口很不美观或在某些方面很不理想而希望封闭洞口，也可采用洞口覆盖或外壳修补的方法。

洞口覆盖有时也可称为"假填充"。这类树洞按前述方法进行清理、整形和洞壁消毒与涂保护剂以后，在洞口周围切除1.5cm左右宽的树皮带，露出木质部的外缘。木质部的切削深度应使覆盖物外表面低于或与形成层齐平。切削区涂抹紫胶漆以后，在洞口盖上一张大纸，裁成与树皮切缘相吻合的图形。按纸的大小和形状，切割一块镀锌铁皮或铜皮，背面涂上沥青或焦油后钉在露出的木质部上。最后在覆盖物的表面涂保护剂防水，还可进行适当的装饰。

现在也有用一些新型的材料作为封口材料，玻璃钢是玻璃纤维和酚醛树脂的复合材料，具有质轻、高强、防腐、保温等优点，封口后不开裂，使用年限长，是目前树洞修补的最佳封口材料之一。这种方法虽然对树洞也进行仔细清理，但是洞壁的许多地方仍然会继续腐朽，然而它却造价不高，能防止有害生物入内，而且可抑制腐朽，确实是一种快速简洁地覆盖树洞的有效方法。应该注意的是：洞口覆盖物绝对不能钉在洞口周围的树皮上，否则会妨碍愈合组织的形成，不但愈合组织不易覆盖洞口，而且会妨碍愈合体的生长。

(2) 树洞填充的方法

对于大而深或容易进水、积水的树洞，以及分权位置或地面线附近的树洞，可以进行填充。

① 填充前的树洞处理　前面所述的树洞清理、整形、消毒和涂保护剂的工作，也是树洞填充的初步程序，在此不再重复，但要注意以下两个问题：

首先，在凿铣洞壁、清除腐朽木质部时，不能破坏障壁保护系统，也不能使洞壁太薄，否则会引起新的腐朽和边材干枯，导致进一步降低树木的生活力，同时还会降低洞壁的机械强度，使其不能承受填充物的压力。

其次，为了使填充物更好地固定填料，可在内壁纵向均匀地钉上用木馏油或沥青涂抹过的木条。如果用水泥填充树洞，必须有排液和排水的措施，否则这些液体会在填料与洞壁界面聚积。排水系统的设置是在洞壁凿铣许多叶脉状或肋状侧沟和中央槽，使倾斜的侧沟与垂直向下的中央槽相通，将可能出现的积液导入洞底的主排水沟，从安装的排水管内流出洞外。洞壁经过凿铣加工并进行全面消毒、涂保护剂以后，衬上油毛毡(3层)，用平头钉固定。油毛毡的作用是防止排水沟堵塞，以便顺利地排除渗到界面的液体。为了使洞壁与填料更好地结合在一起，可将平头钉打入一半，另一半与填料浇注在一起(图8-5)。在整个操作中要严格防止擦伤健康的皮层，切忌锤子、凿子和刀子对形成层的损害。

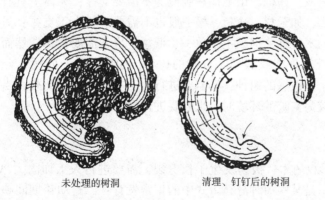

未处理的树洞　　　　　清理、钉钉后的树洞

图8-5　树洞清理与钉钉(Hartman J R & Pirone P P, 2000)

② 填料及其填充方法　优质填料应具备以下3点：一是pH值最好为中性并且不易分解，温度激烈变化期不碎，夏季高温不溶化的持久性；二是材料的收缩性与木材的大致相同，可充满树洞的空隙；三是与木质部的亲和力要强。因此，填充材料可以用水泥砂浆、沥青混合物、木炭或同类树种的木屑、玻璃纤维、聚氨酯发泡剂或尿醛树脂发泡剂，以及铁丝网和无纺布，封口材料为玻璃钢(玻璃纤维和酚醛树脂)，仿真材料为地板黄、色料。

③ 树洞填充的质量　洞内的填料一定要捣实、砌严，不留空隙。洞口填料的外表面一定不要高于形成层。

另外，在具体处理不同特点的树洞时还得按照各自特点，做针对性的处理方案，大致可以分为：朝天洞的修补面必须低于周边树皮，中间略高，注意修补面不能积水；通干洞一般只做防腐处理，尽可能做得彻底，树洞内有不定根时，应切实保护好不定根，并及时设置排水管；侧洞一般只做防腐处理，对有腐烂的侧洞要清腐处理；夹缝洞通常会出现引流不畅，必须得修补；落地洞的修补要根据实际情况，落地洞分为对穿与非对穿两种形式，通常非对穿形式的落地洞要补，对穿的一般不修补，只做防腐处理；对于落地洞的修补以不伤根系为原则。树洞填充以后，每年都要进行定期检查，发现问题及时处理。

8.3　树木支撑

大树或古树如有树干倾斜不稳的，要设立支柱。另外，对于树体结构脆弱，枝、干重量失去平衡及遭受伤害致使树体结构破坏，强度严重削弱的树木，也要进行人工支撑，以减少树木的损伤，延长树木的寿命。

8.3.1　影响树木支撑因素

8.3.1.1　树种

不同树种有不同的树体结构，其木材的物理、力学性质也有差异。有些树种的木材由坚韧的木纤维组成，如栎、山毛榉和刺槐等不需要支撑；大体上具有单一的主干，分枝略成直角的树木，如云杉、冷杉、松一般也不需要进行人工支撑；另一些树种，虽然木材中缺乏坚韧的木纤维，但因主干单一、低矮，也不需要支撑。然而，对于某些木材脆弱、叶量大、合轴分枝或假二叉分枝的树种，如皂荚、七叶树、合欢、槭树、鹅掌楸，以及对风折十分敏感的树种，都需要进行人工支撑加固。此外，当一些树木由于环境的改变暴露在较为空旷的环境时，也需要进行支撑加固。

8.3.1.2　分杈

有些具"V"形杈树木，极易发生丫杈劈裂，需要进行人工加固。"V"形杈的形成主要有两个原因，一是某些树种分枝方式中的正常发育；二是幼年期间缺乏适当的修剪处理，使两主枝强弱相当，分枝角度过小所致。这种分杈夹角中的树皮和形成层，不能随着树木的继续生长而正常发育，到一定时期以后，甚至因枝、干增粗造成严重挤压，导致夹角中的树皮与形成层死亡，两枝结合异常脆弱，当枝条遭强风、冰雹袭击或其他重力作用时，极易引起丫杈劈裂，导致树体损伤，树形破坏。单一主干的树木，由于主枝的分枝角近于直角，易形成"U"形杈，不易因强力而劈裂。因此，在树木的幼年期间进行树体管理时，应通过合理的修剪，避免形成"V"形杈，消除叉口劈裂的隐患。

8.3.1.3 树体损伤

影响树体强度的损伤主要是树洞与劈裂。树洞加固前文已述，而对树洞宽大、外壳较薄的树木，除进行树洞加固外，同时进行洞外支撑也十分必要；开裂权的处理，不仅可以防止因开裂进一步扩大而丧失主枝，而且可阻止开裂处的腐朽。

8.3.1.4 环境变化

地下管道、墙体及路牙的构筑，或其他原因切断了树木的某些骨干根，削弱了树体的强度；树干或树根已大面积腐朽，以及邻近生长的树木被挖走，保留下来的树木失去遮蔽而突然暴露于强风之中等情况下，都需要进行支撑加固。

8.3.1.5 树龄、树姿

树龄大，树体结构常常遭到破坏或主干歪斜，枝条伸展过远而失去平衡的古树，大枝太低、下垂或将要摩擦邻近树顶及其他空中管线与建筑物的古树等，都需要进行适当的支撑加以保护。

8.3.2 人工支撑类型与方法

虽然树木的支架与牵索是一种古老的园林实践活动，但是在支撑加固材料与方法上的改进还是近年来的事。以前使用的铁箍、铁杆和铁链支撑的方法，既昂贵又不美观，不但效率低而且常常对树木造成危害。特别是铁箍加固，会严重妨碍树液的正常流动，对形成层的活动造成极大的损害，甚至造成新的腐朽。

现代的树木支撑技术可分为两种主要类型，即柔韧支撑和刚硬支撑(图8-6)。

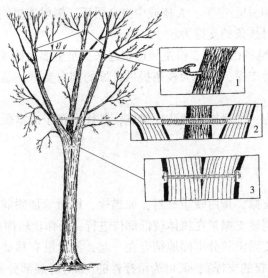

图 8-6 树木的软、硬加固(Fellcht J R & Butler J D, 1988)
1. 嵌环与挂钩连结　2. 螺纹杆加固　3. 埋头螺栓加固

8.3.2.1 柔韧支撑

柔韧支撑又称软支撑，是除连接部件用硬质材料外，其他均用金属缆绳进行支撑，以加固树体的方法。柔韧支撑多用于吊起下垂低落、摩擦屋顶、撞击烟囱或对其他物体有害的枝条，易被强风或冰雹等折断的珍稀树木的枝条，以及用以加强弱分杈的强度等。这种方法可允许支撑枝条有一定自由摆动范围。根据缆绳排列方式可分为单引法、围箱法、毂辐法和三角法等(图8-7)。

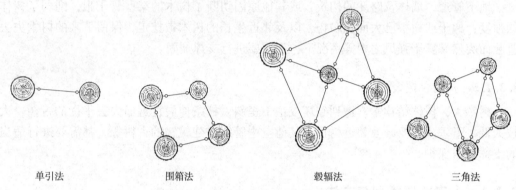

　　　单引法　　　　　围箱法　　　　　　毂辐法　　　　　　三角法

图 8-7　大枝的柔韧支撑(Hartman J R & Pirone P P, 2000)

① 单引法　用单根缆绳牵引连接两根大枝的方法，多用于单杈。

② 围箱法　缆绳以周边闭合的方式，在差不多相同的水平面上，将一棵树的所有大枝顺序连接在一起。它可给大枝提供侧向支撑，经受最大范围的树冠摆动，但对弱杈的支撑能力较小。

③ 毂辐法　缆绳从中心主干、大枝或中央金属环，辐射连接周围的主枝。它可提供直接和侧向支撑，但对枝条的支撑力较小。

④ 三角法　用缆绳将相邻的3根主枝连接起来直至全部大枝成为一个整体。它可为弱杈或劈裂杈提供直接支撑，也可为枝条提供较好的侧向支撑，是所有柔韧支撑方式中最有效的方法。

柔韧支撑主要作为一种严格的预防性措施，其优点在于成本低、效果好，值得广泛推广。

8.3.2.2 刚硬支撑

刚硬支撑又称硬支撑，是用硬质材料，如螺栓、螺帽等加固弱分杈、劈裂杈、开裂树干和树洞的方法。刚硬支撑常在树体较低部位进行，操作比较简单。

刚硬支撑是为了使固定部分牢固地结合在一起，各自没有移动的余地。这种支撑既可为预防性的(如对弱杈的支撑)，又可为治疗性的(如对劈裂部分的复位固定)。

有些古树的年龄常超过数百年甚至数千年，只剩下过去形成、现在已不完整的部分外壳支撑着树冠，或只剩下残余的树冠。在这种情况下，采用树洞加固与填充的方法基本无效。由于树干中空、内腔全部暴露，病原菌也没有适宜的环境条件滋生为害，但要保持树冠的稳定却十分困难；还有些树木，树体严重倾斜或某些大枝伸展过远，树体严重地失去平衡，极易翻倒或造成大枝的断裂。在这些情况下，不能通过树体上部的大枝支撑加固，恢复各部分的力学平衡，必须进行直立支撑才能解决问题。

补充内容见数字资源。

8.3.2.3 材料与安装方法

(1) 支撑材料

用于树木支撑加固的材料有钢索、紧线器、螺栓、螺钩或金属杆等。用于直立支撑的材料应有较高的强度。因为它不但要承受大枝甚至整个树冠的重量，而且要保证树下行人活动的安全，稍有失误就会引发意外事故。一般可用金属管、水泥柱或木柱等。木柱不耐久；水泥柱虽耐久但过于笨重，支撑很不方便；钢管是最好的支撑材料，若涂抹防锈剂并稍加装饰，不但持久还能协调与周围环境的关系。

(2) 安装方法

支撑材料的安装，一定要遵循牢固、安全、美观和不妨碍树木愈合生长的原则。

① 缆绳的安装 在安装缆绳时要考虑诸多因素。一是安装位置；二是连接方法；三是缆绳的松紧度；四是材料的种类。

缆绳安装的合适位置取决于支撑的目的、树木的种类、树木的形状和各个枝条的相互关系与状况。一般应掌握受力方向相反的原则，将两根枝条用缆绳连接在一起。如果一根枝条向左，另一根枝条向右，可用一根缆绳连接。如果缆绳从上往下，下端的连接点离枝基太远，可能会因悬吊力量过大而导致枝条连接处的突然折断；如果缆绳固定点太高，起的作用不大；太低，枝条较重部分实际上没有得到支撑。根据经验，一般可从分杈点以上，枝长 1/2 或 2/3 的地方作为支撑点的近似安全值。此外，在支点选择上，应考虑枝梢继续生长的特性。

缆绳与枝条常用螺丝钩、"U"形螺栓、紧线器等材料连接。紧线器的大小取决于枝条的大小与受力强度。一般情况下可用直径 1.2~1.5cm，螺距 4.0~4.2mm 的规格。用于枝、干钻孔的钻头直径比螺丝杆或螺丝钩直径小 0.15~0.16cm，这样既易安装又较牢固。当然孔径应比螺丝直径小多少需视具体情况而定。一般而言，软材树种，如柳、楝等孔径应比硬材树种如栎、榆或山核桃等小。安装螺丝钩的孔不应钻透枝条，一般以该处直径的 1/2 或 2/3 为宜，且不应超过螺丝端部所能达到的深度。螺丝钩安装的深度应恰好能将缆索套环挂入钩内。然而，在某些受力强度过大或木材力学性质较差的情况下，应采用穿眼螺栓或钩螺栓代替螺丝钩。安装穿眼螺栓要完全钻穿树枝或树干，螺栓垫片和螺帽埋至形成层以下。无论用螺丝钩，还是穿眼螺栓、钩螺栓或环形螺母，都应遵循以下原则：

——扣件(螺丝或螺栓)要尽可能牢牢地固定在健全的木质部上；

——扣件规格要与枝条大小比例相称；

——在同一枝条上安装两根以上缆绳时，钻孔位置应相互错开，并使缆绳之间的距离相隔 30cm 左右；

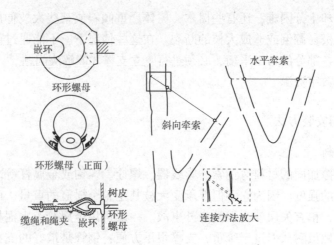

图 8-8　缆绳加固安装方法（A Bernnatzky，1978）

——钻孔方向应与固定的缆绳处于同一直线并尽可能与被支撑的枝条轴线成直角，以免扣件侧方受力造成弯曲或断裂（图 8-8）。

当缆绳的一端挂在螺丝钩上以后，横向拉至另一钩的位置，测定其所需要的长度，并留出第二个接头铰接的长度。缆绳的长短既要便于操作，又要在安装后松紧适度。缆绳太短，不但与第二个钩连接困难，而且可能因缆绳太紧，使枝条毫无活动余地，同时，缆绳也会因长时间处于紧张状态而失去弹性或在受力强度过大时断裂；缆绳过松，不但不美观，而且支撑作用不大。为了使缆绳安装取得松紧适当的效果，可在缆绳适当缩短的情况下，采用两种方法：一是通过滑轮组或卡车，将枝条拉至第二个绳环挂至第二个钩上；二是在索与钩之间安装紧线器，通过紧线器调节松紧程度。

应该注意的是，无论是螺丝、螺栓还是缆绳的铰接部分，都要涂刷金属防护保护剂，进入木质部的部分应刷树干涂抹剂（杀菌杀虫剂）后安装。

② 刚硬支撑物的安装

树体本身的相互支撑　树体的刚硬支撑多用螺丝或螺栓。主要是树体各部分之间的相互支撑加固。树洞的加固也属此类，前文已述，在此不再重复。

杈的支撑　对于具有弱分杈的健康树木和分杈处已经形成树洞或劈裂的树木，都要进行人工支撑。一般而言，不论什么情况下，如果大枝伸展长度已超过 6m，就应在分杈以上较高的位置安装缆绳加固。在小树或大树二次分杈处，可在分杈点以上穿入一根螺丝或螺栓，将两枝连接起来。粗大枝条则需水平安装两根相互平行的螺栓（图 8-9）。两根螺栓之间的距离约为安装处枝条直径的 1/2。

对已经劈裂的大枝的加固，在安装螺栓前应进行伤口消毒和涂保护剂，并在连接点以上的适当位置用定位绳和滑轮组将两根大枝拉到一起，使二者伤口紧紧闭合，再用比螺栓大 0.15cm 左右的钻头，垂直通过创面钻孔，两侧安上垫片，插入螺栓，用螺帽固定，必要时也可在装好的第一根螺栓以上数十厘米处安装第二根螺栓加固。

对于劈裂枝干的加固，用螺栓将劈裂的大枝或树干长缝固定在一起，一般应每隔 30cm 安装一根。为了避免钻好的孔洞排在同一树液流动线上，妨碍树液流动和避免因安

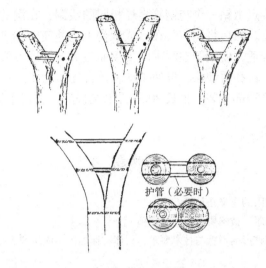

图 8-9　用螺纹杆加固树杈的方法
(Hartman J R & Pirone P P，2000)

装不当造成新的开裂，应使螺栓在枝、干轴线左右错位排列。

客体立式支撑　这是利用他物进行支撑的方法。支撑物的下端一般都要牢牢地固定在地上。为了防止地面支撑点下沉，最好浇注水泥基座。支撑方向可以垂直，也可倾斜，最好与支撑枝干的长轴垂直。支撑物的上端与树木有以下 4 种连接方法。

第一种方法是顶一"月牙枕"或"凹形手"，其形状与交点的树木径粗圆弧相一致。这种方法虽然支撑安全，但会损害接触点的皮层和形成层。

第二种方法是从树木支撑点沿支撑力的方向钻孔，用一尖棒或螺栓插入孔中与支撑的顶端连接提供支撑，如果用尖棒，钻孔深度只为枝条的一部分；如果用螺栓则需钻穿枝条，插入螺栓后从上侧用螺帽和垫片固定，但应为埋头孔。这种方法对树木的损伤小，可用于单枝或较小的树木。如用于大树会因暴风使树木扭旋而使铁棒或螺栓折裂，不安全。

第三种方法是通过树木有关部位沿水平方向横向钻孔，插入螺栓，使两端分别突出几厘米，然后用第一种方法中提及的"月牙枕"结构顶住，但"月牙枕"两端必须向上急剧弯曲，以便分别与螺栓突出端连接，而不与树木接触，甚至还应留有相当的间隔，随着树木的生长而不易接触。这种方法既可提供安全支撑，又不妨碍树木的生长。

第四种方法是在树枝上水平钻孔，插入螺栓，两端同样突出几厘米，用螺帽和垫片与埋设在地面水泥中的两根金属管固定在一起。为了使分枝能随风摇动，可用另外的管子嵌进支撑管中，并用螺栓固定。这种方法实际上是第三种方法的变形，虽具有更为安全，且有一定摆动能力的优点，但较费材料。

当两棵相邻的树木发生倾斜，必须利用一棵树对另一棵树进行支撑时，可以采用水平或斜向改良式刚硬支撑。在弱树背离强树倾斜时，可以倚靠强树，利用缆绳悬挂或拉住弱树；但是，当弱树向强树倾斜时，则必须以强树为依托，用刚硬支撑的方法顶住弱树。在这种情况下，可根据被支撑树木的大小，利用 2.5~7.5cm 粗的钢管支撑效果极好。在每一棵树的连接点上钻一个与钢管直径相同的浅洞，在洞的中央钉一枚大钉子或拧入一只小的方头螺丝。然后将钢管装在钉或螺钩上，并使管端进入浅洞内。树上钻洞位置要正确，深度要合适，使钢管在洞中的支撑面最大。钉或方头小螺钉能将钢管固定在洞中而不至于脱出。钉孔要埋头，以便被愈合体覆盖。为了进一步防止树木摇摆时与钢管脱开，还可在钢管端部各装一根长30cm左右的缆绳，将树木和铁管连接起来。

思考题

1. 树洞处理与树体加固的意义是什么？
2. 试述树洞处理的程序、技术要点与注意事项。
3. 试述洞口及其内部整形的形状与技术要求，树体支撑加固中应用埋头孔的原因与技术。

推荐阅读书目

1. 树木生态与养护．A Bernatzky 著．陈自新，许慈安译．中国建筑工业出版社，1987．
2. Landscape Management. Fellcht J R & Butler J D. Van Nostrand Reinhold，1988．
3. Tree Care. Hallor J M. The Macmillan Company，1957．
4. Tree Maintenance(7th ed). Hartman J R & Pirone P P. Oxford University Press，2000．
5. 园林植物栽培养护．魏岩．中国科学技术出版社，2020．

第 9 章 树木的各种灾害

[**本章提要**] 介绍了低温、高温等自然灾害，土建工程以及煤气与化雪盐对树木的危害与防治。特别强调了填方及铺装对树木危害的机理、症状及防治措施。

树木是生态系统的重要构成要素，树木的健康生长状态是维持生态系统多样性和践行人与自然和谐发展的重要内容。树木在生长发育过程中经常遭受冻害、冻旱、寒害、霜害、日灼、风害、旱害、涝害、雹灾、雪害、雷害、盐害、病虫害等自然灾害的威胁。因此，摸清各种自然灾害的规律，采取积极的预防措施是保持树木正常生长，充分发挥其综合效益的关键，也是推进绿色发展，建设美丽中国的重要基础。对于各种灾害都应贯彻"预防为主、综合防治"的方针，从树种的规划设计开始就应充分重视，如注意适地适树、土壤改良等。在栽植养护过程中，要加强综合管理和树体保护，促进树木的健康生长，增强其抗灾能力。

关于病虫的危害与防治另有专门课程讲述，本章仅就病虫危害的诊断技术进行初步介绍。

9.1 树木自然灾害

补充内容见数字资源。

9.1.1 低温危害

无论是生长期还是休眠期，低温都可能对树木造成伤害，在季节性温度变化大的地区，这种伤害更为普遍。在一年中，根据低温伤害发生的季节和树木的物候状况，可分为冬害、春害和秋害。冬害是树木在冬季休眠中所受到的低温伤害；而春害和秋害实际上就是树木在生长初期和末期，因寒潮突然入侵和夜间地面辐射冷却所引起的低温伤害。

9.1.1.1 低温伤害的基本类型

低温既可伤害树木的地上或地下组织与器官，又可改变树木与土壤的正常关系，从而影响树木的生长与生存。根据低温对树木伤害的机理，可以将低温伤害分为冻害、冻旱和寒害3种基本类型。

补充内容见数字资源。

(1) 冻害

冻害是指气温在0℃以下，树木组织内部结冰所引起的伤害。在0℃以下，植物组织形成冰晶以后，温度每下降1℃，其压力增加12Pa，在-5℃时约增加60Pa。一方面，随着温度的继续降低，冰晶不断扩大，结果使细胞进一步失水，细胞液浓缩，原生质脱水，蛋白质沉淀；另一方面，压力的增加，促使细胞膜变性和细胞壁破裂，植物组织损伤，导致树木明显受害，其受害程度与组织内水的冻结和冰晶融解速度及冻害持续时间紧密相关，速度越快，冻害持续时间越长，受害越重。

① 溃疡　这是指低温下树皮组织的局部坏死。这种冻伤一般只局限于树干、枝条或分权某一特定的较小范围。受冻部分最初微微变色下陷，不易察觉，用力挑开可发现皮部已经变褐，其后逐渐干枯死亡，皮部裂开和脱落。这种现象在经历一个生长季后十分明显。如果受冻之后，形成层尚未受伤，可以逐渐恢复。多年生枝权，特别是主枝基角内侧，进入休眠较晚，位置荫蔽而狭窄，输导组织发育较差，易遭受积雪冻害或一般冻害。

树木根颈附近的内皮层和形成层停止生长最迟，成熟比枝条晚。如果在组织充分木质化前出现低温也会遭受冻害，其伤害范围可能只局限于一侧，也可能绕根颈扩大，造成环形带状损伤。根颈冻害对植株危害很大，常引起树势衰弱或整株死亡。

在成熟枝条的各种组织中，以形成层最抗寒，皮层次之，而木质部、髓部最不抗寒。因此，轻微冻害只表现髓部变色，中等冻害时木质部变色，严重冻害时才会冻伤韧皮部。若形成层变色，枝条就会失去恢复能力。在生长期中，形成层抗寒力最差。成熟度较差或抗寒锻炼不够的枝条，冻害可能加重，尤以先端木质化程度较低的部分更易受冻。轻微冻害髓部变色；冻害严重，枝条脱水干缩，甚至从树冠外围向内的各级枝条都可能冻死。枝条受冻伤常与冻旱或者抽条同时发生，但前者表现为组织明显变色，后者则主要表现为枝条干缩。由0℃以下低温引起的这种局部损伤或冻瘤在槭树和二球悬铃木上比较普遍。树木根组织虽不如茎组织充实且无明显的休眠期，但因受到土壤的保护，冬季受害较少。然而土壤一旦结冻，许多细小的根系就会遭到冻害。根系受冻变褐，皮层易与木质部分离。一般粗根较细根耐寒；表层根系因土壤温度低，变幅大而易受冻害；疏松的土壤易与大气层进行气体交换，温度变幅大，其中的根系比板结土壤中受冻厉害；干燥土壤含水量少，热容量低，易受温度的影响，其中的根系受冻害的程度比潮湿土壤严重；新栽树木或幼树的根系分布浅，细根多，易受冻害。根系受冻害后树木发芽晚，生长弱，待发出新根后才能恢复正常生长。在根系易受冻害的地区，适当深栽，地面覆盖，选择抗寒砧木以及受伤树木的修剪等，可以使冻害得到一定程度的缓解。

② 冻裂　在气温低且变化剧烈的冬季，树木易发生冻裂。受冻以后，树皮和木质部发生纵裂，树皮常沿裂缝与木质部分离，严重时还向外翻卷；裂缝大时可以插入一只手，沿半径方向扩展到树木中心，甚至超过中心。这种伤害往往见于在寒冷地区生长的树皮较薄的树种上，和木质部内含水过多或水分分布不均匀有关。

③ 冬日晒伤　冬季和早春，在树干向南的一面，结冻和解冻交互发生，有时可发展成数十厘米长的伤口。一般认为，日落后茎的迅速结冻是冬日晒伤的主要原因。冬日晒伤，一方面是由光的温度效应引起的，即光可以使树木组织增温，或使树木发生脱锻炼而使之抗寒性下降导致冻害，或使树木增加蒸腾而促进生理干旱伤害。冬日晒伤常发生于日夜温差较大的树干向阳面。向阳与不向阳的树木组织温度差异较大，同一树干南北两侧树皮的温差可达28~30℃；另一方面，冬季由于雪的反射作用，地面附近的日照强度并不低于夏季，冬季的强光也会直接导致针叶树叶绿体的伤害，进而导致针叶甚至整株苗木的死亡。冬日晒伤多发生在寒冷地区的树木主干和大枝上。由于成块的树皮枯死剥落露出木质部，成为病虫容易侵袭的溃疡。老龄或皮厚的树木几乎没有冬日晒伤。树干遮阴或涂白可减少伤害。

④ 冻拔　冻拔又称冻举，是指温度降至0℃以下，土壤冻结并与根系联为一体后，由于水结冰体积膨胀1/10，使根系与土壤同时抬高。解冻时，土壤与根系分离，在重力作用下，土壤下沉，苗木根系外露，似被拔出，倒地死亡。冻拔多发生在土壤含水量过高、质地黏重的立地条件上。冻拔害与树木的年龄、扎根深浅有很密切的关系。树木越小，根系越浅，受害越严重，因此幼苗和新栽幼树最易受害。避免土壤扰动和减少土壤水分的措施都能减少冻拔害。

⑤ 霜害　由于温度急剧下降至0℃，甚至更低，空气中的饱和水汽与树体表面接触，凝结成冰晶（霜），使幼嫩组织或器官产生伤害的现象称为霜害，多发生在生长期内。

根据霜冻发生的时间及其与树木生长的关系，可以分为早霜危害和晚霜危害。早霜又称秋霜，是因凉爽的夏季并伴随以温暖的秋天，使生长季推迟，树木的小枝和芽不能及时成熟，木质化程度低而遭初秋霜冻的危害。秋天异常寒潮的袭击也可导致严重的早霜危害，甚至使无数乔灌木致死。晚霜又称春霜，它的危害是因为树木萌动以后，气温突然下降至0℃或更低，导致阔叶树的嫩枝、叶片萎蔫，变黑和死亡，针叶树的叶片变红和脱落。春天，当低温出现的时间推迟时，新梢生长量较大，伤害最严重。由于霜穴（袋）的缘故，生长在低洼地或山谷的树木比生长在较高处的树木受害严重。南方树种引种到北方，以及秋季对树木施氮肥过多，尚未进入休眠的树木易遭早霜危害；北方树木引种到南方，由于气候冷暖多变，春霜尚未结束，树木开始萌动，易遭晚霜危害。一般幼苗和树木的幼嫩部分容易遭受霜冻。

树木受低温的伤害程度还取决于自身的抗寒能力，而抗寒性的大小，主要取决于树体内含物的性质和含量。抗寒性一般是和树木体内的可溶性碳水化合物、游离氨基酸，甚至核糖核酸的含量呈正相关。因此，不同树种或同一树种不同的发育阶段及其不同器官和组织，抗寒的能力有很大差别。热带树木，如橡胶、可可、椰子等，当温度在2~5℃时就受到伤害；而原产于东北的山定子却能抗-40℃的低温；同为柑橘类树木，柠檬抗低温能力最弱，-3℃即受害；甜橙在-6℃，温州蜜柑在-9℃受冻；而金柑的抗性最强，在-11℃时才会受冻。树木在休眠期抗寒性最强，生殖阶段最弱，营养生长阶段居中。花比叶易受冻害，叶比茎对低温敏感。一般实生起源的树木比分生繁殖的树木抗寒性强。

(2) 冻旱

冻旱又称干化，是一种因土壤冻结而发生的生理干旱。在寒冷地区，虽然土壤含有足够的水分，但由于冬季土壤结冻，树木根系很难从土壤中吸收水分，而地上部分的枝条、芽、叶痕及常绿树木的叶片仍进行着蒸腾作用，不断地散失水分。这种情况延续一定时间以后，最终因水分平衡的破坏而导致细胞死亡，枝条干枯，甚至整个植株死亡。

常绿树由于在冬季仍有叶片存在，遭受冻旱的可能性较大。在一般情况下，杜鹃花、月桂、冬青、松树、云杉和冷杉类的树种，在极端寒冷的天气很少发生冻旱，然而在冬季或春季晴朗时，常有短期明显回暖的天气，树木地上部分蒸腾加速，土壤冻结，根系吸收的水分不能弥补丧失的水分而遭受冻旱危害。杜鹃花属和其他常绿阔叶树对冻旱的伤害特别敏感。在冻旱发生的早期，常绿阔叶树的叶尖和叶缘焦枯，受影响的叶片颜色趋于褐色而不是黄色。在常绿针叶树上，针叶完全变褐或者从尖端向下逐渐变褐，顶芽易碎，小枝易折。

(3) 寒害

寒害又称冷害，是指0℃以上的低温对树木所造成的伤害。这种伤害多发生于高温的热带或亚热带树种，如轻木的致死低温为5℃；三叶橡胶在0℃以上的低温影响下，叶黄、脱落。热带树种在0~5℃时，呼吸代谢就会严重受阻。寒害引起树木死亡的原因，不是结冰，而主要是细胞内核酸和蛋白质代谢受到干扰。喜温树种北移时，寒害是一重要障碍，同时也是喜温树种生长发育的限制因子。

(4) 抽条

抽条又称灼条或梢条，是指树木越冬以后，枝条脱水、皱缩、干枯的现象。抽条实际上是一种低温危害的综合征。引起抽条的原因包括冻伤、冻旱、霜害、寒害及冬日晒伤等。受害枝条在冬季低温下即开始失水、皱缩，但最初程度较轻，而且可随着气温的升高而恢复。大量失水抽条不是在严寒的1月，而是发生在气温回升、干燥多风、地温低的2月中下旬至3月中下旬，轻者可恢复生长，但会推迟发芽；重者可导致整个枝条干枯。发生抽条的树木容易造成树形紊乱，树冠残缺，扩展缓慢。

9.1.1.2 低温伤害的防治

我国气候条件虽然比较优越，但是由于树木种类繁多，分布广泛且常常有寒流侵袭，因此低温危害较普遍。低温对树木威胁很大，严重时常将数十年生大树冻死。如1976年3月初昆明市出现低温，30~40年生的桉树都被冻死。树木局部受冻以后，常常引起溃疡性寄生菌病害，使树势大大衰弱，从而造成这类病害和冻害的恶性循环。有些树木虽然抗寒性较强，但花期易受冻害，影响观赏效果，因此，防治低温伤害对发挥树木的功能效益有着重要的意义；同时，防止低温伤害对于引种，增加园林树种的多样性也有重大意义。

(1) 预防低温危害的主要措施

树木忍耐低温的能力受许多非人为控制因素的影响，可以在一定范围内采取合理的预防措施，减少低温的伤害。

① 选择抗寒的树种或品种　这是减少低温伤害的根本措施。乡土树种和经过驯化的外来树种或品种，已经适应了当地的气候条件，具有较强的抗逆性，应是园林栽植的主要树种。新引进的树种，一定要经过试种，证明其有较强的适应能力和抗寒性，才能推广。处于边缘分布区的树种，选择小气候条件较好、无明显冷空气集聚的地方栽植，可以大大减少越冬防寒的工作量。在一般情况下，对低温敏感的树种，应栽植在通气、排水性能良好的土壤上，以促进根系生长，提高耐低温的能力。对于一些边缘品种的引种，重视在原产地与引种地之间的过渡带和中转站，遵循循序渐进的引种原则，使被引种的植物与引种目标地具有更多的生态相似，以至于植物面对突发性极端气候(极冷和极热)时具有更多适应的能力。

② 加强抗寒栽培，提高树木抗性　加强栽培管理(尤其是生长后期管理)有助于树体内营养物质的储备。经验证明，春季加强肥水供应，合理运用排灌和施肥技术，可以促进新梢生长和叶片增大，提高光合效能，增加营养物质的积累，保证树体健壮；后期控制灌水，及时排涝，适量施用磷、钾肥，勤锄深耕，可促使枝条及早结束生长，有利于组织充实，延长营养物质积累的时间，提高木质化程度，增强抗寒性。正确的松土施肥，不但可以增加根量，而且可以促进根系深扎，有助于减少低温伤害。

此外，夏季适期摘心，促进枝条成熟；冬季修剪，减少蒸腾面积以及人工落叶等对预防低温伤害均有良好的效果。同时，在整个生长期中必须加强病虫害的防治。

③ 改善小气候条件，增加温度与湿度的稳定性　通过生物、物理或化学的方法，改善小气候条件，减少树体的温度变化，提高大气湿度，促进上下层空气对流，避免冷空气聚集，可以减轻低温，特别是晚霜和冻旱的危害。

林带防护法　主要适用于专类园的保护，如用受害程度较轻的常绿针叶树或抗性强的常绿阔叶树营造防护林，可以提高大气湿度和大气的极限低温，对杜鹃花、月桂、茶花等的保温效果十分明显。

喷水法　利用人工降雨和喷雾设备，在将发生霜冻的黎明，向树冠喷水，防止急剧降温。因为水的温度比周围气温高，热容量大，水遇冷冻结时还可放出潜热($1m^3$ 的水降低1℃可使3300倍体积的空气升温1℃)；同时，喷水还能提高近地表层的空气湿度，减少地面辐射热的散失，起到减缓降温防止霜冻的效果。

熏烟法　早在1400年前我国发明的熏烟防霜法，因简单、易行、有效，至今仍在国内外广为应用。事先在园内每隔一定距离设置发烟堆(用秸秆、草类或锯末等)，根据当地天气预报，于凌晨及时点火发烟，形成烟幕，减少土壤辐射散热；同时烟粒吸收湿气，使水汽凝结成液体放出热量，提高温度，保护树木。但在多风或温度降至-3℃以下时，效果不明显。近年来，陕西裕美农业股份有限公司等自主研发生产了"智能型防霜冻烟雾发生器"，可根据植物不同生长期的生理耐寒温度，利用自控装置设定的温度参数，实时监测环境温度的变化。在低温霜冻来临时，能准确判断温度，瞬间自动引发烟雾体并释放出大量烟雾，减少土壤和植物的热辐射散失，将霜冻地湿冷空气化解成水，并释放一定的热量，有效提升周围环境温度，从而化解霜冻对植物的危害，被誉为"霜冻的克星"，推动了我国农业现代化的发展。

④ 加强土壤管理和树体保护，减少低温伤害　加强土壤管理和树体保护的方法很多，一般采用浇"冻水"和"春水"防寒。冻前灌水，特别是对常绿树周围的土壤灌水，保证冬季有足够的水分供应，对防止冻旱十分有效。为了保护容易受冻的树种，还可采用全株培土（如月季、葡萄等）、束冠、根颈培土（高30cm）、涂白、喷白、主干包草、搭风障、北面培月牙形土埂等方法。为了防止土壤深层冻结和有利于根系吸水，可用腐叶土或泥炭藓、锯末等保温材料覆盖根区或树盘。在深秋或冬初对常绿树喷洒蜡制剂或液态塑料，可以预防或大大减少冬褐现象。这在杜鹃花属、黄杨属及山楂属上已取得良好效果。

此外，在树木已经萌动、开始伸枝展叶或开花时，根外追施磷酸二氢钾，有利于增加细胞液的浓度，增强抗晚霜的能力。

⑤ 推迟萌动期，避免晚霜危害　利用生长调节剂或其他方法，延长树木休眠期，推迟萌动，可以躲避早春寒潮袭击所引起的霜冻。例如，B_9、乙烯利、青鲜素、萘乙酸钾盐（250~500mg/kg）或顺丁烯二酰肼（MH 0.1%~0.2%）水溶液，在萌芽前或秋末喷洒在树上，可以抑制萌动；或在早春多次灌返浆水，降低地温（即在萌芽后至开花前灌水2~3次），一般可延迟开花2~3d。树干刷白或树冠喷白（7%~10%石灰乳），可使树木减少对太阳热能的吸收，使温度升高较慢，发芽可延迟2~3d，从而防止树体遭受早春回寒的霜冻。

加热法　现代农业防霜先进的有效方法，在园内每隔一定间距放置加热器，在霜即将来临时通电加温，促使上下层空气冷热交换，在树体周围形成一个暖气层。加热器可设置为数量多、放热小，这样既可起到防霜效果，又可节约成本。

(2) 受害植株的养护

为了使受低温伤害的植株恢复生机，应采取适当的养护措施。

① 合理修剪　对受冻害树体要晚剪和轻剪，给予枝条一定的恢复期，对明显受冻枯死部分可及时剪除，以利伤口愈合。对受害植株重剪会产生副作用，因此，修剪中要严格控制修剪量，既要将受害器官剪至健康部分，促进枝条的更新与生长，又要保证地上地下器官的相对平衡。实践证明，经过合理修剪的受害植株，其恢复速度快于重剪或不剪的植株。显然，对常绿树的叶片进行修剪是不现实的，但应去掉所有枯死的枝条。为了便于识别枯死枝条，修剪应推迟至芽开放时进行。

② 合理施肥　关于对受害植株的施肥问题，还存在着某些争论。有些人不主张越冬后立即施用化肥，原因是树木严重受害以后，立即施用大量的化肥，不但会进一步损

伤根系，减少吸收，而且会增加叶量，增加蒸腾，致使已经受害的输导组织不能满足输水量增加的需要。他们主要强调7月前后适当施用化肥的合理性，认为这时树体的某些水分输导组织已经恢复和形成，可以满足输水量增加的需要。另一些人则主张越冬后对受害植株适当多施化肥，能够促进新组织的形成，并能提高其越夏能力。两种观点各有道理，但在实际应用中还是要根据植株受害程度及其生长状况灵活掌握。

③ 加强病虫害预防　树木遭受低温危害后，树势较弱，极易受病虫害的侵袭，可结合防治冻害，施用化学药剂。杀菌剂加保湿黏胶剂效果较好，其次是杀菌剂加高脂膜，它们都比单纯使用杀菌剂或涂白效果好。其原因是主剂杀菌剂只起表面消毒和杀菌作用，副剂保湿黏胶剂和高脂膜，既起保湿作用，又起增温作用，这都有利于冻裂树皮愈伤组织形成，从而促进冻伤愈合。

④ 伤口保护与修补　树木遭受低温危害的伤口要及时修整、消毒与涂愈伤膏，以加快伤口的愈合，避免二次伤害。桥接修补或靠接换根也是伤口修补的重要方法。

9.1.2　高温危害

树木在异常高温的影响下，生长下降甚至会受到伤害。它实际上是在太阳强烈照射下，树木所发生的一种热害，以仲夏和初秋最为常见。

9.1.2.1　高温对树木伤害的类型

高温对树木的影响，一方面表现为组织和器官的直接伤害——日灼病；另一方面表现为呼吸加速和水分平衡失调的间接伤害——代谢干扰。

(1) 高温的直接伤害——日灼

补充内容见数字资源。

夏秋季由于气温高，水分不足，蒸腾作用减弱，致使树体温度难以调节，造成枝干的皮层或其他器官表面的局部温度过高，伤害细胞生物膜，使蛋白质失活或变性，导致皮层组织或器官溃伤、干枯，严重时引起局部组织死亡，枝条表面被破坏，出现横裂，负载能力严重下降，并且出现表皮脱落、日灼部位干裂，甚至枝条死亡；果实表面先是出现水烫状斑块，而后扩大裂果或干枯。

① 根颈伤害——灼环、颈烧　又称干切。由于太阳的强烈照射，土壤表面温度增高，当地表温度不易向深层土壤传导时，过高的地表温度灼伤幼苗或幼树的根颈形成层，即在根颈处造成一个宽几毫米的环带，有人称为灼环。由于高温杀死输导组织和形成层，使幼苗倒伏以致死亡。一般柏科树木在土壤温度为40℃时就开始受害。幼苗最易发生根颈的灼伤且多发生于茎的南向，表现为茎的溃伤或芽的死亡。

② 形成层伤害——皮烧或皮焦　由于树木受强烈的太阳辐射，温度过高引起细胞原生质凝固，破坏新陈代谢，使形成层和树皮组织局部死亡。树皮灼伤与树木的种类、年龄及其位置有关。皮烧多发生在树皮光滑的薄皮成年树上，特别是耐阴树种，树皮呈斑状死亡或片状脱落，给病菌侵入创造了有利条件，从而影响树木的生长发育。严重时，树叶干枯、凋落，甚至造成植株死亡。

③ 叶片伤害——叶焦　是指嫩叶、嫩梢烧焦变褐。由于叶片受强烈光照下的高温

影响，叶脉之间或叶缘变成浅褐或深褐色，或形成星散分布的褪色区、褐色区，其边缘很不规则，一些枝条上的叶片差不多都表现出相似的症状。在多数叶片褪色时，整个树冠表现出一种灼伤的干枯景象。

(2) 间接伤害——饥饿和失水干化

树木在达到临界高温以后，光合作用开始迅速降低，呼吸作用继续增加，消耗了本来可以用于生长的大量碳水化合物，使生长下降。高温引起蒸腾速率的提高，也间接降低了树木的生长和加重了对树木的伤害。干热风的袭击和干旱期的延长，蒸腾失水过多，根系吸水量减少，造成叶片萎蔫、气孔关闭，光合速率进一步降低。当叶片或嫩梢干化到临界水平时，可能导致叶片或新梢枯死或全树死亡。

9.1.2.2 高温伤害的防治

(1) 影响高温伤害的因素

高温对树木的伤害程度，不但因树种、年龄、器官和组织状况而异，而且受环境条件和栽植养护措施的影响。不同树种对高温的敏感性不同，如二球悬铃木、樱花、檫树、泡桐及樟树的主干易遭皮灼；红枫、银槭、山茶的叶片易得叶焦病。同一树种的幼树，皮薄、组织幼嫩，易遭高温的伤害。同一棵树，当季新梢最易遭高温的危害。当气候干燥、土壤水分不足时，因根系吸收的水分不能弥补蒸腾的损耗，将会加剧叶片的灼伤；在硬质铺装面附近生长的树木，受强烈辐射热和不透水铺装材料的影响，最易发生皮焦和日灼。例如，邻近水泥铺装道路和街道交叉处附近，发生日灼的植株明显高于街道两旁、草坪及乡村道路的树木。树木生长环境的突然变化和根系的损伤也容易引起日灼。如新栽的幼树，在没有形成自我遮阴的树冠之前，暴露在炎热的日光下，或北方树种南移至高温地区，或去冠栽植、主干及大枝突然失去庇荫保护，以及习惯于密集丛生、侧方遮阴的树木，移植在空旷地或强度间伐突然暴露于强烈阳光下时，都易发生日灼。当树木遭受蚜虫和其他刺吸式昆虫严重侵害时，常可使叶焦加重。此外，树木缺钾可加速叶片失水而易遭日灼。

(2) 高温危害的防治

根据高温对树木伤害的规律，可采取以下措施：

① 选择抗性强的树种　选择耐高温、抗性强的树种或品种栽植。

② 栽植前的抗性锻炼　在树木移栽前加强抗性锻炼，如逐步疏开树冠和庇荫树，以便适应新的环境。

③ 保持移栽植株较完整的根系　移栽时尽量保留比较完整的根系，使土壤与根系密接，以便顺利吸水。

④ 树干涂白　树干涂白可以反射阳光，缓和树皮温度的剧变，对减轻日灼和冻害有明显的作用。涂白多在秋末冬初进行，有的地区也在夏季进行。涂白剂的配方为：水72%，生石灰22%，石硫合剂和食盐各3%，将其均匀混合即可涂刷。此外，树干缚草、涂泥及培土等也可防止日灼。

⑤ 加强树冠的科学管理　在整形修剪中，可适当降低主干高度，多留辅养枝，

避免枝、干的光秃和裸露。在需要去头或重剪的情况下，应分2~3年进行，避免一次透光太多，否则应采取相应的防护措施。在需要提高主干高度时，应有计划地保留一些弱小枝条自我遮阴，以后再分批修除。必要时还可给树冠喷水或抗蒸腾剂。

⑥ 加强综合管理，促进根系生长，改善树体状况，增强抗性　生长季要特别防止干旱，避免各种原因造成的叶片损伤，防治病虫危害，合理施用化肥，特别是增施钾肥。

⑦ 加强受害树木的管理　对于已经遭受伤害的树木应进行审慎的修剪，去掉受害枯死的枝叶。皮焦区域应进行修整、消毒、涂漆，必要时还应进行桥接或靠接修补。适时灌溉和合理施肥，特别是增施钾肥，有助于树木生活力的恢复。

9.1.3　雷击伤害

全国每年有数百棵树木遭受雷击伤害。

9.1.3.1　雷击伤害的症状及其影响因素

(1) 伤害症状

树木遭受雷击以后，木质部可能完全破碎或烧毁，树皮可能被烧伤或剥落；内部组织可能被严重灼伤而无外部症状，部分或全部根系可能致死。常绿树，特别是云杉、铁杉等上部枝干可能全部死亡，而较低部分不受影响。在群状配置的树木中，直接遭雷击者的周围植株及其附近的禾草类和其他植被也可能死亡。

在通常情况下，超过1370℃的"热闪电"将使整棵树燃起火焰，而"冷闪电"则以3200km/s的速度冲击树木，使之炸裂。有时两种类型的闪电都不会损害树木的外形，但数月以后，由于根和内部组织被烧而造成整棵树木的死亡。

(2) 影响雷击伤害的因素

内容见数字资源。

9.1.3.2　雷击伤害的防治

(1) 雷击树木的养护

对于遭受雷击伤害的树木应进行适当的处理进行挽救，但在处理之前，必须进行仔细的检查，分析其是否有恢复的希望，否则就没有进行昂贵处理的必要。有些树木尽管没有外部症状，但内部组织或地下部分已经受到严重损伤，不及时处理就会很快死亡。外部损害不大或具有特殊价值的树木应立即采取措施进行救助。方法如下：

① 撕裂或翘起的边材应及时钉牢，并用麻布等物覆盖，促进其愈合和生长；

② 劈裂的大枝应及时复位加固和进行合理的修剪，并对伤口进行适当的修整、消毒和涂漆；

③ 撕裂的树皮应切削至健康部分，也要进行适当的整形、消毒和涂漆；

④ 在树木根区施用速效性肥料，促进树木的旺盛生长。

(2) 预防雷击的方法

生长在易遭雷击位置的树木和高大珍稀古树与具有特殊价值的树木，应安装避雷器，消除雷击伤害的危险。

9.1.4 风害

园林树木遭受风害，主要表现在风倒、风折或树杈劈裂上。

补充内容见数字资源。

9.1.4.1 树木遭受风害的原因

树木遭受风害的原因一是"V"形分杈或根系；二是土壤内渍地下水位高或土层浅根系发育差；三是市政工程树体地下与地面开挖，破坏了树木的根系。此外，在调查中发现，树冠宏大、枝叶浓密、树体高度和修剪状况等对树体的抗风力有较大影响。目前，在园林树木的养护修剪中，仅仅在树体的下半部修枝抹芽，很少涉及中上部树冠，结果增强了树木的顶端优势，使树木的高度、冠幅与它的根系分布不相适应，头重脚轻容易遭受风害；而位于市区主干道上的悬铃木，为解决与建筑物、架空管线之间的矛盾，采用杯状整形的方式，控制了树木的冠幅和高度，在台风中受损较少。

9.1.4.2 风害的防治

① 合理的整形修剪：正确的整形修剪，可以调整树木的生长发育，保持优美的树姿，做到树形、树冠不偏斜，冠幅体量不过大，叶幕层不过高和避免"V"形的形成。

② 树体的支撑加固：在易受风害的地方，特别是在台风和强热带风暴来临前，在树木的背风面用竹竿、钢管、水泥柱等支撑物进行支撑，用铁丝、绳索扎缚固定。

③ 及时扶正和精心养护风倒树木。

④ 改善园林树木的生存环境。

⑤ 选择抗风树种：在易遭风害的地方尤其应选择深根性、耐水湿、抗风力强的树种，如悬铃木、枫杨、无患子、樟树和枫香等。在保持园林原貌的基础上，为提高树木抵御自然灾害的能力，应根据不同的地域，不同级别的道路，因地制宜选择或引进各种抗风力强的树种。

9.1.5 雪害

雪害是指树冠积雪过多，造成树枝弯垂甚至折断或劈裂。雪害防治以预防为主，一旦发生雪害，应及时采取措施对受害树木进行抢救，以恢复树势，减轻大雪对树木的损害。

补充内容见数字资源。

9.1.6 涝害

在多雨季节，地势低矮或地下水位高的地段容易造成排水不良，尤其是大雨时更容易积水成灾，严重时可能影响树木的正常生长，重则导致树势衰弱，直至全株枯死。

补充内容见数字资源。

9.1.7 旱害

旱害是指因气候严重或不正常的干旱而形成的气象灾害。干旱会造成树木生长减缓，加速树木的衰老，缩短树木的寿命，重则导致树势衰弱，直至全株枯死。

补充内容见数字资源。

9.1.8 酸雨危害

酸雨是指 pH 低于 5.6 的天然降水，由空气中的二氧化硫、氮氧化物等酸性物质和空中水汽相结合形成，包括酸性雨、雪、雾、雹、霜等多种形式降水。我国酸雨主要发生在华南、西南和江淮流域的一些地区，长江以南大部分地区降水 pH 值低于 4.5，以西南、华南地区较为严重。酸雨对园林植物的危害巨大，其影响是多方面的，既有对植物的直接影响，又有通过改变土壤理化性质等对植物造成的间接影响。

补充内容见数字资源。

9.1.9 根环束危害

根环束是指树木的根环绕干基或大侧根生长且逐渐逼近其皮层，像金属丝捆住枝条一样，使树木生长衰弱，最终因形成层被环割而导致植株的死亡。

9.1.9.1 根环束的危害症状

根环束的绞杀作用，限制了环束处附近区域的有机物运输。根颈和大侧根被严重环束时，树体或某些枝条的营养生长减弱，并可导致其"饥饿"而死亡。如果树木的主根被严重环束，中央领导干或某些主枝的顶梢就会枯死。对于这样的植株，即使加强土肥水管理和进行合理的修剪，也会在 5~10 年或更长一点的时间内，生长进一步衰退。

沿街道或铺装地生长的树木一般比空旷地生长的树木遭受根环束危害的可能性大，且中、老龄树木受害比幼龄树木多。通常槭树类、栎类、榆类和松类等树种受害较普遍。

9.1.9.2 环束根形成的过程与原因

根环束多发生在土壤板结或铺装不合理处。在这些地方树木根系无力穿透不适合的土壤，而在穴内客土或土球附近不断偏转生长形成环束根产生危害。此外，在树木移栽中，根系不舒展、根系密集或地表覆盖过厚也可引起环束或根颈腐烂。

9.1.9.3 环束根危害的诊断

环束根可以通过主干基部的观察和检测进行初步判断。如植株干基像填方危害一样，树干呈直线状进入土壤或某一侧向内凹陷、干茎无正常膨大现象就可初步怀疑其有环束根的危害。

检查环束根是否存在的最好时间是早霜前的晚秋时节。此时，与环束区域对应的树冠一侧叶片褪色且有早落的趋势。为了排除产生类似症状的其他因素，应小心挖开枝梢生长弱、树皮发育差的树干一侧基部周围的土壤，即可在地表或地表以下数厘米的地方，找到环束根。有时会因为树木主根被环束根绞杀，环束根的位置可能较深。

9.1.9.4 环束根的防治

① 环束根的预防　首先是在整地挖穴中，要尽量扩大破土范围，改善土壤通透性与水肥条件；其次是栽植时疏除过密、过长和盘旋生长的根，使根系自然舒展，如带土球栽植，去除捆扎土球的绳索等包装物，避免根部发出的不定根沿着绳索生长形成环束根；最后是尽量减少铺装或进行透性铺装。

② 环束根的处理　如果环束根还未严重损害树木，树木尚能恢复生机，则可将环束根从干基或大侧根着生处切断，再在处理的伤口处涂抹保护剂后回填土壤。如果树木已相当衰弱，还应进行合理的修剪和施用优质肥料，以提高和恢复树木生活力。

9.2　市政工程对树木危害

市政工程对树木的危害可表现在土壤的填挖、地下与空中管线的架设与维护、煤气的泄漏、输热管道的影响及化冰盐的使用等，其中以土壤填挖与铺装的危害最为常见。

补充内容见数字资源。

9.2.1　土层深度变化对树木危害

树木生长中表层土壤厚度的变化对树木生长的影响主要是填土或取土，即填方或挖方造成的危害。

9.2.1.1　填方

（1）填方的判断与危害

要判断树木根区是否填充过土壤或其他杂物，首先要看干基是否存在扩张现象。在没有填方的地方，树干地面线处的直径明显大于离地 30cm 左右处的直径，树干竖向轮廓线呈弧状进入地下。如果干基不扩张，树干以垂直线进入地下，就可以认为根区可能进行过填充，然后用锹挖一挖干基附近的土壤直至根颈处，方可确定其填方的深度与填方物的类型。填方过深的危害往往要在几年以后才能显现。当人们无法解释树木出现的病态，如生长量减少、某些枝条死亡、树冠变稀和各种病虫害发生等现象时，可能是填土过深所致。填方过深的其他明显症状是树势衰弱，叶小发黄，沿主干和主枝发出无数萌条，许多小枝死亡等。

（2）引起填方危害的原因

根区填方过深对树木造成危害的原因主要是填充物阻滞了空气和水的正常运动，根系与根际微生物的功能因窒息而受到干扰，造成对根系的毒害；厌氧细菌的繁衍产生的有毒物质，可能比缺氧窒息所造成的危害更大。由于填方，根系与土壤基本物质的平衡受到明显的干扰，造成根系死亡，地上部分的症状也变得明显。这些症状可能在 1 个月内出现，也可能在几年之后还不明显。

(3) 影响填方危害的因素

填方对树木危害的程度随树种、年龄、生长状况、填方类型、深度和排水状况等因素而变。槭树、山毛榉、梾木、栎类、鹅掌楸及松树和云杉等受害最严重；桦木、山核桃及铁杉等较少受害；榆树、杨、柳、二球悬铃木及刺槐等能发出不定根，受填方影响最小。幼树比老树适应性强，强树比弱树适应性强，受害较轻。危害最小的填方物类型是疏松多孔的土壤；危害最严重的是通气透水性差的黏壤土，如铺填3~5cm就可造成树木的严重损害，甚至死亡。含有石砾的填方对树木伤害最小。此外，填方越深越紧，对根木的干扰越明显，危害也越大。在树木周围堆放大量建筑用砂或土对树木也有不利影响。

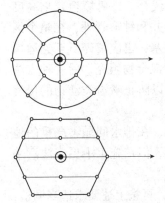

图9-1 改善单株树木填土过深的通气系统

(4) 填方危害的防治

对填方树木采取适当的防治措施，虽然成本高一些，但从总体上看还是经济有效的。然而在采取防治措施之前，必须从以下几个方面仔细考虑其必要性：第一是树龄。一棵老树或弱树，除非具有人文、历史或独特的艺术价值，否则不值得花费那么多的成本进行防治。第二是生活力。如果树木生活力差或有大洞，其寿命可能不长，没有预防的必要。第三是树种。如果是短寿树种，如臭椿、女贞等，或虽属长寿树种但并不珍贵者，如栎类或山毛榉等，不必增加成本。第四是邻近树木的数量。如果某一景观单元只有1~2棵关键大树则应设法保留。第五是树木对某些毁灭性病害的敏感性，即应对已感染某些毁灭性病害的树木予以淘汰。

① 预防填方危害的方法 对于不太深的填方，可在铺填之前，在不伤或少伤根系情况下疏松土壤、施肥、灌水，使用孔隙最多的砂砾、砂或砂壤土进行填充，并尽可能减少填充深度。对于填方过深的树木，必须采取更完善的工程与生物措施，严加预防。一般树木可以设置根区土壤通气系统（图9-1）。重点树木应按如下方法和步骤改善根区土壤的通气排水状况（图9-2）。

第一，地下水平管道系统的安装。首先清除树冠滴水线以内的植物和草皮，并适当施肥，然后以干基为中心，以3%的坡度向外倾斜，轮辐式铺设几

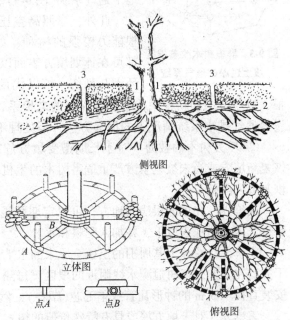

图9-2 填方过深树木的通气排水系统
1. 干井 2. 地下瓦管 3. 垂直钟形瓦管

条直径10~15cm的农用瓦管或分离式污水管，再沿滴水线同样铺设瓦管并与辐射式瓦管相通。这些管道排水系统也应与总排水系统或渗(沉)井相连，最好与城市下水道相通。管与管之间的各个接合部应松散连接，既要防止管道堵塞，又要有利于通气透水，以利于排除土壤内的积水。

第二，在离树干25~50cm的地方，绕树干建立松散连接的石头或砖井(干井)，直至计划填土的高度。各辐射管的内端与井相通。

第三，垂直管道的安装。在辐射管道与周围瓦管系统的接合部，垂直安装直径15cm的钟形瓦管，底端周围砌石固定，顶端与填方上表面相平。

第四，铺填。在地面铺设的瓦管上，先覆盖45cm左右的石头或卵石层，再铺一层碎石，然后填砂砾至距填方表面30cm处。砂砾决不能用炉渣代替。砂砾填至要求高度后铺一层薄草或玻璃纤维，以防土壤堵塞砂砾孔隙。最后除干井和钟形管外，在整个区域内回填优质表土至预定高度。在井内，为了防止辐射管的堵塞，也应填碎石至连通口以上。干井应全部用铁栅盖严或用50-50(1∶1)的炭末和砂的混合物填充。后一种方法不但可以防止井内掉入树叶杂物，削弱通气排水性能，而且可以防止啮齿类动物的侵扰和蚊蝇的滋生。钟形管内填入碎石并用格栅盖住，以防堵塞。

上述方法是防止填方危害的理想方法，但成本较高，因此，在排水问题不严重的地方，上述所有管道均可用卵石代替而保证根区的通气排水性能，但在施工中更应注意采取防止卵石间孔隙堵塞的措施。

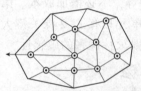

图9-3　群植树木改善根区填土过深的通气系统

在树木群状配置需要填方的地方，可按上述要求适当调整，将地下管道连为一体，更有利于通气与排水，也可设置简单的地下通气系统(图9-3)。

此外，参照高空压条的原理和方法，对于某些形成不定根能力较强的树种，如槭树、杨、柳、水杉甚至某些柏类，都可在计划填方表面以下约30cm的主干上进行深达木质部的环剥与刻伤，填以优良土壤并保持相对湿润，即可诱发不定根，以填方中的新根系代替埋在深层的老根系，维持填方树的正常生长。这是在无力设置通气排水系统情况下的简易方法，但处理不当，可能引起腐朽。

② 填方树木的救助　对于长期遭受填方危害的树木，没有特别有效的方法，然而恢复新填方或尚未被老填方严重危害树木的生机，应在可能的范围内采取相应措施，以恢复填方前的条件。

浅填方　在填方很浅的地方，可以定期翻垦土壤，或用空气压缩机每隔1.0~1.5m将空气压入原地表以下，并加入肥料和水。

中填方　挖掉干基周围的土壤至原来的水平，离干25~50cm筑一个可以通气透水的干井。在干井外至树冠滴水线附近的根区，每隔0.5~1.0m挖洞至原来的水平，在洞中安装直径1.5cm的钟形瓦管或羊毛芯(塑料)，然后在滴水线附近的根区施肥。

深填方　对于填方深或具有特殊价值的树木，需要花费较高的成本安装地下通气排水系统。

首先，清除树干周围至树冠滴水线附近的土壤，恢复填方前的水平；其次，在去土范围内，从树干附近开始，挖数列内高外低(坡度约为3%)的辐射沟，沿树冠滴水线挖一环形沟与辐射沟连通，各沟内施用石灰粉和肥料；最后，按照前述预防填方危害管道系统及干井的要求和方法，在沟内铺设水平管道，安装竖管，筑干井，铺石头、碎石、砂砾、草(或玻璃纤维)和优良表土，盖格栅等与新填方表面相平。

以上所有措施能否成功，主要取决于到达老根区的空气数量或根区排水的难易程度，如不需安装管道当然更好。上述通气排水系统也可用于灌水和施用可溶性化肥。

9.2.1.2 挖方

挖方虽然去掉了树木周围的部分土壤，但不像填方那样给树木造成灾难性的影响，却也会因为去掉含有大量营养物质和微生物的表土层，使大量吸收根群裸露和干枯，表层根系也易受低温的伤害。根系的切伤与折断及地下水位的降低等都会破坏根系与土壤之间的平衡，降低树木的稳定性。这种影响对于浅根系树种更大，有些甚至会造成树木的死亡。但是如果挖掉的土层较薄，如几厘米或十几厘米，多数树木都会发生适应新条件的变化而不会受到明显的伤害。然而，如果挖掉的土层较厚则应采取防治措施，最大限度地减少挖方对树木根系的伤害。

(1) 根系保鲜

挖方暴露或切断的根系应消毒涂漆和用泥炭藓或其他湿润材料覆盖，以防止干枯。

(2) 施肥

在保留的土壤中施入腐叶土、泥炭藓或腐熟的农家肥，以改良土壤的结构，提高其保水能力。

(3) 合理修剪

在大根切断或损伤较大的情况下，应对地上部分进行合理修剪，以保持根系吸收与枝叶蒸腾的水分平衡。

此外，在某些情况下，最好能围绕干基保持一定大小的土墩或土坎，砌石头挡墙，但土墩不能太小(图9-4)。如果土墩太小，特别是在取土较深时，不但会伤根太多，而且会限制根系的生长发育，导致挡墙崩裂。由于根系的分布是近树干者浅，远树干者深，保留的土墩及其挡墙最好是内高外低，并可修筑成台阶式结构。

9.2.1.3 根区开挖

在根区埋设管道、电缆和开挖下水道等都会对树木造成巨大的危害。这种危害不仅会损伤大量的根系，而且会减少树木的有效营养范围，削弱树木的生活力，甚至造成大骨干根的腐朽。

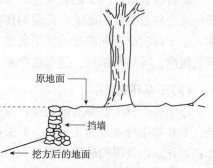

图9-4 挖方时保留土坎砌挡墙
(Hartman J R & Pirone P P，2000)

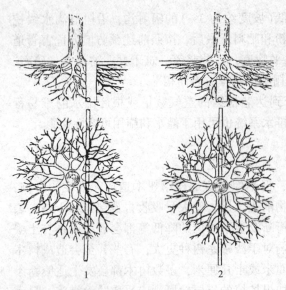

图 9-5　根区开挖(Hartman J R & Pirone P P，2000)
1. 挖沟切断许多根系
2. 开隧道保护了许多重要的吸收根

因此，最好能避开树冠投影区施工。如果实在不能避开主要根区，则应在根下的土壤中凿隧道敷设管线。开凿隧道中，如遇粗壮骨干根应尽量绕开或从根系下层通过(图 9-5)。

补充内容见数字资源。

9.2.2　地面铺装对树木危害

地面铺装极大美化了人居环境，但是不正确的地面铺装，如在树干周围的地面浇注水泥、沥青和铺设砖石等，不但会给树木带来严重危害，而且会造成铺砌物的破坏，增加养护或维修的成本。科学的地面铺装可以降低其对树木的危害，实现人与自然和谐共生。

补充内容见数字资源。

9.2.2.1　铺装对树木危害的症状与机理

地面铺装对树木危害的主要表现是，在数年期间树木的生长势缓慢下降而不是突然死亡。

(1)铺装有碍水、气交换

铺装可阻碍土壤与大气的水、气交换，使根区的水分与氧气供应大大减少，不但会使根系代谢失常，功能减弱，而且会改变土壤微生物区系，干扰土壤微生物的活动，破坏树木地上与地下的平衡，减缓树木的生长。

(2)地面铺装改变了下垫面的性质

铺装显著地加大了地表及近地层的温度变幅，树木的表层根系，特别是根颈附近的形成层更易遭受极端高温与低温的伤害。据调查，水泥铺装面东侧或北侧去头栽植的树木，主干西向或南向的日灼伤明显多于一般裸地的树木。铺装材料越密实，比热越小，颜色越浅，导热率越高，危害越严重，甚至导致树木的死亡。

(3)干基环割

过于靠近树干基部的铺装或在裸露地面保留太少的情况下，随着主干直径的不断生长，干基越来越逼近铺装材料。如果铺装物薄而脆弱，会随着树木主干与浅层骨干根的加粗而导致铺装圈的破碎、错位和突起，甚至挤倒或摧毁路牙或挡墙；如果铺装物厚而结实，则随着树木主干或浅层大根的生长而导致干基或根颈韧皮部和形成层的挤伤或环割，造成树木生长势衰弱，叶小发黄，枝条枯死和萌条增多，最后会因韧皮部输导组织及形成层的彻底破坏而死亡。

9.2.2.2 铺装危害的防治

要避免或减少铺装对树木的危害应从 3 个方面入手：①选择对土壤水气通透性不太敏感、抗性强的树种；②尽可能不铺装，缩小铺装面或选择通透性强的材料进行铺装（图 9-6）；③改进铺装技术，设置通气透水系统（图 9-7）。

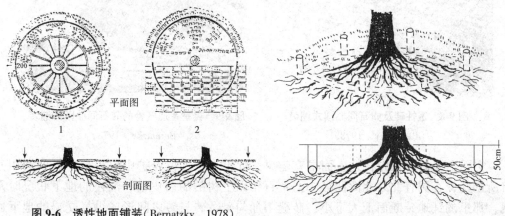

图 9-6　透性地面铺装（Bernatzky，1978）
1. 先铺铁格栅，再铺卵石　2. 先铺砂，再铺卵石或透气砖

图 9-7　通气透水系统（Bernatzky，1978）

(1) 组合式透气铺装

不进行整体浇注，用混合石料或块料，如灰砖、倒梯形砖、彩色异型砖、图案式铸铁或水泥预制格栅拼接组合成半开放式的面层。面层以下为厚约 15cm 的级配砂砾基层，接近土面为厚约 5cm 的粗砂过滤层。有的还在面层以下用 1∶1∶0.5 的锯末、白灰和细砂混合物稳定块料。面层上的各种空隙可用粗砾石填充（图 9-8）。

(2) 架空式透气铺装

根据铸铁或水泥预制格栅的大小，在树木根区建立高 5~20cm 占地面积小而平稳的墙体或基桩，将格栅置于墙体或基桩上，使格栅架空，使面层下面形成 5~20cm 的通气空间。

(3) 避免整体浇注

在不得不进行整体浇注铺装处，也必须设置通气系统，减少对树木的危害。

① 在已经铺装的根区，应以树干为中心，在水泥地面上开几条辐射沟至树冠投影以外，除掉水泥，垫沙铺石，增强局部通气透水性；也可以在树冠投影边缘附近，每隔 60~100cm 的距离开深至表层根系的洞，洞内安装直径 15~20cm 的侧壁带孔的陶管、塑料管或羊毛芯管，管口应有带孔的盖板。管内可放木炭、粗砂、锯末、石砾的混合物，既可防堵塞又有利于通气透水。

② 进行新铺装时，应在铺装前按一定距离在根区均匀留出直径 15~20cm 的通气孔洞，洞中装填粗砂石砾、炭末或锯末等混合物或加带孔的盖，不但有利于渗水通气，而且可作为施肥、灌水的孔道。如果在铺装前设置地下通气管道与垂直孔洞相通则效果更好（图 9-9）。

图 9-8 透性砖及卵石同心圆式铺装
（Bernatzky，1978）

图 9-9 具垂直通气管的砖石同心圆式铺装
（Bernatzky，1978）

实际上我们的祖先在这方面早有建树，近年来在古树养护中也得到了新的利用并有所创新，在调查北京北海团城中七八百年以上树龄的白皮松、油松的地下状况时发现，那里的铺地砖断面上大下小，砖缝不加勾砌。砖与砖之间形成纵横交错的地下通道。砖下衬砌的灰浆含有大量孔隙，透水透气。再往下是富含有机质的肥土（图 9-10）。难怪近千年的老树还在茁壮生长。后来北京的中山公园在古柏林中采用了这样的办法，衬砌的水泥砂浆混入了 30% 的粗锯末，效果显著。在人行道上进行透水透气铺装试验时采用水泥砖间隔留空铺砌，空档处填砌不加砂的砾石混凝土的办法，效果也很好（图 9-11）。多年来北京的许多公园、名胜区，在有古树的地方使用了多种透水透气的铺地措施，如铺装有镂花空洞、间可种草的水泥砖；在铺砖时留出若干空档，上盖筛箅等。

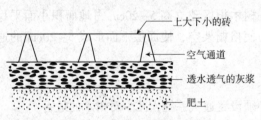
图 9-10 砖铺透气地面断面示意图

图 9-11 水泥砖与无砂砾石混凝土交替铺砌的透水透气地面

为了使土壤通气透水，有利于树木的生长，在铺装中应注意 3 个问题：一是铺装前在不伤根的情况下，疏松根区表层的土壤，同时施入适量腐熟有机肥和其他复合肥；二是组合式铺装最好用扇形块料，以树干为中心进行同心圆式的铺装，将来随着树干的增粗可以逐渐揭除内圈的铺装；三是面层上的任何空隙都不要用水泥、沥青等不透水材料填充，以免隔绝水、气。

9.3 煤气(天然气)与化雪盐对树木危害

环境污染对树木等植物的危害在生态学中已有论述,在此仅涉及煤气(天然气)泄漏和化雪盐对树木的危害症状及其防治方法。

9.3.1 煤气(天然气)对树木的危害与防治

目前许多城市已经大规模使用煤气(天然气),由于不良的管道结构,或交通震动导致的管道破裂,或接头松动导致管道煤气(天然气)泄漏,对树木造成伤害。

(1)危害症状

在煤气(天然气)轻微泄漏的地方,树木受害症状重要表现为叶片逐渐发黄或脱落,顶梢附近的枝条逐渐枯死。在煤气(天然气)大量或突然严重泄漏的地方,受害植株的所有叶片一夜间几乎全都变黄,枝条逐渐枯死。如果不采取措施解除煤气泄漏,危害症状就会扩展至树干,使树皮变松,真菌生长,症状加重。

(2)煤气(天然气)泄漏对树木危害的诊断

内容见数字资源。

(3)煤气(天然气)危害的机理

内容见数字资源。

(4)煤气(天然气)伤害的补救措施

发现煤气(天然气)渗漏对树木造成的危害不太严重时,可通过以下步骤进行补救:①立即修好渗漏点;②在离渗漏点最近的树木侧方挖沟换掉被污染的土壤;③在整个根区打孔,用压缩空气驱散土壤中的有毒气体,也可用空气压缩机以 7~10 个大气压将空气压入 0.6~1.0m 土层内,持续 1h 即可以收到良好效果。在危害严重的地方,要按 50~60cm 的距离打许多垂直的透气孔,保持土壤通风;④根区灌水有助于冲走有毒物质;⑤合理修剪,剪除枯枝、死根、病根;⑥科学施肥,促发新根,尽快恢复树木的生长势,增强树木的抗性。

9.3.2 化雪盐对树木危害

道路结冰后,为了交通安全常在道路上撒化雪盐以促进冰雪的融化。使用最多的化雪盐是氯化钠($NaCl$),约占 95%;少量使用的是氯化钙($CaCl_2$),约占 5%。冰雪融化后的盐水无论是溅到树木茎、叶,还是侵入根区土壤都会对树木造成伤害。

(1)危害症状

受盐危害的树木春天萌动晚,发芽迟,叶片变小,叶缘和叶片有枯斑,叶片呈棕色甚至脱落;夏季可发几次新梢,一年开花两次以上,导致芽的干枯;早秋变色落叶、枯梢,甚至整枝或整株死亡。

(2)化雪盐危害的机理

内容见数字资源。

(3) 防治化雪盐对树木危害的方法

防治化冰盐危害树木的措施主要通过3条途径实现：一是隔离；二是使用无害环保型融雪剂；三是选择或培育耐盐树种或无性系。

思考题

1. 试述冻害与日灼对树木危害的症状与防治。
2. 试述填方的判断、危害与防治技术。
3. 试述铺装对树木危害的机理及铺装技术的改进。
4. 比较填方、挖方及铺装等对树木危害症状的共性与防治技术的差异。

推荐阅读书目

1. 树木生态与养护. Bernatzky A 著. 陈自新，许慈安译. 中国建筑工业出版社，1987.
2. 果树栽培学总论(第4版). 张玉星. 中国农业出版社，2011.
3. Tree Maintenance(7th ed). Hartman J R & Pirone P P. Oxford University Press，2000.
4. Tree Care. Hallor J M. The Macmillan Company，1957.
5. 南方低温雨雪冰冻的林业灾害与防治对策研究. 尹伟伦，翟明普. 中国环境出版社，2010.
6. 城市园林植物后期养护管理学——园林养护单位工作手册. 安旭. 浙江大学出版社，2013.
7. 城市园林绿植养护. 陈艳丽. 中国电力出版社，2023.
8. 图解园林施工图系列2·铺装设计. 深圳市北林苑景观及建筑规划设计院. 中国建筑工业出版社，2018.

第10章 园林树木安全性管理

[**本章提要**]介绍了树木的不安全性因素及造成树木弱势的非感染和传播性因素，树木的腐朽过程和类型；阐述了树木腐朽的探测和诊断方法，树木损伤的预防及修复。

保证树木的安全性是园林树木栽培养护工作的一个重要目标。园林树木生命周期较长，越是古老的树种其审美和文化历史价值越高，因此，需要在整个生长周期中注重树木的安全性问题。而园林树木常常因为病虫害、机械损伤、冻害、日灼等造成表皮的损伤，如果处理不及时，伤口未能及时愈合，会导致树体溃烂、腐朽，形成空洞。这不仅会导致树体的输导组织发生破坏，更会降低树体的坚固程度，造成树体劈裂的潜在风险。因此，建立园林树木安全性评测管理系统，提出相应的安全隐患治理措施，对保障城市园林建设的健康发展具有重要意义。

10.1 园林树木安全性问题

园林树木栽培地点与人为活动环境紧密相关。因此，园林树木的安全问题也一直是园林树木栽培上的一个重点关注因素。在20世纪60年代，国外已经开始有关树木安全性的研究，美国农业部林务局进行了一系列树木安全性的调查，制定了明确的管理制度，对园林树木的健康状况进行定期的跟踪观察，发现潜在的安全隐患并及时处理。关注树木健康并对其安全性进行评定研究，有助于发挥出园林树木最佳的景观效益、生态效益和社会效益。

10.1.1 树木不安全性因素

10.1.1.1 园林树木的不安全性因素

园林树木会出现树体倾斜、树枝下垂、树干腐朽、根系受损等不健康的状况，若遇到大风、暴雪等灾害性天气易导致树枝折断、垂落，树干劈裂等，甚至造成整株树木倒伏而成为城市潜在的不安全因素，从而危及周围的人群或建筑设施。几乎所有的树木都具有潜在的不安全因素，即使健康生长的树木，因生长过速，枝干强度降低，也容易发生以上情况而成为园林树木生长的不安全因素。一般把具有危险的树木(hazardous)定义为树体结构发生异常且有可能危及目标的树木。

树体结构异常是指由于病虫害引起的枝干缺损、腐朽、溃烂，各种损伤造成树干劈裂、折断，根部损伤、腐朽，树冠偏斜，树干过度弯曲、倾斜，以及由于立地条件恶劣或其他因素导致的树木生长异常的现象。树体结构是否正常直接关系到树木的安全性。园林树木的树体结构异常主要包括树干、树枝和根系三部分的结构异常。

① 树干部分　树干的尖削度不合理，树冠比例过大、严重偏冠；具有多个直径几乎相同的主干；木质部发生腐朽、空洞；树体倾斜；修剪不当造成的树木在一个分枝点形成轮生状的大枝等。

② 树枝部分　大枝(一级或二级分枝)上的枝叶分布不均匀，大枝呈水平延伸、过长，前端枝叶过多、下垂，侧枝基部与树干或主枝连接处腐朽、连接脆弱；树枝木质部纹理扭曲、腐朽等。

③ 根系部分　根系分布过浅导致裸出地表，根系缺损和腐朽，侧根环绕主根影响及抑制其他根系的生长，市政工程造成树木侧根受损。

10.1.1.2 不安全园林树木可能危及的目标

城市园林绿化的不安全树木具有可能危及的目标，包括树木周边的人群、建筑、车辆、各种城市基础设施(空中线路与地下管道、铺装地面)等。因此，要求对人行道、公园、广场、街头绿地，以及重要建筑物附近的树木进行监管，以免造成损失。

补充内容见数字资源。

10.1.1.3 影响树木安全性的因素

园林树木的安全隐患与树木本身及环境因素密切相关，主要取决于树种特性、树龄、树势、生长位置、立地条件、危及的目标等。

补充内容见数字资源。

(1) 树种特性

不同的树种在构成上述不安全因素中表现出极大的差异，如泡桐、复叶槭、薄壳山核桃的髓心比例大、脆弱，其树枝表现的弱点远大于树干和根系，对于这类树种而言，外界恶劣的天气因素也许不是主要的。一般情况下，阔叶树种具有比较开展的树冠和延伸的侧枝，树枝容易出现负重过度而损伤或断裂；阔叶树多数喜光，树冠因强趋光性易成偏冠而造成雪压等伤害；另外，树干心腐也较易向主枝蔓延。针叶树种就不同，其根系及根颈部位易成为衰弱点；而树干的心腐一般不易向主枝延伸；树冠相对较小，因而冰雪造成损害的机会也少。一些树种为浅根性树种，这类树没有主根，支撑树体的主要为发达的水平根系，受城市特殊环境的影响，水平根系生长不完全导致根系发展不平衡，一遇到灾害性天气便很容易倒伏，这类树种主要有雪松、刺槐、槐等。

(2) 年龄和长势

一般情况下，老树、大树比幼树、小树的安全性低。树木的生长势与树木的种类和分枝部位有关，可用来预示树木是否衰弱。速生树种与慢生树种相比，其木质部强度较低，即使在幼龄阶段也容易损伤或断裂。相同树种，分枝部位强度低的树种，生长旺盛时树木承受的重量比较大，受伤、折断的概率较高。

(3) 栽培养护技术

树木栽培养护过程中如在育苗、栽种与管理方法、修剪方法等环节处理不当，也是导致树体受阻和安全隐患的重要因素。

(4) 立地环境

① 气候异常　主要是异常的天气，如大风、暴雨的出现频度，季节性的降雨分布、集中程度、冰雪积压等。

② 土壤异常　生长在土层浅、土壤干燥、黏重、排水不良等立地条件的树木一般根系较浅，容易遭受风害，尤其是在土壤水分饱和的条件下。城市土壤经常被地表整平、踩踏或机械压实、表面铺装，或在树干周围回填土壤等，会降低土壤的通透性，影响土壤的水、气交换与有机物的分解，进而影响树木根系的生长；另外，土壤常伴有建筑垃圾，会导致树木根系生长衰退而逐渐死亡、腐朽。

③ 立地条件改变　树木生长立地周围环境发生变化，特别是根系部位土壤条件的改变，如在根部取土、建筑施工切断根系、水涝等会严重影响根系的固着力，破坏地上部分和地下部分的平衡关系。

④ 人为原因　人为破坏对树木安全性也有巨大的影响。

10.1.2　造成树木弱势非感染和传播性因素

补充内容见数字资源。

10.1.2.1　树冠结构

乔木树种通常具有明显的中央领导干，顶端生长优势显著，树冠的层性较明显。但在生长和应用过程中常形成3种异常类型，在造成树体的弱势方面具有一定的差别。

(1) 自然损伤

① 有主干的树木　如果中央主干出现如虫蛀、损伤、腐朽等情况，则其上部的树冠就会受影响；如果中央主干折断或严重损伤，有可能形成一个或几个新的主干，其基

部的分枝处的连接强度较弱；有的树木具有双主干，两主干在直径生长过程中逐渐相接，相连处夹嵌树皮，其木质部的年轮组织只有一部分相连，结果在两端形成突起，使树干成为椭圆状、橄榄状，随着直径生长，两个主干交叉的外侧树皮出现褶皱，然后交叉的连接处产生劈裂，必须采取修补措施来加固。

② 无主干的树木　它们通常由多个直径和长度相近的侧枝构成树冠，排列是否合理是树冠结构稳定性的重要因素。如在苗圃育苗的过程中，为了苗木提前出圃，常采取截干截枝的办法促使萌发更多分枝及早形成树冠，这易造成轮生枝和"掐脖子"现象，在苗圃育苗期间必须注意正确的苗木管理。

(2) 截干移植

对直径在20~30cm的树木采取截干移植是不少城市绿化中的流行做法，其对树木结构产生的不利影响有：①截口以下一般会有多个隐芽同时萌发，侧枝形成轮状的排列；②树干积累充足养分，使萌发枝生长十分旺盛，木质部的强度要低于正常生长的枝条，另外，萌发枝间易发生夹嵌树皮现象；③萌发枝生长迅速而树干的直径增长明显滞后，在分枝处的树干部位形成明显的肿胀，造成树皮开裂并向下延伸，严重时几乎整个树干的树皮条裂；④树干截口形成伤口大，难以愈合，雨水容易渗入导致木质部腐烂；⑤干萌条培养（隐芽萌发）的侧枝基部与树干木质部的连接只是从萌发时的那部分木质部开始，以后虽可逐渐被年轮包围，但总要比幼年生出的侧枝与木质部的连接少，有时整个侧枝可能劈裂。

(3) 偏冠现象

内容略。

10.1.2.2　分枝状况

(1) 分枝角度

如果侧枝与主干之间角度过小、过于靠近或直径相近，在基部会出现夹嵌树皮现象。如果侧枝在分枝部位曾因外力而劈裂但未折断，一般在裂口处可形成新的组织使其愈合，但该处容易发生病菌感染开始腐烂，如果发现有肿突、锯齿状的裂口出现，应特别注意检查。对于有上述问题的侧枝应适当剪短减轻其重量，否则侧枝前端下沉可能造成基部劈裂，如果侧枝重量较大会撕裂其下部的树皮，造成该侧根系因没有营养来源而死亡。

(2) 分枝强度

侧枝特别是主侧枝与主干连接的强度远比分枝角度重要，侧枝的分枝角度对侧枝基部连接强度的直接影响不大，但分枝角度小的侧枝生长旺盛，而且与主干的关系要比那水平侧枝强。树干与侧枝的年轮生长在侧枝与主干的连接点周围及下部，被一系列交叉重叠的次生木质层包围，Shigo称其为枝领，随着侧枝年龄的增长被深深地埋入树干。这是侧枝与主干的形成层生长的时间不一致所致，侧枝的木质部形成先于树干。研究表明，只有当连接处的树干直径大于侧枝直径时，树干的木质部才能围绕侧枝生长形成高强度的连接。

(3) 夏季的树枝折断和垂落现象

对于夏季树枝折断和垂落现象的假设，自 1983 年以来世界许多地方有相关报道，即在夏季炎热无风的下午时有树枝折断垂落的现象发生，垂落的树枝大多位于树冠边缘且远离分枝的基部，并呈水平状态。断枝的木质部一般完好，但可能在髓心部位有色斑或腐朽，这些树枝可能在以前受到外力的损伤但未表现症状，因此难以预测和预防。据英、美等国的报道，栎类、板栗、山毛榉、白蜡树类、杨、柳、七叶树、桉树、榆树、松类、枫类、槐、枫香等树种都有类似情况发生。

10.1.2.3 树干生长异常

(1) 树干倾斜

树干严重向一侧倾斜的树木最具潜在的危险性，应采取必要的措施或予以伐除（图 10-1），应注意三点：

① 如果树木一直向一侧倾斜，说明在生长过程中形成了适应这种状态的木质部和根系，其倒伏的危险性要小于那些原来是直立的、以后由于外来的因素造成树体倾斜的树木。

② 如果树干倾斜的程度越来越大，树干在倾斜方一侧的树皮形成褶皱，另一侧树干上的树皮会脱落形成伤口。

③ 树干倾斜的树木，其倾斜方向另一侧的长根更为重要，就像缆绳一样拉住倾斜的树体，一旦这些长根发生问题或暴风来自树干倾斜的方向，则树木极易倾倒。

移栽后倾斜　　　　　　自然倾斜

图 10-1　树干倾斜

(2) 树干裂纹

树干横断面出现裂纹，在裂纹两侧尖端的树干外侧形成肋状隆起的脊，如果该树干裂口在树干断面及纵向延伸、肋脊在树干表面不断外突，并纵向延长，则形成类似斑状根的树干外突；树干内断面裂纹如果被今后生长的年轮包围、封闭，则树干外突程度小而近圆形。因此，从树干外形的饱满度可以初步诊断其内部的情况，但必须注意有些树种树干形状的特点，不能一概而论。树干外部发现条状肋脊，表明树干本身的修复能力

| 条状肋脊 | 短条状裂口 | 长条状裂口 |

图 10-2　树干外部形成的条形裂口

较强。但如果树干内部发生裂纹而又未能及时修复形成条肋，而在树干外部出现纵向的条状裂口，则最终树干可能纵向劈成两半，构成危险(图 10-2)。

(3) 树干受冻伤或遭受雷击损失

低温冰冻常造成树干损伤，特别是在树皮已有裂纹的情况下，如遇积雪融化或降雪后的低温天气都有可能使树干冻裂。严重的雷击可能将树干劈裂、引燃，造成树木死亡。雷击的强大冲击力及高温使树皮内的树液蒸发，树皮呈条状撕落形成的条沟可以从树冠上部一直到根部，在树干上留下的伤痕增加了病菌感染的机会。

(4) 树干溃疡

真菌入侵树干和树枝，导致树干周围的树皮、形成层及木材部坏死，称为溃疡。由于溃疡使形成层死亡，不再生成新的木质部及韧皮部，而周围健康的木质部和树皮生长就会形成包围溃疡部位的凹陷，如果树干的溃疡面积较大就会严重影响树木的生长，表现为树体衰弱；由于溃疡部位的木质部逐渐死亡，树干失去韧性，因此容易在此处折断。另外，溃疡造成的伤口又容易感染木材腐朽真菌，造成树干的深处腐朽。

(5) 已死的树木或树枝

城市树木发生死亡的现象十分常见，理论上讲应及时移去并补植，但绝大部分情况下会将其留在原地一段时间，可以留多长时间而不会构成安全威胁，取决于树种、死亡原因、时间、气候和土壤等因素。一般情况下，死亡的针叶树如果根系没有腐朽，3 年内其结构可保持完好，树脂含量高的树种时间会更长些；阔叶树死亡后其树枝折断垂落的时间早于针叶树。

出现枯枝的原因，除外界的因素外，还受树木本身生长特点的影响。树冠内部和下部的枝条因难以接受阳光不能进行有效的光合作用而慢慢死亡，这类现象称为自然疏枝。树枝死亡后其基部与树干连接处的形成层活动增加，逐渐膨大围绕树枝基部形成盘状体，称为枝落领(branch-shedding collar)，最终枯枝在该处断裂垂落。

10.1.2.4　树木根系生长异常

(1) 根系暴露

在大树树干基部附近挖掘和取土，致使其侧根暴露于土表甚至被切断，影响程度取决树体高度、树冠叶片浓密程度、土壤厚度、质地、风向、风速等。

（2）根系缠绕

栽植坑过小会使侧根围绕树干基部，或因为根系周围的土壤板结侧根无法伸展，造成侧根围绕主根生长。

（3）根及根颈的感病

根系问题通常导致树木出现严重的健康问题和缺陷，而更为重要的是在树木出现症状之前，根系问题可能已经存在。一些树木因主根病害受损而长出不定根，新根系迅速生长能够满足树木的水分和营养，而原来的主根可能不断受损，最终完全丧失支撑树木的能力。这类情况通常发生在树干的基部被土壤填埋、雨水过多、灌溉过度、根部覆盖物过厚和地被植物覆盖过多的时候。

因此，在做树体检查之前，一般先检查根系和根颈部位，先在树干基部周围挖开土壤直至暴露树木的支撑根，观察其是否有感病和腐朽现象。根系的病菌可以感染周围健康的树木，在群植区域如发现树木根系有腐朽菌造成根系腐朽的现象，应及时检查其他邻近树木。

（4）根系固着力差

在一些立地条件下如土层很浅、土壤含水量过高，树木根系的固着力低，不能抵抗大风等异常天气，甚至不能承受树冠的重负。在水土流失严重的立地环境，主侧根裸露于地表，因此，在土层较浅的立地环境不宜栽植大乔木，或必须栽植较大乔木时，须通过修剪来控制树木的高度和冠幅。

（5）根系分布不均匀

树木根系的分布一般与树冠范围相应。如果长期受单一方向的强风作用，迎风一侧的根系程度和密度会明显高于背风一侧，这类树木在迎风一侧的根系受到损伤，可能造成较大的危害。另外，建筑工地，经常进行筑路、取土、护坡等工程，破坏树木的根系几乎有一半被切断或暴露在外，这类情况常常造成树木倾倒。

10.1.3 树木安全管理系统

补充内容见数字资源。

10.1.3.1 树木安全管理系统的建立

城市绿化管理部门应建立树木安全的管理体系并将其作为日常的工作内容，具体分析树木健康情况，对健康树木进行正确的整形修剪、病虫害防治等，若发现具有危险性的树木，对其进行损伤治疗或将其清除，如对倒伏树木采取支撑、扶正、树干疗伤、树洞修复等措施，尽可能地减少树木可能带来的损害。该系统包括以下内容：①确定树木安全性的指标；②建立树木安全性的定期检查制度；③建立管理信息档案；④建立培训制度；⑤加强与科研机构合作机制；⑥明确经费渠道。

10.1.3.2 建立分级管理系统

(1) 建立分级管理系统的目的性与必要性

评测树木安全性的目的，是确认该树木是否可能构成对居民和财产的损害，如果可能发生威胁，需要做何种处理才能避免，或把损失降低到最低程度。但对于一个拥有巨大数量树木的大城市来说，几乎不可能对每一株树木实现定期检查和监控。多数情况是在接到有关的报告，或在台风来到之前对重要目标进行检查和处理，这对于现代城市的绿化管理是远不够的。因此，必须采用分级管理的方法，即根据树木可能构成威胁程度的不同来划分等级，把最有可能构成威胁的树木作为重点检查的对象，并及时做出处理。这样的分级管理的办法已在许多国家实施，一般可以根据以下几个方面来评测：

① 树木折断的可能性。
② 树木折断、倒伏危及目标(人、财产、交通)的可能性。
③ 树种因子，根据不同树木种类的木材强度特点来评测。
④ 对危及目标可能造成的损害程度。
⑤ 危及目标的价值，以货币形式计价。

(2) 建立园林树木安全性的评测系统

确定树木安全性的指标，根据树木受损、腐朽或其他损伤的程度，以及其生长位置构成对周围人群、物质等威胁的程度而划分不同的等级。对具有潜在危险的树木，其检查与评测可分为树体外部与树体内部。

园林树木安全性的评测体系包括3个方面的特点：其一，树种特性，是生物学基础；其二，树种受损伤、受腐朽菌感染、腐朽程度，以及生长衰退等因素，有外界的因素也有树木生长的原因；其三，可能危及的目标情况，如是否有危及的目标、其价值等因素。上述各评测内容，除危及对象的价值可以用货币形式直接表达外，其他均用百分数(%)来表示，也可给予不同的等级。

(3) 建立交叉式网络管理系统

从城市树木的安全性考虑，可根据树木生长位置，可能出现的危险，可能危及的目标等建立分级监控与管理系统。网络化管理系统主要利用当前先进信息技术将关于园林树木安全性的数据信息整合建立档案，重点是古树名木、行道树、公园内绿地、住宅与街区绿地等人群经常活动的场所的树木。并由专门从事检查和处理的工作人员记录日常检查、处理等基本情况，将这些信息输入管理系统，根据记录定期对不同生长位置、树龄与树势的个体进行检查，随时了解树木生长状况，遇到问题及时处理。对具危险性的树木定期进行回访检查，确保其安全性。管理系统的建立和应用可为城市园林绿化的精细化管理提供完善的数据信息与技术保障。

园林树木交叉式网络化管理系统应包括5个基本要素(管理单位；管理对象；管理工作；事件；数据库)和4个分级监控体系(Ⅰ级~Ⅳ级)。

10.1.4 树木生物力学计算

补充内容见数字资源。

10.1.4.1 正常树木承受风力的计算

从树木安全的管理方面来讲，如果能科学地计算出有安全隐患的树木承受风力的程度，具有重大的意义，因为可在大风来临前得到及时的处理，避免给城市带来不必要的损失，特别是对东南沿海经常受台风袭击的大城市更为重要。

德国的马特赫克(Mattheck)等曾设计了一种简单的数学方法来计算树冠受风时受到的压力，以及根系土壤的反应。计算公式为：

$$M_F = \sigma_F \cdot \frac{\pi}{4} \cdot R^3$$

式中　M_F——树干能承受的最大力(包括压力或拉力)；

　　　σ_F——树木鲜材的抗压或抗弯强度(σ_F 的值可取样在实验室测试，或应用便携式仪器如 Fractometer 来检测)；

　　　R——树干的半径。

上述计算结果是树干在其强度特性为 σ_F 时所承受的最大风力，同时也是通过树干转向根部土壤的最大力，如果风力大于 M_F 值，树干就会折断或受到破坏。需要注意的是上述公式计算的结果是健康的木材强度，对于发生腐朽情况的树木，在运用该公式时必须根据强度损失情况进行调整或用仪器测量。

马特赫克根据树冠承受风力作用产生的受力情况，建立了树木在强度为 σ_F 的情况下可以承受的最大风力计算公式：

$$F_{wind} = \sigma_F \cdot \pi \cdot \frac{R^2}{4 \cdot h}$$

式中　h——承受风力的树冠到地面的高度，其他同上。

10.1.4.2 树干中空的树木承受风力的计算

树干因腐朽而形成空洞时，从安全的角度必须首先确定是否保留；如保留必须预测该树木将来可以保留多久，能抵御多大的风力。要较准确地回答上述问题并不简单，因为树木的情况是复杂的，特别是如果空洞是因为腐朽真菌造成的，要考虑的因素更多。

如果能较准确地测量到中空树木的树干残留的健康木质部厚度，则可以建立数学模型来预测。假设树干残留的健康木质部厚度与树干直径比例不变，即：

$$t/R = 恒定$$

式中　t——有空洞树干残留的木质部厚度；

　　　R——树干半径。

当树干残留的健康木质部厚度 t 与树干直径 R 之比不变，即 t/R 恒定时：

$$\frac{t}{R} = \frac{(t + \Delta t_G - \Delta t_D)}{(R + \Delta t_G)}$$

$$\frac{t}{R} = 1 - \frac{\Delta t_D}{\Delta t_G}$$

式中　Δt_G——健康木质部因树木生长而增加的厚度；

Δt_D——因腐烂导致残留木质部厚度的减少。

利用该模型来描述树干折断或倒伏的危险性时，不能进行长期预测；如果 t/R 不变，中空树木危险性的变化可用图 10-3 说明。

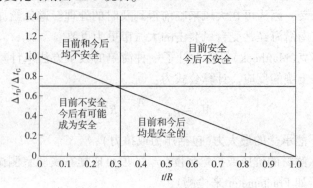

图 10-3　树干中空的树木安全性的可能变化

10.2　树木腐朽及其影响

10.2.1　树木腐朽类别

补充内容见数字资源。

10.2.1.1　树木腐朽的定义

树木腐朽是指在真菌或细菌作用下木材被分解和转化的过程。腐朽一般发生在木质部，但其可致死形成层细胞，最终造成树木死亡。

植物病理学家一直致力研究树干的腐朽问题，1845 年哈蒂格（Hartig）就提出树干腐朽是由于真菌通过树干伤口进入心材发生。树木腐朽主要有以下 3 个步骤：①树木受伤开始腐朽过程；②腐朽真菌（Hymenomycetes）通过新伤口感染树木的心材，真菌的菌丝造成木材腐朽；③腐朽的木材发生。

10.2.1.2　树木受伤后的变色表现

木材受伤后的最先表现是附近部位变色，其受伤的因素包括自然因素和人为因素。主要变色有：①红色，木材为红色是保护性的化学反应；②绿色，一般位于微生物（如细菌、腐朽真菌或一般真菌）最初侵入的部位，该处的木材细胞内含物发生变化，变为绿色；③褐色，木材腐朽的部位表现为褐色，细胞壁降解。

10.2.1.3　木质部腐朽的发生阶段

① 初期阶段　腐朽的初期木材变色或不变色，木质部组织的细胞壁变薄，导致强度降低。因此在观察到腐朽变色之前，木材的强度已经发生变化。

② 早期阶段　已能观察到腐朽的表象，但一般不十分明显，木材颜色、质地、脆性均稍有变化。

③ 中期阶段　腐朽的表象已十分明显，但木材的宏观构造仍然保持完整的状态。
④ 后期阶段　木材的整个结构改变、破坏，表现为粉末状或纤维状。

10.2.1.4　树木腐朽类型

真菌可以降解所有的细胞壁组成成分，但是不同的真菌种类具有不同的酶及其他的生化物质。树木腐朽按腐朽类型和性质可分为白腐和褐腐，二者的区别在于其腐朽菌产生的细胞间酚氧化酶。前者的本质是产生纤维素酶和木质素酶、细胞间酚氧化酶；而后者则不产生细胞间酚氧化酶，并且有选择地将木材中的纤维素和半纤维素降解。木腐菌中90%的种类造成白色腐朽，白色腐朽菌不但能生长在针叶树木材上，也能生长在阔叶树上；造成褐色腐朽的种类比造成白色腐朽的种类少，且大部分褐色腐朽菌是多孔菌。按树木发生腐朽的部位可将其分为心腐和边腐。

10.2.2　树木腐朽探测与诊断

树干发生腐朽后在早期其力学性质可能变化不大，强度是逐渐降低的，最终可能形成空洞。当树木的某个部位被诊断为腐朽，下一步应确定其腐朽的范围和腐朽部位的力学性质。因此，对重要树木的腐朽实施监控的重要内容，就是确定其腐朽部位木材变化的动态过程，并找出其可能危及安全的临界点，以实现有效管理。目前可使用PICUS弹性波树木断层画像诊断仪来测量和判断树干或大枝腐朽的程度，如果检测的结果表明腐朽部位残留的强度已不足以支持树体，应及早伐去、修剪或采取其他必要的加固措施。

10.2.2.1　树体外表观测诊断法

该方法主要是观测树干和树冠的外观特征来估计树木内部的腐朽情况。在树干或树枝上有空洞、树皮脱落、伤口、裂纹、蜂窝、鸟巢、折断的树枝、残桩等，基本能指示树木内部可能出现腐朽。但有的树木即使伤口表面具有较好的愈合，内部仍可能有腐朽部分；有的树木树干腐朽已十分严重，但生长依然正常，此时需要配合其他方法做进一步的诊断。

10.2.2.2　真菌子实体观测诊断法

这是判断林木腐朽的主要方法，但不同树种、不同真菌的情况具有较大差别。例如，山毛榉因感染真菌 *Meripilus giganters* 后造成的腐朽经常和根盘的衰退相关。另外，不同真菌感染不同的树种，例如 *Inonotus hispidus* 经常感染核桃和白蜡树，但不感染英国梧桐。由此可以说明，我们应更多地了解为什么真菌导致其寄主腐朽，而腐朽的木质部物理性质具有差异性。不同树种具有不同的解剖特性，因此，腐朽而造成物理性质和强度改变的差异较大；同样，不同的真菌也会产生不同的结果，不同种类的真菌其形态特征不同，降解木材细胞壁的生化系统不同，对环境的忍受能力也不同。

10.2.2.3　直接诊断法

（1）敲击听声法

用木槌或橡皮槌敲击树干，可诊断树干内部是否有空洞，或树皮是否脱离。但该方法需要有相当经验的人来做，一般可信度小，对已发生严重腐朽的树干效果较好。

(2) 生长锥法

用生长锥在树干的横断面上抽取一段木材，直接观察木材的腐朽情况，如是否变色、有潮湿区、可被抽出的纤维，在实验室培养来确定是否有真菌寄生。该方法一般适用于腐朽早期或中期的树木，如果采用实验室培养的方法，则在腐朽的初期就可做出有效的诊断。但生长锥造成的伤口可能成为木腐菌侵入的途径，特别重要和珍贵的古树名木不宜采用此法。

(3) 小电钻法

用钻头直径3.2mm的木工钻在检查部位钻孔，根据钻头进入时感觉承受到的阻力差异和钻出粉末的色泽变化，来判断木材物理性质的可能变化，确认是否会有腐朽发生。与生长锥法相同，可以取样来做实验室的培养，但不能取出一个完整的断面。该方法一般适用于腐朽达到中期程度的树木，但需要有经验的人员来操作，其主要的缺点是损伤了树木且造成新伤口，增加了感染的机会。

10.2.2.4 仪器探测法

有 Resistograph 仪器、Fractometer 仪器、层面 X 射线照相技术、声波传输时间技术等。补充内容见数字资源。

10.2.3 树干强度损失计算

可以用 Wagener 公式、Barlett 公式、Coder 公式、Mattheck 公式 4 个公式来计算树木腐朽后树干强度的损失。

补充内容见数字资源。

10.3 树木损伤预防及修复

园林树木的生存条件、生态习性与生态环境较为复杂，经常会受到各种病虫害、人为损伤破坏、大风台风、霜冻、寒冻、雪害、日灼、冰雹等自然条件及机械损伤的破坏，对损坏严重、濒于死亡、容易构成严重危险的树木可采取伐除的办法，但对一些有保留价值的古树名木，就要采取各种措施进行补救。如果这些伤害不能及时得到修复，势必会影响园林树木的正常生长、配置造景及景观审美效果。

10.3.1 树木创伤与愈合

树木创伤包括修剪、其他机械损伤及自然灾害等造成的损伤。树木受伤以后会对创伤产生一系列的保护性反应。树木的伤口有两类：一类是皮部伤口，包括外皮和内皮；另一类是木质部伤口，包括边材、心材或二者兼有。木质部伤口必然在皮部伤口形成之后。

树木受伤后主要包括两个过程：化学反应带的形成和隔离带的形成。化学反应带又称反应带,是边材中的一个变色区,它是由活细胞(木薄壁组织中的细胞)产生的抗菌物质集聚在受伤感染边缘所形成的。化学反应带可以阻滞枝条受伤或感病后的病原微生物纵向和内向扩展。但是,如果重复受伤或化学反应带不断遭到破坏,就会减少能量的贮存空间,最终耗尽树体的所有能量,导致树木死亡。隔离带的形成是在伤口形成时由于形成层的活动,将原有组织与受伤后形成的组织隔开的界线。隔离带是树木受机械损伤后由形成层产生的明显薄壁细胞层,它是非输导性的组织,对病原微生物有很强的抗性。一棵受伤的树木,如果隔离带被微生物突破,那么形成层就将遭到破坏。

树木腐朽和过早死亡的根源,主要是忽视早期伤口的处理。树皮像皮肤一样起着保护皮下组织的作用,因修剪、冻害、日灼或其他机械损伤导致树木保护层遭受破坏,如不及时处理,促进愈合,就会遭受病原真菌、细菌和其他寄生物的侵袭,导致树体溃烂、腐朽,不但严重削弱机体的生活力,而且会使树木早衰,甚至死亡。因此树皮一旦破裂,就应尽快对伤口进行处理。处理越快,木腐菌或其他病虫侵袭的机会就越少。

补充内容见数字资源。

10.3.1.1 树木受伤后愈伤组织的形成

树木受伤,或因其他原因受损致死的细胞附近,健全细胞的细胞核会向受伤细胞壁靠近,呼吸作用增强,使受伤组织的温度提高 1~3℃。如果幼嫩组织(分生组织)受伤,可使细胞分裂加速,导致伤口边缘细胞的增生,形成愈伤组织;一些分化程度较低的薄壁细胞也会在愈合过程中再次分裂;正常生长的树木更会在伤口形成层的健康部位长出愈伤组织。愈伤组织形成后,增生的组织又重新分化,使受伤丧失的组织逐步"恢复"正常,向外同栓皮愈合生长,向内形成形成层并与原来的形成层连接,伤口被新的木质部和韧皮部覆盖。随着愈伤组织的进一步增生,形成层和分生组织进一步结合,覆盖整个创面,使树皮得以修补,恢复其保护能力。树木的愈伤能力与树木的种类、生活力及创伤面的大小有密切的关系。一般树种越速生,生活力越强,伤口越小,愈合速度越快。树木每年愈伤组织形成的宽度为 1.2~1.3cm,甚至达 2cm。

10.3.1.2 树木受伤后的伤口愈合

伤口附近的形成层细胞形成愈伤组织逐渐覆盖伤口的过程称为伤口闭合过程。数百年以来,人们往往把木本植物愈合体的形成与动物的伤口愈合混为一谈,其实这两个过程具有十分明显的差异。动物是以新形成的愈伤组织修复受伤时同一空间位置的损伤组织;而植物的伤口愈合不是修复,而是在新的空间位置产生较多的组织。因此,在再生或恢复的意义上,植物不是愈伤,而是以新的组织层封闭受伤缺陷和将受伤部位分成不同小室的过程。

10.3.2 树木损伤类型

10.3.2.1 皮层损伤

高大乔木是园林绿化工程中的重要绿化元素。在风景园林中树木品相的好坏直接影响着景观效果的成败。在园林绿化实际施工中，树木皮层损坏是很常见的事。如何防治树木皮层的损坏和损伤皮层的修复及树皮的移植修复，是提高植物景观美观性和增强景观艺术效果的重要措施。树木皮层损坏的主要分类及原因有：

① 机械损伤　绿化树木皮层机械损伤的主要途径由树木起掘、装卸、运输、种植时粗心大意，造成树木皮层刻伤、碰伤、擦伤和种植后的其他意外损伤，导致树木局部小面积的树木皮层损伤或剥落，但也有大面积树皮剥落的(图10-4)。

② 日灼伤　树木种植后，根系损伤较大，影响水分的吸收，如果未及时采取有效的防晒保湿措施，树干局部一边受高温日晒，皮层脱水干枯，造成树干一面上部、下部或整棵树干的一面(多为树干西南面)皮层灼伤(图10-4)。

③ 冻裂伤　树木种植后冬季来临前。不能对树木及时采取有效的防冻保暖措施，树体日夜及南北的温差加大，致使树干内部张力不同，而造成树干局部皮层冻裂冻伤(图10-4)。

机械损伤

日灼伤

冻裂伤

图10-4　树木皮层损伤

10.3.2.2　树干钻孔损伤

在养护管理以及树木移栽的过程中，常常要对树干进行钻孔。例如，对刚移栽的树木，要注射营养液、农药及生长调节剂等液体。还有一些是人为的破坏性钻孔现象。树干钻孔，当孔径较大且又比较深时，很容易引起树干腐烂，影响树木生长。

研究表明，如果单独在树上钻孔，对树势生长影响不大，但如果其中加入了化学物质，那就很容易损害树木的正常生长。因此，如果必须在树体上钻孔，应注意钻小孔与浅孔，边缘应该切口整齐，尽量使切口靠近基部。如果在一个树干上连续钻孔，相邻两个孔至少应相距50cm，且错开纹理；减少钻孔的数目和延长钻孔的间隔期，在同一株树上应以间隔3~5年为宜。

10.3.2.3　疏剪损伤

树木修剪对修剪技术要求很高。在实际操作中，往往遇到修剪位置、剪口大小、剪口形状常处理不当，特别是疏除大枝的最终切口处理不当，轻则会引起枯枝，重则会积水腐烂，伤口不易愈合，严重影响树木的安全性。

10.3.2.4 白蚁危害

白蚁对园林观赏树木的危害很普遍，树木受白蚁危害的程度，常与树木的年龄有关，树龄越大危害率也越高（图10-5）。危害园林树木的白蚁主要有黑翅土白蚁、黄翅大白蚁、台湾乳白蚁、黑胸散白蚁、黄胸散白蚁、尖唇散白蚁等。白蚁种类不同，对树木的危害情况也不一样，台湾乳白蚁以蛀食木质部为主，所以在树木表面发现蚁害比较少，但对树木的危害却很大，还常在一些树干中或根部建筑巢穴；黑翅土白蚁和黄翅大白蚁一般先危害树干表皮、木栓层，后期逐步向木质部深入，一般黄翅大白蚁蛀蚀比黑翅土白蚁更深；黄胸散白蚁一般危害表皮内的浅木质层，但后期也可深入木质部深处危害。

白蚁蛀干局部图　　　白蚁蛀干树体整体状况

图10-5　白蚁蛀干

10.3.3 创伤修复

树木创伤的修复包括伤口的处理与敷料，是为了促进愈伤组织的形成，加速伤口封闭和防止病原微生物的侵染。

补充内容见数字资源。

10.3.3.1 树木创伤的修复

（1）皮层损伤处理

① 损伤预防　在树木挖掘前，先裹干和拢冠，避免操作工具碰伤树皮；树木装卸前应在车厢栏板上扣衬垫废车胎及草卷等软物，特别是后栏板，然后按顺序一棵棵轻装轻卸。如装大树还应在树干分枝处下方或车厢后方加垫装有泥土的编织袋，以免被车厢后栏板刻伤树皮。装卸时扣绳处应衬垫麻片及木板，预防绳子扣伤树皮。卸车时要把整株树的泥球和树梢同时吊起或抬起，然后平稳卸车，而不能先卸泥球或先卸树冠，以免被车厢边角划脱树皮。

树木种植后应立即对树干进行绕草绳或检查树干起掘前已绕的草绳，对脱落的草绳进行补绕。以保持树皮表面湿润，预防高温日灼伤害树木皮层；在寒冬来临前对树干涂白，以反射局部日光，降低树体温差，防止树皮冻裂损伤。

② 损伤皮层的修补及移植修复

损伤树皮的原皮修复　新伤脱的树皮，先清理伤处并喷施抗菌药杀菌，然后把脱落的树皮一片一片地复位并用不生锈的按钉固定，再喷施多菌灵等抗菌药，并用紫胶脂涂在伤口接缝处，用塑料膜片自下往上层层扎紧，每层叠压塑料膜片宽度的1/3。上面用胶带封口，以防雨水及细菌侵入，影响树皮复原；外面用草绳或麻片绕扎，使阳光不能直接照射到树皮表面，保持树木伤口及周边树皮的湿润，加速皮层伤口的愈合和修复。

损伤树皮的移植修复　移植时间一般在春季树液开始流动时，先清理损伤处腐烂及病菌感染的树皮，在损伤树皮轮廓线外1cm处用油性记号笔画出树皮移植的切割线，用面积大于移植树皮的白纸覆在树干上拓出移植树皮的形状，把白纸贴在厚纸板上，按纸上拓出的形状线条剪出移植树皮的模板。纸模板用胶带固定在树干表皮上，外边线对准移植树皮切割线。对皮层及切割器具进行消毒杀菌，用嫁接刀沿纸模板外围切割树皮，深度略达木质部，切割树皮时刀身略往外围倾斜，形成斜面切口以利接口愈合。取下纸模板，清除切割线内的树皮，再喷刷抗菌药，然后用胶带把纸模板固定在事前准备好的有健康皮层的废树干上，杀菌后用刀沿模板外围切割，深达木质部，运刀时刀身略向外围倾斜，倾斜角度与移植树皮切割时相同，然后用嫁接刀从上往下轻轻把树皮剥下，剥完树皮后即刻把树皮移植到损伤树干上，对准接缝并用不生锈的按钉固定。喷刷抗菌药，并把紫胶脂涂于接缝处。再用塑料膜带自下往上环绕扎实，每层叠压塑料膜带宽度的1/2，上边用胶带封口，以防病菌再次侵入，影响皮层愈合成活。外绕草绳或麻片与上相同。

树干木质部腐烂的树木皮层修复　树干木质部损坏的树木多为树皮损伤或损坏脱落时间长，虫卵或病菌侵入伤口多时，形成皮层损坏处木质部蛀烂。首先要把腐烂的部分用木工凿全面铲除，再用雕刻刀细修腐烂的木质层，并仔细检查虫蛀孔及虫卵。表层用钢丝刷清理干净，再进行高锰酸钾溶液或碳酸消毒。剪取一块形状略小于腐烂木质层面积的钢丝网，用不生锈的按钉把钢丝网固定在腐烂木质部已清除的木质层上。要求网面低于木质部表面10mm，网内厚度超过30mm的用1∶3∶5比例的混凝土筑满。隔天浇水养护后用1∶2.5的水泥砂浆分层粉抹，每次厚度不大于10mm，要求粉抹层表面与木质层表面相平。粉刷24h后在接缝处用紫胶脂涂抹并环绕草绳和浇水养护。经过树木一个生长周期后，待树木皮层和水泥层完全咬合，再用皮层损伤树皮移植的方法修复皮层，且用于移植的树皮树龄应控制在10年以内。

(2) 疏剪伤口的修整

疏剪是指从干或母枝上剪除非目的枝条的方法。伤口修整应满足创面光滑，轮廓匀称，不伤或少伤健康组织和保护树木自然防御系统的要求。因此，疏除大枝的最终切口都应在保护枝领的前提下，适当贴近树干或母枝，绝不要留下长桩或凸出的"唇状物"，也不应撕裂，否则难以愈合；切口不要凹陷，否则会积水腐烂。伤口的上下端不应横向平切，而应成为长径与枝（干）长轴平行的椭圆形、梭形或圆形，否则伤口不易愈合。

此外，为了防止伤口因愈合组织的发育形成周围高、中央低的积水盆，导致木质部的腐朽，大伤口应将伤口中央的木质部修整成凸形球面。

(3) 白蚁危害损伤处理

内容略。

10.3.3.2 伤口敷料

(1) 伤口敷料的作用

伤口涂料的应用已延续数百年。有人认为，虽然现在涂料在促进愈伤组织的形成和伤口封闭上发挥了一定的作用，但是在减轻病原微生物的感染和蔓延中并没有很大的价值。也有人认为，是否应该使用伤口涂料和如何发挥涂料作用的关键，一是涂料的性能；二是涂刷质量。理想的伤口涂料应能对处理创面进行消毒，防止木腐菌的侵袭和木材干裂，并能促进愈伤组织的形成；涂料还应使用方便，能使伤口过多的水分渗透蒸发，以保持伤口的相对干燥；漆膜干燥后应抗风化、不龟裂。伤口的涂抹质量要好，漆膜薄、致密而均匀，不要漏涂或因漆膜过厚而起泡。形成层区不应直接使用伤害活细胞的涂料与沥青。涂抹以后应定期检查，发现漏涂、起泡或龟裂要立即采取补救措施。

(2) 伤口涂料的种类

建议使用专门的伤口涂料。目前树木伤口涂料的种类较多，有伤口消毒剂与激素、紫胶清漆、沥青涂料、杂酚涂料、接蜡、房屋涂料、羊毛脂涂料、波尔多膏、商品涂料等，各有优劣。

(3) 伤口检查与重涂

一般每年检查和重涂 1 次或 2 次。发现涂料起泡、开裂或剥落就要及时采取措施。在对老伤口重涂时，最好先用金属刷轻轻去掉全部漆泡和松散的漆皮，除愈合体外，其他暴露的创面都应重涂。

思考题

1. 简述影响树木安全性的因素。
2. 简述树木的腐朽过程和类型，树木腐朽的探测和诊断方法。
3. 造成树木弱势的非感染和传播性因素是什么？
4. 试述树木伤口愈合的原理、过程与速度。
5. 树木的损伤类型主要有哪些？
6. 树木受到创伤时，如何进行伤口处理和保护？

推荐阅读书目

1. 园林树木栽培学(第三版). 黄成林. 中国农业出版社, 2017.
2. 园林植物栽培养护. 魏岩. 中国科学技术出版社, 2020.

第11章 树木诊断与古树养护

[**本章提要**]介绍了树木检查的主要内容、树木异常生长的诊断程序和方法。对树木遭受病虫害危害的症状进行了描述,列出了检索方法。阐述了古树名木的概念、古树名木保护和研究的意义,提出了古树名木保护与研究的基本原则和主要任务,对古树名木的衰老原因进行了分析,对古树名木的综合复壮措施和方法进行了重点介绍。

园林树木在定植以后,一般要经历数十年、成百年,甚至上千年的生命历程。由于其生长条件不断变化,交通、市政建设等对树木生长稳定性的影响也越来越大,有的树木衰老很快,甚至死亡。行道树或庭荫树也会由于侧枝、主枝或树体翻倒而危及交通或人民生命财产的安全,因此,必须对树木进行定期检查,发现疑难问题及时诊断,以便采取措施消除障碍,及时养护,促进树木的正常生长。古树名木保存了弥足珍贵的物种资源,记录了大自然的历史变迁,传承了人类发展的历史文化,孕育了自然绝美的生态奇观,承载了广大人民群众的乡愁情思。加强古树名木保护,对于保护自然与社会发展历史,弘扬先进生态文化,推进生态文明和美丽中国建设具有十分重要的意义。

11.1 树木检查与诊断

从理论上讲,所有的树木在定植以后,经过一定时期都应进行检查。最初几年主要是调查树木的生长与管理情况,进行正确评价,确定改进措施。对于25年生左右的大树,特别是那些生长异常、严重衰退,甚至死亡的植株更应及时诊断,找出原因并采取有效的防治措施。

11.1.1 树木检查与评价

树木检查应由园林部门指定专人负责,制定检查内容、时间和方法及结果分析的有关要求与规定。

园林部门应组织专业人员对树木的生长状况、存在的问题进行检查,并将检查结果及改进措施,按树木检查项目(表11-1)的有关内容,记录在树木检查表(表11-2)或检查卡(图11-1)上。

表11-1 树木检查项目*

1 一般外观	
1.1 同该树种的结构特点不符	1.4 顶梢干死
1.2 叶片颜色不正常	1.5 害虫和寄生虫危害
1.3 叶片提前脱落	1.6 异常生长
	改进措施
2 树木位置	2 树木位置
2.1 树木离马路太近	2.1 将树移走
2.2 树冠向马路方向下垂过低	2.2 截去树枝
2.3 树冠扩展至街心	2.3 回缩,拉缆线
2.4 树木距离建筑物太近	2.4 疏剪
2.5 同其他树木树冠重叠	2.5 继续观察
2.6 树冠同建筑物接触	2.6 树木线路修剪
2.7 树冠与空中管线接触	3 根区
2.8 建筑工程危害树木	3.1 移走过深的填方土或铺装材料
3 根区	3.2 去掉草坪,代以铺装材料
3.1 土壤、水泥、沥青等铺填过深	3.3 安装通气灌溉系统
3.2 草坪覆盖	3.4 施肥
3.3 其他密实原因	3.5 设置根帘
3.4 土被取走	3.6 在实验室做土壤分析,通气浇水
3.5 因下水道管线等而致根系受损	3.7 消除地面不平部分
3.6 土壤受煤气、油和化冰盐污染	3.8 种植矮灌木
3.7 地表不平(有树根及松散的铺路石板等)	3.9 铺设透水材料
3.8 堆放建筑材料或杂物	3.10 铺设玻璃钢格栅等作盖板
4 树干	4 树干
4.1 根颈受损	4.1 小心挖掘
4.2 根颈处腐烂	4.2 对腐烂斑块和其他伤害的处理
4.3 树皮受伤(由动物、热反射引起的伤害)	4.3 伤口处理用树篱围或裹干预防
4.4 其他树皮损伤(冻裂、闪电)	4.4 将翘起树皮钉牢,安装螺丝(栓),进行伤口处理
4.5 树干被汽车或机械撞伤	4.5 进行伤口处理,安装缓冲板和弓形钢架
4.6 树干上有湿斑	4.6 锯开树干并进行处理
4.7 树干内有洞穴(外表看不见)	4.7 敲击树干进行检查,必要时打开进行处理
4.8 有洞眼或心材腐朽	4.8 树洞处理

(续)

4.9 树干受到人为刻伤、被铁丝或电线等勒伤	4.9 观察，必要时进行处理
5 树冠基部	5 树冠基部
5.1 树杈过窄	5.1 排除树杈积水
5.2 树杈劈裂	5.2 安装螺丝或螺栓
5.3 树杈处腐朽	5.3 腐烂斑块的处理
5.4 树枝折断	5.4 伤口处理
6 树冠	6 树冠
6.1 分枝断裂	6.1 伤口处理
6.2 有腐朽洞穴	6.2 树洞处理
6.3 分枝死亡和破损	6.3 截去树枝
6.4 分枝过于开张	6.4 树枝的短截、回缩
6.5 顶梢干枯	6.5 查明原因，进行修剪
6.6 由于截枝而使枝条生长呈束状	6.6 疏剪

* 这些项目是图11-1检查卡上必须登记的项目。

表 11-2 树木检查记录简表

日 期	房屋号数(地点)	树种	街道名称		稳定性
			检查出的问题	处理	
			填数字代号		稳定/不稳定

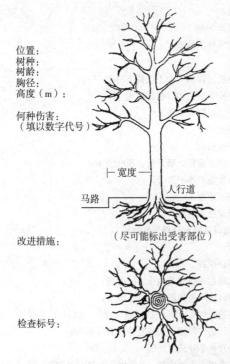

图 11-1 用于检查树木的卡片
(A. Bernatzky, 1978)

11.1.2 树木异常生长诊断

对于检查中有异常症状的重点树木应进行更详细的诊断，以便确定树木的病症及其发展情况。树木的正确诊断是进行科学处理的基础，错误的诊断必将导致不正确的处理。

树木的正确诊断需要诊断者具有广泛而丰富的知识与技能，必须对一般树木，包括其所测定的树种有全面的了解。如树木的名称，树种对高温低温、干旱、水湿的耐性和对其他环境因子的反应等生态学特性；树木的栽培历史，如树木定植时间、移栽方法、已采用过的栽培管理措施等；过去的气象资料，有无经历过异常气候条件的袭击等；同时，诊断者还要彻底了解树木和土壤之间的相互关系，如土壤排水是否适宜，通气是否良好，肥力状况如何，是否受到外来污染物的影响等。此外，诊断者还必须具有昆虫学和病理学的有关知识和技能。树木的某些异常症状明显，容易诊断，但有些症状不明显或十分复杂，甚至在各学科专家会诊的情况下也难以正确诊断，必须进行更深入的调查研究。

应该指出的是，如果在树木的栽植养护中能够建立比较完整的档案，则会给树木疾症的诊断带来很大的方便。

11.1.2.1 树木的诊断程序

(1) 一般环境分析

在对异常树木进行具体诊断之前，必须首先弄清树种名称、年龄、胸径、树高等，研究其周围的环境，观察相邻的同种或他种树木是否健康；在树木异常症状出现之前有没有进行过任何专门的处理（包括施肥、修剪、用药、浇水等）；附近有无焚烧过的枝叶或垃圾等。

(2) 叶片的诊断

叶片最易受疾病的影响，而且在外部形态上也最易表现出异常症状，因此叶片的检查是树木直接诊断的起点。当然，由于不同树种，甚至同一树种的不同植株之间，正常叶片的大小和颜色也可能有很大的不同，在诊断中必须加以区别。

害虫对叶片的危害，既可通过识别存在的昆虫，又可通过其取食状态进行判断。昆虫对叶片的危害，可完全或部分地将叶片嚼碎，或由于吸取叶片的汁液导致叶片变黄，叶面存有取食的斑痕或由于取食刺激而变形。

寄生菌对叶片的损伤，由于肉眼看不到病原体，不易判断。当然在有些情况下，不用放大镜可以在病死区域内看到微小的黑色针尖状体。由真菌侵袭所引起的病斑边缘具有规则的明暗颜色不同的轮廓，其面积可从小点到直径 $1.0\sim1.5cm^2$ 不等。当几个病斑连接在一起时，叶片就可能凋萎死亡。

病斑出现前的天气状况对分析叶片损害的原因十分重要。如果在病斑出现前有 $7\sim10d$ 的持续降雨或多云天气，有利于病原有机体的传播与滋生，因而可以断定病斑为某些病原有机体侵袭所致；如果病斑出现前有 1 周或更多天数的干热天气，就可能是叶焦病或日灼伤。此外，春末低温也可能导致嫩叶的严重损害。

叶片结构、形态或功能的变化，可能是烟气损害，水分不足或过剩，有效养分缺乏，土壤通气不良，根系损伤或病害所致。

(3) 树干与枝条的诊断

在叶片检查之后，应对枝条与树干进行仔细诊断。地面以下的主干树组织的损伤，可显示真菌或细菌的侵害或非寄生性原因，如低温和高温的损害。即使有真菌体的存在，也不一定说明真菌危害是主要原因，还必须通过病理检测，将病原体与非寄生性菌种区别开来。如果皮下病材是真菌直接侵害所致，从感病组织到健康组织的颜色是逐渐变化的，那么在感病初期，受侵染比较严重的部分常呈暗褐色，邻近感染部分变为深绿或浅褐色；最后，感染部分则呈现绿色或褐色的较浅暗斑。如果是低温或高温引起的伤害，则感染部分与健康组织之间会有非常明显的界限。

对于树干及其杈丫的检查应特别注意。一般明显可见的树洞容易发现，而对整个树干的检查则要用塑料锤(带有铁心)仔细敲打。如果敲打发出的声音很小,说明干材紧实健康;如果有空洞声,说明心材已经腐朽。在这种情况下可对树干钻孔取木芯进行更详细的检查,但对钻孔要及时处理。

如果枝或干上有虫孔、锯末状的排出物、虫粪或某些突起物,表明蛀干害虫已大量侵入内皮层、边材或心材。在一般情况下,多数蛀干性害虫只危害生活力弱的树木,因此,必须调查造成树木生长衰弱的原因,而不应该断定蛀干性害虫是树木衰弱的主要原因。此外,还应仔细检查枝条上有无介壳虫,特别是不能放过那些与树皮颜色相似的介壳虫种类。

没有叶片或叶已经凋萎的枝条,应检查边材的颜色变化,分析引起凋萎真菌的一般症状,从变色组织中取样,在实验室进行分离,鉴定真菌的种类。

沿主干或主枝产生萌条,可能是环境条件的突然变化,结构损伤,病虫危害,修剪过重,修剪方法不当或修剪失时等。

主干上的某些肿瘤或过度生长,可能是寄生物和土壤与树木之间水分关系的干扰引起的。还有许多尚未弄清楚的原因也会引起类似症状。

树木生活力的强弱,可以从新梢长度、树皮裂纹的颜色和愈伤组织形成的速度进行判断。生活力旺盛的树木,新梢生长量大,树皮裂纹的颜色比树皮表面的颜色浅得多,其伤口的愈合速度快,愈伤组织宽而厚。

(4) 根系的诊断

由于根系诊断相当困难,容易被忽视。然而,在诊断树木总失调中,必须考虑根的损伤与病害的可能性。皮罗内(P. P. Pirone)在 35 年间对数百计街道和遮阴树的诊断中,发现有一半以上的异常症状是由于根系损伤或病害引起的。

一棵树木突然死亡,一般都是树木根系差不多全部被毁坏或根颈(土壤线)附近的组织死亡。最常见的情况是密环菌、枯萎菌和灵芝菌等真菌的感染,冬害,白蚁或啮齿类动物的损害,雷击,热泄漏,汽油、石油、盐和除草剂一类化学物质毒害等。数年期间逐渐衰弱的树木,可能受到环束根,人行道和管道铺设或改善道路状况后的根腐,土壤贫瘠,排水不良,营养不足,土壤等级变化及定植过密等的影响。

线虫危害也是遮阴树衰弱的重要原因。根癌线虫(*Meloidogyne incognita*)在易遭其危害的树木根系上形成小的肿块或瘤状物。但是树木根系上的这类肿块或瘤状物并不都是线虫所致,桤木属、栗属和胡颓子属根系上的瘤状物是一种固氮的天然共生体。

11.1.2.2 树木诊断中应注意的问题

① 树木干基或内部的损伤与异常 应先从土壤或树体内部找原因,如土壤紧实度、土壤污染物和树体维管疾病等。

② 树木顶梢和外部的损伤或异常 应先从树木生长的环境找原因(大气污染、施药伤害和寒害)。这一规律的例外情况包括某些除草剂的伤害,某些营养失调及某些昆虫的危害等。

③ 昆虫 昆虫的存在不一定就是造成伤害的原因,应弄清楚是什么昆虫,其危害症状如何,是否可达到所观察的危害程度。

④ 看不到病虫的征兆并不一定排除害虫危害的可能性　因为一种害虫可能留下取食的特征后，迁移到另外的植株或变为另一种虫态(卵、蛹)。一种病原有机体可能没有发育到充分显示其孢子体及其他症状。

⑤ 植株只有一侧受到伤害可能是有毒雾滴的漂移或对根系的部分伤害　有时树体生长扭旋，一侧根系吸收的水分和其他物质可能供给另一侧。扭旋型也可能来自单一根系的损伤。

⑥ 经常检查树木的生长速度　将树木现实生长速度与过去的生长历史相比较，有时也可提供过去栽植养护的研究线索。

11.1.3　树木某些症状的分析

树木各种明显的异常症状，说明植株的生长发育已经出了问题，应该进行深入分析和精心诊断，找出症状发生的真正原因以后，才能采取正确的处理措施。

11.1.3.1　叶部症状

(1) 叶卷曲

叶卷曲的主要原因有：

除草剂、2,4-D和苯氧基化学药剂的危害　造成叶扭曲症状。

蚜虫危害　有些蚜虫可造成严重的杯状叶或扭曲状叶。

低温危害　春天突然降温所致。

瘿螨科昆虫的危害　可造成类似2,4-D危害的叶卷曲症状。

白粉病　幼叶上的霉菌导致叶卷曲，可在受害叶片上找到白色或灰色的菌丝。

(2) 叶萎蔫

叶萎蔫的主要原因有：

土壤缺水　应检查根区土壤含水量。

土壤水分过剩　是土壤板结和排水不良的常见现象。

管道煤气渗漏　树木叶片突然发生萎蔫，随后叶色变褐，是煤气渗漏缺氧的典型症状。

凋萎病　荷兰榆病、黄萎病和类似的维管疾病都可造成叶萎蔫。

输热管道中的热泄漏　叶片萎蔫、变褐。

(3) 异常落叶(所有叶片，特别是幼叶脱落)

异常落叶的主要原因有：

营养不足　通常是发育不良的叶片先落。

虫害　寻找正在落叶时的鳞翅目幼虫，如舞毒蛾或毒蛾等。

病害　是初期炭疽病的典型症状。

(4) 内膛叶脱落(老叶先落)

内膛叶脱落的主要原因是土壤通气排水不良，多发生在水分过多的黏重土壤上。

(5) 叶呈脉络状

叶呈脉络状的主要原因是咀嚼式害虫,如叶甲、梨蛞蝓及其他类似昆虫的危害。

(6) 叶部隧道

主要是潜叶害虫的危害,多发生在丁香、榆、桦、桤木和柑橘类叶片上。

(7) 叶瘤

主要是某些胡蜂和摇蚊造成的虫瘿。

(8) 叶缘褐色

叶缘变褐的主要原因有:

树木缺水　多发生于浅根性的树木上。

土壤含盐量高　造成生理干旱。

土壤营养缺乏　主要是缺钾,多发生在砂质土壤上。

药害　主要是炎热天喷施乳化浓缩液。

栽植伤根　多发生在春末裸根栽植后。

其他根系损伤　鼠害、化学物质、深挖或其他机械损伤。

(9) 叶部黄绿色

叶部褪色的主要原因:一是土壤含氮量低:多发生于草坪或强度灌溉的砂质土壤上的树木;二是土壤过湿:溶氧量低或土壤氧气少,营养吸收量少;三是栽植过深:土壤缺氧。

① 叶黄脉绿　叶片发黄,叶脉保持绿色的主要原因有:

微量元素不足　缺乏有效铁、锌或锰。

干旱　土壤干旱。

土壤消毒剂　叶黄脉绿是普拉米托三联(Pramitol Triox)和莠去津及其他类似化学物质存在的初期征兆。

② 紫化叶片　紫化的主要原因有:

磷过多　盐碱土少见。

可溶性盐害　主要是云杉和其他针叶树。

土壤消毒剂　主要是含有毒盐的类似物质对根区土壤污染造成云杉紫化。

③ 褐色、黑色、红色或黄色斑块　造成这些症状的主要原因有:

昆虫卵块　检查判断是否是植物的一部分。

真菌孢子体　叶斑病。

药灼伤　一般在叶片上表面,呈现不规则的斑点。

④ 浅灰色、"盐和胡椒"或点状外貌　造成这种症状的主要原因有:

叶螨危害　在温热气象条件下较为常见。

大气污染　臭氧危害可造成与叶螨取食相似的伤害。

⑤ 白斑、银白色斑或粉状物　出现这些症状的主要原因有:

霉病　检查表面菌丝和小黑点孢子体。

大气污染物　检查叶表细胞的损害情况,没有菌丝。

蓟马　这种微小昆虫取食期间，叶细胞失去内含物而呈现银灰色。

11.1.3.2　干或枝条症状

(1) 梢端枯死

造成梢端枯死的主要原因有：①低温：早霜或晚霜及寒潮袭击都可造成新梢枯死；②机械损伤：剪草机擦伤，其他机械撞伤及不合理的修剪留桩等；③蛀虫：可在枯梢以下寻找蛀孔和排出物；④喷药危害：类似于冻害的症状；⑤土壤可溶盐浓度过高：地表可看到白色的盐霜皮；⑥赤枯型病害：可能是由细菌和某些真菌引起的溃疡。

(2) 环状剥皮

造成环状剥皮的主要原因有：①啮齿类动物：冬季老鼠或田鼠可啃食树皮；②机械损伤：主要是剪草机和其他机械的损伤；③虫害：某些害虫，如小枝环刻甲虫等，差不多可去掉整圈树皮。

(3) 树皮脱落

造成树皮脱落的主要原因有：①剧烈变温：主要是冻害和日灼，多发生在幼树和薄皮树南侧或西侧；温度突然下降至0℃以下结冻，造成皮层与木质部分离；②雨季疯长：肥力太高，造成不正常的形成层活动；③闪电：能造成树皮撕裂或部分脱落，某些树种的树皮可自然脱落，如二球悬铃木、紫薇、沙枣等。

(4) 下部枝条死亡

造成下部枝条死亡的主要原因有：过度遮阴，内膛枝也会发生这种情况；溃疡病。

(5) 枝条断落或枯死

造成枝条断落或枯死的主要原因有：①小枝环剥害虫：常见于白蜡，桧属树木也可偶尔发生；②蛀茎虫：松类树木相当普遍；③雹灾：常绿树因雹灾造成的顶枯可能要在数周或数月后才表现出来；④自然脱落：主要是铁杉、杨、柳、水杉、池杉等。

(6) 白色、棉花状球团

造成这类症状的主要原因有：①水蜡虫：室内植株比较普遍，白蜡枝条及山楂小枝也可能有；②蚜虫、棉蚜虫：常见于枝条下侧；③介壳虫：主要是绵蚧类危害。

(7) 树皮变色

造成树皮变色的主要原因有：①日灼：多发生于幼树、新栽树木的南侧和西侧。火烤伤也可导致树皮变色；②病害：囊壳孢属和类似的病原有机体可造成皮枯和死亡；③缺乏有效的根系：在新栽树木中很普遍。

(8) 肿胀枝

枝(或干)肿胀的主要原因有：①虫瘿：蚜虫、胡蜂和摇蚊等均可使茎形成不同的(有时为圆锥形)瘤状物；②锈病：圆柏、山楂锈病和松锈病形成的肿瘤；③其他癌肿——根癌，多发生于乔灌木的根和干基，以三角叶杨、柳、卫矛和蔷薇类树种居多。

补充内容见数字资源。

(9) 排锯屑的孔洞

主要是蛀干害虫和小蠹虫等。

(10) 琥珀或橙色渗漏

主要是火烧病和真菌溃疡病。有些病原有机体的分泌物主要发生在孢子释放期，在空气湿度较大的情况下最为严重。

11.1.4 病虫害鉴定与检索

病虫及其危害症状的正确诊断，是及时合理选择防治措施的基础。只知道病、虫的大类，如甲虫、蚜虫、落叶病、干腐病等是远远不够的。同一类型的病或虫的生活周期有相当大的差异。因此，必须清楚病和虫的确切种类，了解它们的生活史，才有利于选择最好的防治方法和确定合理的施药时间。

园林树木出现的病、虫害详细的论述和有关生活周期的资料请参照有关专业教材。在实际操作中，应该查阅当地有关病虫害的资料，多倾听病虫防治机构和专家的意见。在此仅就病虫害的鉴定方法、检索表做一初步介绍。

11.1.4.1 病害诊断

无论是生物或非生物性的疾病，其诊断都依赖于肉眼可见的植株变化，即症状。一般症状是叶片斑点、失绿、小枝枯梢、叶片卷曲或呈杯状、树皮褪色等。

一种疾病诊断的困难是，产生某一症状的原因可能有多种。例如，叶缘变褐（枯斑坏死），可能是干旱、土壤含盐高、缺钾引起的伤害，也可能是某些病理疾病和空气污染的症状，还有可能是药害所致。因此，以症状为基础进行诊断，最重要的是要考虑症状出现前后的环境条件。若颜色变褐的植株是生长在盐碱土或黏土上，则可能不是缺钾引起的，因为这类土壤很少有缺钾的现象；而砂性或酸性土壤缺钾现象则较为常见。因此，可以排除盐碱土和黏土缺钾导致植株褐化的可能性。对于其他可能存在的原因也可通过逐渐排除的过程进行分析，最终找出其真正的原因。例如，如果降雨与灌溉正常就不会是日灼或干旱的伤害，应考虑病理性或药物性伤害，可以进一步检查施药记录进行判断。如果是病原有机体造成的，则应采集样品，进行试验分析，在琼脂培养基中对样品的组织进行培养后再做镜检鉴定。

有时，如果与症状一道存在着疾病的征兆，则很容易鉴别出生物性疾病的种类。所谓征兆是病原有机体实际存在的明显证据，如孢子体或菌丝体。蘑菇是腐烂有机体的征兆。这种情况的诊断最为简单。然而一种疾病的存在不一定同时有相应的征兆，因为征兆的出现要求一定的条件。

诊断由水分不足、水分过剩、营养缺乏和其他原因造成的非生物性疾病是最困难的，因为它们是由外部原因造成的。此外，许多生物性的疾病也是非生物性因素造成的，例如，生长在紧实、缺氧土壤上的植物很容易被病原体或某一种害虫侵染或取食。

一般生物性的疾病，其病原体常有较稳定的寄生植物，如果知道其病原体的一般类型与其危害的寄生植物相吻合，则比较容易做出鉴别。下面的检索表可以作为疾病诊断的参考。

用这个检索表时，首先应选择表中的 1a、1b、1c 或 1d，并以此为基础按成对数字的顺序进行正确的诊断，其疾病的病原体可能在划线的种类中。

1a. 症状主要在叶片上 ……………………………………………………………………… 2
1b. 症状主要在小枝上 ……………………………………………………………………… 3
1c. 症状主要在主枝上 …………………………………………………………………… 17
1d. 症状主要在根上 ……………………………………………………………………… 20
2a. 叶片大小正常，但已褪色或有斑点、孔洞或叶缘褪色 ……………………………… 5
2b. 叶片小于正常状况或萎蔫，未褪色或没斑点 ………………………………………… 3
3a. 叶片萎蔫或下垂 ………………………………………………………………………… 4
3b. 叶片未萎蔫，但比正常叶小：冻害(冷害)；干旱；病毒；霉病等。
4a. 用干净锋利的刀斜切茎(干)未见变色污斑：土壤过湿或过干。
4b. 茎(干)边材中有明显的污斑：落叶病(萎蔫病；荷兰榆病等)。
5a. 叶具白色或灰色特征：白粉病。
5b. 叶具斑点或白斑 ………………………………………………………………………… 6
6a. 叶的一面或两面具分散的斑点或白斑，或叶片有圆洞 …………………………… 11
6b. 叶无斑点，但叶缘为黄色或褐色，有时沿叶脉间扩展 ……………………………… 7
7a. 叶缘褐色 ………………………………………………………………………………… 8
7b. 叶缘浅褐色，一般也在叶脉间扩展：测定土壤，是否缺乏 Fe、Zn 或 Mn，或有土壤消毒剂。
8a. 气候干热：干旱高温灼伤，或土壤含盐量高。
8b. 气候不干热 ……………………………………………………………………………… 9
9a. 地域内土壤过酸，或砂性很强：测定缺钾。
9b. 土壤酸性不强或砂性不强 …………………………………………………………… 10
10a. 气候条件多雨、潮湿：炭疽病和相类似的叶斑病。
10b. 气候条件雨水不多或不湿润：测定土壤消毒剂，也可能为空气污染。
11a. 叶片有相对一致的孔洞，孔洞边缘褐色或浅红色(注意：某些昆虫可引起类似的伤害)：穿孔病或圆孔病(真菌)。
11b. 叶片无孔洞，但有斑点或白斑 ……………………………………………………… 12
12a. 叶片白斑无规律，没有特殊的形状，有时有几个色点：药害(检查施药记录)；如果斑点红色或白色和"丝绒状"，或许是吹绵蚧。
12b. 叶片有相对一致的斑点(邻接处为黄、红或浅绿色且上表面最明显：叶斑病(真菌)。
13a. 幼枝具有竖立隆起的瘤状突起 ……………………………………………………… 16
13b. 幼枝濒枯 ……………………………………………………………………………… 14
14a. 幼枝枯梢，春天芽不萌发：冬害。
14b. 春天芽开放，幼枝濒枯 ……………………………………………………………… 15
15a. 新梢黑色或褐色，向背面卷：枯梢病(真菌)；火疫病(细菌)；霜害。
15b. 新梢仍为浅绿色，皱缩；或如果褪色，叶片仍未脱落：旱害，移栽干扰；药害。
16a. 突起物红色或黑色；也可能有橘红色渗出液，或黑色粉末：真菌性溃疡，如囊壳孢属和丛赤壳属等。
16b. 突起物黄褐色或常色浅于周围的皮，椭圆、圆或透镜形，形状规则：树干上的正常皮孔。
17a. 主枝或树干有局部下陷的区域 ……………………………………………………… 19
17b. 主枝或树干有隆起或肿胀结构 ……………………………………………………… 18
18a. 隆起结构像橘红、浅红或黑色脓疱：真菌性溃疡，如壳囊孢属、丛赤壳属和盾丛赤壳属。

18b. 隆起结构在茎或树干上，树皮裂缝可能有橙色粉末：干锈病类。
19a. 凹陷区变色开裂，通常在树干西南侧呈条状：日灼(皮焦病)。
19b. 凹陷区不规则，不一定在任何暴晒面上，且常在干基附近：机械创伤或溃疡。
20a. 症状在树干基部，有根扩张的地方 ······ 21
20b. 症状在较小的根上 ······ 22
21a. 树皮松散；用针探查时，木质部软而脆：根腐(常发生在紧实的土壤上，浇水过多之后)。
21b. 源于树皮肿瘤的生长：细菌性癌肿。
22a. 根上有小豆粒似的肿胀：根癌线虫病或正常固氮细菌的小瘤(豆科和水牛果属)。
22b. 吸收根有黑色黏液；有时具阴沟污物的臭味：原因很多，在园林栽植中最普遍的原因是土壤严重缺氧。

11.1.4.2 虫害鉴定

首先，应多收集昆虫的标本放入密封的瓶内。软体昆虫，如幼虫，最好直接放入乙醇内；硬壳昆虫，如甲虫和蝇的成虫期，应放入毒瓶内保存。其次，是鉴定的昆虫与当地的文献资料进行比较，了解该害虫危害的主要植物和这种植物的常见虫害，通过筛选淘汰的方法，对害虫加以确认。再次，如果难以鉴定，则应将害虫标本及其背景资料送推广站或农林院校植保学院(系)进行鉴定。随寄的资料包括寄主植物、采集日期、危害程度和具危害症状的寄主植物。最后，鉴定确认以后，以有关资料和害虫防治专家的意见为基础，选择适当的防治措施(方案)。但是，如果危害症状明显，没有采到昆虫标本，则应采集受害植物和受害器官与组织的样品进行检索。虽然没有捉到害虫，一般难以保证防治措施的正确性，但一般可以确定昆虫的类型，作为采取相关防治措施的参考。

根据害虫的取食特征，可以利用以取食症状为基础的昆虫鉴定检索表查出昆虫的常见类型。检索时先从 1a、1b 或 1c 开始，选择适当的条件，再按成对数码提供的特征，逐步查对至划线部分即为鉴定的类型。

1a. 叶损伤 ······ 2
1b. 小枝或皮损伤 ······ 10
1c. 根损伤 ······ 15
2a. 叶片被啃食或叶背表面叶脉之间的组织丧失呈脉络状 ······ 3
2b. 叶片未被啃食，褪色或出现"点刻状"或银灰色，有瘤或肿胀组织 ······ 5
3a. 叶片大都沿叶缘被啃食 ······ 4
3b. 叶片大都是下表被啃食，出现脉络状或网络状叶脉(保留叶脉)：叶甲类、梨蛞(梨粉叶蜂)。
4a. 被啃食叶缘呈半圆状和光滑，不呈锯齿状缺刻：切(叶)蜂(一般在玫瑰上)，黑葡萄象鼻甲(一般在卫矛属植物上)。
4b. 叶缘被啃食呈锯齿状缺刻，不规则，不光滑，不成半圆状：蝗虫，鳞翅目幼虫(许多类型)，日本丽金龟。
5a. 叶片有肿瘤或肿胀 ······ 9
5b. 叶片无肿瘤或无肿胀，显银灰色或"点刻状" ······ 6
6a. 从上方看叶片呈银灰色，不规则形：蓟马(一般在女贞属或樱桃上)。
6b. 叶片有点刻，有时呈颗粒状或下面呈粉状 ······ 7

7a. 有细丝织网，叶背成粉状：叶螨。
7b. 不存在织网丝，叶背无粉粒；黄色或褐色点刻 ·· 8
8a. 点刻状叶卷曲或变形，若排除某些除草剂的药害：绵蚜、叶蝉、盲蝽、某些蚜虫。
8b. 叶片刻点状，不卷曲、不变形：许多蚜虫种。
9a. 叶表面似螺纹状：木虱类(常见于朴属)、瘿螨类。
9b. 不同形状的肿胀，但不是螺纹状；有时出现在叶柄上：瘿蜂、摇蚊、瘿蚊类。
10a. 只危害小枝或芽，不在主枝或树干上 ··· 12
10b. 危害主枝或主干 ··· 11
11a. 树皮被部分或全部啃掉深至木质部：啮齿类动物(松鼠类、老鼠类)；蝗虫类(严重蔓延，食物短缺时)。
11b. 树皮具圆形或D形孔洞，可渗出树液或树脂或锯屑状排出物：蛀干害虫(甲虫的幼虫)、木蠹蛾类、象鼻虫类(甲虫类的幼虫)。
12a. 小枝或芽形成虫瘿或肿胀区 ··· 13
12b. 小枝或芽不形成虫瘿，小枝有孔或髓心有隧道 ··· 14
13a. 芽有虫瘿：瘿螨类。
13b. 小枝有虫瘿：瘿蚊类。
14a. 小枝有孔，髓无隧道：木蠹蛾类、象鼻虫类。
14b. 小枝髓有隧道：枝梢螟、螟蛾、蛀心虫。
15a. 幼根有虫瘿式肿起(注意：某些植物，如豆科植物在根上有固氮根瘤)：线虫类。
15b. 根被啃或有小孔 ··· 16
16a. 根被啃：啮齿类动物、蛴螬、甲虫和螟蛾幼虫。
16b. 根具孔：蛀根虫、象鼻虫类(这些虫的危害与根腐病相比是次要的)。

11.2 古树名木保护和研究意义

古树名木是自然与人类历史文化的宝贵遗产，是活的文物，世界各国都十分重视对古树名木的保护工作，许多国家制定了专门的法律对古树名木加以保护。古树所具有的自然遗产和文化遗产双重身份，其价值可以超越时间、空间和意识形态的局限，它们是连接历史和未来的纽带，在城市建设中，是难得的自然景观和人文景观，有着强烈的景观震撼力。

11.2.1 古树名木概念

全国绿化委员会2001年颁布的《全国古树名木普查建档技术规定》(以下简称《规定》)明确定义古树名木范畴：一般系指在人类历史过程中保存下来的年代久远或具有重要科研、历史、文化价值的树木。古树指树龄在100年以上的树木；名木指在历史上或社会上有重大影响的中外历代名人、领袖人物所植或者具有极其重要的历史、文化价值、纪念意义的树木。《规定》还提出了古树名木的分级及标准：古树分为国家一、二、三级，国家一级古树树龄500年以上，国家二级古树300～499年，国家三级古树100～299年。国家级名木不受年龄限制，不分级。

古树和名木是两个既有区别又有联系的概念，在许多情况下，古树名木可体现在同一棵树上，当然也有名木不古或古树未名的。具有特殊景观，与名人或历史事件相联系者为特级古树。与古树相比，名木标准的外延要广得多，名木是与历史事件和名人相联系或珍贵稀有及国际交往的友谊树、礼品树和纪念树等有文化科学意义或其他社会影响而闻名的树木。其中有的以姿态奇特的观赏价值而闻名，如黄山的"迎客松"、泰山的"卧龙松"、天坛的"九龙柏"、北京昌平区的"盘龙松"、北京中山公园的"槐柏合抱"等；有的以历史事件而闻名，如北京景山公园原崇祯上吊的槐树（已不存在）；有的以奇闻轶事而闻名，如北京孔庙大成殿前西侧，有一棵距今已700多年，传说其枝条曾碰掉汉奸魏忠贤的帽子而大快人心的柏树，被后人称为"触奸柏"；有的以雄伟高大而出名，如北京密云新城子关帝庙遗址前，屹立着一棵巨大古柏，其树高达25m，干周长7.50m，是唐代种植的，距今已1300多年，是北京的"古柏之最"。因它的粗干要好几个人伸臂合围才能抱拢，树冠由18个大枝组成，最细的枝也有一搂多粗，所以得名"九搂十八杈古柏"。湖南长沙岳麓公园麓山寺前一株古罗汉松史称"六朝松"，树高9m，胸径88cm，冠幅100m^2，据史料记载栽于南北朝时期，距今已1500多年，可能是国内现存古罗汉松中的"寿星"之一。

11.2.2　保护和研究古树名木意义

补充内容见数字资源。

(1) 古树、名木的社会历史价值

我国传说的轩辕柏、周柏、秦柏、汉槐、隋梅、唐杏（银杏）、唐樟等古树，都是树龄高达千年的"寿星"，历经世事变迁和岁月洗礼、跨越历代，是中华民族悠久历史和灿烂文化的象征和佐证。北京景山公园崇祯皇帝上吊的古槐（现在的槐树并非原树）是记载农民起义的伟大丰碑；北京颐和园东宫门内的两排古柏，曾被八国联军火烧颐和园时烤伤树皮，至今仍未痊愈闭合，是帝国主义侵华罪行的真实记录。美国前国务卿基辛格博士在参观天坛时说："天坛的建筑很美，我们可以学你们照样修一个，但这里美丽的古柏，我们就毫无办法得到了。"确实，"名园易建，古木难求"，所以北京的古柏群与长城、故宫一样，是十分珍贵的"国之瑰宝"。

(2) 古树、名木的文化艺术价值

不少古树名木是历代文人墨客吟诗作画的重要主题，在文化艺术发展史上有其独特的作用。"扬州八怪"中的李曾绘名画《五大夫松》，是泰山名松的艺术再现。嵩阳书院的"将军柏"，明、清文人赋诗达30余首。这类为古树名木而作的诗画为数极多，是我国文化艺术宝库中的珍品。

(3) 古树、名木的观赏价值

古树名木以其庄重自然、苍劲古雅、姿态奇特，成为名胜古迹的最佳景点，使中外游客流连忘返。如北京天坛的"九龙柏"，北海公园团城上的"遮阴侯"，香山公园的"白松堂"，戒台寺的"活动松"等，把祖国的山川、湖、海装点得更加庄严秀丽。天坛回音壁外西北侧有一棵"世界奇柏"，它的奇特之处是在粗壮的躯干上，其突出的干纹从上往下扭结纠缠，好像数条巨龙绞身盘绕，所以得名"九龙柏"。这棵拥有奇特优美干纹的古柏，全世界仅此一棵，尤为珍贵。又如陕西黄陵有千年以上的较大古（侧）柏2万株，其中最大最壮观的有"轩辕柏"和"挂甲柏"。传说轩辕柏是黄帝亲手所植，高达9m，胸围787cm，七人抱不能合围，树龄近4000年，树干如铁，无空洞，枝叶繁茂未见衰弱，是目前我国最大的古柏之一。"挂甲柏"相传为汉武帝挂甲所植，枝干斑痕累累、纵横成行、柏液渗出、晶莹夺目，游客无不称奇。这两棵古柏虽然年代久远，但生长繁茂、郁郁葱葱。这种奇景堪称举世无双。"轩辕柏"被英国林学家称为世界"柏树之父"。

(4) 古树的自然历史研究价值

古树的生长与所经历生命周期中的自然条件，特别是气候条件的变化有极其密切的关系。年轮的宽窄和结构是这种变化的历史记载，苏联就已建立了一门学科——树木气象学，北美的树木年轮学家通过对古树的研究推断出了3000年来的气候变化。因此，古树在树木生态学和生物气象学方面具有宝贵的研究价值。

(5) 古树在研究污染史中的价值

树木的生长与环境污染有极其密切的关系。环境污染的程度、性质及其发生年代，都可在树体结构与组成上反映出来。如美国宾夕法尼亚州立大学用中子轰击古树年轮取得样品，测定年轮中的微量元素，发现汞、铁和银的含量与该地区工业发展史有关。在20世纪前10年间，年轮中铁含量明显减少，这是由于当时的炼铁高炉正被淘汰，污染减轻的缘故。

(6) 古树在研究树木生理中的特殊意义

树木的生长周期很长，相比之下人的寿命却短得多，无法用跟踪的方法对树木的生长、发育、衰老、死亡的规律加以研究。古树的存在就把树木生长、发育在时间上的顺序展现为空间上的排列，使我们能够以处于不同年龄阶段的树木作为研究对象，从中发现该树种从生到老的总规律。

(7) 古树在园林树种规划与选择中的参考价值

古树多为乡土树种，对当地的气候和土壤条件有很强的适应性，是树种规划的最好依据，应推举为城市绿化树种规划的基调和骨干树种。例如，在北京市郊区干旱瘠薄土壤上的树种选择，曾经历3个不同的阶段。中华人民共和国成立初期认为刺槐具有耐干旱瘠薄和幼年速生的特性，可作为这类立地栽培的较适树种，然而不久发现它对土壤肥力反应敏感，生长衰退早，成材也难；20世纪60年代，新中国成立初期种植的油松林正处于速生阶段，长势良好，故认为发展油松比较合适；但到了20世纪70年代，这些油松就开始平顶，生长衰退；与此同时却发现幼年阶段并不速生的侧柏和圆柏能稳定生长，并从北京故宫、中山公园等为数最多的古侧柏和古圆柏的良好生长得到启示，证明这两个树种才是北京地区干旱立地的最适树种。因而如果在树种选择中重视古树适应性的指导作用就会少走许多弯路。

(8) 古树在优良种质资源保存中的重要价值

从某种意义上来说，古树是优良种质基因资源的宝库，是植物遗传改良的宝贵种质材料。古树历经沧桑而顽强地生存和保存下来，往往孕育着该物种中某些最优秀的基因,如长寿基因、抗性基因及其他有价值的基因等。育种上可用这些古树繁殖无性系,发挥其寿命长、抗逆性高的特点;也可以作为杂交育种的亲本材料,培育抗逆性强的新的杂交类型。

11.2.3　国内外古树名木研究概况

内容见数字资源。

11.2.4　古树名木调查和保护

2016年全国绿化委员会《关于进一步加强古树名木保护管理的意见》(以下简称《意见》)提出了古树名木保护管理的主要任务:

(1)组织开展资源普查

古树名木的普查建档工作由各级绿化委员会统一领导。全国绿化委员会每10年组织开展一次全国性古树名木资源普查。普查以县(市、区)为单位,逐村屯、逐单位、逐株进行现地调查实测、填卡、照相。普查过程中要分别填写《古树名木每木调查表》或《古树群调查表》(调查具体项目、标准与表格参照《全国古树名木普查建档技术规定》),并对古树名木拍摄全景彩照,一株一照,对古树群从3个不同角度整体拍照,采集图像资料。

(2)加强古树名木认定、登记、建档、公布和挂牌保护

各地普查结束,经普查领导小组审查定稿后,要形成完整的古树名木资源档案,实行计算机动态监测管理。古树名木档案每5年更新一次。资料汇总,逐级提交,原始调查数表数据全部提交省(自治区、直辖市)普查领导小组办公室。古树名木要由各省(自治区、直辖市)统一编号、建档,实行计算机动态管理,并在各地建档的同时,一、二、三级古树名木分别由省(自治区、直辖市)、市(地、州)、县(市、区)人民政府设立标牌,以资识别和保护。一片古树群设立一个标牌。标牌内容、式样由全国绿化委员会办公室统一制定。建立树木信息管理网为树木佩戴电子身份牌,与有关部门建立的树木档案资料相联。

(3)建立健全管理制度

内容见数字资源。

(4)全面落实管护责任

内容见数字资源。

(5)加强日常养护

内容见数字资源。

(6)及时开展抢救复壮

内容见数字资源。

该《意见》明确提出了古树名木保护管理的6项原则。

近年来,国家林业和草原局全面开展古树名木资源普查,严格落实养护责任,及时实施抢救复壮，持续强化监管执法，广泛开展科普宣传教育，古树名木保护管理工作取得明显成效。第二次全国古树名木资源普查结果显示，目前我国普查范围内共有古树名木 508.19 万株，其中散生 122.13 万株，群状 386.06 万株。

11.3 古树衰老与复壮

树体自身生理老化是古树衰老的主要原因。随着树龄增加，树木生理机能逐渐下降，根系吸收水分、养分的能力越来越差，不能满足地上部分的需要，树木生理失去平衡，从而导致部分树枝逐渐枯死，最终结束其生命过程。这一过程的快慢不但受树木遗传因素的控制，而且受生长环境、栽培措施的制约。在一定时期内，古树的衰老趋势并非随时间的推移呈直线下降，在某种情况下，可以通过合理的栽培措施和环境条件的改善延缓衰老，甚至在一定程度上可以得以复壮而延长寿命。

补充内容见数字资源。

11.3.1 古树衰老原因诊断与分析

11.3.1.1 古树诊断

树木诊断的程序与方法同样适用于古树，但在诊断中应注意以下 3 个问题：

(1) 查明古树衰弱的主导因子

引起古树生长衰弱的原因极为复杂，如土壤缺少某些营养元素，土壤紧实度过高，土壤含水量过多或过少，土壤含盐总量过高，树体病虫危害，树干严重机械损伤等。其中一种或几种原因都可能造成古树生长的衰弱，甚至死亡。但是，在不同的地区，引起衰弱的主要原因不尽相同，即使在同一地区，引起衰弱的主要原因也有明显的差异。因此，要因地制宜采用合理的措施才能取得良好的复壮效果。这就需要调查本地区古树生长的环境条件和树体状况，准确诊断引起古树衰弱的原因，特别是引起古树衰弱的主要原因。

(2) 划分古树衰弱的等级，确定复壮的重点

在古树调查后，按标准样株的枝、叶、冠、干、根的各项生长指标，对照弱树的各项生长指标进行古树等级划分，确定衰弱程度。除濒死株(++++)和一部分极度衰弱株(+++)很难复壮外，其余等级均可因地制宜采取复壮措施，但应以衰弱株(++)为重点复壮对象。

(3) 研究合理的复壮技术方案

在查明引起古树衰弱原因及划分衰弱等级以后，随即研究复壮技术方案。当由于两个以上原因造成古树生长衰弱时，如因病虫害、土壤缺乏营养，或土壤含水过少(自然含水量 5%~7%)等，宜采取综合性复壮技术措施。当由于单一原因造成古树生长衰弱时，如因地势低洼积水引起烂根而生长衰弱，其他条件均好，则进行地下排水工程即可收到效果。

11.3.1.2 古树衰弱的原因

树木衰老死亡是一种普遍的客观规律，但是在摸清古树衰弱原因的基础上可以通过合理的人工措施减缓衰老过程，延长其生命周期。引起古树名木加速衰老至死亡的原因，除了上述的遗传因子外，更多的是由以下一些因素引起的：

(1) 土壤紧实度过高，通气不良

古树名木原多生长在立地条件比较优越的宫、苑、寺、庙或宅院、农田和道旁，其土壤深厚疏松，排水良好，小气候条件适宜。但是经过历年的变迁，许多古树所在地开发成旅游点，车压、人踏等造成土壤密实度过高，通透性差，限制了根系的发展，甚至造成根系，特别是吸收根的大量死亡。

(2) 挖方和填方的影响

挖方破坏了古树的形态及其立地条件；填方则易造成根系缺氧窒息而死。古树保护与工程建设之间的矛盾在城市建设道路工程施工及管道铺设中经常遇到。

(3) 根际地面的不合理铺装

城市地面为了美观和行人方便，在有些古树名木周围用水泥或其他材料铺装，仅留很小的树池，铺装地面不仅造成土壤通透性能的下降，还阻碍枯枝落叶归还土壤，土壤与大气的水汽交换大大减弱，极大地影响了古树根系的生长。

(4) 树干周围乱堆乱放，土壤严重污染

不少人在公园古树林中搭帐篷，开展各种活动，不但增加了土壤的密实度，而且乱倒污水，甚至有的还增设临时厕所，导致土壤糖化、盐化。还有些地方在古树下乱堆水泥、石灰、砂砾、炉渣等，使土壤的理化性质恶化，加速了古树的衰老。

(5) 土壤营养不足

古树经过成百上千年的生长，消耗了大量的营养物质，养分循环利用差，几乎没有什么枯枝落叶归还给土壤。这样，不但有机质含量低，而且有些必需的元素也十分缺乏；另一些元素可能过多而产生危害。根据对北方古树营养状况与生长关系的研究认为，古柏土壤缺乏有效铁、氮和磷；古银杏土壤缺钾而镁过多。

(6) 病虫危害

许多古树的机体衰老与病虫害有关，而树木衰老时又易受病虫害的侵袭。如危害古松、柏的小蠹甲类害虫，还有天牛类、木腐菌侵入等都会加速古树的衰老。

(7) 土壤剥蚀，根系外露

古树历经沧桑，土壤裸露，表层剥蚀，水土流失严重，不但使土壤肥力下降，而且表层根系易遭干旱和高温伤害或死亡，还易造成人为擦伤，抑制树木生长。

(8) 自然灾害

主要是风害、雨涝、雪压和雷击等，特别是南方古树受雷击伤害时有发生，无雷击防护设施，造成古树衰弱、生长衰退甚至烧伤死亡。酸雨及其他空气污染（如光化学烟雾等)也对古树造成不同程度的影响,严重时可使部分古树叶片(针叶)变黄、脱落。

(9)人为伤害

许多古树因树体高大、奇特而被人为神化,成为部分人进香朝拜的对象,成年累月,导致香火伤及树体;有些人保护意识不强,常在树体上刻字留名、打钉架线,甚至开设树上餐馆、茶座等。

11.3.2 古树名木养护与复壮

找到古树加速衰老的原因之后,就应根据具体情况及时采取必要的预防、养护与复壮措施,保持和增强树木的生长势,提高古树的功能效益,并使其延年益寿。普通树木的养护措施也适用于古树名木,但一定要根据树木衰老期向心更新的特点合理进行。

11.3.2.1 养护的基本原则

(1)恢复和保持古树原有的生境条件

内容见数字资源。

(2)养护措施必须符合树种的生物学特性

任何树种都有一定的生长发育与生态学特性,如生长更新特点,对土壤的水肥要求及对光照变化的反应等。在养护中应顺其自然,满足其生理和生态要求。例如,肉质根树种,多忌土壤溶液浓度过大,若在养护中大水大肥,不但不能被其吸收利用,反而容易引起植株的死亡。树木的土壤含水量要适宜,古松柏土壤含水量一般以 14%~15% 为宜,砂质土以 16%~20% 为宜;银杏、槐一般应在 17%~19% 为宜,最低土壤含水量为 5%~7%。合理的土壤 N、P、K 含量,一般土壤碱解 N 为 0.003%,速效 P 为 0.002%,速效 K 为 0.01%。当土壤 N、P、K 低于这些指标时应及时补充。

(3)养护措施必须有利于提高树木的生活力,增强树体的抗性

这类措施包括灌水、排水、松土、施肥、树体支撑加固、树洞处理、防治病虫害、安装避雷器及防止其他机械损伤等。

11.3.2.2 综合复壮的措施和方法

古树名木的复壮措施涉及地上与地下两大部分。地下复壮措施包括古树生长立地条件的改善,古树根系活力诱导,通过地下系统工程创造适宜古树根系生长的营养物质条件,土壤含水通气条件,并施用植物生长调节剂,诱导根系发育;地上复壮措施以树体管理为主,包括树体修剪、修补、靠接、树干损伤处理、填洞、叶面施肥及病虫害防治等。结合复壮措施,同时进行古树生理生化指标测定,判断复壮措施的有效性。具体措施如下:

(1)改善地下环境

① 开沟埋条 开沟的方式有环形沟、辐射沟及长条沟的区别。环形沟和辐射沟多用于孤立树木和配置距离较远的树木;长条沟多用于古树林或行状配置的树木。环形沟

是在树冠投影外缘开沟。为了避免一次伤根太多,可将投影周长分成4~6等份,分2~3年间隔实施;辐射沟是从树冠投影约离干基1/3的地方向外开4~12条沟,直至投影外大于冠幅1/3的地方,沟应内浅外深、内窄外宽。长沟开在树木行间或穿过各树冠投影外缘,沟长不限,曲直均可。所有沟的宽度为40~70cm,深度为60~80cm,最好能通过地下径流向外排水。

沟挖好后先回填10cm厚的松土,将树枝(最好是阔叶树)打包成直径20~40cm的松散捆,铺在沟底,再回填松碎土壤,振动踩实。必要时还可在回填土壤中拌入适量的饼肥、厩肥、磷肥、尿素及其他微量元素等。经过开沟埋条处理之后,不但改善了土壤的通透性,而且增加了土壤营养,为古树根系复壮创造了良好的条件。据北京中山公园试验,1981年开沟埋条,1985年检查发现大量根系沿沟中埋条的方向生长,呈束状分布,有的新根完全包住了埋下的枝条,复壮效果十分显著。

② 设置复壮沟—通气—透水系统　城市及公园中严重衰弱的古树,地下环境复杂,有各种管线和砖石,土壤贫瘠,营养面积小,内渍(有些是污水)严重,必须用挖复壮沟、铺通气管和砌渗水井的方法,增加土壤的通透性,使积水通过管道、渗井排出或用水泵抽出。

复壮沟的挖掘与处理:沟深80~100cm,宽80~100cm,长度和形状因地形而定。有时是直沟,有时是半圆形或"U"形沟。沟内回填物有复壮基质、各种树枝和增补的营养元素。

复壮基质多用松、栎、槲的落叶(60%腐熟落叶加40%半腐熟落叶混合),加少量N、P、Fe、Mn等元素配制而成。施后3~5年内土壤的有效孔隙度保持在12%~15%及以上。当然复壮基质的配方应视古树及其土壤的具体需要而定。

埋入的树枝多为紫穗槐、杨等阔叶树种的枝条,截成40cm的枝段后埋入沟内,树枝之间及树枝与土壤之间形成大空隙。古树的根系可以在枝间穿行生长。复壮沟内的枝条也可分两层铺设,每层10cm。

为改善营养,增施在基质中的营养元素应根据需要而定。北方的许多古树,以Fe元素为主,施放少量N、P元素。硫酸亚铁($FeSO_4$)使用剂量按长1m,宽0.8m复壮沟,施入0.1~0.2kg。为了提高肥效,一般掺施少量的酱渣或马掌而形成全肥,以更好地满足古树的需要。

复壮沟的位置在古树树冠投影外侧,回填处理时从地表往下纵向分层。表层为10cm厚的素土,第二层为20cm厚的复壮基质,第三层为厚约10cm的树枝,第四层又是20cm厚的复壮基质,第五层是10cm厚的树枝,第六层为20cm厚的粗砂或陶粒(图11-2)。

安置的通气管为金属、陶土或塑料制品。管径10cm,管长80~100cm,管壁打孔,外围包棕片等物,以防堵塞。每棵树2~4根,垂直埋设,下端与复壮沟内的枝层相连,上部开口加上带孔的盖,既便于开启通气、施肥、灌水,又不会堵塞。

渗水井的构筑是在复壮沟的一端或中间,为深1.3~1.7m,直径1.2m的井,四周用砖垒砌而成,下部不用水泥勾缝。井口周围抹水泥,上面加铁盖。渗水井比复壮沟深30~50cm,可以向四周渗水,因而可保证古树根系分布层内无积水。雨季水大时,如不能尽快渗走,可用水泵抽出。有时还需向井底下埋设80~100cm的渗漏管(图11-2)。

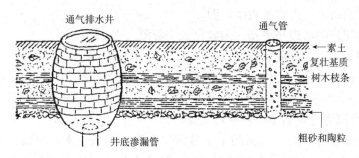

图 11-2　复壮沟—通气—透水系统

经过这样处理的古树，地下沟、井、管相连，形成一个既能通气排水，又能供给营养的复壮系统，创造了适于古树根系生长的优良土壤条件，有利于古树的复壮与生长。

③ 进行透气铺装或种植地被　为了解决古树表层土壤的通气问题，常在树下、林地人流密集的地方加铺透气砖。透气砖的材料和形状可根据需要设计。在人流少的地方，种植豆科植物，如苜蓿、白三叶及垂盆草、半枝莲等地被植物，除了改善土壤肥力外还可提高景观效益。

④ 土壤改良　内容见数字资源。

⑤ 施用生长调节剂　内容见数字资源。

(2) 加强地上保护

① 古树围栏及外露根脚的保护　生长于平地的古树名木，裸露地表的根应加以保护，防止践踏。为了防止游人踩踏，使古树根系生长正常和保护树体，在过往人多的地方，古树周围应设围栏，松土，种植有益的地被植物。露出地面的根脚可以用腐殖土覆盖或在地表加设网罩。为避免对地面根脚造成新的伤害，可以在地面铺设护板，主要是在树池周围加设支柱、木板、水泥板（图 11-3）、铸铁盖板、玻璃钢格栅盖板、塑胶盖板及其他透水材料盖板。有条件的地方，还可以在地面先铺设龙骨，再在龙骨上铺设地板砖或其他铺装材料。

图 11-3　架空铺装保护露根

生长于坡地且树根周围出现水土流失的古树名木，应砌石墙护坡，填土护根。护墙高度、长度及走向根据地势而定；生长于河道、水系边的古树名木，应根据周边环境用石驳、木桩等进行护岸加固，保护根系。

周围没有避雷装置的古树名木，应安装避雷装置。同时要注意治理环境污染，还古树一个清洁的环境。

② 病虫害的防治　内容见数字资源。

③ 病虫枯死枝的清理与更新　内容见数字资源。

④ 支撑加固　内容见数字资源。

⑤ 靠接小树复壮濒危古树　用此方法在古树名木旁种植小树进行靠接相当于为古树名木多加了一个可以吸收营养的根，可以为古树提供营养，解决古树营养吸收不足的问题，同时还可以为古树名木提供物理支撑。

⑥ 树洞的修补与填充　古树的主干常因年久腐朽形成空洞。目前，关于古树树洞修补问题，一些专家对此主要有两种观点：一种观点是古树树洞不要堵洞，其理由是树洞堵后更容易腐烂，所以不应该堵洞，要保持自然状态，只做简单处理，这样省钱省力又有效；另一种观点是根据古树树洞腐朽情况加以区别对待，应确定古树树洞修补。

古树树洞修补分为两种方法：一种是古树树洞堵洞修补法（真填充）；另一种是古树树洞表层修补法（假填充）。具体方法参考8.2树洞处理的步骤与方法，古树树洞修补时采取哪种方法，主要根据古树树洞类型、腐朽程度、洞内水分能否排出、树体坚固程度、有无外力影响和人树安全状况等因素决定。

思考题

1. 试述树木检查与诊断的意义，检查的程序与方法；调查项目表的记录、使用与分析。
2. 试述树木病虫害检索表的使用方法。
3. 试述古树研究与保护的意义，衰弱原因的诊断与分析，复壮的原则与方法。
4. 试述古树树洞修补的主要方法。
5. 试述古树靠接小树的技术方法。

推荐阅读书目

1. 树木生态与养护. Bernatzky A 著. 陈自新，许慈安译. 中国建筑工业出版社，1987.
2. 园林树木栽培学（第三版）. 吴成林. 中国农业出版社，2017.
3. Landscape Management. Fellcht J R & Butler J D. Van Nostrand Reinhold, 1988.
4. 古树导论. 北京农学院组织编写. 中国林业出版社，2023.
5. 古树养护与复壮. 北京农学院组织编写. 中国林业出版社，2023.
6. 古树历史文化. 北京农学院组织编写. 中国林业出版社，2023.

参考文献

A.C·利奥波德，P.E·克里德曼，1984. 植物生长与发育[M]. 颜季琼，等译. 北京：科学出版社.

A GAISTON，P DAVIES，R SATTER，1989. 新编植物生理学[M]. 戴王仁，等译. 北京：北京大学出版社.

BERNATZKY A，1987. 树木生态与养护[M]. 陈自新，许慈安，译. 北京：中国建筑工业出版社.

P.J·格雷戈，等，1992. 作物根的发育与功能[M]. 陈放，编译. 成都：四川大学出版社.

P.J·克雷默尔，T.T·考兹洛夫斯基，1985. 木本植物生理学[M]. 汪振儒，等译. 北京：中国林业出版社.

安旭，2013. 城市园林植物后期养护管理学——园林养护单位工作手册[M]. 浙江：浙江大学出版社.

陈艳丽，2023. 城市园林绿植养护[M]. 北京：中国电力出版社.

陈有民，2011. 园林树木学[M]. 2版. 北京：中国林业出版社.

范双喜，李光晨，2007. 园艺植物栽培学[M]. 2版. 北京：中国农业出版社.

高敏，刘建军，2014. 园林树木安全性研究概述[J]. 西北林学院学报，29(4)：278-281.

郭学望，1992. 看图学嫁接[M]. 天津：天津教育出版社.

郭学望，包满珠，2004. 园林树木栽植养护学[M]. 2版. 北京：中国林业出版社.

黄成林，2017. 园林树木栽培学[M]. 3版. 北京：中国农业出版社.

黄建国，2004. 植物营养学[M]. 北京：中国林业出版社.

黄占斌，2005. 农用保水剂应用原理与技术[M]. 北京：中国农业科学技术出版社.

莱威斯黑尔，1987. 花卉及观赏树木简明修剪法[M]. 姬君兆，等译. 石家庄：河北科学出版社.

黎彩敏，翁殊斐，林云，等，2009. 园林树木健康与安全性评价研究进展[J]. 广东农业科学(7)：186-189.

黎玉才，肖彬，陈明皋，2007. 园林绿地建植与养护管理[M]. 北京：中国林业出版社.

李博文，2016. 微生物肥料研发与应用[M]. 北京：中国农业出版社.

李合生，王学奎，2019. 现代植物生理学[M]. 4版. 北京：高等教育出版社.

李继华，1977. 植物的嫁接[M]. 上海：上海人民出版社.

李永华，2020. 园林苗圃学[M]. 3版. 北京：中国农业出版社.

梁瑞霞，王国英，李春俭，2003. 排根的形成及其所分泌的有机酸的调节[J]. 植物生理学通讯，39(4)：303-307.

梁玉堂，龙庄如，1993. 树木营养繁殖原理和技术[M]. 北京：中国林业出版社.

刘芸，2016. 浅述园林绿化工程中树木支撑固定方法[J]. 中国园艺文摘(4)：88-90，164.

深圳市北林苑景观及建筑规划设计院，2018. 图解园林施工图系列2铺装设计[M]. 北京：中国建筑工业出版社.

沈德绪，林伯年，1989. 果树童期与提早结实[M]. 上海：上海科学技术出版社.

孙时轩，1992. 造林学[M]. 2版. 北京：中国林业出版社.

王国东，2016. 园林树木栽培与养护[M]. 上海：上海交通大学出版社.

王晗生，2011. 干旱条件下人工幼林自然化经营的生长效果[J]. 中国水土保持(1)：46-47.

魏岩，2020. 园林植物栽培养护[M]. 北京：中国科学技术出版社.

新田伸三，1982. 栽植的理论与技术[M]. 赵力正，译. 北京：中国建筑工业出版社.

杨凤军，景艳莉，王洪义，2015. 园林树木栽培养护与管理[M]. 哈尔滨：哈尔滨工程大学出版社.

杨文衡，陈景新，1986. 果实生长与结实[M]. 上海：上海科学技术出版社.

杨学荣，1982. 植物生理学[M]. 北京：人民教育出版社.

叶要妹，2011. 园林绿化苗木培育与施工实用技术[M]. 北京：化学工业出版社.

叶要妹，2022. 园林树木栽培学实验实习指导书[M]. 3版. 北京：中国林业出版社.

叶要妹，包满珠，2019. 园林树木栽培养护学[M]. 5版. 北京：中国林业出版社.

尹伟伦，翟明普，2010. 南方低温雨雪冰冻的林业灾害与防治对策研究[M]. 北京：中国环境出版社.

俞玖，1988. 园林苗圃学[M]. 北京：中国林业出版社.

张小红，2015. 常见园林树木移植与栽培养护[M]. 北京：化学工业出版社.

张秀英，1999. 观赏花木整形修剪[M]. 北京：中国农业出版社.

张玉星，2011. 果树栽培学总论[M]. 4版. 北京：中国农业出版社.

中华人民共和国国家标准GB 10016 林木种子贮藏[S]. 北京：国家标准局.

中华人民共和国国家标准GB 6000 主要造林树种苗木质量分级[S]. 北京：国家标准局.

住房和城乡建设部城市建设司，2014. 城市园林绿化工作手册[M]. 北京：中国建筑工业出版社.

祝遵凌，2015. 园林树木栽培学[M]. 2版. 南京：东南大学出版社.

邹长松，1988. 观赏树木修剪技术[M]. 北京：中国林业出版社.

FELLCHT J R, BUTLER J D, 1988. Landscape Management[M]. Van Nostrand Reinhold.

HARTMAN J R, PIRONE P P, 2000. Tree Maintenance [M]. 7th ed. Oxford University Press.

NEWMAN C J, 1982. English Techniques in Large Transplanting[J]. Arboric, 8(4)：90-93.

RICHARD W H, JAMES R C, NELDA P M, 2004. Arboriculture：integrated management of landscape trees, shrubs, and vines[M]. Upper Saddle River：Prentice Hall.

ROBERT W M, 1988. Urban Forestry[M]. Upper Saddle River：Prentice Hall.

SHIGO A L, 1983. Targets for Proper Tree Care[J]. Arboric, 9(11)：285-294.

GARY W W, HIMELICK E B, 1997. Principles and Practice of Planting Trees and Shrubs [M]. International Society of Arboriculture.

附 录

园林树木养护管理年月历工作

  园林树木以其独特的生态、环境和人文效益服务于城市环境的改善,维护城市生态平衡。由于城市环境的特殊性,与其他树木相比,园林树木更易遭受到各种不良因素的影响。因此,对园林树木的养护管理就显得尤为重要。园林树木的养护管理就是要通过细致的培育措施,包括园林树木的土、肥、水管理,整形修剪、树体养护、自然灾害的预防以及病虫害防治等方面,给树木生长发育创造一个适宜的环境条件,确保园林树木各种效益的稳定发挥。

  我国地域辽阔,各地区土壤、气候、水文条件千差万别,其适生的园林树木种类也各有其地域特色,适地适树适时是园林树木养护的基本原则。季节性强是园林树木养护管理工作的最突出特点,适时实施养护措施要根据树木的生长发育规律、生物学特性及当地的气候条件来进行。为了增强养护工作的计划性、针对性,不误时机,各地应根据实际情况建立养护工作月历。所谓工作月历是当地园林养护每月工作的主要内容,它不但为园林树木养护人员提供实践指导,也为管理部门制订年工作计划提供理论指导。下面以华中地区的代表性城市武汉(附表)为例,说明一年中园林树木养护管理的作业重点和技术要求。

附表　园林树木养护管理工作月历

月　份	树木养护管理工作
1月（小寒、大寒） T 3.7℃，R 43.4mm	①检查防风、防寒设施的完好性，发现破损立即修补；②苗木起苗出圃或越冬假植，冬季休眠移栽、植树；③冬季修剪；④冬耕、深挖沟施基肥；⑤防治越冬害虫，在树根下挖越冬虫蛹、虫茧，剪去树上的虫包，集中烧死；⑥积肥与沤肥；⑦绿地养护：街道绿地、花坛等地要注意挑除大型野草；⑧种子和穗条采集、贮藏；⑨制订本年度园林树木养护管理计划
2月（立春、雨水） T 5.8℃，R 58.7mm	①继续做好防寒、防冻工作；②冬季修剪，避开伤流期，月底前完成修剪任务；③早春植树；④圃地春耕，混拌基肥，土壤消毒及苗圃作床，春播；⑤硬枝扦插、枝接、分株、压条繁殖；⑥防治害虫：以防刺蛾和介壳虫为主
3月（惊蛰、春分） T 10.1℃，R 95.0mm	①植树：春季是植树的有利时机，做到随挖、随运、随种、随浇水；②施肥：对原有树木进行春季施肥；③根据树种抗寒能力，逐步拆除防寒设施；④播种，做好圃地出苗前期管理和圃地清沟排水；⑤继续硬枝扦插、枝接、分株、压条繁殖；⑥防治病虫害
4月（清明、谷雨） T 16.8℃，R 131.1mm	①播种苗出苗期的管理，月底可开始间苗、除草、追肥、浇水；②扦插、嫁接苗等前期管理，抹去砧木上的萌条；③继续植树：4月上旬应抓紧时间种植萌芽晚的树木，对冬季死亡的灌木（杜鹃花、红花檵木等）应及时拔除补种，对新种树木要充分浇水；④对养护绿地进行及时的浇水，结合灌水，对树木追施速效氮肥，或者根据需要进行叶面喷施；⑤修剪：剪除冬、春季干枯的枝条，修剪常绿篱；⑥防治病虫害；⑦其他：做好绿化护栏油漆、清洗、维修等工作
5月（立夏、小满） T 21.9℃，R 164.2mm	①播种苗进行间苗、补苗，月底定苗；②中耕除草，及时追肥；③修剪：修剪残花，新栽树木进行抹芽除蘖；④浇水：树木展叶盛期，需水量很大，应适时浇水；⑤做好雨季的排水工作，防涝；⑥防治病虫害：防治苗木立枯病及小地老虎危害，防治天牛、刺蛾、介壳虫、蚜虫、煤污病
6月（芒种、夏至） T 25.6℃，R 225.0mm	①浇水：树木需水量大，要及时浇水；②施肥：结合松土除草、施肥、浇水以达到最好的效果；③杨树、柳树、榆树等种子在春末夏初成熟，可随采随播，硬枝扦插和枝接苗等做好除蘖定干工作，嫩枝扦插、芽接；④修剪：继续对行道树进行剥芽除蘖工作，对绿篱、球类及部分花灌木实施修剪；⑤排水：有大雨天气时要注意低洼处的排水工作；⑥防治病虫害：刺蛾、天牛、木虱、白粉病等
7月（小暑、大暑） T 28.7℃，R 190.3mm	①移植常绿树：雨季期间，水分充足，可以移植针叶树和竹类，但要注意天气变化，一旦碰到高温要及时浇水；②灌溉：抗旱浇水是本期间的重点工作，特别是新栽树木及时抗旱浇水，中耕除草、施肥，确保水、肥供应，后期增施磷、钾肥，大雨过后要及时排涝；③高温喷水，防日灼；④继续嫩枝扦插和芽接；⑤行道树修剪，树体结构调控，摘心促壮；⑥病虫害防治，如天牛及刺蛾等
8月（立秋、处暑） T 28.2℃，R 111.7mm	①继续做好抗旱工作，及时浇水，确保树木旺盛生长；②继续中耕、除草、施肥；③行道树夏季修剪，对徒长枝、过密枝及时修剪，摘心促壮，本年内未修剪过的绿篱可修剪整形；④防日灼，高温喷水；⑤继续嫩枝扦插和芽接；⑥防治病虫害，捕捉天牛，杀灭袋蛾、刺蛾

(续)

月 份	树木养护管理工作
9月(白露、秋分) T 23.4℃，R 79.7mm	①剪除病虫枝、枯死枝；②绿篱的整形工作结束；③苗圃清沟、削地边草，堆沤积肥；④停止施氮肥和水分管理，施肥以磷、钾肥为主，促壮；⑤本月底适当切根、控水、控肥；⑥收集树木种子，适时调制、贮藏，或秋播；⑦防治病虫害，尤其是蛀干害虫如天牛
10月(寒露、霜降) T 17.7℃，R 92.0mm	①全面检查新植树木的成活率；②收集树木种子，适时调制、贮藏，或秋播；③扦插苗分栽，继续清理圃地环境，堆沤积肥；④做好秋季植树的准备；⑤防治病虫害
11月(立冬、小雪) T 11.4℃，R 51.8mm	①入冬防寒、防风，树干涂白等防冻处理；②秋冬翻土，埋青、埋肥；③苗木产量、质量调查；④收集树木种子，适时调制、贮藏，或秋播；⑤秋冬树木移植、补植；⑥冬季修剪，修去病虫枝、枯死枝、徒长枝、过密枝，结合修剪贮藏扦插穗条；⑦收集枯草落叶，堆沤积肥；⑧病虫害防治
12月(大雪、冬至) T 6.0℃，R 26.0mm	①对不耐寒的树种落实防风、防寒设施，及时检查；②落叶树种冬季移栽；③冬季树木整形修剪；④冬季沟施埋肥；⑤冬季积肥和沤制堆肥；⑥种子采集、贮藏，或冬播，结合修剪储藏扦插和嫁接穗条；⑦苗木起苗、分级、假植及苗木出圃统计，起苗地冬耕；⑧加强机具维修与养护；⑨进行全年工作总结

注：T表示平均气温；R表示平均降水量。